PRACTICAL PHILOSOPHY

Herausgegeben von / Edited by

Heinrich Ganthaler • Neil Roughley
Peter Schaber • Herlinde Pauer-Studer

Band 3 / Volume 3

Dunja Jaber

Über den mehrfachen Sinn
von Menschenwürde-Garantien

Mit besonderer Berücksichtigung von Art. 1 Abs. 1 Grundgesetz

ontos
verlag
Frankfurt ▪ London

Inhaltsverzeichnis:

Fragestellung und Aufbau der Arbeit 3
Teil 1: Wortbedeutungen und ihre Verwendung in der Ethik 6
   Einleitung zu Teil 1 6
   Kap. 1: Wortbedeutungen von "Würde" und "Menschenwürde" 8
      § 0   Vorgehensweise 8
      § 1   Drei Lesarten von "Würde" 9
      § 2   Die Werteigenschaft "Würde" 12
        1.   Der engere deskriptive Gehalt 15
        2.   Exkurs: Achtungsgefühle 20
          (a)   Erläuterung der Vorgehensweise 20
          (b)   Charakteristika der Achtungsgefühle 24
          (c)   Achtung im engeren Sinne 29
        3.   Assertorischer, evaluativer und deontischer Sinn 32
      § 3   Die übrigen Lesarten und ihr Zusammenspiel 34
        1.   „Würde" im Sinne von „hoher sozialer Rang" 34
        2.   „Würde" in der Bedeutung „Selbstachtung" 36
          (a)   „Selbstachtung" im psychologischen Sinn 37
          (b)   „Selbstachtung" im normativen Sinne 40
          (c)   Résumée 42
        3.   Zusammenspiel der Bedeutungen 43
      § 4   Ergebnis: Übersicht über die verschiedenen Bedeutungen 45
      § 5   "Menschenwürde" 45
        1.   Übertragung auf das Kompositum "Menschenwürde" 45
          (d)   Bedeutungen des Bestimmungsworts „Mensch" 46
          (e)   Verwendungen des Kompositums 47
        2.   Konsequenzen der Vieldeutigkeit: Beispiele 52
          (f)   Begünstigung eines heroischen Persönlichkeitsideals 52
          (g)   Unlautere Inanspruchnahme von Zweideutigkeiten 54
          (h)   Paradoxe Definitionen 58

Kap. 2: „Menschenwürde" in der Ethik ... 61

§ 1 Fünf Menschenwürde -„Prinzipien" ... 61
0. Überblick ... 61
1. Der gleiche moralische Status aller Menschen ... 63
   (a) Anthropozentrismus ... 64
   (b) Universalismus ... 66
   (c) Egalitarismus ... 67
   (d) Individualismus ... 68
   (e) Überpositivität ... 69
2. Der intrinsische Wert des Menschen ... 71
   (a) Der spezifisch evaluative Sinn des Begriffs ... 72
   (b) Begründungsfigur ... 73
   (c) Inhaltliche Norm ... 75
3. Die Vervollkommnung des Menschen ... 76
4. Das Verbot von Erniedrigungen ... 78
5. Die Lehre von der Heiligkeit des menschlichen Lebens ... 82

§ 2 Die Kernauffassung und ihre Probleme ... 83
1. Die Basis der Wertzuschreibung ... 84
   (a) Substantielle anthropologische Eigenschaften ... 85
   (b) Das Potentialitätsargument ... 86
   (c) Speziesismus ... 87
   (d) Ablehnung einer Rückführung auf Eigenschaften ... 87
   (e) Relationale Eigenschaften ... 90
   (f) Verzicht auf Begründung ... 92
   (g) Wertobjektivismus ... 93
   (h) Subjektivistische Begründungsansätze ... 94
2. Der Schritt zur Norm ... 95

§ 3 Zuordnung historischer Positionen ... 97
1. Probleme einer Begriffsgeschichte ... 97
2. Stoa und Naturgesetzlehre ... 99
3. Christentum ... 104
   (a) Die Ambivalenz des christlichen Menschenbildes ... 104
   (b) Die Lehre von der Gottebenbildlichkeit des Menschen ... 107
   (c) Wert des Menschen und Pflichten der Rücksichtnahme ... 118
4. Kant ... 121
   (a) Würde als innerer Wert ... 122
   (b) "Würde" als moralischer Status ... 123
   (c) Würde als Wert im spezifisch evaluativen Sinn ... 126

(d)	Fazit	130

Teil 2: Menschenwürde als Rechtsbegriff 136

    Einleitung zu Teil 2 136
    5.   Die Einführung des Ausdrucks in das Recht 139
        (a)   Die klassischen Menschenrechtsdokumente 139
        (b)   Die plötzliche Konjunktur des Rechtsterminus 141
        (c)   Überblick über Kapitel 1 und 2 144
    6.   Die Konkretisierung von Art.11 Grundgesetz 145
        (a)   Vor- und Nachteile der Unbestimmtheit 145
        (b)   Zielsetzung des rechtssystematischen Teils. 151
        (c)   Überblick über die Konkretisierungsversuche 153
        (d)   Aufbau der Kapitel 3-5 155

Kap. 1:   Menschenwürde-Garantien vor dem Grundgesetz 158

    § 1   Zwei Ausnahmen 158
    1.   Artikel 151 der Weimarer Reichsverfassung von 1919 158
        (a)   "Menschenwürdiges Dasein" als soziales Staatsziel 158
        (b)   Entstehung und Gehalt 162
        (c)   Der Einfluß des Artikels 165
    2.   Die Präambel der irischen Verfassung von 1937 170
    § 2   Die Menschenrechtsdeklaration der UNO 174
    2.   Artikel 1 AEMR 177
        (a)   Entstehung 177
        (b)   Rekonstruktion der Bedeutung von Art.1 S.1 AEMR 180
        (c)   Wirkung 189

Kap. 2: Die Entstehung von Art.1 Abs.1 Grundgesetz 191

    § 1   Vorbilder 191
    2.   Einfluß von Art.1 AEMR? 192
    § 2   Die Vorphase der Entstehung 194
    1.   Deutscher Widerstand und Exil 194
    2.   Vor- und Frühphase der Bundesrepublik 199
    3.   Westdeutsche Länderverfassungen 200
    § 3   Der Verfassungskonvent von Herrenchiemsee 204
    § 4   Die Diskussion im Parlamentarischen Rat 208
        (a)   Staatszielbestimmung 212

| | | (b) | Behauptung der vorpositiven Geltung der Grundrechte | 214 |

(b) Behauptung der vorpositiven Geltung der Grundrechte ... 214
(c) Generalklausel für den Grundrechtskatalog ... 216
(d) Fazit ... 218

Kap. 3: Allgemeine Kriterien ... **221**

§ 1 Positive Kriterien ... 221
  1. Formale Charakteristika ... 221
    (a) Konstitutionsprinzip der Verfassung ... 221
    (b) "Kern" der Grundrechte ... 222
    (c) Trägerschaft ... 223
  2. Die "Menschenbild-Formel" ... 225

§ 2 Die Objektformel ... 228
  1. Kasuistik ... 231
  2. Die Relativierung der Objektformel ... 237
  3. Instrumentalisierung und Verdinglichung als Kriterien ... 241
    (a) Instrumentalisierung als Kriterium ... 241
    (b) Tauglichkeit des Verdinglichungsverbotes ... 242
  4. Abschließende Beurteilung ... 244

§ 3 Das Kriterium der "willkürlichen Mißachtung" ... 246
  1. Mißachtung als Handlungsmotiv ... 247
  2. Willkür ... 248

Kap.4: Kernstück: Das allgemeine Persönlichkeitsrecht ... **251**

§ 1 Entstehung ... 251
  (a) Die Entstehung des Art.2$_1$ GG ... 251
  (b) Zwei Interpretationen des Artikels ... 253
  (c) Das „Recht auf allgemeine Handlungsfreiheit" ... 255
  (d) Das allgemeine Persönlichkeitsrecht ... 256
  (e) Vorteile der Neuschöpfung ... 257

§ 2 Gehalt des Rechts ... 259
  1. Einzelne Rechtsgüter ... 259
    (a) Privatsphäre ... 259
    (b) Selbstbestimmung ... 262
    (c) Weitere konstitutive Bedingungen der Persönlichkeit ... 264
  2. Formales Gesamtbild: „Muttergrundrecht" ... 266

§ 3 Substantielles Gesamtbild ... 268
  1. Persönlichkeitsideal? ... 268

2.	Allgemeines Freiheitsrecht?		269
	(a)	Recht auf Handlungsfreiheit?	270
	(b)	Abwehrrecht?	272
	(c)	Substantieller Begriff von Freiheit	273
3.	Individuelles Wohl		275
	(a)	Argumente für den Begriff	275
	(b)	Zurückweisung von Einwänden	278

§ 4 Die Rolle von Art.1₁ GG für das neue Recht 281
   1. Reichweite 282
   2. Gehalt 283

Kap.5: Rekonstruktionsvorschlag 285

§ 1 Menschenwürde als Prinzip eines Systems der Grundrechte . 285
   1. Skizze des Modells 285
   2. Anbindung an Vorschläge aus der Literatur 288
      (a) Dürig 288
      (b) Alexy 289

§ 2 Einwände 292
   1. Kritik am Systemgedanken 292
   2. Art.1I GG als eigenständiges Grundrecht 294
      (a) „Muttergrundrecht" 294
      (b) Recht auf Selbstachtung 294
   3. Kritik am Subjektivismus 297
   4. Kritik am Individualismus 304

§ 3 Der Anspruch absoluter Geltung 307
   1. Die Absolutheitsthese und ihre Schwierigkeiten ... 308
   2. Unklarheiten innerhalb der Rechtsprechung 312
   3. Beurteilung 317

§ 4 Leistungsrechte 320
   1. Terminologische Vorbemerkung 322
      (a) Leistungs- und Abwehrrechte 322
      (b) Irreführende Differenzierungen 324
      (c) Leistungsrechte im weiten und im engen Sinne 325
      (d) Leistungsrechte und Leistungspflichten 326
      (e) Explizite und implizite Normen 326
   2. Bestehende Leistungspflichten und -rechte 327
      (a) Schutzrechtliche Verbürgungen 327

    (b)   Verfahrensrechtliche Verbürgungen 328
    (c)   Leistungspflichten- und rechte im engeren Sinne 329
  3.   Öffnungstendenzen 331
    (a)   Das Schutzgebot des Art.1 Abs. 1 S.1 GG 332
    (b)   Der wirksame Grundrechtsgüterschutz 333
  4.   Prinzipienmodell versus Eingriffsabwehrmodell 336
    (a)   Zwei Modelle 336
    (b)   Zwei Probleme und zwei Lösungen 338
  5.   Einwände gegen staatliche Leistungspflichten 342
    (a)   Leistungspflichten versus Abwehrrechte 342
    (b)   Mangelnde Justitiabilität 343
    (c)   Kompetenzübergriffe 347
  6.   Subjektivierung und Gewichtung 349
    (a)   Unterschiede in der Bindungswirkung 349
    (b)   Gründe für eine Subjektivierung 351
    (c)   Probleme 352
  7.   Résumée 354

Abschließende Betrachtung **356**

Literaturverzeichnis **360**

Danksagung

Die vorliegende Arbeit ist im Rahmen des Sonderforschungsbereichs "Literatur und Anthropologie" an der Universität Konstanz entstanden und an der dortigen philosophischen Fakultät als Dissertation eingereicht worden. Der Deutschen Forschungsgemeinschaft sei für die Finanzierung des Projektes gedankt, den Mitgliedern des Sonderforschungsbereichs sowie der Fachgruppe Philosophie für ihre vielfältige Unterstützung. Die Drucklegung wurde durch eine großzügige Beihilfe der Geschwister Boehringer-Ingelheim-Stiftung für Geisteswissenschaften ermöglicht.
Gottfried Seebaß und Peter Stemmer haben freundlicherweise als Gutachter zur Verfügung gestanden. Gottfried Seebaß hat diese Arbeit mit ungewöhnlichem Engagement betreut und mir umfassende Unterstützung geboten. Von seinen ausführlichen Kommentaren habe ich stark profitiert, auch wenn es mir nicht möglich war, alle Anregungen umzusetzen.
Zuletzt möchte ich mich bei meiner Familie und meinen Freunden bedanken: für ihre Bereitschaft zu Lektüre und Gespräch, ihren Zuspruch und ihre tatkräftige Hilfe. Dies gilt insbesondere für Barbara, Bernhard, Christine, Neil, Sigrun und meine Mutter - ohne sie hätte ich diese Arbeit nicht zuende führen können.

Fragestellung und Aufbau der Arbeit

Die Würde des Menschen ist unantastbar. Sie zu achten und zu schützen ist Verpflichtung aller staatlichen Gewalt.

Art.1 Abs.1 Grundgesetz der Bundesrepublik Deutschland

Die Menschenwürde-Garantie des Grundgesetzes stellt historisch betrachtet eine Neuheit dar: sie ist die erste Verfassung mit einer rechtlich signifikanten Garantie der Menschenwürde. Diese Neuerung scheint einerseits erfolgreich: kaum eine Bestimmung des Grundgesetzes wird häufiger zitiert, kaum einer mehr Beifall gespendet. In Anbetracht der Popularität der Formel von der unantastbaren Menschenwürde könnte man sie geradezu als Kristallisationspunkt des bundesdeutschen Verfassungspatriotismus ansehen. Andererseits gibt aber auch kaum einen Grundgesetz-Artikel, über den mehr gerätselt und gestritten würde. Der Dissens betrifft zwar vor allem für das Fachpublikum - d.h. die um die Auslegung des Artikels bemühten Juristen, Philosophen, Theologen usf.. Dennoch sind diese Fragen in den letzten Jahren auch über juristische und akademische Kreise hinausgedrungen und vor einer breiteren Öffentlichkeit erörtert worden. Man denke z.B. an die „Menschenwürde-Debatte", die 2001 über die Feuilletons unterschiedlicher deutscher Tages- und Wochenzeitungen ausgetragen wurde, angestoßen von einem provokanten Artikel des damals gerade zum Kulturstaatsminister ernannten Philosophen Nida-Rümelin.[1]

Die genannte Diskussion hatte einen stark polemischen Charakter, und dieser Eindruck stellt sich auch bei anderen Auseinandersetzungen um die ethischen oder rechtlichen Konsequenzen eines Menschenwürde-Prinzips ein. Sicherlich ist der scharfe Ton, der hier angeschlagen wird, zum Teil darauf zurückzuführen, daß es um politische Entscheidungen von großer Tragweite geht und die Intuitionen weit auseinanderklaffen - etwa, wenn über den normativen Status vorgeburtlichen menschlichen Lebens debattiert wird. Doch scheint das Schlagwort "Menschenwürde" selbst nicht gerade dazu geeignet, die ohnehin schon verhärteten Fronten zu öffnen. Wer

---

[1] Die Beiträge sind dokumentiert in NIDA-RÜMELIN (2002), S.405ff.; eine Synopse bietet MOSER (2001).

den Vorwurf einer Menschenwürde-Verletzung äußert, fährt ein erhebliches moralisches wie rechtliches Geschütz auf, mit der Konsequenz, die Argumentationssituation von vorneherein mit einer Atmosphäre moralischer Empörung oder anderer starker und aggressiver Emotionen zu belasten. Daß eine Berufung auf die Menschenwürde auf diese Weise als „Gewinnerargument" eingesetzt werden kann, stellt einen der problematischen Aspekte der Verwendung dieses Ausdrucks dar. Ein anderer ist möglicherweise mit der Gefahr einer Entwertung des Begriffs gegeben: so wird häufig ein „inflationärer Gebrauch" desselben beklagt. Besonders bedenklich erscheint mir ein dritter Aspekt: der Ausdruck „Menschenwürde" ist so vieldeutig, daß er leicht zu Unklarheiten und Mißverständnissen, wenn nicht gar zu Fehlschlüssen verleitet. Aus meiner Sicht wäre es daher in vielen Fällen besser, den Ausdruck in der sachlichen Auseinandersetzung durch jeweils andere, eindeutigere Begriffe ersetzen. Mindestens sollte man sich aber über die unterschiedlichen Verwendungsweisen des Ausdrucks im Klaren sein und auch seinen Gesprächspartnern deutlich machen, welches Verständnis man seinem Gebrauch zugrundelegt.

Die vorliegende Arbeit versteht sich als ein Beitrag dazu, die eben angesprochenen Blockaden abzubauen. Das Ziel ist sehr begrenzt: es geht nicht darum, eine substantielle Theorie der Menschenwürde zu entwickeln oder zu verteidigen. Auch Fragen der moralischen Begründung werden systematisch ausgeblendet. Hingegen sollen die unterschiedlichen Bedeutungen des Ausdrucks, seine Verwendung in der Ethik und im Verfassungsrecht analysiert werden. Im Folgenden möchte ich kurz auf den Aufbau der Arbeit eingehen und jeweils einen Ausblick auf die wichtigsten Ergebnisse geben.

Die hier vorgenommene Untersuchung entfällt auf zwei Teile, welche eine gewisse Unabhängigkeit voneinander besitzen. Im *ersten Teil* wird die Semantik von „Würde" und „Menschenwürde" untersucht (Kap.1) sowie der Gebrauch des Ausdrucks in der Ethik (Kap.2). Diese Fragen zu klären war Vorbedingung für die nachfolgende Untersuchung verfassungsrechtlicher Verwendungen, allerdings hat sich der semantische Teil aufgrund der Komplexität des Gegenstandes ausgeweitet und wurde so mit größerer Ausführlichkeit behandelt, als für die Analyse des Rechtsterminus tatsächlich nötig gewesen wäre. Leser, die eher an den Analysen des Verfassungsrechts interessiert sind, werden einige Ausführungen daher übergehen können - notfalls mag es genügen, sich anhand der Übersicht über die verschiedenen Bedeutungen des Ausdrucks zu informieren.[2] Wer jedoch daran interessiert ist, mißverständliche Thesen und Argumente der unterschiedlichen Menschenwürde-Debatten klarer zu reformulieren, wird den Details der hier präsentierten Analyse vielleicht mehr Interesse entgegenbringen können. Wünschenswert wäre es aus meiner Sicht gewesen, die Ergebnisse dieser Analyse auf die gegenwärtigen Diskussionen in der Ethik zu übertragen und zu versuchen, diese von unnötigen Wortstreitigkeiten, falschen Inanspruchnahmen und semantisch begründeten Fehlschlüssen zu entlasten. Ich habe dies nur gelegentlich, schlaglichtartig, tun können.[3]

Der *zweite Teil* ist der Verwendung des Ausdrucks im Recht gewidmet. Die ersten beiden rechtshistorisches und ein rechtsanalytisches. Dabei werden in den ersten beiden Kapiteln rechtshistorische Fragen verfolgt; es wird der Frage nachgegangen, wann und mit welcher Absicht der Terminus in das Verfassungsrecht eingeführt wurde. Die folgenden drei Kapitel sind rechtssystematischer Natur und betreffen die Konkretisierung der Menschenwürde-Garantie des *Grundgesetzes*. Maßgeblich für deren Interpretation ist die Rechtsprechung des Bundesverfassungsgerichts, das seine Position zum Teil in Auseinandersetzung mit der rechtswissenschaftlichen Literatur entwickelt hat. Die Grundlinien dieser Rechtsprechung werden daher zunächst dargestellt und sodann versucht, die teils widersprüchlichen, teils lückenhaften Judikate in einer möglichst konsistenten Weise zu rekonstruieren.

Den einzelnen Teilen wie auch den Kapiteln sind eigene Einleitungen vorangestellt, in denen die Fragestellung und Vorgehensweise erläutert werden und meist auch eine Übersicht über die Ergebnisse geboten wird, sodaß an dieser Stelle auf eingehendere Schilderungen des Inhalts verzichtet wird.

---

[2] Für die Übersicht vgl. Kap.1, §4.
[3] Kap.1, §5.2.

Teil 1: Wortbedeutungen und ihre Verwendung in der Ethik

Einleitung zu Teil 1

Wie ich in diesem Abschnitt zeigen möchte, ist der Ausdruck "Menschenwürde" ausgesprochen vieldeutig. Dieser Umstand hat schädliche Auswirkungen auf die gesamte Diskussion der damit verknüpften Sachfragen, denn ein erheblicher Teil der Argumente für oder gegen ein bestimmtes Verständnis von "Menschenwürde" bedient sich unausgewiesener Behauptungen über die Bedeutung des Wortes. Argumente dieses Typs besitzen viel Zugkraft, da ihre erste Prämisse von niemandem bestritten wird: daß die Würde des Menschen zu schützen sei. Wenn aber, was diese Norm bedeutet, mit Rekurs auf je unterschiedliche Lesarten des Ausdrucks begründet wird, so verwandeln sich Sachfragen in Streitigkeiten um Worte. Es scheint mir daher sinnvoll, sich zunächst einmal über die verschiedenen Bedeutungen des Wortes klarzuwerden und darüber, wie dieses Wort verwendet wurde und wird. Das Anliegen dieses Teils besteht also darin, eine "Landkarte" der unterschiedlichen Verwendungsweisen des Ausdrucks zu zeichnen, die eine strukturierte Diskussion der vielen Aspekte, die mit diesem Wort angesprochen werden, ermöglichen. Dabei wurde die folgende Vorgehensweise gewählt:

In *Kapitel 1* wird das Grundwort "Würde" in seine verschiedenen Lesarten aufgegliedert und diese erläutert (§§1-3). Da sich diese Lesarten als letztlich nicht eindeutig voneinander abgrenzbar erweisen, wird das Bedeutungsspektrum des Ausdrucks abschließend über eine Liste der semantischen „Komponenten" zu erfassen versucht (§4).

Von dieser ausgehend kann gezeigt werden, welche der Bedeutungen bei dem Kompositum "*Menschen*würde" eine Rolle spielen und worin der Zusatz besteht, der durch die Applikation von "Würde" auf "den Menschen" hinzukommt. Anhand einiger Beispiele für Mißverständnisse und Fehlschlüsse, denen die undifferenzierte Verwendung des Ausdrucks Vorschub leistet, soll schließlich der Nutzen der Analyse veranschaulicht werden (§5).

In *Kapitel 2* wird der Frage nachgegangen, mit welchen weiteren Implikationen die Rede von einer „Würde des Menschen" angereichert wird, wenn dieser Ausdruck als Bezeichnung eines ethischen *Prinzips* verwendet wird. Es lassen sich fünf ethische „Prinzipien" unterscheiden - Grundsätze sehr unterschiedlicher Art und Funktion -, welche als „Prinzipien der Menschenwürde" bezeichnet werden (§1.0). Ein jedes dieser Prinzipien wird kurz charakterisiert und in seiner moraltheoretischen Funktion beleuchtet (§1.2-5). Meiner Beobachtung nach läßt sich ein gewisser Konsens darüber erzielen, daß zwei dieser Prinzipien einen Kern dessen formulieren, was heute unter einem ethischen Prinzip der „Menschenwürde" zu verstehen sei; es handelt sich um die Prinzipien, die hier als „These vom intrinsischen Wert des Menschen" und als die „Menschenrechtsidee bezeichnet werden. Sie werden zudem zumeist als in einer Begründungsrelation verbunden. Die möglichen Wege und Schwierigkeiten einer solchen Begründung werden in § 2 skizziert. Abschließend wird ein Blick auf historische Verwendungen des Ausdrucks in Philosophie und Theologie geworfen und anhand ausgewählter Beispiele vorgeführt, wie stark diese divergieren und wie problematisch oder zumindest komplex das Unterfangen wäre, die Geschichte eines „Begriffs" der Menschenwürde zeichnen zu wollen (§3).

Kap. 1: Wortbedeutungen von "Würde" und "Menschenwürde"

§ 0 Vorgehensweise

Bedeutungswörterbüchern, Fachlexika und philosophischen Abhandlungen zu "Würde" und "Menschenwürde" lassen sich unterschiedliche Vorschläge dazu entnehmen, wie die Ausdrücke "Würde" resp. „Menschenwürde" semantisch analysiert werden können. Wer versucht, eine Auswahl unter diesen Analysen treffen, wird schnell bemerken, wie komplex die vorgenommene Aufgabe ist. Dies hat zum einen damit zu tun, daß „Würde" ein Abstraktum darstellt und sich das Bezeichnete mithin nicht leicht erfassen läßt. Ein weiterer Grund liegt darin, daß der Ausdruck sowohl vage wie auf komplexe Weise polysem ist. Und schließlich wird die Bedeutung des Ausdrucks selten von den substantiellen Konzeptionen getrennt, die sich mit ihm verknüpfen lassen. Angesichts dieser Verwicklungen erscheint mir eine gestufte Vorgehensweise sinnvoll, auch wenn sie den Nachteil der Umständlichkeit besitzt:

Zunächst möchte ich drei *Lesarten* unterscheiden und diese darstellen. Es wird sich jedoch zeigen, daß die dreigliedrige Unterscheidung auch nur bedingt aufrechtzuerhalten ist, da die Lesarten einerseits selbst mehrdeutig sind, Grenzunschärfen aufweisen und zudem selbst dort, wo sie sich begrifflich unterscheiden lassen, doch über zahlreiche Implikationsbeziehungen miteinander verknüpft sind, die es erschweren, ein konkretes Vorkommnis des Wortes der einen oder anderen Lesart zuzuordnen. Es wird sich daher als nötig erweisen, die unterschiedlichen Verwendungen von "Würde" noch weiter zu zerlegen, und dies nach einem Schema, das systematischen Gesichtspunkten folgt und infolgedessen zu dieser Dreiteilung quersteht. Dies wird aber anhand der semantischen Komponenten, die sich bereits im Verlauf der Darstellung der einzelnen Lesarten herauskristallisiert haben, gut möglich sein. Das Ergebnis wird eine Liste einzelner Komponenten sein, welche mit der einen oder anderen Verwendung von "Würde" verknüpft sein können. Erst diese Liste erlaubt eine präzise

Bestimmung dessen, was mit einer Zuschreibung von "Würde" – und später "Menschenwürde" – gemeint ist.[4]

Diese Vorgehensweise besitzt aus meiner Sicht mehrere Vorzüge: Wo Genauigkeit gewünscht ist, ist fraglos eine Zerlegung in *Komponenten* befriedigender. In vielen Interpretationskontexten wird man über eine Reduktion der semantischen Komplexität auf eine überschaubare Anzahl von *Lesarten* jedoch dankbar sein. Zudem läßt sich die Semantik des Ausdrucks auch leichter erfassen, wenn man zunächst dem - jedem Lexikon-Rezipienten vertrauten - Gedanken folgt, daß ein Wort in diskrete Lesarten zerfällt - und nicht in eine kaum zu überblickende und zudem noch fluktuierende Vielzahl semantischer Einzelaspekte. Sind die wesentliche Züge der Lesarten aber erst einmal herausgearbeitet, lassen sich weitere Differenzierungen und Verwicklungen besser aufnehmen. Nicht zuletzt ist die Unterscheidung der Lesarten ja auch nicht gänzlich unbegründet, wie die Darstellung ihrer Spezifika zu zeigen versucht - man könnte sie als besonders häufige oder möglicherweise auch prototypische Realisierungen des Ausdrucks verstehen.

§ 1   Drei Lesarten von "Würde"

Bevor man auf das Kompositum "Würde *des Menschen*" eingeht, ist es aufschlußreich, zu betrachten, was das Grundwort - "Würde" - bedeuten kann. Zwar wird "Würde" zuweilen auch - abkürzend - im Sinne von "Menschenwürde" gebraucht, was zu Verwirrungen führen kann, doch unterstreicht das nur die Notwendigkeit, sich den Unterschied zu verdeutlichen. Vorweg ist zu bemerken, daß ich mich am deutschen Ausdruck orientiere. Doch lassen sich die hier genannten Bedeutungsaspekte beim lateinischen Vorläufer "dignitas" (und den davon abgeleiteten Termini in den

---

[4] Wenn hier von semantischen „Komponenten", „Merkmalen", „Aspekten" etc. gesprochen wird, so in einem linguistisch naiven Sinn. Es wird m.a.W. nicht auf die Terminologie eines bestimmten Ansatzes innerhalb der lexikalischen Semantik Bezug genommen. Darüber hinaus wird auch nicht der Anspruch erhoben, daß es sich bei den ermittelten Komponenten um semantische Primitive handele, obgleich dies bei einigen tatsächlich zu überlegen wäre.

romanischen Sprachen und im Englischen) größtenteils wiederfinden. Nachweise sind, sofern notwendig, an gegebener Stelle eingefügt.

Es ist aus meiner Sicht sinnvoll, die folgenden drei Lesarten des Wortes „Würde" zu unterscheiden:

(i) Zum einen finden wir die Verwendung von „Würde" im Sinne eines hohen Ranges, Status, Amtes, Dienstgrades oder Titels. So sprechen wir beispielsweise davon, daß jemandem Würden verliehen werden, von Würdenträgern, der Ehrendoktor- oder Ministerwürde und dergleichen mehr.[5]

(ii) Zweitens wird "Würde" als Wertprädikat verwendet. Diese Bedeutung läßt sich gut über ein für sie spezifisches Derivat identifizieren, das Adjektiv "würdevoll". Als syntaktisches Kriterium sei auf den Umstand verwiesen, daß das Wort in dieser Bedeutung ohne Artikel verwendet werden kann - so etwa, wenn es heißt, jemand besitze oder beweise Würde, etwas sei von großer Würde oder eine Handlung sei mit Würde vollzogen worden. Dabei versteht man unter "Würde" in diesem Sinne zunächst einmal ein bestimmtes, positiv konnotiertes, Erscheinungsbild, aber auch die dieser Erscheinung korrespondierende innere Haltung.[6]

(iii) Drittens kann "Würde" einen ähnlichen Bedeutungsgehalt besitzen wie "Selbstachtung" oder „Ehre". Die Synonymie dieser Ausdrücke zeigt sich bereits daran, daß man sie in bestimmten Wendungen austauschen kann: man kann Personen sowohl in ihrer Würde wie in ihrer Selbstachtung/ Ehre verletzen, kränken oder sie ihrer/ seiner berauben, jemand kann seine Würde wie seine Selbstachtung/ Ehre verlieren oder bewahren, die eigene Würde oder auch Selbstachtung/ Ehre kann einem ein bestimmtes Verhalten ver- oder gebieten, etwas kann unter jemandes Würde sein oder mit seiner Selbstachtung/ Ehre unvereinbar.[7]

---

[5] Vgl. GRIMM (1963), S.2062ff. Diese Bedeutung ist auch im Lateinischen gut belegt. Zahlreiche Nachweise bei DÜRIG (1957).

[6] GRIMM (1963), S.2073f.; 2077f. und (1964), S.2093f. Nachweise für das Lateinische s. PÖSCHL (1989), S.228ff.

[7] Auch diese Lesart von „Würde" lässt sich im Lateinischen nachweisen, obgleich doch in einer anderen Nuancierung. Dies hat mit der Tatsache zu tun, daß diese Lesart

Eine erste Plausibilisierung dieser Einteilung vermag ein weiteres grammatisches Kriterium zu liefern: die drei Bedeutungen unterscheiden sich hinsichtlich der Kategorie des Numerus. So kennt "Würde" im ersten Sinne eine Pluralform (z.B. "Rang und Würden"), die beiden anderen Lesarten nicht (der Ausdruck kann weder in der Wendung „Würde ausstrahlen" noch in „jemanden in seiner Würde verletzen" in die Mehrzahl gesetzt werden) Dies läßt wiederum auf einen zugrundeliegenden semantischen Unterschied schließen, den man folgendermaßen beschreiben könnte: „Würde" im Sinne von „Rang" ist ein Individualnomen, es bezeichnet eine Entität, die als vereinzel- und zählbar gedacht wird („count noun"). Hingegen ist „Würde" in der Bedeutung eines Wertprädikats ein Massennomen („mass noun"), das nicht auf etwas individuiert Gedachtes referiert. Die dritte Lesart wiederum, „Würde" verstanden als „Selbstachtung"/ „Ehre", kennt zwar ebenfalls keinen Plural, doch läßt es sich m.e. nur schwer den Massennomen zuordnen - es bezeichnet weder einen Stoff, noch auch ein Abstraktum oder ein Kollektiv. Möglicherweise verbietet aber auch die Unsicherheit darüber, inwieweit es sich beim Referenten um eine individuierbare Entität handelt, den Sprechern die Verwendung des Plurals.[8] Wie auch immer man diesen dritten Fall erklären möchte, er unterscheidet sich von den beiden erstgenannten.

Im Folgenden werde ich zunächst die zweite Lesart von "Würde" (Würde als Wertprädikat) erläutern (§2). Es empfiehlt sich, mit ihr zu beginnen, da sich an ihr ein Spektrum von Bedeutungsaspekten gewinnen läßt, anhand dessen dann auch die übrigen Wortbedeutungen analysiert werden kön-

---

- worauf unten noch ausführlicher eingegangen wird - selbst facettenreich ist, was sich u.a. auch in der Vieldeutigkeit der Synonyme „Selbstachtung" und „Ehre" spiegelt. Hier nur so viel: Im älteren deutschen Sprachgebrauch wie auch im Lateinischen scheint mit „Würde" in dieser Lesart v.a. das soziale Ansehen einer Person gemeint zu sein, ihre "äußere Ehre", wenn man so will, vgl. die Nachweise bei GRIMM (1963), S.2073f., DÜRIG (1957), S.1026f. Zeitgenössische Verwendungen schneiden aus dem Bedeutungskomplex dieser Lesart hingegen eher die subjektiv-psychologische Facette heraus, die „innere" Einstellung der Selbstachtung/ des Selbstwertgefühls einer Person.

[8] Ähnlich bei dem (mindestens partiellen) Synonym dieser Lesart: „Selbstwertgefühl" - auch hier würde ein Plural unpassend wirken (obgleich das Grundwort „Gefühl" ja durchaus pluralfähig ist).

nen.⁹ Sodann werde ich auf die anderen beiden Wortbedeutungen eingehen und sie nach den unter §2 ermittelten Gesichtspunkten analysieren (§3). Wie bereits angekündigt, folgt dem ein (kurzer) Aufweis, inwiefern die Unterscheidung von Lesarten an ihre Grenzen gerät. Im Anschluß daran kann dann die genauere Auswertung der vorangegangenen Beobachtungen stehen, die in Form einer Übersichtstafel unter §4 präsentiert wird.

§ 2 Die Werteigenschaft "Würde"

In der Bedeutung von "Würde", um die es hier geht, bezeichnet der Ausdruck eine positive Werteigenschaft. Es fungiert als (substantiviertes) Wertprädikat[10] und ähnelt darin Ausdrücken wie „Güte", „Schönheit" oder „Liebreiz", die alle eine Wertung, oder wie man auch sagen kann, eine "Pro-Einstellung" zum Ausdruck bringen.[11] Auf dieses "Pro" läßt sich die Bedeutung des Prädikats allerdings nicht reduzieren. Es besitzt auch einen deskriptiven Gehalt: einem Gegenstand Würde zuzusprechen, bedeutet zugleich, ihn in einer bestimmten Weise zu beschreiben.[12] Insofern unter-

---

[9] Man könnte spekulieren, ob diese Lesart nicht auch die etymologisch Bedeutung darstellt. Für diese These spricht die Auskunft, demzufolge das deutsche "Würde" ein Abstraktum des alt- und mittelhochdeutschen Ausdrucks für "wert" darstellen und demnach "Wert" oder "Wertsein" bedeuten soll. Vgl. das Herkunftswörterbuch KLUGE/ SEEBOLD (1999), Art. "Würde".
Auch für den lateinischen Ausdruck ist die etymologische Priorität m.W. nicht geklärt. H. Drexler gibt eine interessante Begründung für seine Hypothese eines Vorrangs der Bedeutung von "Wert" gegenüber der von "Rang", vgl. DREXLER (1967), S.233f.. V.Pöschl scheint hingegen anderer Meinung zu sein, PÖSCHL (1989).

[10] Ich bezeichne den Ausdruck in dieser Lesart als „Wertprädikat", obgleich man diese Bezeichnung vielleicht eher für Adjektive reservieren wollen würde - doch ist das Substantiv „Würde" aus einem Adjektiv („wert") hervorgegangen (siehe FN.9) und wird oftmals ähnlich, nämlich quasi-prädikativ, verwendet, so, wenn es heißt, jemand oder etwas „besitze Würde" oder „sei von großer Würde" o.ä.. Natürlich sind aber nicht alle Verwendungen (quasi-) prädikativ, das Wort kann (in dieser Lesart) auch als Bezeichnung für eine abstrakte Entität, eben die Werteigenschaft der Würde, stehen.

[11] Ich beschränke mich hier auf Wertprädikate, die eine positive Wertung zum Ausdruck bringen, aber genaugenommen müsste man von „Pro- und Con-Einstellungen" sprechen und die negativ wertenden Prädikate wie z.B. „hässlich" oder „langweilig" hinzunehmen.

[12] KOLNAI (1976), 54f.

scheidet sich dieses Wertprädikat von einem deskriptiv leeren wie "gut" und einem deskriptiv weitgehend leeren wie "schön". Dies zeigt auch die Tatsache, daß "Würde" häufig als eine *besondere* Kategorie des Schönen definiert wurde, indem es als Synonym für den Begriff des Erhabenen genommen und mit dem der Anmut kontrastiert wurde.[13]
Es gibt hier eine interessante Entsprechung im Lateinischen. Auch "dignitas" kann, neben der bereits genannten Verwendung im Sinne von "Rang", als Bezeichnung einer ästhetischen Qualität fungieren. Diese Bedeutung ist möglicherweise sogar die etymologisch primäre[14], insofern sich das Wort vom lateinischen "decus" (Zier, Schmuck) ableitet. Die Eigenart der Schönheit, die durch "dignitas" bezeichnet wird, zeigt sich in den damit synonymen Ausdrücken wie v.a. "maiestas", "splendor" und "gloria", aber auch "honestas", und zwar sowohl in der Grundbedeutung von "ansprechende äußere Erscheinung" wie zur Bezeichnung der "moralischen Schönheit".[15] Auch für die Gegenüberstellung von Anmut und Würde findet sich hier bereits ein Vorläufer in der Abgrenzung von "dignitas" und "venustas".[16]

"Würde" in dieser Lesart besitzt demnach einen evaluativen wie einen deskriptiven Gehalt. Eine Komplikation tritt dadurch ein, daß das Wort unterschiedlich stark evaluierend oder deskribierend gebraucht werden kann. Letztlich kann es sogar an beiden Enden dieses Spektrums auftauchen: als *rein* deskriptiver oder *rein* evaluativer Ausdruck. So können – um Beispiele für eine rein deskriptive Verwendung zu geben - eine Haltung, ein musikalisches Motiv usf. auch ganz wertneutral als würdevoll charakterisiert

---

[13] Vgl. SCHILLER (1793).

[14] Vgl. FN.9.

[15] Drexlers These ist es, daß "honestum" das Wort "dignitas" als Übersetzung des griechischen "kalon" nur darum verdrängt habe, weil für "dignitas" kein Adjektiv zur Verfügung stand, da das zugehörige Adjektiv "dignus" semantisch bereits anders konnotiert war, nämlich als "würdig" anstelle von "würdevoll". Ebd., S.234.

[16] Vgl. CICERO, *De officiis (de off.)* I, 130 (vgl. auch I, 107). Bezeichnenderweise gilt "Würde" stets als männliche, "Anmut" als weibliche Form der Schönheit. Siehe ferner Ciceros Verwendung dieser Begriffe in seiner Rhetorik, *De oratore* 1,142; 1,191; zahlreiche weitere Nachweise bei WEGEHAUPT (1932), S.65ff. und PÖSCHL (1989), S.235ff..

werden, einzig in der Absicht, die phänomenale Qualität der Haltung oder des Motivs wiederzugeben.[17] Daß diese Beschreibung wertneutral ist, zeigt sich daran, daß hier ohne Widerspruch ein Urteil des Mißfallens angefügt werden kann. Beim rein evaluativen Gebrauch hingegen soll nur zum Ausdruck gebracht werden, daß der so qualifizierte Gegenstand Hochschätzung verdient, ganz gleich, welche phänomenalen Qualitäten er aufweist. Beide Verwendungen stellen allerdings Extreme dar, die sich vielleicht nicht häufig antreffen lassen.[18]

Eine Explikation dieses Wertprädikats muß diesen Abstufungen im Wortgebrauch Rechnung tragen. Ich möchte das über folgende Schritte tun: Zunächst soll der deskriptive Gehalt der Werteigenschaft mit Hilfe verschiedener Beispiele näher erfaßt werden (1). Auf diese Weise tritt der engere, qualitativ spezifischere Sinn, der diesem Wertprädikat zukommt, deutlicher in den Vordergrund. Sodann werde ich einen Vorschlag unterbreiten, wie sich das Wertprädikat formal charakterisieren läßt, so, daß es den engeren wie den weiteren – d.h. den deskriptiv abstrakteren oder gar deskriptiv leeren – Sinn umfaßt (2). Dieser formale Explikationsvorschlag rekurriert auf den Typus des Gefühls oder der Werthaltung, die mit der Verwendung des Wertprädikats "Würde" korreliert. Drittens werde ich erörtern, welcher Art der Sprechakt ist, der bei einer Zuschreibung von "Würde" als Wertqualität erfolgt (3). Dies erlaubt eine weitere Differenzierung des Sinns einer solchen Wertzuschreibung in evaluative oder deontische Urteile.

---

[17] In rein deskriptiver Verwendung ist "würdevoll" beinahe bedeutungsgleich mit "majestätisch". Interessanterweise läßt sich aber "Majestät" als Wertprädikat leichter in einem wertneutralen Sinne verwenden als "Würde".

[18] Es wäre allerdongs angesichts der kategorialen Verschiedenheit der beiden Bedeutungsaspekte zu überlegen, ob man hier nicht sogar weiter gehen und von zwei verschiedenen Lesarten anstatt von einer sprechen sollte, d.h. also von einer deskriptiven und von einer evaluativen Lesart. Dies würde allerdings eigene Schwierigkeiten mit sich bringen, auf deren Erörterung verzichtet werden muß. Es zeigt sich hier allerdings ein weiteres Mal, in welche Probleme die auf den ersten Blick naheliegende Einteilung von Lexemen in Lesarten führt.

1. Der engere deskriptive Gehalt

(i) Eine erste Annäherung kann über Beispiele erfolgen, deren deskriptive Eigenschaften verallgemeinert werden.[19] Wie bereits gesagt, bezeichnet "Würde", wenn darunter eine Werteigenschaft verstanden wird, zunächst einmal bestimmte Merkmale der äußeren Erscheinung und des Verhaltens. Typischerweise werden Schwere, Gemessenheit und Ruhe assoziiert. Es gibt eine Reihe von (zumindest partiellen) Synonyma des Würdevollen: das Majestätische, Feierliche, Erhabene, Hoheitsvolle, Gravitätische und andere mehr. Diese phänomenale Qualität wird primär sicherlich mit Bezug auf Personen ausgesagt, kann jedoch durchaus auch anderen Entitäten zugesprochen werden: einem alten Baum oder einem Felsmassiv, einem Raubvogel oder einer Kathedrale, einer Rede oder einem musikalischen Motiv.

(ii) Bei all diesen Beispielen steht "Würde" für eine Qualität der äußeren Erscheinung (einer Person oder eines Gegenstandes). Bezeichnend ist aber, daß "Würde" von äußeren Erscheinungsmerkmalen auf Charaktereigenschaften oder auf Merkmale "inneren" Verhaltens übertragen werden kann.[20] Analog etwa der Rede von "innerer Schönheit" kann man den "inneren Qualitäten" eines Menschen Würde zusprechen.[21]
Dabei fällt ins Auge, daß Würde vorzugsweise einem bestimmten Typus von Tugenden attestiert wird, die man als heroische oder aristokratische bezeichnen kann. Hier zeigt sich eine Verknüpfung mit der Bedeutung von "Würde" als hochstehender sozialer Rang: die *Tugend* Würde ist diejenige,

---

[19] Für eine beispielreiche Darstellung des deskriptiven Gehalts von "Würde" vgl. KOLNAI (1995), dort unter dem Stichpunkt "dignity as a quality".

[20] Zahlreiche Nachweise bei GRIMM (1964).

[21] Es läßt sich häufig beobachten, daß zwischen "äußerer" und "innerer" Würde, oder Würde in der Erscheinung und Würde als Charaktereigenschaft, ein Zusammenhang gestiftet wird, derart, daß die Würde in der Erscheinung als *Ausdruck* innerer Würde gesehen wird. Das würdevolle Auftreten ist lediglich der Spiegel der Würde, die als innere Qualität verstanden wird. Daher besteht die Möglichkeit, von einem authentischen und einem vorgetäuschten oder angemaßten Ausdruck zu sprechen: wo eine Entsprechung zwischen "Innen" und "Außen" nicht gegeben ist, wird Würde zu hohlem oder auch lächerlichem Pathos.

die einer hochstehenden Person angemessen erscheint. Natürlich gibt es unterschiedliche substantielle Beschreibungen dieser Tugenden, so wie es unterschiedliche Vorstellungen davon gibt, wodurch hochstehende Personen sich auszeichnen. Doch lassen sich gewisse Gemeinsamkeiten nennen. Man kann dies gut anhand historischer Beispiele illustrieren.
Eine besonders wirkungsmächtige Konzeption dieser Tugend findet sich, wenngleich unter anderem Namen, in der *Nikomachischen Ethik* des Aristoteles:[22] es handelt sich um die Tugend der Großgesinntheit ("megalopsychia"). Aristoteles definiert den Großgesinnten als denjenigen, der "sich großer Dinge für würdig hält und es auch ist". Großgesinnt kann daher nur sein, wer zum einen wahrhaft tugendhaft ist, d.h. alle übrigen Tugenden verkörpert. Zum anderen muß der Großgesinnte eine richtige Selbsteinschätzung besitzen, sich also weder für größer noch für niedriger halten, als er ist. Das schließt Aristoteles zufolge auch ein ungebrochenes Verhältnis zur Ehre ein: der Großgesinnte hält sich der ihm gebührenden Ehre für wert. Er wird weiter dadurch gekennzeichnet, daß er sich Glück und Unglück gegenüber maßvoll verhält, sich niemals mit Kleinigkeiten abgibt, in großen Dingen aber auch Großes wagt. Er schenkt, hütet sich aber, Wohltaten zu empfangen, erweist Gefälligkeiten, bittet selbst aber um nichts. Er sieht über ihm zugefügte Übel ebenso hinweg wie über die Menge, die er verachtet. Er urteilt nicht über andere, er kennt keine Genugtuung beim Tadel anderer und sagt selbst seinem Feind nichts Schlechtes nach. Er jammert nicht. Seine Bewegungen sind bedächtig, seine Stimme tief und ruhig.
Dieses Beispiel zeigt zahlreiche Übereinstimmungen mit anderen Konzeptualisierungen des Tugendideals der Großgesinntheit resp. Würde, - zugleich ist es aber geprägt durch das einer aristokratischen Elite vorbehaltene Ethos. Eine christliche Konzeption dieser Tugend, wie sie etwa über die Aufforderung zur "Nachfolge Christi" formuliert wird, wird die Beherrschtheit, das Maßvolle, die Abkehr von weltlichen Gütern und den Vorrang des Sittlichen aufnehmen, jedoch anstelle eines ausgeprägten Ehrgefühls und einer Arroganz gegenüber Niederstehenden Bescheidenheit,

---

[22] *Nikomachische Ethik* IV, 7-10 = 1123 a34-1125 b24. Das Beispiel wird häufig als eines für "Würde", ja für "Menschenwürde", angeführt, vgl. z.B. SPAEMANN (1985).

Demut und Achtung vor anderen Menschen als unabdingbare Voraussetzungen für die Erlangung von Würde benennen.[23]
Meiner Beobachtung zufolge kommen unterschiedliche Konzeptualisierungen der *Tugend* "Würde" vor allem in zwei Charakterisierungen überein: zum einen sehen sie "Würde" primär in Eigenschaften wie Selbstbeherrschtheit, Disziplin, Willensstärke, Souveränität, Standfestigkeit und Besonnenheit realisiert - Eigenschaften, die der Kürze halber als "Tugenden der formalen Autonomie" bezeichnet werden sollen.[24] Zum anderen scheint moralische Integrität eine beinahe unverzichtbare Bedingung zu sein.[25] Interessanterweise gibt es eine Reihe von Konzeptualisierungen der Tugend „Würde", die diese Merkmale nicht nur aneinanderreihen, sondern miteinander verknüpfen: indem sie Moralität auf Selbstbeherrschung zurückführen. Dies entspricht der stoisch-kantischen Vorstellung moralischer Tugend, welche Sittlichkeit mit der vernünftigen Bezwingung der Neigungen in eins setzt.

(iii) Worin kommen die Merkmale der äußeren Erscheinung und das Tugendideal der Großgesinntheit überein? Läßt sich diese Gemeinsamkeit auch verallgemeinern zu einer formalen Definition des Würdevollen, die unangesehen historischer, soziologischer, kultureller oder anderer kontingenter Vorgaben gilt?
Man könnte die deskriptive Gemeinsamkeit der genannten Beispiele mit Begriffen wie Größe, Macht, Stärke oder Erhabenheit zu beschreiben versuchen. Damit gibt man zwar wieder viel an phänomenaler Dichte preis, doch ist eine "formale" Definition notgedrungen dürftiger als eine substantielle. Immerhin ist diese Beschreibung aussagekräftig genug, um Widerspruch herauszufordern. Zunächst mag man einwenden, daß die Definition

---

[23] Eine eingehende Untersuchung des Ideals der Megalopsychia in der Antike und im Christentum findet sich in GAUTHIER (1951).

[24] Der Vorschlag entstammt WILDT (1992), S.160.

[25] Wie A.Wildt zu Recht einräumt, schließt das vorherrschende Wortverständnis es jedoch nicht aus, auch un- bzw. amoralischen Personen "Würde" zuzusprechen, sofern diese in ihrer Amoralität eine gewisse heroische Größe beweisen, siehe Wildt (1992), S.157. Einen solchen Grenzfall stellt z.B. der Typ des "nietzscheanischen" Heldentums dar.

über Begriffe wie Größe, Macht etc. ausschließlich an den äußeren Erscheinungsmerkmalen orientiert bleibe. Doch dieser Einwand läßt sich entkräften. Auch wenn man sich dabei einer mehr oder minder metaphorischen Redeweise bedienen muß, kann man die Tugenden der formalen Autonomie als eine besondere Form der Selbstmacht und Willensstärke beschreiben.[26] Insofern Sittlichkeit als Selbstbezwingung konzipiert wird, gilt dies entsprechend auch für die moralische Tugend.

Was aber, wenn das moralische Tugendideal nicht nach dem Paradigma der Willensstärke und Selbstüberwindung modelliert wird? Hieran läßt sich ein zweiter Einwand gegen die eben gegebene allgemeine Charakterisierung knüpfen: viele der häufig genannten Beispiele für Instantiierungen von "Würde" scheinen der Beschreibung als mächtig, stark oder erhaben zu widersprechen. Dazu gehören zum einen, wie gerade angemerkt, Äußerungen moralischer und anderer Tugenden, die keinen Akt der Selbstbeherrschung erfordern, sondern der Person selbstverständlich sind; Gelassenheit kann größere Würde ausstrahlen als Anstrengung. Zudem scheint es mit der Wortbedeutung vereinbar, gerade auch zarten, schwachen und verletzlichen Personen Würde zuzuschreiben. Treten einem bei der Erwähnung von "Würde" nicht gerade die Erniedrigten und Beleidigten vor Augen?[27] Zeigen diese Beispiele nicht, daß der deskriptive Gehalt von "Würde" hier falsch bestimmt wurde? Nicht unbedingt. Daß auch solche Eigenschaften als Exemplifizierung der Werteigenschaft "Würde" gelten, die sich nicht ohne weiteres mit denen der Macht, Stärke oder Erhabenheit gleichsetzen lassen, läßt sich m. E. auf zweierlei Weise erklären:

Zum einen mag es sein, daß sich Paradigmata (der Macht und Stärke etc.) verschieben oder erweitern. So kann man "Stärke" in unterschiedlichen Erscheinungsformen von Willensstärke exemplifiziert sehen, die sich nicht auf den "heldenhaften" Typ der Selbstkontrolle, der Selbstdisziplin oder Selbstbezwingung, beschränken muß, sondern auch auf Formen der Selbstmacht ausgedehnt werden kann, die statt Überwindung, Mühe und Anstrengung vielmehr Gelassenheit und Spontaneität voraussetzen.

---

[26] So einleuchtend WILDT (1992), S.159.

Zum anderen kann "Würde" ja - worauf oben bereits hingewiesen wurde - in stärkerem oder geringerem Grad in einem deskriptiven Sinne verwendet werden: selbst ein *rein* evaluativer Gebrauch ist möglich, bei dem die Prädikation lediglich zum Ausdruck bringen soll, daß der betreffende Gegenstand der Hochschätzung für wert befunden wird. In dieser, vom deskriptiven Gehalt abgelösten Verwendung lassen sich auch Erscheinungsformen der Anmut (welche traditionell der Werteigenschaft „Würde" gegenübergestellt wird) und der Fragilität mit dem Wertausdruck "Würde" belegen. An dieser Stelle sollte eingeflochten werden, daß "Würde" auch mit dem Begriff des Heiligen verschmelzen kann und das heißt mit einem Wertprädikat, das ebenfalls keinen deskriptiven Gehalt besitzen muß und sich vor allem durch die besondere Form der Hochschätzung auszeichnet, die es impliziert. Wenn schwachen Menschen oder auch der bedrohten Tier- und Pflanzenwelt "Würde" zugesprochen wird, so scheint dies weniger eine Qualität der Träger zu bezeichnen, als zum Ausdruck zu bringen, daß diesen Wesen gegenüber eine Haltung der Ehrfurcht angemessen ist.[28] Die formale Umschreibung des deskriptiven Gehaltes von "Würde" als Werteigenschaft sollte neben den bislang angeführten Merkmalen daher auch das der Heiligkeit mit aufnehmen.

Allerdings ist einzuräumen, daß der Gehalt des "Würdevollen" durch die angeführten Begriffe der Größe, Macht, Stärke und Erhabenheit nur sehr vage charakterisiert ist. Daher möchte ich den Versuch anschließen, den Gehalt phänomenal dichter zu beschreiben, ohne das Anliegen einer formalen Definition des Würdevollen aufzugeben. Damit komme ich zu dem angekündigten Explikationsvorschlag auf der Grundlage charakteristischer Gefühle. Ich habe die folgende Darstellung als Exkurs gekennzeichnet, da sie eher von speziellerem Interesse ist und nicht zur Kenntnis genommen werden muß, wo es nur um den Zweck eines sorgfältigeren Wortgebrauchs geht.

---

[27] So der Einwand P.Stemmers (anläßlich eines Vortrags der Verfasserin). Vgl. auch MARCEL (1956), S.155: Menschliche Würde sei am ehesten an menschlichen Wesen in ihrer Schwäche sichtbar, am Kind etwa oder am Greis.

[28] Dies bezeugt auch die Popularität der Rede von der "Ehrfurcht vor dem Leben".

2. Exkurs: Achtungsgefühle

(a) Erläuterung der Vorgehensweise
Der Versuch, den Gehalt der Werteigenschaft "Würde" über die ihr korrespondierenden Gefühle zu umschreiben, stellt keine Alternative zu dem bisher verfolgten Weg dar, sondern eine Ergänzung. Er zeigt dasselbe Phänomen, nur von einer anderen Seite. War beim bisherigen Vorgehen der Blick auf das *Objekt* der Wertschätzung gerichtet worden, so wird nun betrachtet, welcher Art die *Wertschätzung* ist, die wir einem als würdevoll bezeichneten Objekt entgegenbringen. Die Aufmerksamkeit gilt nun also der mentalen *Einstellung*, die eine Person einem Gegenstand gegenüber einnimmt, wenn sie ihm Würde zuschreibt.

Eine gute Hilfe beim Versuch, diesen Typus von Wertschätzung zu beschreiben, bietet die Orientierung an Typen von *Gefühlen*. Man kann diese Vorgehensweise durch die generelle Beobachtung motivieren, daß viele Wertausdrücke Gefühlswörter aufnehmen: "furchtbar", "staunenswert", "liebenswürdig", "abscheulich", "aufregend", "grauenhaft" usf..[29] Auch abgesehen von diesen sprachlichen Parallelen zeigt sich die Entsprechung daran, daß viele Arten der Wertschätzung sich individuieren lassen, indem man einen Typus von Gefühlen angibt, der dieser Form der Wertschätzung angemessen erscheint und bei authentischen Formen der Wertschätzung typischerweise auch auftritt. Aus meiner Sicht ist das darauf zurückzuführen, daß Einstellungen der Wertschätzung oder „Werthaltungen", wie ich im Folgenden sagen möchte, sich von Gefühlen nicht kategorial unterscheiden.[30] Vielmehr lassen sich Gefühle als bestimmte Formen von Werthaltungen bezeichnen, solche nämlich, die von einem Empfindungsmo-

---

[29] Ausführlicher hierzu z.B. ANDERSON (1993), Kap.1. Anderson verbindet mit dieser Beobachtung die weiterreichende These, daß Wertschätzung im Kern gefühlsförmig sei. Die bloße Feststellung einer Parallele zwischen Gefühls- und Wertausdrücken erzwingt diese Schlußfolgerung allerdings nicht.

[30] Ich spreche von einer „Werthaltung" und nicht von einem „Werturteil", um damit zum Ausdruck zu bringen, daß es sich um eine Wertung handelt, die (a) komplex sein kann, d.h. aus mehreren Urteilen bestehend, (b) nicht unbedingt aktuell und bewußt sein muß, sondern gegebenenfalls nur dispositionell oder latent vorhanden ist und (c) nicht urteilsförmig sein muß, sondern auch als nicht- resp. vor-propositionale mentale Einstellung gedacht werden kann.

ment begleitet sind. Dies kann hier natürlich nicht weiter begründet werden. Es scheint mir aber auch nicht so wichtig, da auch diejenigen, die eine hiervon abweichende Theorie von Gefühlen und Werthaltungen vertreten, akzeptieren könnten, daß die oben beschriebene sprachliche Korrelation von Typen der Wertschätzung und Typen des Gefühls gibt - daß unser Vokabular der Wertschätzung sich stark aus dem Emotionsvokabular speist. Im übrigen hat sich die Literatur zum Thema Würde stets auch des entsprechenden emotionalen Vokabulars bedient, indem sie Würde als den Gegenstand von Gefühlen der Achtung, Bewunderung und der Ehrfurcht herausgestellt hat.

Der große Vorteil eines Rückgriffs auf Emotionswörter liegt darin, daß es zu den mit diesen Wörtern bezeichneten Phänomenen zahlreiche Beschreibungsversuche gibt. Es gibt eine Reihe von Versuchen, das Gefühl der Achtung zu explizieren - weit mehr und weit interessantere als phänomenologische Beschreibungen der Werteigenschaft „Würde", und es ist mir kein Versuch bekannt, die für diese Werteigenschaft typische Form der Wertschätzung *unabhängig* von Gefühlen zu erfassen.

Welches Gefühl gilt es aber nun zu beschreiben? Zumeist wird als das mit „Würde" korrelierende Gefühl das Gefühl der Achtung genannt. Doch ist meine Beobachtung, daß bei der Beschreibung von Gegenständen, denen Würde als Wertprädikat zugeschrieben wird, ein ganzes Spektrum von Gefühlen (explizit oder implizit) evoziert wird: neben Achtung lassen sich Bewunderung, Ehrfurcht, Respekt, Verehrung, das ästhetische Wohlgefallen angesichts des Erhabenen,[31] Andacht, Scheu, Ernst und als Grenzfall vielleicht auch bestimmte Formen des Staunens nennen. Man sollte demnach vorsichtshalber lieber diese ganze Klasse von Emotionen heranziehen, die man mit Bollnow als "Achtungsgefühle" bezeichnen kann.[32] Das Gefühl der Achtung im engeren Sinne läßt sich dann als *eines* der Achtungsgefühle bezeichnen. Es wird, im Anschluß an eine Untersuchung der

---

[31] Obwohl es für dieses Gefühl, wie für andere Formen des ästhetischen Wohlgefallens, im Deutschen kein Wort gibt, habe ich es dennoch in die Liste der Achtungsgefühle aufgenommen, da sein intentionales Objekt - das Erhabene - oftmals als Gegenstand der Achtung angeführt wird.

[32] BOLLNOW (1958), S.17ff.

Charakteristika von Achtungsgefühlen im Allgemeinen, auch noch gesondert betrachtet werden.

Bei der Beschreibung der betreffenden Gefühle läßt sich ein hilfreiches Schema heranziehen, demzufolge sich an einem Gefühl unterschiedliche „Komponenten" ausmachen lassen. Es sind dies die Komponenten des intentionalen Gehalts, des wertenden Moments, der Empfindungsqualität, der charakteristischen Wünsche und Verhaltensimpulse sowie der typischen physiologischen Reaktionen. Ein jeder Gefühlstypus, so die Idee hinter diesem Modell, läßt sich anhand der für ihn kennzeichnenden Komponenten bestimmen. In dieser Bestimmung liegt das Potential zu einer phänomenologisch reicheren Beschreibung. Sie ist aber nicht nur reicher, indem sie mehr Aspekte der zu beschreibenden Wirklichkeit erfaßt; sie ist auch dichter, insofern die Beschreibung eines Aspektes wiederum Rückschlüsse auf andere, damit korrelierte, erlaubt. So kann beispielsweise die Beschreibung der für eine Emotion typischen affektiven Qualität Hinweise darauf geben, wie der intentionale Gegenstand beschaffen ist. Dies wird sich bei der konkreten Analyse deutlicher zeigen.

Es ist ferner wichtig zu verdeutlichen, weshalb diese Bestimmung des Gehalts des Wertprädikats "Würde" sich als eine *formale* bezeichnen läßt. Sie ist formal insofern, als sie weder festlegt, welche konkreten Eigenschaften *faktisch* zum Gegenstand der betreffenden Gefühle werden, noch auch, welchen konkreten Eigenschaften man die betreffenden Gefühle entgegenbringen *sollte*. Ersteres wäre Gegenstand einer empirischen Untersuchung, letzteres Gegenstand einer substantiellen (und zugleich normativen) Konzeption von Würde.[33] Hier sollen lediglich gewisse Bedingungen dafür festgelegt werden, welche Phänomene sinnvoll als "Achtung" *bezeichnet*

---

[33] Bei der Frage, auf welche Eigenschaften Menschen faktisch mit Achtung reagieren, wie auch bei der Frage danach, welche Eigenschaften Menschen als *angemessene* gegenstände von Achtung ansehen, muß beachtet werden, daß es sich um individuell wie kulturell stark variante Phänomene handelt. So mag beispielsweise asketische Strenge dem einen Respekt abnötigen, den anderen unbeeindruckt lassen. Es kann aber auch sein, daß sie zwar beiden unwillkürlich eine gewisse Scheu einflößt, aber nur eine Person dieses Gefühl auch für angemessen hält. Eine Bestimmung dieser Eigenschaften kann nur in Orientierung an konkret benannten Wertstandards erfolgen, die selbst wiederum Gegenstand der Auseinandersetzung sein können.

werden können. Diese Bedingungen sind durch die Art und Weise vorgegeben, in der die betreffenden Gefühlswörter in einer Sprache definiert sind, und insofern begrifflicher Natur. Nehmen wir das Beispiel der Ehrfurcht. Es lassen sich nicht einfach beliebige Gefühlsäußerungen als Äußerungen der Ehrfurcht bezeichnen. Wenn eine Person in Angesicht einer überlebensgroßen Heiligenfigur zusammenfährt und davonläuft, so wird man das nicht als Ausdruck von Ehrfurcht, sondern von Furcht bezeichnen, und dies aus begrifflichen Gründen: "Ehrfurcht" ist so definiert, daß nur Empfindungen und Gefühlsäußerungen eines bestimmten Typs darunterfallen. Ein plötzliches Erschrecken, das von einem Fluchtwunsch gefolgt wird, entspricht nicht dem Empfindungs- und Verhaltensmuster, auf das das deutsche Wort "Ehrfurcht" referiert.

Viele Autoren haben Mühe, formale und substantielle Definitionen auseinanderzuhalten. Ein sehr verbreiteter Fehler dieser Art besteht z.B. darin, das Gefühl der Achtung als ein Gefühl zu bestimmen, das sich auf die sittlichen Qualitäten einer Person richtet.[34] Daß es sich hier nicht mehr um eine Definition oder Explikation von Achtung handelt, zeigt sich daran, daß man auch die Hochschätzung für hervorragende Leistungen oder große Anstrengung als „Achtung" bezeichnen kann. Der intentionale Gehalt von Achtung läßt sich also nicht auf die konkrete Eigenschaft „Sittlichkeit" festlegen. Dies gilt möglicherweise auch für die Bestimmung von "Achtung" als einem typischerweise *Personen* geschuldeten Gefühl. Zwar ist es meinem Sprachempfinden nach auch möglich, davon zu sprechen, jemand habe einem Bauwerk oder einem Tier gegenüber das Gefühl der Achtung verspürt, doch läßt sich hierüber vielleicht streiten.[35]

Eine letzte Bemerkung muß der Analyse der Achtungsgefühle schließlich noch vorangeschickt werden. Der Ausdruck „Achtung" ist seinerseits

---

[34] Vgl. z.B. BOLLNOW (1947), S.28.

[35] Man kann das Vorhandensein eines solchen Gefühls möglicherweise einer anthropomorphisierenden Wahrnehmung (des Bauwerks resp. Tiers) durch die fühlende Person zuschreiben. Darüber hinaus kann es sein, daß die Semantik von "Achtung" tatsächlich Restriktionen unterliegt, die für die Bezeichnung des typischen intentionalen Gegenstands dieses Gefühls - der Eigenschaft "Würde" - nicht gelten. (Wie oben gesehen, läßt diese Eigenschaft sich auch nicht-personalen Entitäten zuschreiben). Aller-

mehrdeutig. Grundsätzlich lassen sich zwei Bedeutungen unterscheiden:[36] Zum einen bezeichnet „Achtung" ein Gefühl, eben jenes, das im Folgenden näher untersucht werden soll.[37] Zum anderen kann, etwas zu achten, bedeuten, es *berücksichtigen*.[38]

(b)   Charakteristika der Achtungsgefühle
Wie oben angesprochen, ist es sinnvoll, sich bei der Beschreibung eines Gefühlstyps von der Idee einer Analyse von Gefühls*komponenten* leiten zu lassen.[39] Was den *intentionalen Gehalt* der Achtungsgefühle angeht, so ist er bereits zum Teil benannt worden: es handelt sich um Wahrnehmung des

---

dings könnte es sein, daß dies erst durch einen Prozeß der Bedeutungsübertragung vom personalen auf den nicht-personalen Bereich ermöglicht wurde.

[36] Die Mehrdeutigkeit ist von verschiedenen Autoren hervorgehoben, aber unterschiedlich konzipiert worden.die mir bekannten Autoren schlagen zum Teil eine andere Grenzziehung vor, zum Teil neigen sie zu substantiellen Definitionen der Achtung. Im Grundsatz ähnlich ist die zweigliedrige Unterscheidung, die DARWALL (1977) vornimmt. Die beiden Lesarten lassen sich sodann intern weiter aufgliedern, vgl. FN.37 und 38.

[37] Wolf unterscheidet eine Spielart der Achtungsgefühle, den Respekt, von der Achtung als Wertschätzung. Meinem Vorschlag zufolge stellt die Achtung als Wertschätzung (die affektiv getönt sein kann), den Oberbegriff dar, und der Respekt eine ihrer Erscheinungsformen.

[38] Diese Lesart ließe sich m.E. folgendermaßen weiter untergliedern: als Grundform ließe sich möglicherweise die Achtung im Sinne der Aufmerksamkeit auszeichnen, insbesondere der Aufmerksamkeit auf eine drohende Gefährdung (vgl. BOLLNOW (1947), S.27.). Die Konzentration auf ein bevorstehendes Ereignis oder einen anderen, das Wohl einer Person betreffenden Faktor, führt sodann zur Bedeutung von "Achtung" als *Be*achtung oder Berücksichtigung. Das Beachtete wird in der praktischen Überlegung in Rechnung gestellt (vgl. WOLF (1984), S.101f.). Für den Kontext dieser Arbeit ist eine bestimmte Form dieser Bedeutung von "Achtung" von Belang: die Berücksichtigung von Personen. Damit kann zum einen gemeint sein, daß ich die Belange der Person berücksichtige: ihre Wünsche, Bedürfnisse, Interessen. Zum anderen kann es heißen, daß ich Normen beachte: wir sprechen vor allem von der Achtung von *Rechten* einer Person (dies ist die Bedeutung, die Tugendhat für die Achtung als Berücksichtigung reserviert, vgl. DERS. (1984), S.135f.).

[39] Diese Vorgehensweise soll nur als heuristisches Mittel verstanden werden, das dazu dient, die unterschiedlichen relevanten Phänomene aufzufinden und zu ordnen. Es ist damit keine spezifische (ontologische) Theorie von Gefühlen impliziert, mithin kann offenbleiben, ob sich einzelne dieser Komponenten auf eine oder mehrere der übrigen zurückführen lassen.

Gegenstands (auf den das Gefühl sich richtet) als Exemplifizierung von Größe, Stärke oder Macht.

Einen Schritt weiter führt Bollnows Klassifikation zwischenmenschlicher Gefühle. Bollnow teilt diese Gefühle zwei Klassen zu: den Achtungs- und den Liebesgefühlen. Diese Gegenüberstellung erscheint mir sinnvoll, da sie die Eigenart von Achtungsgefühlen hervorheben hilft:[40] Das Hauptmerkmal, das Achtungsgefühle teilen, besteht darin, daß der Gegenstand des Gefühls als distanzgebietend erscheint, während Liebesgefühle eine Bewegung zum geliebten Gegenstand hin zu fordern scheinen.[41] Diese Beschreibung gibt einerseits weitere Auskunft über den kognitiven Gehalt: der Gegenstand, auf den das Gefühl sich richtet, erscheint als distanzgebietend. Andererseits erlaubt er eine Aussage über den für Achtungsgefühle typischen *Verhaltensimpuls*: es ist der des Zurücktretens, des Zurückschreckens vor der Berührung.

Schwieriger ist es, die diesen Gefühlstyp auszeichnende *Empfindungsqualität* zu umschreiben.[42] Dies liegt vor allem daran, daß hier unterschiedliche

---

[40] Allerdings würde ich diese Klassifikation nicht als erschöpfend betrachten, wie Bollnow dies zu tun scheint.

[41] Vgl. z.B. BOLLNOW (1947), S.22.

[42] Es ist notorisch schwierig, die Qualität einer Empfindung zu beschreiben und sie von anderen abzugrenzen. Vielleicht ist es problematisch, überhaupt von unterschiedlichen Typen von Empfindungen zu sprechen - schließlich lautet ein Standardeinwand gegen sogenannte "feeling"-Theorien der Gefühle, daß Gefühle sich nicht anhand ihrer jeweiligen "feelings", d.h. also anhand unterschiedlicher Empfindungsqualitäten, individuieren lassen. Dieser Einwand trifft den richtigen Punkt, daß die Phänomene, die wir mit Hilfe unserer Gefühlswörter ausgrenzen, sich häufig nicht hinsichtlich ihrer Empfindungsqualität unterscheiden. Ärger ist von Zorn und Wut, vielleicht auch von Neid, Eifersucht und Haß, Belustigtsein von Heiterkeit und Freude etc. kaum anhand - introspektiv ermittelter - Gefühlsqualitäten zu trennen. Dennoch ist es verfehlt, daraus den Schluß zu ziehen, es ließen sich gar keine unterschiedlichen Empfindungsqualitäten benennen. Mir scheint die Annahme plausibel, daß es eine Anzahl "basaler" Empfindungen gibt, die sich mit kognitiven, evaluativen und konativen Elementen zu unterschiedlichen Affekten "kombinieren". Man kann Ärger und Zorn z.B. als Gefühle beschreiben, die dieselbe "feeling-Komponente" besitzen, sich aber in ihrem kognitiven Gehalt unterscheiden: dem Ärger liegt die Meinung (oder Quasimeinung) zugrunde, eine andere Person habe anders gehandelt als man wünscht, während Zorn die spezifischere Meinung voraussetzt, man werde von einer anderen Person ungerechtfertigt geringgeschätzt.

Empfindungen mit im Spiel sind, die in jeweils unterschiedlicher Weise und auch in unterschiedlichem Grad Bestandteil der betreffenden Emotionen sind. Für viele, aber vielleicht nicht für alle Achtungsgefühle läßt sich als Empfindungskomponente ein Element der Scheu oder Furcht ausmachen.[43] Bei der Ehrfurcht, die den Hinweis darauf im Deutschen bereits im Namen trägt, ist dies am deutlichsten. Bei der Bewunderung hingegen kann dieses Element ganz fehlen. Auch bei der Achtung *im engeren Sinne* kann man Zweifel hegen, ob ein Furchtmoment vorhanden ist. Das könnte man hier allerdings darauf zurückführen, daß die Empfindungskomponente bei diesem Gefühl insgesamt nicht sehr stark ist.[44] Schmitz gibt hierfür die Erklärung, Achtungsgefühle stellten sogenannte "Vorgefühle" dar, d.h. Gefühle, die selbst andere Gefühle antizipieren. Im Falle der Achtung handelt es sich dieser Analyse zufolge um ein Vorgefühl der Furcht, der Furcht nämlich vor einem drohenden Ausbruch von Zorn und Empörung als Reaktion auf die Antastung des Gegenstandes. Für das Gefühl der Bewunderung läßt sich diese Erklärung jedoch nicht heranziehen. Man könnte diese Emotion natürlich auch aus der Klasse der Achtungsgefühle ausschließen und einer anderen Gruppe zuordnen, z.B. den Gefühlen ästhetischen Wohlgefallens. Doch ignorierte man damit eine phänomenale Ähnlichkeit der Bewunderung mit den anderen Achtungsgefühlen, die zugleich einen spezifischen Unterschied zu anderen Gefühlen des ästhetischen Wohlgefallens ausmacht: das sich auch im Gefühlserlebnis niederschlagende Bewußtsein von der Größe des Gegenstandes. Anstatt von Furcht würde man hier lieber davon sprechen, man sei *beeindruckt*. Ob man darin eine Schwundform der Furcht sehen kann, etwa in der Spielart der Scheu, sei dahingestellt.[45]

Unangesehen der Frage, ob sich in allen Achtungsgefühlen ein Furchtmoment nachweisen läßt, ist klar, daß sich ihr Empfindungsmoment darin nicht erschöpft. Das zu behaupten hieße zu übersehen, daß es sich um *posi-*

---

[43] Vgl. H.Schmitz beschreibt die Achtungsgefühle als Spielarten der Scheu, J.Feinberg als Erscheinungsformen der Furcht, SCHMITZ (1990), S.384; FEINBERG (1973).

[44] Vgl. a. BOLLNOW (1958), S.38f.

[45] Das Problem einer Einordnung des Gefühls der Bewunderung legt es nahe, Kategorien wie die der Achtungsgefühle oder der Gefühle des ästhetischen Wohlgefallens nicht als ausschließliche und eindeutig abgrenzbare Kategorien zu verstehen.

tiv wertende Gefühle handelt, während die Furcht sich durch eine negative Wertung auszeichnet. Für Achtungsgefühle ist charakteristisch, daß in ihnen eine grundsätzliche Bejahung des Gegenstandes zum Ausdruck kommt: die Macht, die die distanzgebietende Furcht erregt, wird in irgendeiner Form gutgeheißen.[46]

Welche Empfindungen kommen in Frage, die die hierfür spezifische "Pro"-Dimension mit ins Spiel bringen? Ganz allgemein gesprochen lassen sich Achtungsgefühle als Gefühle der *Hoch*schätzung klassifizieren. Es ist aber fraglich, ob mit dieser Klassifikation über das wertende Moment hinaus auch eine spezifische Empfindungsqualität bezeichnet wird. Läßt sich dieses "Hoch" noch weiter qualifizieren? Bei einigen der Achtungsgefühle kann man ein Moment des ästhetischen Wohlgefallens ausmachen. Für die Bewunderung ist das bereits festgestellt worden, ein Gleiches gilt für das Gefühl angesichts des Erhabenen. Selbst bei der Ehrfurcht und der Verehrung könnte man diese Qualität wiederfinden. Gänzlich läßt sich der Aspekt der positiven Wertung hier allerdings nicht auf ein ästhetisches Gefühl zurückführen, und für andere Gefühle, etwa für das der Achtung im engeren Sinne, gilt dies erst recht.

Meinem Eindruck nach verdankt sich die Eigenart der Hochschätzung, die für diese Achtungsgefühle charakteristisch ist, einem Moment der Anerkennung oder Billigung, die einer Autorität oder normativen Macht entgegengebracht wird. Die Anregung zu diesem Gedanken liefert der Explikationsvorschlag Feinbergs.[47] Feinberg analysiert Achtung grundsätzlich als eine Spielart der Furcht und ihren intentionalen Gegenstand entsprechend als etwas (in der Wahrnehmung des Fühlenden) Gefährliches. Er zeichnet sodann eine kurze Entwicklungsgeschichte von dem archaischen Grundgefühl der Furcht hin zu anderen Formen der Achtung. Dabei geht, so seine Darstellung, das affektive Element der Furcht teils verloren, teils wird es durch anders getönte Empfindungen ersetzt wie Bewunderung oder Scheu,

---

[46] Ich erwähne die wertenden Momente - das negativ wertende der Furcht und das positiv wertende der Hochschätzung - anläßlich der Frage nach der Empfindungskomponente, möchte aber offenlassen, ob es nicht einer anderen der Komponenten zuzuschlagen ist bzw. sogar eine Komponente sui generis darstellt.

[47] FEINBERG (1973). Auch A.Wildt hat diesen Vorschlag aufgegriffen, allerdings in anderer Form, als dies hier geschieht, vgl. WILDT (1992).

und auch der intentionale Gegenstand kann sich entsprechend wandeln. Interessant ist nun seine Beobachtung, daß Achtung auch in der Spielart einer Achtung vor einer "normativen Macht" auftreten kann. Diese sieht Feinberg sowohl in sozialen Rangträgern verkörpert wie in moralischen Autoritäten oder Menschen als Rechtssubjekten.

Der Vorschlag, den intentionalen Gegenstand der Achtung als "Macht" zu charakterisieren und darunter auch eine "normative Macht" zu fassen, erscheint mir attraktiv, da er ein Erklärungspotential dafür bietet, weshalb das Gefühl der Achtung sich auf so unterschiedliche Gegenstände richten kann wie auf eine Naturerscheinung, eine hohe soziale Stellung, auf selbstbeherrschtes Verhalten und die Trägerschaft moralischer Rechte. Natürlich bleibt noch offen, wie die mehr oder minder metaphorische Rede von einer "normativen Macht" genauer zu explizieren ist.

Man könnte hier von dem Gedanken ausgehen, daß Personen sich, indem sie Normen akzeptieren, einer eigentümlichen Art des Zwanges öffnen, der sich psychologisch in ihrer Empfänglichkeit für innere Sanktionen (Schuld oder Scham) auf Zuwiderhandlung der Norm manifestiert. Damit könnte man in gewisser Weise an den Explikationsvorschlag H. Schmitz' anknüpfen, an seine Analyse der Achtung als eines "Vorgefühls"; nur würde dieses Vorgefühl nicht als Antizipation der Empörung oder des Zorns von Seiten Außenstehender (v.a. des Verletzten selbst), sondern als Vorwegnahme der autoaggressiven Reaktionen von Schuld oder Scham verstanden. Eine solche Explikation geht in die Richtung einer psychologischen Reduktion des moralischen Sollens, wie sie die Sanktionstheorie des Müssens vornimmt. Sie erscheint interessant, provoziert aber die Frage, ob hier nicht die Ursache durch die Wirkung ersetzt wird: man könnte auch der Meinung sein, daß die betreffenden Sanktionen die Folge eines *Urteils* sind.

Es bleibt daher die Frage offen, ob in der Anerkennung der normativen Macht die positiv wertende Gefühlskomponente zu suchen ist, die für eine vollständige Beschreibung der Achtungsgefühle vonnöten ist, oder ob dieses Moment anders zu erklären ist. Für meine Belange ist es allerdings nicht notwendig zu entscheiden, was für ein mentaler Zustand die Billigung ist, ob ein kognitiver, affektiver oder möglicherweise rein volitiver.

(c) Achtung im engeren Sinne
Ich möchte noch einige Überlegungen zum Gefühl der Achtung im engeren Sinne anfügen, da dies die Emotion ist, die als das eigentliche Korrelat der Würde angesehen wird.[48] Ich bezweifle, daß sich mit Präzision angeben läßt, was dieses Gefühl von anderen Achtungsgefühlen unterscheidet. Der Sprachgebrauch, auf den man bei der Individuierung von Gefühlen maßgeblich angewiesen ist, trennt hier nicht scharf genug. Dennoch erbringen die Versuche, das Phänomen zu bestimmen, das wir mit dem deutschen Wort "Achtung" bezeichnen und das auch in anderen Sprachen ähnlich abgegrenzt wird (z.B. durch das englische "respect"), interessante Ergebnisse, selbst wenn sie nicht immer eindeutig sind.

Charakteristisch für die Achtung ist, das wurde bereits erwähnt, das beinahe vollständige Fehlen einer Empfindungskomponente.[49] Dies unterscheidet das Gefühl insbesondere von Bewunderung, Verehrung und Ehrfurcht und verbindet es mit dem Ernst. Eine Erklärung hierfür könnte, wie bereits gesagt, Schmitz' Theorie der Vorgefühle bieten. Eine andere Erklärung könnte in dem bereits genannten Hinweis darauf liegen, daß Achtung als eine Werthaltung in Erscheinung treten kann, die nicht immer aktuell von einem Gefühl begleitet ist. M.E. läßt sich ein weiterer Grund anfügen. Um ihn zu darzulegen, muß ich etwas ausholen.

Manchenteils wird die Besonderheit der Achtung auch darin gesehen, daß es sich hier, anders als bei den anderen Achtungsgefühlen, nicht um ein "aufblickendes" Gefühl handeln soll. Während Ehrfurcht und Bewunderung voraussetzen, daß der Gegenstand als erhöht oder überlegen wahrgenommen wird, sollen Achtender und Geachteter sich gleichsam auf derselben Ebene begegnen.[50] Diese Charakterisierung wird allerdings nicht allgemein geteilt und sie kann auch m.E. nicht als generelles Merkmal dessen

---

[48] Im folgenden werde ich der Einfachheit halber nur von "Achtung" und nicht mehr von "Achtung im engen Sinne" sprechen.

[49] Dieser Eigenschaft verdankt Kants Lehre von der Achtung als einem rein intellektuellen Gefühl seine phänomenologische Plausibilität, vgl. *GMS*, AA IV, 401, FN.; *KpV*, AA V, 73.

[50] Vgl. BOLLNOW (1947), S.35.

gelten, was wir mit "Achtung" bezeichnen. Doch trifft sie eine bestimmte Spielart der Achtung, die Achtung unter Gleichgestellten.
Diese Beobachtung trifft sich mit einer weiteren. Ich habe Achtungsgefühle eingangs als Gefühle der Hochschätzung bezeichnet. Doch nicht immer scheint Achtung eine *besondere* Schätzung des Geachteten zu beinhalten. Die Achtung etwa, die aus Sicht der universalistisch-egalitären Moral allen Personen als Personen entgegengebracht werden soll, muß nicht notwendigerweise mit einer besonderen Hochschätzung einhergehen. Für sie scheint vielmehr - negativ - die Abwesenheit von Miß- oder Verachtung charakteristisch zu sein. Sie stellt eher den "Normalfall" im Umgang mit Personen dar, so daß nur ins Auge fällt, wo Achtung nicht vorhanden ist. Dann allerdings ist eine Einstellung der Geringschätzung gegeben. Andererseits gibt es auch Formen der Achtung, die Hochschätzung beinhalten: so paradigmatisch die Achtung vor hervorragenden Leistungen einzelner Personen.
Diese Unterschiede zwischen den Phänomenen, die wir als Formen der Achtung bezeichnen, weisen ein ähnliches Muster auf: Im einen Falle haben wir es mit einem Gefühl der besonderen Hochschätzung zu tun, das folgerichtig einen Niveauunterschied voraussetzt ("aufblickend" ist). Dieses Gefühl kann daher auch mit einer merkbaren Empfindung einhergehen, es grenzt an Bewunderung und Ehrfurcht an. Die zweite Spielart der Achtung wird hingegen kaum empfunden und enthält keine Wertung, die einen Niveauunterschied zwischen Fühlendem und Gegenstand des Gefühls voraussetzt. Wo sie fehlt, kommt dies jedoch einer Geringschätzung gleich. Fehlen dieser zweiten Form der Achtung (im engeren Sinne) damit aber nicht gerade diejenigen Merkmale, die für die Achtungsgefühle (im allgemeinen) gelten sollten? Fällt sie somit nicht aus dieser Kategorie heraus?
Ja und nein. Die zweite Form der Achtung könnte man als einen Spezialfall ansehen, der sich tatsächlich eben dann ergibt, wenn der Achtende den Geachteten als mit sich gleichrangig betrachtet. Voraussetzung ist allerdings, daß die achtende Person sich selbst bereits einen hohen Rang zuspricht. Wer sich als niederen Ranges einstuft, wird einer anderen Person, die er oder sie als ebenso tiefgestellt wahrnimmt, keine Achtung entgegen-

bringen können.⁵¹ Diese Form der Achtung ist also nicht einfach eine Achtung unter Gleichgestellten, sondern eine Achtung unter gleichermaßen Hochgestellten. Ihr intentionaler Gegenstand ist daher kein anderer als der der "aufblickenden" Achtung – ein als groß, mächtig oder erhaben wahrgenommenes Gegenüber. Der Unterschied liegt einzig darin, daß die achtende Person die Größe des anderen selbst von einer erhabenen Warte aus wahrnimmt. Die Größe der anderen Person muß sie daher weder besonders beeindrucken, noch ein Gefühl der eigenen Geringfügigkeit oder gar Furcht einflößen. Dies erklärt das Fehlen der entsprechenden Empfindung.⁵²

Man könnte hiergegen geltend machen, Größe und Erhabenheit seien relative Begriffe, folglich könne eine Person eine ihr gleichgestellte nicht als groß oder erhaben wahrnehmen. Doch wird damit unterstellt, daß der Maßstab, anhand dessen die fühlende Person Größe oder Erhabenheit bemißt, sich allein aus dem Vergleich mit ihrer eigenen Person ergibt. Das ist jedoch falsch. Wenn eine Person sich selbst als hochrangig einstuft, so muß sie einen unabhängigen Maßstab für ihre Größe besitzen. Eben diesen kann sie auch an eine andere Person anlegen und damit eine ihr gleichgestellte Person durchaus als groß anerkennen. Das erklärt auch, weshalb im Falle der Achtung unter Gleichen zwar nicht die Achtung, wohl aber der Mangel derselben stark empfunden wird. Fehlt die Achtung, so setzt dies tatsächlich eine Geringschätzung der betreffenden Person voraus (sie mag fühlbar

---

[51] Das Gesagte gilt nur, wenn die jeweilige Rangeinstufung nach demselben Standard erfolgt. Zur Illustration: Eine sich selbst als wenig gebildet einstufende Person wird einer anderen, der sie ebensowenig Bildung zuschreibt, nicht Achtung in dieser Hinsicht (nämlich: für ihre Bildung) entgegenbringen können. Sie kann sich aber natürlich in anderer Hinsicht als hochschätzenswert erfahren, z.B. aufgrund ihrer Arbeitsleistung, und ihr hierin Gleichgestellte dann um dieser Eigenschaft willen (als Gleiche) achten.

[52] Kant hat dieses Phänomen zu erklären versucht, indem er die Achtung durch zwei gegenläufige Gemütsbewegungen charakterisiert hat: eine Demütigung, die der Achtende erfährt, wenn er die überlegene Größe des geachteten Gegenstandes (das moralische Gesetz) wahrnimmt, sowie eine Erhebung, die er erfährt, wenn er der eigenen Größe (in seiner Eigenschaft als Vernunftwesen und somit Verkörperung des moralischen Gesetzes) gewahr wird, vgl. *KpV*, AA V, 77ff.

sein oder nicht): denn in diesem Fall wird die andere Person als niederen Ranges eingestuft.[53]

Die Ergebnisse der vorangegangenen Abschnitte 1 und 2 zusammenfassend läßt sich das Folgende festhalten: "Würde" ist ein Wertprädikat, das, anders als (mehr oder minder) "reine" Wertprädikate wie "gut" oder "schön", auch eine bestimmte Qualität eines Gegenstandes bezeichnet. Diese läßt sich mit Hilfe von Begriffen wie Macht, Größe, Erhabenheit oder Heiligkeit beschreiben oder, subjektiv gewendet, als diejenigen Eigenschaften, die als der Bewunderung, Achtung oder Ehrfurcht, kurz: der Achtungsgefühle wert angesehen werden können. Es gibt allerdings auch Verwendungen, bei denen das deskriptive Element kaum mehr vorhanden ist, so daß die Prädikation von "Würde" einer bloßen Wertzuschreibung gleichkommt: "Würde" bezeichnet dann nurmehr den intentionalen Gegenstand der Hochschätzung.

3. Assertorischer, evaluativer und deontischer Sinn

Bislang war vom deskriptiven und evaluativen Aspekt der hier betrachteten Lesart von „Würde" die Rede. Diese ließen sich um einen dritten ergänzen, den man den deontischen Aspekt nennen kann. Vielleicht wäre es verständlicher - und aus linguistischer Sicht auch angemessener -, hier die Perspektive der Wortsemantik verlassen und sich die Semantik (resp. Pragmatik) von Sätzen ansehen - von Sätzen, in denen „Würde" eben als Wertprädikat fungiert, die betreffende Werteigenschaft also einem Gegenstand zugeschrieben wird. Statt vom deskriptiven, evaluativen und deontischen Sinn des Ausdrucks sollten wir vielleicht besser von assertiven, expressiven und direktiven Sprechakten reden. Da die Klassifikation von Sprechakten jedoch in eigene Schwierigkeiten führt und die Darstellung nicht mit weiteren Komplikationen belastet werden soll, werde ich diese Perspektive nur aushilfsweise einnehmen und nicht strikt durchhalten.

---

[53] Dieser Unterschied ist für die hier verfolgte Fragestellung unter anderem darum relevant, weil ein entsprechender Unterschied der Achtungsformen auch bei der Selbstachtung zu bemerken ist und zu Divergenzen innerhalb der verschiedenen Explikationsversuche geführt hat. Ich werde darauf an entsprechender Stelle zurückkommen, siehe S.38f.

Was geschieht, wenn einer Entität Würde zugesprochen wird? Zunächst einmal wird damit eine Feststellung getroffen, insofern dem Gegenstand ja bestimmte deskriptive Eigenschaften zugeschrieben werden. Im bereits erwähnten Extremfall, in dem "Würde" in rein deskriptiver Bedeutung verwendet wird, geht eine solche Prädikation auch nicht über die Funktion eines Aussagesatzes hinaus.

Im Normalfall bringt "Würde" jedoch auch eine positive Wertung zum Ausdruck, oder, wie man auch sagen kann: eine Pro-Einstellung. Dem Träger von "Würde" wird neben den charakteristischen deskriptiven Eigenschaften auch bescheinigt, in irgendeiner Hinsicht "gut" zu sein. Wie dieses evaluative Moment expliziert werden kann, ist hier nicht zu erörtern. Festhalten möchte ich nur, daß die Zuschreibung der Werteigenschaft "Würde" wohl immer mit einem Objektivitätsanspruch verbunden ist. Mit anderen Worten geht es der Person, die die Zuschreibung vornimmt, nicht einfach nur darum, ihre eigene Wertung *auszudrücken*, sondern auch darum, sie als *richtig* zu behaupten. Auch was dies bedeutet, kann hier nicht geklärt werden, nur so viel: mit einer solchen Behauptung erhebt man den Anspruch, andere möchten die eigene Werteinstellung teilen.[54] Ich will dies den "evaluativen Sinn" einer Zuschreibung von Würde nennen.

Es gibt aber, und dies ist in ethischen Kontexten von besonderer Bedeutung, auch eine Tendenz, die Zuschreibung von Würde in einem noch stärkeren Sinne normativ zu verstehen. Dies zeigt sich in der Forderung, dasjenige, was Würde besitzt, nicht nur zu *schätzen*, sondern auch in einer bestimmten Weise zu *behandeln*. Ich will dies den "deontischen Sinn" einer Zuschreibung von Würde nennen. Ein Satz, in dem einem Objekt „Würde" zugesprochen wird, kann demnach direktive Funktion besitzen. Manchmal wird eine "Würde" sogar *nur* in diesem Sinne verwendet, so wie auch der Ausdruck "Wert" nur in diesem Sinne verstanden werden kann, der meint, ein Gegenstand verdiene Berücksichtigung. Doch scheint mir der primäre Sinn der evaluative, nicht der deontische zu sein.

Man könnte der Auffassung sein, daß eine Zuschreibung von Würde stets beide Bedeutungen umfaßt: was "Würde" besitzt, das verdient Hochschät-

---

[54] Hier zeigt sich eine Komplikation, die entstünde, wenn man Sprechakte differenzieren wollte: ist ein solches Werturteil nun expressiv, assertiv oder direktiv?

zung ebensowohl wie praktische Berücksichtigung. Tatsächlich scheint das Wertprädikat "Würde" einen besonderen, beinahe schon begrifflichen Bezug zum Deontischen zu besitzen. Das ist durchaus nicht bei allen Wertausdrücken so. Wenn man einen Gegenstand als „schön", „amüsant" oder „spannend" bezeichnet, so scheint man sich nicht sogleich auch dazu verpflichtet zu haben, den Gegenstand in einer bestimmten Weise zu behandeln – etwa dazu, ihn nicht zu zerstören oder gar, ihn vor Zerstörung zu bewahren. Oder doch? Es gibt unterschiedliche Ansichten dazu, ob das Gute und das Gesollte miteinander in logischer Verknüpfung stehen, die hier nicht thematisiert werden können. Vielleicht genügt auch folgender Hinweis: selbst wenn alle Wertprädikate analytisch ein deontisches Moment enthalten sollten, so handelte es sich dabei natürlich nicht um kategorisch geltende normative Forderungen. Selbst wenn, einen Gegenstand als schön zu beurteilen, immer bereits die Meinung implizieren sollte, daß man diesen Gegenstand erhalten müsse, so heißt das natürlich nicht, daß man der Meinung sein muß, dies unter allen Umständen tun zu müssen. Andere normative Gesichtspunkte können in Konkurrenz treten und rechtfertigen, daß man den schönen Gegenstand zugunsten eines anderen Wertes unangemessen behandelt. "Würde" scheint nun aber ein Wertprädikat zu sein, dessen deontisches Element ein besonderes Gewicht besitzt. Das hat damit zu tun, daß es sich um einen besonders wichtigen Wert handelt – schließlich verdient der Gegenstand der Achtung nicht einfach Schätzung, sondern Hochschätzung.

§ 3 Die übrigen Lesarten und ihr Zusammenspiel

Ich komme nun auf die beiden anderen eingangs unterschiedenen Lesarten von "Würde" zurück: auf „Würde" im Sinne von „hoher Rang" und auf „Würde" im Sinne von „Selbstachtung".

1. „Würde" im Sinne von „hoher sozialer Rang"
Wie oben bereits angesprochen, läßt sich eine der Lesarten von „Würde" über die Synonyme „Rang", „Position", „Status", „Amt" u.ä. identifizieren - präzisiert werden sollte jedoch, daß es sich nicht um irgendeinen, sondern um einen *hohen* sozialen Rang, Status etc. handeln muß. Als Beispiele

kann man Verwendungen anführen wie „die Würde eines Bischofs", „in Amt und Würden", eine Würde verliehen bekommen/ bekleiden" etc.. Diese Lesart ist nicht so stark explikationsbedürftig und auch weniger facettenreich als die beiden anderen. Sie ist zudem besser von den beiden anderen Lesarten zu unterscheiden als diese je voneinander. Ihre Eigenständigkeit hatte sich ja auch bereits mit Bezug auf grammatikalische Kriterien gezeigt, insbesondere darin, daß das Wort in dieser Lesart einen Plural kennt.

Natürlich läßt sich aber auch eine „semantische Brücke" zu den anderen Lesarten konstruieren, insbesondere zu der (meiner Vermutung nach basalen) Verwendung als Wertprädikat, die im vorangehenden Paragraphen untersucht wurde. Es ist sicher nicht nötig, die semantischen Zusammenhänge breiter auszuführen, so daß ich mich auf zwei Hinweise beschränken möchte: Wenn eine Person einen hohen sozialen Rang bekleidet, so genießt sie damit ein bestimmtes gesellschaftliches Ansehen; sie besitzt, wie man auch sagen könnte, einen hohen „sozialen Wert" (sie ist Gegenstand sozialer Hochschätzung). Hier zeigt sich eine Verbindung zum *evaluativen* Aspekt des Wertprädikats „Würde". Man kann darüber hinaus auch den *deontischen* Aspekt aufgegriffen sehen: ein Rangträger besitzt bestimmte Privilegien, ihm ist ein bestimmtes Verhalten geschuldet (und zumeist sind an den Rang auch bestimmte Pflichten geknüpft).[55] Allerdings unterscheiden sich diese beiden Lesarten ganz grundlegend in der Art und Weise, in der auf Evaluatives und Deontisches Bezug genommen wird. Wenn man einer Person „Würde" im Sinne der ersten Lesart (d.h. in der Bedeutung einer Werteigenschaft) zuspricht, so bringt man damit die eigene Wertschätzung[56] und Normüberzeugung zum Ausdruck. Anders hingegen bei der Aussage, eine Person bekleide eine Würde (einen hohen Rang). Diese Aussage ist zunächst einmal eine bloße Feststellung. Sie bezieht sich zwar auf Werthaltungen und normative Überzeugungen, doch nicht notwendig auf eigene; vielmehr wird in erster Linie auf die Evaluationen *anderer* Per-

---

[55] Nach der klassischen Definition von Linton läßt sich der Begriff des sozialen Rangs oder Status eben durch die Pflichten und Rechte definieren, die einem Individuum zukommen, s. LINTON (1936), S.113.

[56] Zumindest dann, wenn „Würde" nicht im rein deskriptiven Sinne verwendet wird.

sonen Bezug genommen, z.B. derjenigen Personen, die ihr die betreffende Würde verliehen haben. Die Aussage, eine Person bekleide eine Würde, bezieht sich somit auf eine *Tatsache*, die Tatsache nämlich, daß diese Person soziale Wertschätzung und Privilegien genießt - eben die Wertschätzung und die Privilegien, die konstitutiv sind für ihren hohen gesellschaftlichen Rang. Die Zuschreibung von „Würde" in dieser Lesart ist somit nicht notwendig evaluativ; es ist ohne Widerspruch möglich zu sagen, eine Person bekleide eine Würde (einen hohen Rang), verdiene aber weder Hochschätzung noch den Genuß der mit diesem Rang verbundenen Vorrechte. Natürlich *kann* man der Meinung sein, die betreffende Person verdiene ihre Würde und mithin die entsprechenden Achtungsbezeugungen, und sicherlich besteht diese Überzeugung in vielen Fällen, in denen Personen von Würdenträgern sprechen, auch. Doch ändert dies nichts daran, daß die positive Wertschätzung nicht Bestandteil der Bedeutung dieser Lesart ist.

2. „Würde" in der Bedeutung „Selbstachtung"
Die dritte Lesart ist von der ersten schwerer zu unterscheiden als die zweite, sie steht mit ihr auch in engerem Bedeutungszusammenhang. Dennoch scheint es mir sinnvoll, sie als eine eigene Lesart auszugrenzen. Am besten läßt sie sich über das Synonym "Selbstachtung" individuieren, auch „Ehre" käme in Frage, allerdings besteht hier wohl nur partielle Synonymie. Weitere Indizien für die Eigenständigkeit dieser Lesart wurden oben bereits angesprochen: sie kennt keinen Plural, ebensowenig wie die erste Lesart, doch scheint sie, anders als die erste Lesart, keine kontinuative Bedeutung zu besitzen (kein „mass noun" zu sein), sondern eine zählbare Entität zu bezeichnen - der fehlende Plural scheint vielmehr darauf zurückführbar, daß eine Person nur *eine* Würde in dieser Bedeutung (nur *eine* Selbstachtung) besitzen kann.[57] Damit hängt eine weitere Besonderheit dieser Lesart zusammen: sie wird vorzugsweise mit Possessiva verwendet - wir sprechen von „meiner" oder „seiner Würde" etc.. Zudem können die Träger einer „Würde" in dieser Lesart tatsächlich nur Personen sein, was für die erste Lesart - „Würde" als Wertprädikat - nicht gilt.

---

[57] Siehe oben S.11.

Es ist nicht leicht, diese Lesart zu explizieren. Dies liegt zum einen an dem bereits angesprochenen engen Zusammenhang mit der ersten Lesart. Darüber hinaus ist sie selbst komplex, und dies auf eine schwer zu analysierende Weise, da zwischen den einzelnen Bedeutungsaspekten zumeist Folgebeziehungen bestehen. Um mindestens der ersten Schwierigkeit zu entgehen - der Gefahr, diese Lesart mit der ersten („Würde" als Werteigenschaft) zu verwechseln -, empfiehlt sich, bei der Analyse zunächst einmal vom Synonym auszugehen, dem Ausdruck „Selbstachtung". Meines Erachtens lassen sich die wichtigsten Bedeutungsaspekte dieser dritten Lesart ebensogut bei diesem Ausdruck aufzeigen. Grundsätzlich lassen sich zwei Bedeutungen von „Selbstachtung" unterscheiden; sie werden in der Literatur zum Thema oftmals als der „psychologische" und der „normative" Begriff von Selbstachtung apostrophiert.[58]

(a)   „Selbstachtung" im psychologischen Sinn
Zunächst einmal liegt es nahe, unter "Selbstachtung" die Achtung zu verstehen, die eine Person sich selbst entgegenbringt. Selbstachtung ist demzufolge eine Form der Selbstschätzung oder, wie man auch sagen kann, des Selbstwertgefühls. Dabei handelt es sich allerdings nicht um ein *Gefühl* im engeren Sinne, sondern um eine *wertende Einstellung* der eigenen Person gegenüber, die allerdings natürlich von einem affektiven Moment begleitet sein *kann*.[59]

Häufig werden Selbstschätzung und Selbstachtung synonym gebraucht.[60] In einem engeren Sinne läßt sich die Selbstachtung aber als eine besondere Form der Selbstschätzung verstehen, so wie die Achtung eine besondere

---

[58] Vgl. z.B. MASSEY (1983); zum Teil wird statt von einem „normativen" auch von einem „moralischen" Sinn von „Selbstachtung" gesprochen, doch scheint mir diese Terminologie irreführend, da die betreffenden Normen nicht unbedingt als Normen der Moral betrachtet werden müssen. Strukturell ähnlich unterscheidet Telfer einen „estimativen" von einem „konativen" Aspekt der Selbstachtung, vgl. TELFER (1968). Für weitere Analysen siehe den Sammelband DILLON (1995).
[59] Zum Begriff einer wertenden Einstellung oder Werthaltung vgl. FN. 30.
[60] Vgl. z.B. RAWLS (1972), S.440ff.

Form der Schätzung darstellt.⁶¹ Worin sich die Selbstachtung von anderen Einstellungen der Selbstschätzung unterscheidet, läßt sich ganz einfach mit Hilfe der Merkmale erschließen, die oben bereits als Charakteristika der Achtungsgefühle herausgearbeitet worden sind.⁶² Generell wurde dort die Achtung als eine Form der *Hoch*schätzung charakterisiert. Mithin läßt sich die Selbstachtung als eine Haltung nicht einfach der Selbstschätzung ansehen, sondern als eine Haltung der Hochschätzung der eigenen Person.

Nicht alle Explikationen von Selbstachtung lassen sich mit dieser Definition vereinbaren. Gelegentlich wird behauptet, „Selbstachtung" bezeichne überhaupt keine Haltung einer positiven *Schätzung* der eigenen Person, sondern einfach den Zustand, in dem eine Person sich befindet, wenn sie den Mindestansprüchen genügt, die sie an sich stellt.⁶³

An diesem Einwand ist etwas richtig und etwas falsch. Er verweist auf eine Erscheinungsform der Achtung im engeren Sinne, die oben bereits unter dem Stichwort einer "Achtung unter Gleichen" diskutiert wurde.⁶⁴ Wie dort gezeigt wurde, muß man eine Person, der man Achtung entgegenbringt, nicht notwendigerweise in *besonderer* Weise schätzen - dann nicht, wenn sich die Achtung resp. Hochschätzung auf eine Eigenschaft, die man bei sich im selben Maße verkörpert sieht. In diesem Falle gibt es keinen Grund, die andere Person *höher* zu schätzen als sich selbst, dennoch kann man sie *hoch* schätzen - so hoch eben, wie man sich selbst schätzt. Dieser Gedanke läßt sich auch auf den Fall der Selbstachtung anwenden. Eine Person kann sich selbst hochschätzen, ohne sich höher schätzen zu müssen als andere Personen. Man könnte vielleicht sagen: sie kann sich einfach als jemanden schätzen, der die Mindestanforderungen an ein wertvolles Dasein erfüllt, die die Person sich stellt. Auch die Erfüllung solcher *Mindest*anforderungen kann eine Art der Hochschätzung rechtfertigen - darum,

---

⁶¹ Die Rede von „dem" Selbstwertgefühl einer Person ist m.E. irreführend, da sich die damit bezeichnete positiv wertende Einstellung einer Person sich selbst gegenüber an einem ganzen Bündel von sehr unterschiedlichen Maßstäben bemißt, das zudem situativ variieren oder in sich unterschiedlich gewichtet werden kann. Es würde aber zu weit führen, dies näher zu beleuchten.

⁶² Siehe oben, §2.2.

⁶³ So TAYLOR (1988), S.78f.

⁶⁴ Siehe S.29ff..

weil es Mindestanforderungen dafür sind, eine hochstehende Position einzunehmen.[65] Bildlich könnte man diese Form der Selbstbeurteilung auch – gänzlich analog zur Achtung unter Gleichen - als Verhältnis zwischen zwei Personen darstellen. In der Selbstachtung betrachtet das beurteilende "Ich" das beurteilte als mit ihm gleichgestellt. Die Achtung impliziert keine *Höher*schätzung und enthält somit kein Moment *besonderer* Wertschätzung. Im Falle eines Verlusts der Selbstachtung blickt das beurteilende "Ich" auf das beurteilte hinab. Das beurteilende Subjekt steht aber – das ist die Voraussetzung – bereits „oben".

Diese Analyse erklärt, weshalb der Begriff der Selbstachtung, anders als der der Selbstschätzung, häufig so gebraucht wird, als ließe er keine Graduierung zu: wir sprechen in diesen Fällen so, als sei der Besitz von Selbstachtung eine Sache des Ja oder Nein. Es scheint mir der besondere Witz an der Form des Selbstwertgefühls zu sein, das wir mit "Selbstachtung" bezeichnen, daß es zum einen Mindestanforderungen an den Selbstwert enthält, diese Mindestanforderungen aber zugleich sehr hoch angesetzt sind. Es sind die Anforderungen, die an eine hohe Position gekoppelt sind.[66] Das zeigt auch die besonderen Risiken eines solchen Selbstwertgefühls, da hohe Maßstäbe natürlich leichter zu verfehlen sind, ihre Verfehlung aber, wenn sie zugleich Mindestanforderungen darstellen, vernichtend ist.

Das eben Gesagte muss allerdings sogleich wieder eingeschränkt werden. Nicht immer verwenden wir den Terminus "Selbstachtung" für die eben

---

[65] Ein Beispiel: Ein Soldat mag sein Selbstwertgefühl an Mindestbedingungen der Art knüpfen, im Schützengraben auszuharren. Wenn er die geforderte Selbstverleugnung aufbringt, so muß ihn das nicht mit besonderem Stolz erfüllen. Dennoch bedeutet das nicht, daß er sich selbst nicht in einer bestimmten Weise hochschätzt. Eben indem er sich mit diesem heroischen Tapferkeitsideal identifiziert und das entsprechende Soldatenethos ausbildet, hält er sich "großer Dinge für würdig". Daran ändert nichts, daß alle anderen Soldaten dies auch tun bzw. tun müssen. Als Soldaten stehen sie damit aus seiner Sicht eben bereits auf einer ranghöheren Stufe, und wenn diese auch nur dadurch bestimmt wird, daß die zu entsprechenden Großtaten Unfähigen – Kriegsuntaugliche, Deserteure, Feinde, Frauen, Kinder etc. – entsprechend abgewertet werden.

[66] Die Person muß sich, um mit Aristoteles zu sprechen, "großer Dinge für würdig" erachten, siehe bereits S.16. Zu diesem Ergebnis führt auch der Gedankengang bei Hill (1995).

beschriebene Form der Selbstschätzung – ebensowenig, wie wir "Achtung" im engeren Sinne auf die besondere Spielart der Achtung unter Gleichen einschränken. Ich denke, es gibt zwei Phänomene, die wir mit "Achtung" (und entsprechend auch mit "Selbstachtung") bezeichnen: zum einen die Achtung, die wir einer anderen oder der eigenen Person entgegenbringen, wenn sie die Mindestanforderung erfüllt, um sie als gleichgestellt anzusehen. Zum anderen die besondere Form der Hochschätzung, die wir jemandem - uns selbst einbegriffen - für beeindruckende Leistungen oder andere Eigenschaften entgegenbringen, die die betreffende Person vor anderen auszeichnet. Letztere stellt eine Form der "Höherschätzung" dar, die auch graduierbar ist.[67] Beide Phänomene stellen jedoch Spezialfälle des Selbstwertgefühls dar insofern, als es sich um Werthaltungen der *Hoch*schätzung handelt.

(b) „Selbstachtung" im normativen Sinne
Nicht immer verwenden wir „Selbstachtung" im eben beschriebenen *psychologischen* Sinne. Dies zeigt sich an Redewendungen, in denen es heißt, eine Person habe „aus Selbstachtung" gehandelt oder aber „gegen ihre Selbstachtung verstoßen", wenn davon die Rede ist, daß ein Verhalten mit der eigenen Selbstachtung „nicht vereinbar" sei oder umgekehrt die eigene Selbstachtung einem ein bestimmtes Verhalten „gebiete" usf.. Hier bezeichnet „Selbstachtung" nicht eine Einstellung der Selbstschätzung, sondern vielmehr die Maßstäbe für Selbstschätzung oder auch die daraus folgenden Handlungsmotive und -normen. Aus diesem Grund wird hier von einem „normativen" Begriff der Selbstachtung gesprochen.
Es ist für das Verständnis dieses Begriffs hilfreich, dies noch ein wenig auszuführen. Die erstgenannte Bedeutung von „Selbstachtung" bezeichnet, wie oben gezeigt, eine evaluative Haltung - eine Haltung der Selbstschätzung. Selbstschätzung setzt, wie jede andere evaluative Haltung auch, bestimmte Standards der Evaluation voraus: eine Person kann sich nur schätzen, wenn sie sich selbst als jemanden begreift, der bestimmte Standards für Selbstwert erfüllt. Aus ihrem Wert erwachsen wiederum normative An-

---

[67] So kann man in der eigenen Selbstachtung "steigen" und "sinken".

sprüche.[68] Diese Ansprüche bestehen zum einen in Forderungen an die betreffende Person selbst: soll sie sich schätzen können, so muß sie die betreffenden Standards erfüllen. Wenn eine Person davon spricht, ihre Selbstachtung „gebiete" ihr etwas, so bezieht sie sich auf eben jene Forderungen, ihren Standards für Selbstwert zu entsprechen. Zum anderen erwachsen aus ihrem Wert auch Forderungen an *andere* Personen; die Forderung nämlich, den hohen Wert ihrer Person anzuerkennen und sie entsprechend zu behandeln. Diese Forderungen können gemeint sein, wenn davon die Rede ist, andere hätten die Selbstachtung einer Person verletzt oder mißachtet. An dieser Stelle läßt sich noch einmal den Unterschied zur psychologischen Bedeutung von „Selbstachtung" hervorheben: wenn eine Person davon spricht, daß ihre Selbstachtung ihr ein bestimmtes Verhalten gebiete, so kann sie damit nicht ihr Selbstwertgefühl meinen; denn dieses ist eine Werthaltung, die selbst nicht präskriptiv, sondern eben evaluierend ist. Wenn ferner davon die Rede ist, daß *andere* die Selbstachtung einer Person verletzt hätten, so muß damit nicht gemeint sein, daß das Selbstwertgefühl dieser Person Einbußen erlitten hat. Natürlich *kann* dies auch gemeint sein - und in diesem Fall wäre die psychologische Bedeutung ebenfalls aktiviert. Im Allgemeinen ist die Verletzung des Selbstwertgefühls (psychologische Bedeutung) jedoch eine *Folge* der Verletzung der Achtungsansprüche (normative Bedeutung) der Person und als solche nicht mit dieser gleichzusetzen. Desungeachtet lassen konkrete Verwendungskontexte sicherlich meist beide Bedeutungen zu.

Die normative Bedeutung weist aber noch eine weitere Mehrschichtigkeit auf. Sie zeigt sich daran, daß es möglich ist, einer Person die Selbstachtung auch dann abzusprechen, wenn diese sich selbst durchaus achtet. Nicht nur, daß die Person in solchen Situationen selbst keine Verletzung ihres Selbstwertgefühls verspüren muß, sie muß selbst auch nicht der Meinung sein, ihre Standards für Selbstachtung (also ihre Selbstachtung im normativen Sinne) preisgegeben zu haben. Häufig angeführte Beispiele für derartige Fälle sind die einer unterwürfigen Ehefrau oder eines seine diskriminierende Stellung akzeptierenden Sklaven, eines skrupellosen Geschäftsman-

---

[68] Auf welche Weise diese Ansprüche „erwachsen" (ob aus ihren Wünschen, aus einem objektiven Ziel, aus Pflichten oder anders), kann hier offenbleiben. Grundsätzliches zur Begründung normativer Ansprüche aus Werten wird in Kap.2, §2 gesagt.

nes oder eines servilen Beamten. Wenn diesen Personen ihre Selbstachtung abgesprochen wird, so ist nicht unbedingt gemeint, daß diese sich selbst nicht hochschätzten (obgleich dies natürlich in bestimmten Fällen durchaus auch der Fall sein *kann*). Gemeint ist vielmehr, diese Personen hätten *Grund*, ihren Selbstwert verringert zu sehen. In der Einschätzung des „Selbstwerts" der betreffenden Personen gehen in diesen Fällen somit Innen- und Außenperspektive auseinander.[69] Dabei läßt sich die Diskrepanz der beiden Perspektiven auf zweierlei Weise erklären: zum einen mag die außenstehende Person andere Standards für Selbstwert zugrundelegen als die betroffene Person. Dies könnte beim Typus der unterwürfigen Ehefrau oder eines „Onkel Tom" der Fall sein, wenn man davon ausgeht, daß diese ihre untergeordnete Stellung für gerechtfertigt halten, ihre Standards also recht niedrig ansetzen. Zum anderen mag es aber auch sein, daß nicht die Standards divergieren, sondern die Urteile darüber, ob diesen Standards entsprochen wurde. Als ein Beispiel hierfür könnte der Typus des kriecherischen Beamten gelten, der selbst vielleicht nicht der Auffassung ist, seine Standards zu verfehlen.[70]

(c) Résumée

Ich komme nach dieser Betrachtung der verschiedenen Bedeutungsaspekte des Synonyms „Selbstachtung" wieder zum Ausdruck „Würde" zurück. Es läßt sich nun besser überblicken, wie die Bedeutung von „Würde" in der dritten Lesart zu verstehen ist, und auch, worin ihr Zusammenhang mit der ersten Lesart besteht. „Würde" in der dritten Lesart ist in seiner Grundbedeutung wohl am besten zu fassen als der Gegenstand der Selbstachtung einer Person, wobei „Selbstachtung" hier im psychologischen Sinne verstanden wird (als spezifische Form des Selbstwertgefühls). „Würde" ist hier somit der „hohe Wert", eben die „Würde" in der ersten Lesart, den eine Person sich zuschreibt (sofern sie sich überhaupt in dieser Weise hochschätzt) - oder aber, aus der Außenperspektive betrachtet: der hohe Wert, den sie sich selbst zuschreiben sollte. Hier wird demnach der evaluative

---

[69] Massey konzeptualisiert m.E. falsch, wenn er die die Innenperspektive dem psychologischen Begriff von Selbstachtung zurechnet und die Außenperspektive als Charakteristikum des normativen Begriffs versteht, DERS. (1983a).

[70] Eine eingehendere Diskussion dieser und ähnlicher Fälle z.B. bei HILL (1973).

Aspekt von „Würde" in der ersten Lesart aufgenommen. Zudem bezieht sich „Würde" in der dritten Lesart aber zugleich - metonymisch - auf bestimmte „benachbarte" Aspekte: zum einen auf die die Werthaltung selbst, also auf eine psychische Einstellung (auf „Selbstachtung" im psychologischen Sinne); zum anderen auf die Standards der Selbstschätzung und die normativen Ansprüche, die aus diesen Standards hervorgehen. Während letztere Bedeutung den deontischen Aspekt von „Würde" in der ersten Lesart aufgreift, ist mit dem zuvor genannten - des Selbstwertgefühls, der Selbstachtung im psychologischen Sinn, eine neue und kategorisch verschiedene Bedeutung hinzugekommen.

In konkreten Verwendungen des Ausdrucks können diese Aspekte zusammen gemeint sein, sie können aber auch auseinanderfallen. Es ist wichtig, dies im Auge zu behalten. Wie später zu zeigen sein wird, gehen einige der Unklarheiten, die die Rede von der Menschenwürde mit sich bringt, darauf zurück, daß zwischen diesen Aspekten nicht differenziert wird. Es ist aber in ethischen Argumentationen von Belang, zu unterscheiden, ob mit einer „Verletzung der Würde" einer Person die Verletzung ihres Selbstwertgefühls gemeint ist oder die Verletzung des Anspruchs, sie zu achten - selbst dann, wenn letzteres häufig ersteres zur Folge hat. Und ähnlich beinhaltet eine „Garantie der Würde" andere Normen, je nachdem, ob das Selbstwertgefühl oder der Achtungsanspruch einer Person geschützt werden soll. Zuletzt noch eine terminologische Festlegung: Ich werde im Folgenden, wenn ich von "Würde" in der Bedeutung von "Selbstachtung" spreche, vor allem den psychologischen Begriff im Auge haben, da diese Bedeutung sich in den anderen Lesarten von „Würde" nicht wiederfindet.

3. Zusammenspiel der Bedeutungen

Es bestehen keine ganz klaren Grenzen zwischen den unterschiedenen Bedeutungen. Wie eingangs bereits gesagt, werden die hier aufgezeigten Bedeutungen im Alltagsgebrauch des Wortes "Würde" wie auch innerhalb spezifischer Konzeptionen nicht immer klar getrennt. Als Beispiel kann man die römische Konzeption von "dignitas" in der spätrepublikanischen Zeit anführen:[71]

"Dignitas" bezeichnet hier zum einen ein hochgestelltes politisches Amt und die damit verbundene soziale Stellung. Hier kommt "dignitas" also in der Bedeutung eines sozialen Ranges vor.

Zum anderen bezeichnet das Wort ein Bündel von Tugenden, darunter die stoischen Tugenden der vernünftigen Kontrolle der Begierde, sodann die durch Geburt und Tradition bestimmte staatsmännische Tugend und das den persönlichen Umständen angemessene, schickliche Verhalten. "Dignitas" steht demnach auch für eine Werteigenschaft des Trägers.

Die beiden Bedeutungen sind miteinander insofern verflochten, als die Tugenden aufgrund der hohen sozialen Stellung angezeigt sind und umgekehrt die hohe Stellung durch den Aufweis der Tugendhaftigkeit ihres Inhabers legitimiert wird.

Als "dignitas" werden ferner die Normen bezeichnet, die aus der hohen Stellung und den schätzungswerten Eigenschaften des Trägers erwachsen. Die Normen sind einesteils, wie eben gezeigt, an den Statusträger selbst adressiert. Anderenteils richten sie sich an alle übrigen Personen, die hohe Stellung und Tugend der Person anzuerkennen und dies in einem achtungsvollen Verhalten zum Ausdruck zu bringen. Die Begriffe des Wertes wie des Ranges, die hier vorkommen, werden demnach beide sowohl in evaluativem wie in deontischem Sinn gebraucht.

"Dignitas" kann darüber hinaus auch die subjektive Wahrnehmung des eigenen Ranges bezeichnen und somit die Bedeutung von "Selbstachtung" annehmen. Sie bezeichnet dann das Bewußtsein des Statusträgers von seiner hohen Stellung und den daraus folgenden Pflichten gegenüber sich selbst und gegenüber anderen. Am römischen Beispiel wird auch deutlich, weshalb sich dieser Begriff von "dignitas" von den übrigen nicht wirklich trennen läßt. Nach dem hier vorherrschenden Verständnis der Geltung sozialer Normen fallen Innen- und Außenperspektive, also die je subjektive und die öffentliche Auffassung darüber, welche Normen einem Rang und einem tugendhaften Verhalten entsprechen, zusammen. Es besteht noch

---

[71] Das Beispiel bietet sich an, da hier eingehende Untersuchungen vorliegen, vgl. WEGEHAUPT (1932) und PÖSCHL (1989). Eine übersichtliche Zusammenfassung der Wortverwendungen bietet Wegehaupt auf S.75ff.

kein Bewußtsein für das Problem, das auftritt, wenn ein Statusträger seiner Selbstachtung andere Maßstäbe zugrundelegt als die soziale Gemeinschaft (oder einzelne Mitglieder derselben). Vielmehr gilt: wenn die Statusnormen verletzt sind, so ist damit auch das Selbstwertgefühl des Trägers verletzt und umgekehrt.

Das Beispiel zeigt, wie eng die verschiedenen Bedeutungen verflochten sein können. Es macht aber, insbesondere für die Analyse des Ausdrucks in ethischen Kontexten, Sinn, sie zu unterscheiden. Sie geben einen ersten Hinweis darauf, welche unterschiedlichen Bedeutungen "Würde" annehmen kann. Auf der Grundlage der Differenzierungen, die in diesem Kapitel vorgenommen wurden, gelange ich zu dem nachfolgenden Ergebnis.

§ 4 Ergebnis: Übersicht über die verschiedenen Bedeutungen

Von der Würde einer Person zu sprechen, kann eine oder mehrere der folgenden Behauptungen implizieren:

(a) Die Person verkörpert die für die Werteigenschaft "Würde" typischen *deskriptiven* Eigenschaften
  (a1) in ihrer äußeren Erscheinung
  (a2) in ihren Charaktereigenschaften (als Tugend)
  (a3) indem sie sich ihrem hohen Wert gegenüber angemessen verhält
    (Selbstachtung im normativen Sinn beweist)
(b) Die Person verdient Hochschätzung (Würde im evaluativen Sinn)
(c) Die Person ist Gegenstand von Pflichten (Würde im deontischen Sinn)
  (c1) Die Person besitzt Pflichten gegenüber sich selbst
  (c2) Die Person besitzt Rechte gegenüber anderen
(d) Die Person besitzt einen hohen sozialen Status
(e) Die Person verfügt über ein intaktes Selbstwertgefühl (des Typs der Selbstachtung im psychologischen Sinn)

§ 5 "Menschenwürde"

1. Übertragung auf das Kompositum "Menschenwürde"

Es ist nun zu untersuchen, inwieweit sich die verschiedenen Wortbedeutungen von "Würde" auf das Kompositum "Menschenwürde" übertragen lassen und worin die Qualifikation besteht, die durch die Bezugnahme auf "den Menschen" hineinkommt. Auf diese Frage möchte ich, etwas allgemeiner - d.h. auch auf andere Verwendungen von Menschenwürde bezogen - im folgenden Unterabschnitt eingehen.

(d) *Bedeutungen des Bestimmungsworts „Mensch"*
Es bedeutet eine zusätzliche Komplikation der ohnehin intrikaten Semantik des Ausdrucks, daß auch das Bestimmungswort innerhalb des Kompositums „Menschenwürde" - also: „Mensch" - verschieden gedeutet werden kann. Allerdings sind die semantischen Differenzen hier nicht so schwer zu fassen, so daß eine kurze Darstellung genügt.

(i) Mit „*dem* Menschen" kann ein Kollektiv bezeichnet sein; naheliegend wäre, dies in einem universalistischen Sinne zu verstehen als „alle Menschen" resp. „ein jeder Mensch". Dies entspricht auch der - später eingehender zu beschreibenden - Position der universalistisch-egalitären Ethik, der zufolge ja *alle* Menschen Würde besitzen.

(ii) Mit „*dem* Menschen" kann allerdings auch ein Spezifikum der Gattung gemeint sein oder gar eine Wesenseigenschaft. In diese Richtung weist die häufig angeführte Präzisierung, es handele sich um die Würde „des Menschen *als* Menschen". Da es sehr viele Auffassungen davon gibt, worin das menschlich Spezifische besteht (bzw., ob ein solches überhaupt besteht), gibt es hier eine Vielzahl inhaltlicher Bestimmungen.
Es liegt natürlich nahe, einen Zusammenhang zwischen (i) und (ii) herzustellen. Wenn etwa von einer „Würde des Menschen als Menschen" gesprochen wird, so ist damit naheliegenderweise die Würde gemeint, die Menschen besitzen, *da* bzw. *insofern* sie das Gattungsspezifikum exemplifizieren. Dieser Zusammenhang wird heutzutage meist universalistisch gedeutet: mit „Menschenwürde" ist die Würde aller Menschen gemeint, da alle Menschen die Gattungseigenschaft (und sei es auch nur potentiell) exemplifizieren. Es gibt allerdings durchaus historische Positionen, die den Begriff exklusiver verstanden haben und wirklich nur denjenigen Men-

schen Würde zuerkannt haben, welche die Gattungseigenschaft tatsächlich exemplifiziert haben.[72]

(iii) Möglicherweise gibt es aber auch Interpretationen, die unter „dem Menschen" die *Gattung* Mensch verstehen. Zumindest wird in der Literatur zum Thema bisweilen zwischen einer Würde des Individuums und einer Würde der Gattung unterschieden.[73] Es ist allerdings nicht ganz klar, was dieser Bezug auf die Gattung genau bedeuten kann, wenn er nicht mit (ii) zusammenfallen soll. Da diese Bedeutung jedoch eine untergeordnete Rolle spielt, kann dies offengelassen werden.

(e)   Verwendungen des Kompositums
Für alle (oben unter § 4 angeführten) Bedeutungen von "Würde" lassen sich Entsprechungen beim Ausdruck "Menschenwürde" finden, mit einer ganz analogen Tendenz, sich zu kreuzen und zu überlappen.
Ich beginne mit einer Passage aus Ciceros Schrift *Vom pflichtgemäßen Handeln* (*De officiis*). Auf diese Weise läßt sich an das oben gewählte Beispiel der römischen "dignitas" anknüpfen, überdies stellt es den historisch ersten Beleg für die Anwendung des lateinischen "dignitas" auf den Menschen dar.
Wenn Cicero hier von der Auszeichnung und Würde ("excellentia et dignitas") der menschlichen Natur spricht,[74] so greift er damit zunächst einmal die Idee einer Sonderstellung des Menschen auf. Diese Vorstellung selbst ist nicht neu,[75] lediglich die Verwendung des Wortes "dignitas" in diesem Zusammenhang. Es zeigt sich aber, daß diese Vokabel sich gleich in mehrfacher Hinsicht eignet, diesem Gedanken Ausdruck zu verleihen.

(iv) *Hoher Wert.* Zum einen kann Cicero mit dieser Vokabel auf rhetorisch wirksame Weise seine Hochschätzung des Menschlichen zum Ausdruck bringen. "Dignitas" hat hier dieselbe Funktion wie die von ihm synonym

---

[72] Vgl. Kap.2, §3.2.
[73] Vgl. z.B. HONNEFELDER (1994)
[74] Vgl. CICERO, *De officiis*, I, 106.
[75] Nachweise bei SNELL (1975).

gebrauchten Wertprädikate "excellentia" und "praestantia".[76] Die Verwendung des Wortes besitzt insofern den Sinn eines evaluativen Urteils, entspricht also der oben angeführten Behauptung (b). "Würde" besitzt hier keine spezifische Bedeutung, die "Würde des Menschen" ist einfach der besondere Wert des Menschen (evaluativ verstanden).

(v) *Deskriptive Merkmale von "Würde".* Man kann Ciceros Rede von einer Würde des Menschen zudem auch den Sinn unterlegen, der oben in Behauptung (a) artikuliert wurde; seine Rede ließe sich auch als Behauptung verstehen, der Mensch besitze die deskriptiven Eigenschaften, die dem Wertprädikat "Würde" eigen sein können. Dies zeigt sich, wenn man den Kontext der zitierten Passage betrachtet. Sie ist innerhalb einer Erörterung der Tugend der Schicklichkeit ("decorum") situiert. Eben diese Tugend wird als spezifisch menschliche Form der Vortrefflichkeit dargestellt. Sie kennt zwei Erscheinungsformen: allgemein das Handeln in Übereinstimmung mit der den Menschen auszeichnenden Eigenschaften, im Besonderen Selbstbeherrschung und Mäßigung, wobei auch letztere als menschliches Spezifikum betrachtet wird.[77]

So, wie die Tugend der Schicklichkeit in diesem Text geschildert wird, offenbart sie alle Züge dessen, was den römischen Vorstellungen einer Tugend der "dignitas" entspricht: allgemeine Tugendhaftigkeit (die Schicklichkeit im Allgemeinen), ferner Selbstbeherrschung, Besonnenheit, Ernst, Zurückhaltung bei Scherz ebenso wie bei körperlichem Vergnügen usf..[78] Was die hier ebenfalls beschriebene äußere Erscheinungsform anbelangt, so wird dieser ausdrücklich Würde zugesprochen.[79]

Die Zuschreibung von "Würde" erhält hier also die Funktion der Behauptungen (a1) und (a2): einer würdevolle Erscheinung und eines würdevollen Betragens. Die Rede von einer "Würde *des Menschen*" gewinnt dabei insofern einen spezifischen Sinn, als die Fähigkeit zu solcher Tugend als Wesenseigenschaft des Menschen verstanden wird: "Würde" ist nicht einfach

---

[76] Vgl. z.B. *De off.* I,97.
[77] *De off.* I, 96.
[78] *De off.* I, 107ff.
[79] *De off.* I, 130.

eine Tugend, die Menschen besitzen, sondern die Tugend des Menschlichen.

(vi) *Pflichten gegen sich selbst.* Die Zuschreibung von "Würde" hat darüber hinaus einen deontischen Sinn, insofern nämlich, als ein dem hohen Wert des Menschlichen entsprechendes Verhalten gefordert wird (entsprechend der oben aufgeführten These c1). Die Idee einer Würde des Menschen scheint in diesem Text überhaupt nur zu dem Zweck eingeführt worden zu sein, bestimmte Pflichten des Menschen gegenüber sich selbst zu begründen.[80] Diese Begründung erfolgt über die Prämisse, die menschliche Natur zeichne sich gegenüber der tierischen durch die Fähigkeit der vernünftigen Beherrschung der Begierden aus. Daher, so die Folgerung, muß der Mensch, wenn er seiner besonderen Auszeichnung gerecht werden will, rationale Selbstkontrolle üben. Der besondere Wert des Menschen wird hier demnach dazu herangezogen, bestimmte Pflichten des Menschen gegenüber sich selbst zu begründen.

(vii) *Hoher Rang.* In gewisser Weise kommt selbst der Bedeutungsgehalt von "dignitas" als einem hohen sozialen Rang hier zum Tragen. Denn das Bild, dessen Cicero sich bedient, um den besonderen Wert des Menschen zu veranschaulichen, ist das einer stratifizierten Gesellschaft, innerhalb derer der Mensch höheren Rang besitzt als das Tier.

Man sieht, daß hinter Ciceros Rede von einer Würde des Menschen vier der mit der Zuschreibung von Würde verknüpfbaren Behauptungen zum Vorschein kommen. Zwei der möglichen Implikationen der Zuschreibung einer Würde des Menschen - die bei der heutigen Verwendung des Ausdrucks im Vordergrund stehen – finden sich hier hingegen nicht:[81] die These von einem moralischen Status des Menschen (entsprechend Behauptung c2) sowie die Forderung nach einem intakten Selbstwertgefühl von Personen (entsprechend Behauptung e). Sie können daher nicht anhand des

---

[80] Die Erwähnung des Ausdrucks erfolgt im Rahmen einer Ermahnung, sich nicht zügelloser Lust oder Begierde (voluptas) hinzugeben.

[81] Mindestens nicht explizit. Ob man sie der Sache nach in seiner Theorie angelegt sehen soll, ist eine Frage, auf die ich später kurz zurückzukommen werde, siehe unten S.99ff.

Textbeispiels veranschaulicht werden, vielmehr muß hierzu auf spätere Verwendungen zurückgegriffen werden.

(viii) *Moralischer Status*. Ciceros Verwendung bedient sich der Vorstellung eines den Kosmos umfassenden Gesellschaft. Auf diesem Hintergrund kann er unter der Würde des Menschen dessen hohen Rang innerhalb des Kosmos verstehen. Auch heute bleibt dieses Verständnis von Menschenwürde durchaus präsent - nach Wegfall der metaphysischen Hintergrundvorstellung eines göttlich geordneten Kosmos, die keine allgemeine Geltung mehr beanspruchen kann, - nurmehr als Metapher. Beibehalten wird die Auffassung, daß Menschen als solche bereits einen moralischen Rang besitzen, d.h. daß sie Gegenstand moralischer Pflichten resp. Träger moralischer Rechte sind. Es ist interessant zu sehen, daß sich in neuerer Zeit - unter Beibehaltung der Metapher? - für diese Auffassung der Begriff des *moralischen Status* eingebürgert hat.

Im Unterschied zur Ciceronischen Verwendung stehen allerdings andere normative Implikationen dieser Idee eines moralischen Ranges des Menschen im Vordergrund. Bei Cicero fungierte der Ausdruck vor allem als Anknüpfungspunkt für Pflichten der Person gegen sich selbst. Rechte des Menschen als Menschen werden aus dem hohen Wert oder Rang des Menschen hingegen nicht abgeleitet.[82] Der heute gebräuchliche Begriff des moralischen Status ist hingegen durch die Rechte des Trägers definiert: d.h. durch die Pflichten, die andere dieser Person gegenüber haben. Zentral für die heutige Verwendung des Ausdrucks "Menschenwürde" ist die dahinterstehende These, daß Menschen moralisch berücksichtigt werden müssen. Ob sie darüber hinaus auch selbst auf ihren hohen Rang Rücksicht nehmen müssen aufgrund der besonderen Anforderungen, die aufgrund ihres hohen Wertes an sie gestellt sind, ist hingegen eine Frage, die nicht nur stark umstritten ist, sondern erst gar nicht mit dem heute üblichen Begriff eines moralischen Status verknüpft wird.[83]

(ix) *Selbstachtung (im psychologischen Sinne)*. Auch die Bedeutung von "Würde" als Selbstwertgefühl (Selbstachtung) kennt eine Entsprechung bei

---

[82] Vgl. auch unten Kap.2, §3.2.

[83] Vgl. z.B. WARREN (1997), S.3.

der Rede von der Menschenwürde. Charakteristisch für dieses Verständnis ist etwa die Wendung, jemand sei "in seiner Würde als Mensch verletzt" worden. Diese Bedeutung läßt sich aus heute üblichen Verwendungen von "Menschenwürde" kaum wegdenken, wie später noch zu sehen sein wird.
Man kann sich an dieser Stelle fragen, ob es überhaupt einen Unterschied zwischen "Würde" und "Menschenwürde" in dieser Bedeutung gibt - was besagt hier noch der Zusatz "Würde *des* Menschen" oder "*als* Mensch"? Tatsächlich glaube ich, daß hier häufig nicht wirklich differenziert wird. Man könnte den Zusatz aber folgendermaßen zu begründen versuchen: "Würde" in dieser Bedeutung kann, wie der Begriff der "Ehre", eine *bestimmte* Form der Selbstachtung meinen - eine, die an bestimmte soziale Positionen und Rollen gebunden ist. So, wenn von der Würde der Frau, des Vaters, des Senators, des Soldaten, des Bürgers usw. gesprochen wird. Ganz gleich, ob die jeweilige Form der Selbstachtung an Geschlecht, soziale Rolle, Amt, Beruf, Klasse oder ein anderes Merkmal geknüpft ist, immer ist "Würde" in diesem Verständnis an eine partikulare Rolle gebunden. Entsprechend können unterschiedliche Individuen ihre "Würde als X" ganz unterschiedlich definieren. Selbst ein und dasselbe Individuum kann mit wechselndem Kontext ein anderes Konzept seiner "Selbstachtung als X" zugrundelegen. Anders, was die Selbstachtung als Mensch anbelangt: hiermit ist eine Form der Selbstachtung gemeint, die jedem Menschen als Mensch zukommt.
Will man substantiieren, was hiermit gemeint sein könnte, bieten sich wiederum zwei Wege an:
Zum einen könnte man unter einer Selbstachtung als Mensch einfach die allgemeinen Bedingungen der Selbstachtung von Personen verstehen, d.h. diejenigen Bedingungen, die sich formulieren lassen, wenn man von den konkreten Rollen unterschiedlicher Individuen absieht.
Zum anderen könnte man damit auf diejenige Form der Selbstachtung Bezug nehmen, die auf einer Wertschätzung spezifisch menschlicher Eigenschaften an der eigenen Person beruhen. Gegenstand der Wertschätzung ist hier also das Menschliche in der eigenen Person. Selbstachtung in diesem Sinne wäre mit dem Begriff von Menschenwürde als der spezifisch

menschlichen Tugend vereinbar,[84] insofern sie die Reaktion des Individuums auf seine, in seinen spezifisch menschlichen Eigenschaften begründete "Würde als Mensch" wäre.

2. Konsequenzen der Vieldeutigkeit: Beispiele
Ich will daher anhand dreier Beispiele aufzeigen, welchen Nutzen es haben kann, die hier aufgeführten Unterschiede im Auge zu behalten.

(f)   Begünstigung eines heroischen Persönlichkeitsideals

Für das erste Beispiel kann man bei Cicero bleiben. Wie Forschner festgestellt hat, bringt Cicero

"die griechische, speziell stoische Bestimmung der Natur und des Ziels des Menschen mit dem innere und äußere Aspekte der Lebensführung gleichgewichtig umfassenden Elite-Begriff der römischen dignitas in unlöslichen Zusammenhang [...]. Was für den römisch-republikanischen Aristokraten gilt, wird auf den Menschen als Menschen bezogen."[85]

Ich lasse dahingestellt, ob darin ein "bahnbrechender Beitrag für die Herausbildung des abendländischen Begriffs einer allgemeinen Menschenwürde" zu sehen ist. Worauf ich an dieser Stelle eingehen möchte, ist die Verknüpfung der These von der Auszeichnung des Menschen mit dem römischen Persönlichkeitsideal. Wie ist sie gerechtfertigt? Cicero stützt sich auf ein anthropologisches Argument: Herrschaft über die Begierden ausüben zu können, sei eine der Wesenseigenschaften des Menschen, die ihn vor den Tieren auszeichnet. Mit dieser Behauptung kann er das für dieses Persönlichkeitsideal zentrale Element der Selbstbeherrschung als allgemeinmenschliches Ideal herausstellen. Allerdings gibt es viele Aspekte der römischen Tugend der "dignitas", die sich nicht allein auf diese menschliche Wesenseigenschaft zurückführen lassen. Das läßt sich bereits an der Passage ablesen, in der die Würde des Menschen erwähnt wird:

---

[84] Vgl. etwa oben Punkt (ii).
[85] FORSCHNER (1998), S.97.

"Wenn wir bedenken wollen, eine wie überlegene Stellung und Würde in unserem Wesen liegt, dann werden wir einsehen, wie schändlich es ist, in Genußsucht sich treiben zu lassen und verzärtelt und weichlich, und wie ehrenhaft andererseits, sparsam, enthaltsam, streng und nüchtern zu leben."

Der männliche Heroismus und die asketische Strenge, die hier gepredigt werden, können kaum als selbstverständliche Konsequenz der Norm verstanden werden, die spezifisch menschliche Fähigkeit der vernünftigen Trieblenkung zu ihrem Recht kommen zu lassen. Daß diese Schlußfolgerung dennoch so plausibel erscheinen kann, verdankt sich unter anderem der Mehrdeutigkeit des Ausdrucks "dignitas", der neben dem hohen Rang auch das römische Aristokratenethos konnotiert. Hierfür läßt sich noch auf andere Weise argumentieren. Natürlich muß man, selbst wenn man Triebkontrolle für eine spezifisch menschliche Eigenschaft hält, die menschliche Auszeichnung nicht *allein* auf sie gründen. Auch Cicero tut das im übrigen nicht. In diesem wie in anderen Texten werden zahlreiche andere Vorzüge des Menschen gepriesen.[86] Knüpfte man an diese an, so könnte man ganz andere Tugenden als spezifisch menschliche in den Vordergrund rücken als gerade die der heroischen Selbstbezwingung. Daß ausgerechnet das aristokratische römische Persönlichkeitsideal die hervorragende Stellung des Menschen begründet, wird durch die Mehrdeutigkeit des Ausdrucks auf eine sublime Art nahegelegt.

Diese rhetorische Verknüpfung zweier Theoreme über homonyme Begriffe ist kein Einzelfall. Als weiteres berühmtes Beispiel läßt sich Kant anführen, der ein in Teilen ähnliches Tugendideal zeichnet. Auch bei ihm liegt das Schwergewicht des von der Menschenwürde geforderten Verhaltens auf der Vernunftherrschaft über die Neigungen. Und es scheint nicht von ungefähr, wenn er in seiner kasuistischen Behandlung der Pflichten, die dem Menschen aus seiner Würde gegenüber sich selbst erwachsen, die Tugend der "Ehrliebe" nennt, welche den Lastern der Lüge, des Geizes und der Kriecherei entgegengesetzt ist.[87] Es ist eine Tugend, die sich ebenfalls als eine der Großgesinntheit beschreiben ließe oder aber mithilfe eines Vo-

---

[86] Vgl. v.a. *de nat. deor.*, II,133ff.

[87] *MdS*, AA VI, S.420.

kabulars der Größe, Stärke und dem Bewußtsein der eigenen Hochrangigkeit. Ich begnüge mich mit diesen Stichworten. Es wäre aber m.e. lohnend, anhand genauerer Textinterpretationen zu überprüfen, inwiefern Autoren, die sich des Ausdrucks der "Menschenwürde" bedienen, einem Persönlichkeitsideal nahestehen, das die Eigenschaften exemplifiziert, die für eine Tugend der "Würde" typisch sein sollen.[88]

(g)   Unlautere Inanspruchnahme von Zweideutigkeiten
Daß der Ausdruck "Menschenwürde" so viele Bedeutungen annehmen kann, führt häufig zu Unklarheiten und Fehlschlüssen. Das läßt sich gut anhand eines Aufsatzes des Philosophen Robert Spaemann illustrieren, der in der philosophischen wie juristischen Literatur zur Menschenwürde gern zitiert wird.[89] Er ist auch darum als Beispiel geeignet, da die hier auftauchenden Ambiguitäten und Fehlschlüsse durchaus verbreitet sind. In der folgenden Darstellung wird es nur darum gehen, diese Mehrdeutigkeiten und ihre Konsequenzen zu zeigen, nicht darum, Spaemanns Position inhaltlich zu kritisieren.

Spaemanns Aufsatz beginnt mit einer Kritik des Rechtspositivismus. Diesem schreibt er u.a. eine Skepsis hinsichtlich der Begründbarkeit vorpositiver Normen zu,[90] eine Skepsis, die u.a. durch das Argument des Sein-Sollen-Fehlschlusses begründet sein soll. Spaemann zufolge soll der Begriff der Menschenwürde leisten, was der Rechtspositivismus bestreitet: die Begründung überpositiv geltender Normen, speziell der Menschenrechte. In diesem Zusammenhang fällt die erste Charakterisierung des Begriffs der Menschenwürde. Spaemann konstatiert eine Zweideutigkeit in der Formulierung des ersten Grundgesetz-Artikels, der Formulierung also, die Würde des Menschen sei unantastbar.

---

[88] Gegen die Berechtigung eines solchen Persönlichkeitsideals und seiner Verknüpfung in einem Begriff der Menschenwürde argumentiert HARRIS (1997).

[89] SPAEMANN (1985).

[90] M.E sollte man zwischen Begründungsskeptizismus und Rechtspositivismus unterscheiden, doch das spielt im Zusammenhang dieser Darstellung, die keine inhaltliche Auseinandersetzung mit Spaemann beabsichtigt, keine Rolle.

> "Meint er, sie könne nicht angetastet werden, oder meint er, sie dürfe es nicht? Die Zweideutigkeit der Formulierung ist ein Indiz dafür, daß der Begriff der Menschenwürde in einem Bereich angesiedelt ist, der dem Dualismus von Sein und Sollen vorausliegt."[91]

Und einen Absatz später heißt es, die Bedeutung des Wortes "Würde" sei darum schwer zu greifen, da es eine "undefinierbare einfache Qualität" bezeichne, die intuitiv zu erfassen sei. Spaemann führt zwar nicht genauer aus, wie er diese Thesen verstanden wissen will. Seine Wortwahl wie auch der Kontext dieser Äußerungen legen jedoch nahe, daß hier ein Bekenntnis zum Wertrealismus artikuliert wird: die Würde des Menschen ist als der ontologisch eigenständig existierende Wert des Menschen zu verstehen.[92] Spaemann folgt hier einer unter zeitgenössischen Autoren durchaus verbreiteten Tendenz, unter "Würde" resp. "Menschenwürde" einen Wert im wertrealistischen Sinn zu verstehen, auf den das evaluative Moment dieses Wertprädikats referieren soll. Er nimmt somit Behauptung (b) in einer spezifischen Lesart in Anspruch.

Spaemann versucht sodann, das Undefinierbare anhand phänomenologischer Beschreibungen zu konturieren. Er beginnt mit Beispielen wie dem eines Löwen oder einer jahrhundertealten alleinstehenden Eiche, beschreibt die typische Erscheinung und das Auftreten von Würdenträgern und endet bei unterschiedlichen Tugenden: der Großgesinntheit, der Selbstbeherrschung und schließlich der Sittlichkeit. Allgemein charakterisiert er die gesuchte Qualität als Ausdruck des "In-Sich-Ruhens", der "inneren Unabhängigkeit", er verwendet Begriffe wie "Kraft", "Stärke", "Seinsmächtig-

---

[91] A.a.O., S.297. Auch unter deutschen Juristen wird gelegentlich gerätselt, was es mit dieser Zweideutigkeit auf sich habe. Die Auflösungsstrategie, derer sich die Mehrheitsmeinung bedient, kommt allerdings ohne derart gewichtige ontologische Annahmen aus: sie läuft darauf hinaus, "die Feststellung des Seins als nachdrücklichste Form einer Anmahnung des Sollens" zu begreifen, vgl. KUNIG (1992a), Rn.1.

[92] Dies legt sich aus zwei Gründen nahe: zum einen greift Spaemann mit der Rede von einer "einfachen, undefinierbaren Qualität" die Diktion der Wertrealisten, hier v.a. G.E.Moores auf, welcher behauptet hat, das Wertprädikat "gut" bezeichne eine solche Eigenschaft, (vgl. MOORE (1903), Kap.1,10). Zum anderen ist es eben der Wertrealismus, der den "Dualismus zwischen Sein und Sollen" in Frage stellt, da er die Existenz deskriptiv erfaßbarer und doch zugleich intrinsisch präskriptiver Entitäten behauptet.

keit" usf..[93] Mit anderen Worten ist, was Spaemann hier zu fassen versucht, der deskriptive Gehalt der Werteigenschaft "Würde". Dieser ist, darin ist ihm recht zu geben, tatsächlich schwer zu definieren. Allerdings handelt es sich dabei eben nicht um eine Eigenschaft "jenseits der Dualität von Sein und Sollen". Die deskriptiven Merkmale als solche lassen sich problemlos dem Bereich des Seins zuordnen. Anders hingegen die Werthaftigkeit dieser Eigenschaften. Wie diese zu erklären ist, ist allerdings noch völlig offen. Daß die deskriptiven Merkmale der Werteigenschaft "Würde" sich einer Definition verweigern, berechtigt nicht zu der Behauptung, auch das wertende Moment sei undefinierbar in dem Sinne, in dem das der Wertrealismus behauptet. Spaemanns Ausführungen erwecken den Anschein, als sollte die wertrealistische These (von der ontologisch eigenständigen und somit nicht weiter definierbaren Realität des Evaluativen) begründet werden. Doch in Wirklichkeit wird eine ganz andere These belegt (die mangelnde Definierbarkeit der deskriptiven Eigenschaften von "Würde"). Dies ist möglich, da Spaemann den evaluativen Gehalt der Zuschreibung von "Würde" mit dem deskriptiven Gehalt derselben vermengt, die Behauptungen (a) und (b) in eins setzt.

Die Äquivokationen des Ausdrucks "Würde" leisten jedoch noch weiteren Fehlschlüssen Vorschub. So behauptet Spaemann, die Würde einer Person könne nur durch diese selbst, niemals aber durch andere Personen, geschweige denn durch widrige Umstände angetastet werden:

> Die Würde des Menschen ist in dem Sinne unantastbar, daß sie von außen nicht geraubt werden kann. Man kann nur selbst die eigene Würde verlieren. Von anderen kann sie nur insoweit verletzt werden, als sie nicht respektiert wird. Wer sie nicht respektiert, nimmt nicht dem anderen seine Würde, sondern er verliert die eigene. Nicht Maximilian Kolbe und nicht Kaplan Popieluszko habe ihre Würde verloren, sondern deren Mörder.[94]

Spaemanns Behauptung einer faktischen Unantastbarkeit der Würde erklärt sich dadurch, daß er "Würde" als Tugend definiert. Insoweit diese in der Hand der jeweiligen Person selbst liegt, ist die Behauptung, andere könn-

---

[93] Ebd., S.299f.

ten sie nicht antasten, plausibel und durch Redewendungen wie die, eine Person habe ihre eigene Würde verloren, gedeckt. Dennoch widerspricht es einem verbreiteten Verständnis von Menschenwürde zu sagen, sie könne durch keinen Außenstehenden angetastet werden. Ist eine gravierende Menschenrechtsverletzung demnach keine Verletzung der Würde eines Menschen? Das möchte Spaemann eigentlich selbst nicht sagen. Er flüchtet sich daher zunächst in die Unterscheidung zwischen dem Verletzen der Würde und dem Mißachten derselben. Doch damit wird einfach überdeckt, daß von "Würde" in zweierlei Bedeutung gesprochen wird: *Zum einen* bezeichnet "Würde" die Tugend eines Menschen − bei Spaemann die "sittliche Vollkommenheit", die im "Heroismus der Heiligkeit" kulminiert.[95] Würde in dieser Bedeutung zu verletzen bedeutet, die Pflichten gegenüber sich selbst verletzen. Die Verwendung des Ausdrucks stützt sich hier also auf die Behauptungen (a2) und (c1). *Zum anderen* nimmt "Menschenwürde" den Sinn der Achtens- und Berücksichtigungswürdigkeit des Menschen an, stützt sich also auf die Behauptungen (b) und (c2). Diese Mehrdeutigkeit müßte einen nicht weiter bekümmern. Man könnte festhalten, daß "Würde" im einen Sinne nur durch die Person selbst zu verletzen ist,[96] im anderen durch andere Personen. Aber Spaemann nutzt diese Mehrdeutigkeit aus, um bestimmte moralische und rechtspolitische Forderungen zu begründen, für die auf ganz anderem Wege argumentiert werden müßte. Dies zeigt sich an zwei Stellen.

Zum einen gibt Spaemann dem Thema eine tugendethische Wendung, indem er, von der Menschenrechtsproblematik ausgehend, bei der Forderung nach sittlicher Vollkommenheit landet. Seine Rede von sittlicher Vollkommenheit suggeriert die Existenz von Pflichten gegen sich selbst, die er dem Begriff auf dem Wege einer plausiblen Definition entnehmen zu können glaubt.

---

[94] S.299 und 307.

[95] Ebd., S.304.

[96] Man kann natürlich auch hinterfragen, ob es stimmt, daß eine Person für die Aufrechterhaltung ihrer sittlichen Vollkommenheit allein verantwortlich ist; - doch das ist eine weitergehende Frage.

Zum anderen setzt Spaemann seine These von der äußerlichen Unantastbarkeit ein, um den Gehalt von Menschenrechten auf das libertäre Minimum zu beschränken. So führt er u.a. diese These gegen die Forderung Maihofers ins Feld, den Menschenwürde-Schutz der Verfassung über die Garantie libertärer Freiheitsrechte auch als Schutz vor widrigen sozialen und ökonomischen Umständen zu verstehen.[97]

(h) Paradoxe Definitionen
Die Mehrdeutigkeiten des Ausdrucks müssen nicht immer zu Fehlschlüssen führen, können aber zu vermeidbaren Kontroversen Anlaß geben. Ein Beispiel liefert die innerhalb der deutschen juristischen Literatur so benannte Kontroverse zwischen "Mitgift"- und "Leistungstheorien" der Menschenwürde.[98] Interessanterweise kennt auch die philosophische Menschenwürde-Literatur mittlerweile eine analoge Kontroverse - die von einem Zeitungsartikel Nida-Rümelins ausgelöste „Menschenwürde-Debatte" im Jahr 2001.[99] Es genügt allerdings, auf die erste der beiden einzugehen, da die hierfür gegebene Analyse sich ohne Probleme auch auf die zweite übertragen läßt.

Die Auseinandersetzung um Mitgift- und Leistungstheorie entzündete sich an einem Definitionsvorschlag Luhmanns, der Menschenwürde als "Möglichkeit gelungener Selbstdarstellung" explizierte.[100] In der juristischen Kommentarliteratur löste dieses "soziologische Mißverständnis" empörte Reaktionen aus, da konstatiert wurde, daß dieser Begriff von Menschenwürde nicht egalitär sei: Selbstdarstellung könne gelingen oder auch nicht und wo sie gelinge, sei sie graduierbar. Eine solche "Leistungstheorie" der Menschenwürde sei aber mit dem strikt universalistisch-egalitären Menschenwürde-Verständnis der deutschen Verfassung nicht vereinbar. Einige

---

[97] Vgl. ebd., S.306f.: Die fundamental sittliche Natur der Menschenwürde impliziere, "daß die Würde des Menschen tatsächlich unantastbar ist. Vernichtet werden kann sie nur durch den, der sie besitzt. Maihofer dagegen geht davon aus, daß Menschenwürde nicht nur vom Tun und Lassen anderer Menschen, sondern sogar durch `außermenschliche Wirkungsverläufe und Sachgesetzlichkeiten´ bedroht werden könne (...).".

[98] Vgl. statt vieler PIEROTH/ SCHLINK (1999), Rn.354.

[99] Dokumentiert in NIDA-RÜMELIN (2002), S.405ff..

[100] LUHMANN (1968), Kap.4.

Diskutanten, die Luhmanns Definition für überzeugend halten, versuchen, diese Kritik über umständliche Argumentationen aufzufangen.

Der Streit wäre gegenstandslos, würde man sich klarmachen, daß die jeweiligen "Theorien" den Ausdruck "Menschenwürde" in unterschiedlichen Bedeutungen gebrauchen (und nicht: unterschiedliche substantielle Definitionen *desselben* Begriffs vorschlagen). Luhmanns Konzeption stützt sich auf die Bedeutung von "Würde" als Selbstachtung im psychologischen Sinne. Er versucht die gesellschaftlichen Rahmenbedingungen zu nennen, die notwendig sind, damit eine Person sich selbst als (hoch-)schätzenswert erleben kann. Er verwendet diesen Begriff nicht als normativen Begriff, sondern zur Definition eines *Rechtsgutes*. Seine Definition von "Würde" ist daher mit der "Mitgifttheorie" durchaus vereinbar, da er verlangen kann (und wird), daß dieses Rechtsgut – die Bedingungen einer gelungenen Selbstdarstellung – für alle Menschen gesichert werden soll. (Ob er damit den Sinn des ersten Grundgesetz-Artikels richtig einfängt, ist eine andere Frage.)

Diese Beispiele konnten hoffentlich den praktischen Sinn der Unterscheidungen zeigen, die in diesem Abschnitt entwickelt wurden. Die hier aufgezeigte Vieldeutigkeit kann darüber hinaus verständlich machen, weshalb der Ausdruck "Menschenwürde" so große Popularität besitzt, daß heute Vertreter der unterschiedlichsten moraltheoretischen Ansätze ihn aufnehmen. Wie unter Teil 2 zu zeigen sein wird, setzt die Karriere dieses Ausdrucks eigentlich erst nach dem zweiten Weltkrieg ein. Die Gründe, weshalb dies so ist, werden dort erörtert.

Kap. 2: „Menschenwürde" in der Ethik

§ 1 Fünf Menschenwürde -„Prinzipien"

0. Überblick

Im vorangegangenen Kapitel wurden die verschiedenen Verwendungsmöglichkeiten des Ausdrucks "Menschenwürde" dargelegt und illustriert, wie hilfreich es sein kann, sie auseinanderzuhalten. Es wäre aber falsch, aus der aufgezeigten Vielfalt zu schließen, die Bedeutungen stünden im heutigen Gebrauch als gleichberechtigte Alternativen nebeneinander. Es gibt vorherrschende Bedeutungen und solche, die eher zurücktreten. Es ist heute gerne von einem ethischen "Prinzip" der Menschenwürde die Rede, von einer "Ethik der Menschenwürde" oder, v.a. im angelsächsischen Raum, von einer Ethik des "respect for persons".[101] Das ließe vermuten, daß sich ein geteiltes Verständnis des Ausdrucks und seiner Verwendung in ethischen Kontexten herausgebildet hat. Wie ich in diesem Kapitel zeigen möchte, ist dies nur bedingt der Fall.

Es scheint mir sinnvoll, fünf ethische „Prinzipien" zu unterscheiden, die je den Titel eines „Menschenwürde-Prinzips" für sich beanspruchen könnten (wenn auch vielleicht nicht alle mit demselben Recht - doch dazu in Kürze).[102] Um sie leichter zitieren zu können, habe ich sie jeweils mit einem eigenen Namen bedacht.

1. Die „Menschenrechtsidee": das Prinzip des gleichen moralischen Status aller Menschen.
2. Der „Eigenwert-Gedanke": das Prinzip des intrinsischen Wert des Menschen.

---

[101] Vgl. z.B. DOWNIE/ TELFER (1969); in kritischer Distanz FRANKENA (1986).

[102] In der ursprünglichen Version dieser Arbeit habe ich nur drei solcher Prinzipien unterschieden, da es mir lediglich darum ging, diejenigen herauszustellen, die heute am ehesten damit zu assoziiert werden scheinen. Nicht zuletzt aufgrund der Einwände von Seiten meines Betreuers, G.Seebaß, scheint es mir nun doch tatsächlich sinnvoller, zwei weitere hinzuzunehmen: das Prinzip des Perfektionismus sowie das der „Heiligkeit des menschlichen Lebens".

3. Das „Demütigungsverbot": das Prinzip, demzufolge die Selbstachtung von Menschen (im psychologischen Sinne verstanden) geschützt werden muß.
4. Der „Perfektionismus": das Prinzip, demzufolge die menschliche Vervollkommnung angestrebt werden muß.
5. Die „Lehre von der Heiligkeit des menschlichen Lebens": das Prinzip, demzufolge menschlichem Leben in all seinen Entwicklungsstadien ein intrinsischer Wert zukommt.

Wie man sieht, handelt es sich dabei jeweils um komplexere Grundsätze, die z.T. theoretischer, z.T. praktischer Natur sind, und sich auf ganz unterschiedlichen Ebenen der Moraltheorie bewegen. Zum Teil können sie herangezogen werden, um moralische Normen zu *begründen* (so v.a. das Prinzip des Eigenwerts), zum Teil dazu, eine Theorie in ihrem generellen Zuschnitt zu charakterisieren (so v.a. die Menschenrechtsidee), zum Teil handelt es sich um konkretere inhaltliche Normen (so z.B. das Demütigungsverbot). Ich habe daher bewußt den schwammigen Ausdruck „Prinzipien" gewählt, um einen gemeinsamen Oberbegriff für diese recht unterschiedlichen Aussagen bzw. Ansätze zu finden. Es sollte aber im Blick behalten werden, daß diese Prinzipien nicht einfach um verschiedene Alternativkonzeptionen einer bestimmten Norm oder These formulieren, sondern vielmehr *kategorial* unterschiedliche Anliegen.

Interessanter-, aber auch verwirrenderweise können diese Prinzipien einzeln oder auch in unterschiedlicher Kombination vertreten werden: so wird der Menschenrechtsgedanke meist durch das Prinzip des intrinsischen Werts des Menschen zu begründen versucht, ebenso wie eine gewisse Erscheinungsform des Perfektionismus, wohingegen die Lehre von der Heiligkeit des menschlichen Lebens sogar als eine Spielart des Eigenwert-Prinzips ansehen könnte. Es sind aber durchaus noch weitere Verknüpfungen denkbar und vorgeschlagen worden, so etwa das Demütigungsverbot als eines der Menschenrechte oder aber sogar als Begründung der Menschenrechtsidee (bzw. mindestens eines Aspektes derselben, nämlich des Gedankens einer Gleichstellung aller Menschen). Darauf wird zu späteren Gelegenheiten zurückzukehren sein.

Worauf es bei der hier vorgelegten Darstellung ankommt, ist, zu zeigen, daß das Schlagwort „Menschenwürde" tatsächlich eine Pluralität ethischer

Aussagen mit sehr unterschiedlicher Funktion für die Moraltheorie vereinigt, die ungeachtet einzelner Zusammenhänge zunächst einmal getrennt werden müssen. Zugleich folgt aus der hier vorgeführten Pluralität, daß kein Vertreter des einen oder anderen Prinzips den Ausdruck für sich vereinnahmen darf, so verlockend es auch sein mag, für eigene ethische Auffassungen unter diesem überaus populären Ausdruck zu werben. Darüber hinaus möchte ich aber auch festhalten, daß zwei dieser Prinzipien eine zentrale Rolle im allgemeinen Verständnis einer Ethik der Menschenwürde darstellen: es sind dies die beiden erstgenannten Prinzipien. Damit soll nur das folgende behauptet sein: Eine Ethik, die sich diesen Namen gibt, obwohl sie entweder nicht mit der Menschenrechtsidee oder dem Prinzip des menschlichen Eigenwerts nicht vereinbar ist, muß sich vermutlich von den meisten zeitgenössischen Rezipienten den Vorwurf gefallen lassen, nicht verstanden zu haben, was "Menschenwürde" bedeutet. Vielleicht wird man sogar auch das dritte Prinzip, das Demütigungsverbot, mit hinzunehmen, wenngleich es sicherlich eine weniger prominente Rolle spielt. Die Gründe liegen vielleicht zum Teil in der Bedeutung des Wortes, zum Teil in der jüngeren Geschichte des Ausdrucks und zum Teil darin, daß diese Prinzipien zur herrschenden Moralkonzeption gehören. Es läßt sich diese Priorität m.E. auch einfach nur feststellen, einen zwingenden Grund, den Ausdruck so und nicht anders zu verwenden, geben sie nicht ab.[103]

Im folgenden möchte ich die verschiedenen Prinzipien kurz charakterisieren. Sie sind abstrakt genug und lassen daher jeweils auch verschiedene Spielarten zu. Im folgenden sollen lediglich die groben Linien skizziert werden.

1. Der gleiche moralische Status aller Menschen

Ich habe dieses Prinzip an den Anfang der Liste gesetzt, da mir scheint, daß er es ist, der heute primär assoziiert wird, wenn von einer „Ethik der Menschenwürde" die Rede ist. Das Prinzip umfaßt die Grundsätze der uni-

---

[103] In der ursprünglichen Version dieser Arbeit habe ich die drei erstgenannten Prinzipien aufgrund ihrer Bedeutung für das heute vorherrschende Verständnis dessen, was eine „Menschenwürde-Ethik" beinhaltet, als die „moderne" Auffassung von Menschenwürde bezeichnet.

versalistisch-egalitären Moral. Heute wird das zum Teil auch ausgedrückt, indem von der Menschenwürde als von dem gleichen "moralischen Status" des Menschen gesprochen wird. Eine Ethik der Menschenwürde ist also mindestens eine Ethik, die allen Menschen denselben moralischen Status zubilligt. Dies wird von niemandem bestritten. Man sieht, daß hier auf den deontischen Aspekt Bezug genommen wird, den der Ausdruck "Menschenwürde" zum Ausdruck bringen kann (entsprechend Behauptung (c2))[104].

Es würde dem heutigen Verständnis von einer Ethik der Menschenwürde aber nicht gerecht, verstünde man darunter einfach nur, daß Menschen moralisch zu berücksichtigen sind. Gemeint ist, daß sie auf eine *besondere* Weise zu berücksichtigen sind. An dieser Stelle wird deutlich, daß dieses Prinzip bereits einer substantiellen Interpretation unterliegt. Die Besonderheit liegt darin, daß der moralische Status, der mit diesem Ausdruck bezeichnet werden soll, nicht einfach durch irgendwelche Rechte, sondern durch die sogenannten *Menschenrechte* bestimmt wird. Was dies heißt, läßt sich anhand eines Bündels von Grundsätzen benennen, die ich, der Einfachheit halber, unter den Schlagworten des Anthropozentrismus (a), Universalismus (b), Egalitarismus (c), Individualismus (d) und der Überpositivität (e) skizziere.

(a) Anthropozentrismus
Mit der Rede von Menschenwürde ist nicht allein gemeint, *daß* Menschen einen moralischen Status besitzen, sondern darüber hinaus, daß sie einen *höheren* moralischen Status besitzen als andere Lebewesen oder Entitäten. Häufig wird eine "Ethik der Menschenwürde" sogar als eine verstanden, die Menschen zum ausschließlichen Gegenstand der moralischen Berücksichtigung erklärt. Für Verfechter einer Tier- oder Umweltethik besitzt der Ausdruck "Menschenwürde" daher oft einen negativen Beigeschmack, da diese ihn mit der Einstellung identifizieren, einzig Menschen einen moralischen Status zuzuerkennen und die übrige Umwelt als Objekt menschlicher Willkür anzusehen. Diese Skepsis ist insofern begründet, als einflußreiche Vertreter einer Ethik der Menschenwürde, so v.a. Kant, eine solche moralische Zweiteilung der Welt vorgenommen haben. Diese Konsequenz ist,

---

[104] Vgl. oben Kap.1, §4.

legt man das heute gängige Verständnis von Menschenwürde zugrunde, jedoch nicht zwingend. Die mittlerweile verbreitete Tendenz, von einer Würde von Tieren oder der Würde der Kreatur zu sprechen,[105] scheint von der Vorstellung getragen, daß alle Lebewesen um ihrer selbst willen Berücksichtigung verdienen, wenn auch in unterschiedlichem Maß. Man könnte den Anthropozentrismus des heute geläufigen Menschenwürde-Begriffes also vielleicht auf den Aspekt einschränken, Menschen gegenüber anderen Lebewesen oder Gegenständen einen *höheren* moralischen Rang einzuräumen. Das schlösse nicht aus, daß auch den Entitäten niederen Ranges moralische Berücksichtigung zukommt. Es führte lediglich dazu, im Fall eines Konfliktes zwischen Pflichten gegenüber Menschen und solchen gegenüber rangniederen Entitäten ersteren den Vorzug zu geben.

Man könnte noch weiter gehen und hinterfragen, inwieweit der Gedanke, daß Menschen einen *höheren* moralischen Status besitzen, notwendiger Bestandteil eines Prinzips der Menschenwürde sein muß. Bereits der Gedanke der menschlichen Höherrangigkeit zieht die Kritik einiger Tierethiker auf sich, die fordern, mindestens hochentwickelten Tieren dieselbe Rücksicht entgegenzubringen wie Menschen.[106] Und es ist interessant zu sehen, daß im Kontext dieser Forderung nach "Interspezies-Gleichheit" auch der Begriff der Menschenwürde den distinguierenden Aspekt verliert: "Menschenwürde" wird hier nurmehr verstanden als der "inhärente Wert" von Menschen. Dieser Begriff impliziert nicht mehr den Gedanken der Höherrangigkeit, sondern erlaubt es, von einem gleichgewichtigen inhärenten Wert und damit einer gleichen Würde nicht-menschlicher Lebewesen zu sprechen.[107] Natürlich handelt es sich hier um eine Außenseiterposition. Sie führt aber eine mit dem heutigen Verständnis des Ausdrucks mögliche

---

[105] Vgl. z.B. TEUTSCH (1995); der von Teutsch u.a. Tier- und Umweltschützern geformte Begriff einer Kreaturwürde hat sogar Eingang in die Schweizer Bundesverfassung gefunden, vgl. dort Art.24novies.

[106] Vgl. z.B.die Beiträge in CAVALIERI/ SINGER (Hg.) (1993).

[107] Vgl. z.B. REGAN (1987), S.313. Die Rede vom "inhärenten Wert" umschließt dabei zumeist die beiden Aspekte der Schätzenswürdigkeit wie des moralischen Status, d.h. die Zuschreibung von "Würde" im evaluativen wie im deontischen Sinn.

Verwendung vor, derzufolge die Idee der Höherrangigkeit nicht mehr analytischer Bestandteil des Begriffes ist. Insofern ist vielleicht tatsächlich fraglich, ob der Aspekt des Anthropozentrismus noch zur heute üblichen Verwendung des Ausdrucks "Menschenwürde" zu zählen ist oder ob man diese nicht eher auf die Behauptung eines gleichen moralischen Status aller Menschen beschränken sollte.

(b) Universalismus
Eine besonders wichtige Qualifikation ergibt sich durch die Forderung, daß *allen* Menschen dieser Status zukommen soll. Doch wer sind "alle Menschen"? Diese Frage mag zunächst verwundern, erscheint doch die Antwort klar: alle Mitglieder der menschlichen Gattung. Man wird hinzufügen: ganz gleich, welchen sozialen Status sie besitzen, welches Geschlecht, an welche Religion sie glauben, welche Sprache sie sprechen, welcher politischen Richtung sie anhängen, welche Hautfarbe sie besitzen, welcher ethnischen Gruppe und welchem Staat sie zugehören, auch ganz gleich, in welcher gesundheitlichen Verfassung sie sich befinden, in welchem Lebensalter, ganz gleich auch, wie es um ihre Leistungsfähigkeit bestellt ist, um ihr moralisches Verdienst, usf..
Die Antwort erscheint unproblematisch, solange man geborene menschliche Individuen vor Augen hat. Denkt man jedoch an die äußerst kontroverse Frage des Schwangerschaftsabbruchs, so wird deutlich, daß das Kriterium der Gattungszugehörigkeit Grenzunschärfen aufweist und somit letztlich nicht hinreicht. So mag vielleicht noch Einigkeit darüber herzustellen sein, daß ein Fötus im dritten Schwangerschaftsmonat ein Mitglied der Gattung ist. Geht es aber um den Status der Zygote oder gar der Keimzellen, so bricht der Konsens auseinander. Hier gibt es weder eine allgemein geteilte Laienauffassung, noch eine autoritative Antwort von Seiten der Wissenschaften. Denn die Naturwissenschaft kann auf die Frage, wann individuelles menschliches Leben beginnt und wann es aufhört, keine Antwort geben, da ihre Antwort davon abhängen muß, wie die hierbei zentralen Begriffe des "Menschen", der "Person", des "Individuums" etc. definiert sind. In den mit der Klärung dieser Begrifflichkeit befaßten Wissenschaften aber wiederum (hier ist v.a. die Philosophie zu nennen), gehen die Ansichten stark auseinander. Wie unten noch zu sehen sein wird, gibt es allerdings unter Verfechtern einer strengen Lebensschutz-Ethik die Ten-

denz, den Ausdruck "Menschenwürde" für die von ihnen vertretene sogenannte "Lehre von der Heiligkeit des menschlichen Lebens" zu vereinnahmen, welche eine bestimmte Sicht auf die Frage bereithält, wer Mitglied der universalistischen moralischen Gemeinschaft ist.

(c) Egalitarismus
"Menschenwürde" als moralischer Status impliziert nicht nur, daß *alle* Menschen moralisch zu berücksichtigen sind, sondern auch, daß alle Menschen *gleichermaßen* miteinbezogen werden müssen. Für gewöhnlich wird dieser Gedanke über die Forderung expliziert, allen Menschen seien gleiche basale Rechte zuzugestehen. Doch dies verschiebt die Frage, was hier unter Gleichheit zu verstehen sei, lediglich auf die Ebene der Konkretisierung von Rechten. Es ist eine mittlerweile unbezweifelte Einsicht, daß nicht alle Menschen die durch die "klassischen" Menschenrechte geschützten Güter in derselben Weise wahrnehmen können und diese Rechte daher, je nach ökonomischen, sozialen, kulturellen, geographischen und weiteren Bedingungen für die potentiellen Nutznießer einen unterschiedlichen Wert besitzen. Die Forderung nach der Gleichheit der Rechte muß daher gestützt werden durch ein Prinzip, das begründet, mit Bezug worauf faktisch Gleichheit hergestellt werden soll. Es werden hierfür so unterschiedliche Gesichtspunkte vorschlagen wie Gleichheit hinsichtlich von Ressourcen, Freiheiten, Chancen, Bedürfnisbefriedigung oder dem Grad, in dem Verdienste honoriert werden.[108]

---

[108] Die Frage betrifft m.E. jede Theorie der Menschenrechte, wenn nicht überhaupt jede Moral, die ein Gleichbehandlungsgebot kennt (es muß sich nicht um ein "egalitäres" im strikten Sinne der faktischen Gleichverteilung aller Güter handeln). Unter dem Stichwort "Equality of what?" wird diese Frage seit einiger Zeit innerhalb der angelsächsischen politischen Philosophie gesondert diskutiert, vgl. z.B. DWORKIN (1981a), (1981b), (1987).
Meine eigene Auffassung ginge dahin dahin, als den gesuchten Gleichheitsgesichtspunkt das Schutzgut der jeweiligen Menschenrechte heranzuziehen. Ein Desiderat wäre dabei natürlich die Ausarbeitung eines umfassenden Schutzgutes, und Gleichheit bestünde darin, dieses für alle Menschen gleichermaßen bereitzustellen (vgl. hier grundsätzlichdie Argumentation in SEEBAß (1996), S.767ff.). Eine substantielle Konzeption der Menschenwürde könnte als Ausarbeitung eines solchen Schutzgutes verstanden werden; wie später zu zeigen sein wird, bin ich der Auffassung, daß die deut-

(d) Individualismus

Unter "Individualismus" kann man sehr Unterschiedliches verstehen. Wenn ich die Menschenrechtsidee als „individualistisch" charakterisiere, so möchte ich damit nicht mehr ansprechen als den Umstand, daß eine Theorie der Menschenrechte *die Stellung des Individuums stärkt*. Der Begriff des "Menschen", dem hier der moralische Status zugesprochen wird, bezieht sich auf das konkrete menschliche Individuum – nicht auf einen Prototyp der Gattung oder die Gattung selbst.

Eine Theorie der Menschenrechte stärkt die Stellung des Individuums dadurch, daß sie ihm *fundamentale subjektive Rechte* zuschreibt. Das Individuum erfährt dadurch in zwei Hinsichten eine Aufwertung:

(i) Zum einen verfügt es nun über ein besonderes Vermögen, die Einlösung von Pflichten zu erzwingen, durch die es begünstigt wird. Dieses Vermögen stellt eine besondere Machtposition dar, eine normative wie auch eine faktische Macht. Denn das Individuum wird zum einen dazu ermächtigt, die Wahrung seines Rechtes von den Adressaten desselben zu fordern. Zugleich verfügt es über eine gewisse Handhabe, dies auch zu erzwingen. Bei juridischen Rechten wird das besonders deutlich, da dem Rechtsträger die Möglichkeit eingeräumt wird, gerichtliche Schritte einzuleiten. Vermittels der staatlichen Zwangsmacht kann er die Adressaten seines Rechtes (in diesem Falle die staatlichen Handlungsträger) dazu nötigen, ihren Pflichten ihmgegenüber Folge zu leisten. Doch auch im Falle nicht-juridischer Rechte kann das Individuum Macht ausüben, sofern diese Rechte soziale Geltung besitzen. Die Sanktionen, mit deren Hilfe die Adressaten zu normkonformen Handeln gezwungen werden, sind hier soziale, v.a. affektive Reaktionen wie Zorn oder Empörung.

Dadurch, daß ein Individuum als Träger von Rechten auftritt, erfährt es zudem eine Aufwertung. Ein Rechtsträger ist diejenige Instanz, dergegenüber Pflichten *geschuldet* sind. Er ist nicht bloß zufällig oder mittelbar Begünstigter der Pflichten anderer und auch kein Bittsteller. Aus diesem Grunde bietet die Zuschreibung von Rechten stets auch eine Grundlage eigener wie fremder Wertschätzung, die auf nichts anderes gegründet sein

---

sche Verfassungsgerichtsbarkeit eben dies in ihrer Rechtsprechung zu Art.1 Abs. 1 GG getan hat, siehe unten, Kap.4, §§2-4, sowie Kap.5, §1.

muß als darauf, diese besondere normative Position innezuhaben. Wie der Träger eines hohen Ranges einfach darum glänzen kann, weil er diesen Rang besitzt, so kann es jeder Träger von Rechten.

(ii) Das eben genannte Merkmal ist, wenn man so will, ein analytischer Bestandteil des Begriffs subjektiver Rechte überhaupt. Die Rechte, die wir als Grund- oder Menschenrechte bezeichnen, weisen darüber hinaus eine weitere Eigenheit auf. Sie liegt in dem, was Ronald Dworkin als den "Trumpfcharakter" von Rechten beschrieben hat.[109] (Fundamentale) Rechte fungieren als "Trümpfe" im moralischen Spiel - sie stechen andere moralische Forderungen, insbesondere Gemeinwohlerwägungen, aus. Mit dieser Metapher soll der Gedanke eingefangen werden, daß es von besonderer moralischer Dringlichkeit ist, Individuen bestimmte fundamentale Güter zu sichern, und daß daher die Normen, die diesen Zweck haben, ein besonderes Gewicht besitzen, angesichts dessen Forderungen anderer Art zwangsläufig zurücktreten müssen.

Des öfteren wird diese These in der starken Version vertreten, Menschenrechte seien *absolut* zu schützen. Das Wort "Menschenwürde" wird häufig sogar gerade gewählt, um diesen Absolutheitsanspruch zum Ausdruck zu bringen.[110] Dieser Ansatz bringt aber eigene Schwierigkeiten mit sich, u.a. kann er dem Faktum moralischer Konflikte schlecht Rechnung tragen. Die Absolutheitsthese scheint eher auf eine substantielle Vorstellung über Menschenrechte hinauszulaufen, so daß man nicht gezwungen ist, den "Trumpfcharakter" von fundamentalen Rechten in diesem starken Sinne zu verstehen.[111]

(e) Überpositivität

Wenn vom *moralischen* Status des Menschen die Rede ist, so ist damit primär gemeint, daß die Normen und Rechte, die diesen Status konstituie-

---

[109] Vgl. DWORKIN (1977), Kap.7. Dworkin spricht einfachhin von "Rechten", doch kommt nicht allen Rechten Trumpfcharakter zu, sondern nur fundamentalen.

[110] Das fällt insbesondere bei deutschen Autoren auf, die auf die nicht zuletzt durch den Verfassungswortlaut geläufige Rede von der *Unantastbarkeit* der Menschenwürde Bezug nehmen. Zudem entspricht diese Auffassung der des Bundesverfassungsgerichtes. Vgl. BVERFGE 34, 238 (245).

[111] Auf diese These wird allerdings noch zurückzukommen sein, 307ff.

ren, auch jenseits rechtlicher Verankerung und sozialer Anerkennung Geltung besitzen. Unabhängig davon, so die Vorstellung, ob diese Rechte im tatsächlichen Umgang von Menschen eine Rolle spielen - ob sie für begründet gehalten werden, faktisch befolgt werden, in irgendeiner Form positiviert werden und ihre Befolgung erzwungen wird - unabhängig also von allen Arten und Stufen sozialer Geltung sollen diese Rechte Gültigkeit beanspruchen können. Eine verschiedenen Konzeptualisierungen moralischer Geltung gegenüber offene Formulierung besteht darin, diese Rechte als *begründete* Rechte zu bezeichnen - Rechte also, die anzuerkennen es gute Gründe gibt.[112]

Dies sind die Grundsätze, die die universalistisch-egalitäre Moral, genauer: den Gedanken der Menschenrechte, kennzeichnen. Heute scheint unhinterfragt zu gelten, daß eine ethische Konzeption, die sich auf die Menschenwürde beruft, diesen Grundsätzen Genüge tun muß. Das zeigt sich u.a. daran, daß es ein beliebtes Argument gegen bestimmte substantielle Konzeptionen der Menschenwürde darstellt, sie führten zu einer inegalitären oder anti-universalistischen Moral. In diesem Fall entsprächen sie nicht den Kriterien, die dem modernen Menschenwürdebegriff zugrundeliegen. Man kann zwar nicht ohne weiteres sagen, daß die Grundsätze im strengen Sinne *analytische* Kriterien für die Anwendung des Ausdrucks bereitstellen. Denn nicht alle historischen Konzeptionen, die mit dem Terminus "Menschenwürde" operierten, waren diesen Grundsätzen verpflichtet, wie später noch zu zeigen sein wird.[113] Nur scheint, wer *heute* vom Kernbegriff abweicht, nicht über das zu reden, wovon alle anderen reden. Man muß ihm

---

[112] In Zusammenhang mit dem hier angesprochenen Aspekt der Überpositivität von Menschenrechten fällt häufig der Terminus "natürliche Rechte". Das ist unproblematisch, solange nichts anderes gemeint ist, als daß es sich um "moralische Rechte" handeln soll, vgl. z.B. FINNIS (1980), S.198f. Die Naturrechts-Terminologie bietet aber Anlaß zu Mißverständnissen, insofern damit auch weiterreichende Behauptungen zu Ontologie und Begründung von Rechten impliziert sein können. Zusätzliche Verwirrungen ergeben sich durch den Umstand, daß historische Positionen, die hinsichtlich ihres Begründungsansatzes wie ihrer inhaltlichen Forderungen stark voneinander abweichen können – etwa die Lehren von Thomas von Aquin, Hobbes, Locke und Rousseau - gleichermaßen als "Naturrechtslehren" bezeichnet werden.

[113] Vgl. unten den Abschnitt "Zuordnung historischer Positionen", S.97ff.

diese abweichende Verwendung des Ausdrucks nicht aus begriffslogischen Gründen verweigern, wird ihn aber nicht als Teilnehmer am selben "Diskurs" akzeptieren.

Einige zeitgenössische Autoren wollen, was unter dem ethischen Prinzip der Menschenwürde zu verstehen ist, auf dieses Kernprinzip beschränken. So ist der Vorschlag zu verstehen, die Menschenwürde mit dem Besitz von Menschenrechten oder auch einem engen Kern der wichtigsten Menschenrechte gleichzusetzen.[114] Dahinter steht der Wunsch, das aufgrund seiner Popularität unverzichtbare Wort von all den Theoremen zu beseitigen, die es problematisch erscheinen lassen und es auf den Kern zu reduzieren, der allgemeine Zustimmung beanspruchen kann. Vielleicht kommt es bei heutigen Forderungen nach Achtung der Menschenwürde tatsächlich in erster Linie darauf an, die eben genannten Grundsätze zu betonen. Dennoch liegt darin eine Verkürzung dessen, was mit dem Wort zum Ausdruck gebracht wird. Die Verkürzung besteht darin, den evaluativen Sinn des Ausdrucks zu streichen. Es ist kein Zufall, daß "Menschenwürde" standardmäßig als der "intrinsische *Wert*" des Menschen definiert wird. Der engere, aber genauere Sinn des modernen Menschenwürde-Begriffs erschließt sich erst über diesen Zusatz. Das soll im folgenden erläutert werden.

2. Der intrinsische Wert des Menschen

Es ist häufig nicht ganz leicht, dieses Menschenwürde-Prinzip von dem eben vorgestellten, der Menschenrechtsidee, zu unterscheiden. Ich beginne daher mit dem Versuch, die Differenz herauszustellen (a). Im Anschluß daran werde ich darauf eingehen, welche Funktion das Prinzip innerhalb einer Ethik spielen kann. Im Vordergrund steht die Funktion als Begründungsfigur (b); daneben kann die Aufforderung, Menschen intrinsische

---

[114] Vgl. z.B. TUGENDHAT (1993), S.362f.; BIRNBACHER (1996).
Möglicherweise besteht sogar die Tendenz zu einer noch restriktiveren Verwendung, da vermutlich nicht alle, die eine Ethik der Menschenwürde mit dem Menschenrechtsgedanken gleichsetzen, auch den Grundsatz des Anthropozentrismus unterschreiben würden. Ihnen würde es vielleicht genügen zu sagen, unter "Menschenwürde" verstehe man einfach den Besitz gleicher, universeller, basaler moralischer Rechte, ohne daß Tieren dabei notwendigerweise ein geringerer moralischer Status zukommen müsse.

Wertschätzung entgegenzubringen, auch *Inhalt* einer moralischen Norm sein (c).

(a) Der spezifisch evaluative Sinn des Begriffs
Man könnte, was den spezifisch evaluativen Sinn des Begriffs eines intrinsischen Werts des Menschen ausmacht, zusammenfassen als: man soll nicht einfach nur Rücksicht nehmen auf Menschen, sondern sie auch schätzen (und zwar um ihrer selbst willen). Daß hierin eine Differenz liegt - daß Rücksichtnahme nicht bereits Schätzung impliziert - erschließt sich vielleicht am besten über ein Gedankenexperiment. Nehmen wir eine Ethikkonzeption, die zwar de facto denselben Schutz des Individuums fordert wie der universalistische Egalitarismus, die aber keine intrinsische Wertschätzung des Individuums kennt. Man könnte an eine Tugendethik denken, die so menschenfreundliche Tugenden propagiert wie Gerechtigkeit, Vertragstreue, Zivilcourage, Sanftmut, Wohltätigkeit, Hilfsbereitschaft, Großzügigkeit, Bescheidenheit, Höflichkeit und dergleichen mehr. Wenn die Mitglieder dieser moralischen Gemeinschaft eine ausgeprägte Bereitschaft entwickelten, sich in diesen Tugenden zu üben, würden sie sich wahrscheinlich genau so verhalten, wie es die universalistisch-egalitäre Moral fordert.[115] Dennoch täte man sich schwer, diese Ethik als eine der Menschenwürde zu beschreiben. Weshalb? Das Handlungsmotiv der Mitglieder besteht – das folgt aus dem tugendbezogenen Ansatz dieser Moral – in dem Wunsch, den eigenen Charakter zu vervollkommnen. Da die dazu erforderlichen Tugenden soziale sind, werden die jeweils anderen zwar begünstigt. Doch sie werden dies nicht um ihrer selbst willen. Und gerade dieses Fehlen einer Werthaltung der Achtung anderen gegenüber macht einen zögern, ob man von einer Ethik der Menschenwürde sprechen kann.[116]

---

[115] Vgl. auch Feinbergs strukturell analoges Gedankenexperiment der utopischen Gemeinschaft in "Nowheresville", in der es Pflichten, aber keine Rechte gibt, DERS. (1970).

[116] Man kann mit guten Gründen bezweifeln, ob die entsprechenden Tugenden bei gänzlicher Konzentration auf dieses Handlungsmotiv im erforderlichen Maße ausgebildet würden. Doch handelt es sich hier lediglich um ein Gedankenexperiment, das keine empirische Plausibilität beanspruchen muß, da es nur zur Veranschaulichung einer begrifflichen Unterscheidung dient.

Dasselbe zeigt sich, wenn man sich andere Moralkonzeptionen vor Augen hält, die von ihrem Ansatz her ebensowenig Anlaß zu einer intrinsischen Wertschätzung von Menschen geben, wie z.B. der Utilitarismus und der Kontraktualismus.[117] Es lassen sich Spielarten dieser Moraltheorien imaginieren, die de facto zu einer universalistisch-egalitären Ethik führen.[118] Es ergibt sich hier dieselbe Situation wie beim Beispiel der Tugendethik: solange die gleiche Berücksichtigung aller Individuen nicht um derentwillen geschieht, sondern um der Maximierung des Gesamtnutzens willen oder aus dem Eigeninteresse der moralischen Adressaten heraus, scheint der Ausdruck "Menschenwürde" deplaziert. Der Grund liegt darin, daß in all diesen Beispielen das Individuum Gegenstand lediglich *extrinsischer* Wertschätzung ist. Die ihm zuerkannten Begünstigungen oder sogar Rechte sind Nebenprodukte oder Mittel zur Beförderung eines anderen Zweckes.

(b) Begründungsfigur
Aus dem eben Gesagten wird deutlich, daß es näherläge, die beiden ersten Menschenwürde-Prinzipien als miteinander verknüpft zu denken: *weil* man dem Menschen intrinsischen Wert zuschreiben muß, darum muß man ihm auch den Menschenrechtsstatus zuerkennen. Diese Verknüpfung besitzt die Form einer Begründungsrelation, weshalb ich hier von einer „Begründungsfigur" spreche. Als solche ist das Prinzip vom Eigenwert des Menschen überaus bedeutsam für die die Menschenrechtsidee.[119]

Die tugendethische Argumentationsfigur ist als solche allerdings kein bloßes Hirngespinst, auch wenn sie meines Wissens nie zu einer wirklich egalitären Moral geführt hat. Sie dominierte die antike und mittelalterliche Ethik, auch und gerade dort, wo von einer Würde des Menschen die Rede war. Vgl. unten, §3.

[117] Allerdings gibt es Versuche, dieses Manko auszugleichen, indem diesen Theorien das ihnen fremde Element einfach hinzugefügt wird. Bei diesen Konzeptionen handelt es sich um Mischformen, die natürlich eben aufgrund des mitaufgenommenen Elementes nicht unter das Verdikt fallen. Ihr Problem besteht darin, die Hinzufügung zu rechtfertigen.

[118] Auch hier gilt: ob eine solche Konzeption realistisch ist oder sich mit guten Gründen verteidigen läßt, spielt für das Gedankenexperiment keine Rolle.

[119] In §2 dieses Kapitels wird darauf ausführlich einzugehen sein.

Es ist aber wichtig zu sehen, daß der Eigenwert-Gedanke diese Rolle einer Begründungsfigur bei unterschiedlichen Moralkonzeptionen spielen kann - er ist, wie u.a. die Geschichte des Ausdrucks verdeutlicht, nicht auf die Begründung der Menschenrechtsidee festgelegt. Aus der These vom intrinsischen Wert des Menschen können recht unterschiedliche Folgerungen gezogen werden - je nachdem, wie sie verstanden wird. Ein Unterschied zeigt sich hinsichtlich der *Reichweite* der Normen: werden alle Menschen miteinbezogen oder nur ein ausgewählter Kreis? Wesentlich ist hierbei sicherlich die Frage, ob der intrinsische Wert allen Menschen kategorisch zugesprochen wird, oder aber an bestimmte Tugenden, Leistungen oder andere Arten hervorragender Eigenschaften geknüpft wird. Die universalistisch-egalitäre Wertzuschreibung wird wohl mit ersterer, die inegalitäre und partikularistische mit dem zweiten Typ assoziiert. Diese Unterscheidung hat allerdings ihre Tücken und bedürfte genauerer Untersuchung: denn zum einen hat auch die universalistische Position Schwierigkeiten zu sagen, wer "alle Menschen" sind.[120] Sie muß, wie oben bereits angesprochen, mindestens mit Bezug auf die Grenzfälle menschlichen Lebens, bestimmte Eigenschaften benennen, aufgrund derer Individuen für die Trägerschaft von Menschenwürde qualifizieren.[121] Und zum anderen könnte eventuell auch eine perfektionistische Begründung zu universalistisch-egalitären Normen führen.[122]

---

[120] Eingehender zu den Möglichkeiten und Problemen einer Ableitung universalistisch-egalitärer Normen aus dem Eigenwert-Gedanken unten §2.

[121] Die universalistisch-egalitäre Position geht von einem naiven Vorverständnis dessen aus, was ein menschliches Individuum ist, ein Vorverständnis, das eher negativ definiert ist über die Aufzählung aller Gründe, die *nicht* dafür herangezogen werden können, Unterschiede in der moralischen Rücksichtnahme zu rechtfertigen. Universalistisch und egalitär ist diese Position aber nur mit Blick auf diejenige Personengruppe, bei der mehr oder minder unumstößlicher Konsens herrscht, daß sie "dazugehören" (zur moralischen Gemeinschaft nämlich). An den "Rändern" menschlicher Existenz werden jedoch - mindestens in der Realität - Graduierungen der Trägerschaft zugelassen (so z.B. beim Schwangerschaftsabbruch), und in einigen Fällen herrscht sogar große Unklarheit, ob überhaupt dieser abgestufte Schutz angemessen ist oder nicht (vgl. z.B. die Frage nach dem moralischen Status der Keimzellen).

[122] Wie im oben angeführten Gedankenexperiment skizziert, vgl. den vorangehenden Abschnitt (a).

Ein weiterer Unterschied zeigt sich mit Bezug auf die *Art* der Normen, die aus der Behauptung des menschlichen Eigenwerts abgeleitet werden können. Die universalistisch-egalitäre Ethik kennt einen Vorrang der Pflichten gegenüber anderen vor den Pflichten gegenüber sich selbst und darüber hinaus die Vorgabe, daß das Individuum selbst über sein Wohl und Wehe zu bestimmen habe, solange es damit nicht die Belange der anderen gefährdet. Dies entspricht dem liberalistischen Grundzug dieser Ethik. Doch ist es durchaus möglich, aus dem Eigenwert des Individuums zum einen bestimmte Pflichten dieser Individuen gegen sich selbst zu folgern - nämlich die Pflicht, die je ihren Wert begründenden Eigenschaften an ihrer Person zu bewahren bzw. (sofern sie perfektibel sind) zu fördern und zu vervollkommnen. Zum anderen lassen sich Pflichten entsprechenden Inhalts auch gegenüber alle anderen Personen denken, Pflichten, die gegebenenfalls auch gegen deren Weigerung zu erfüllen wären. Auf diese Weise kann das Prinzip vom Eigenwert des Menschen eine perfektionistische Ethik begründen helfen - ein historisch durchaus wirkungsmächtiger Ansatz.[123]

(c) Inhaltliche Norm

Die These vom intrinsischen Wert des Menschen kann darüber hinaus selbst als (substantielle) ethische Norm begriffen werden, eine Norm also, die vorschreibt, daß dem Menschen die Haltung der Hochschätzung resp. Achtung entgegenzubringen sei. Auch hier gibt es wieder die Möglichkeit, eine universalistische von einer nicht-universalistischen Spielart zu unterscheiden. Ich werde jedoch im Folgenden, der Einfachheit halber, von der heute üblicheren universalistischen Variante ausgehen.

Als inhaltliche Norm wirkt das Prinzip ein wenig merkwürdig. Das liegt zum einen daran, daß Gebote, die Werthaltungen zum Gegenstand haben, als unangemessen oder überflüssig angesehen werden könnten. Es scheint plausibler, für Werthaltungen zu argumentieren, als sie zu gebieten - zumal ein solches Gebot ohne die entsprechende Überzeugung als unsinnig, wenn nicht sogar als unzulässig erscheint. Wer sich aber davon hat überzeugen lassen, daß das Prinzip gilt, besitzt ja bereits die entsprechende Haltung oder mindestens die Disposition dazu. Hier könnte die Formulierung eines

---

[123] Vgl. unten, §3, die Ausführungen zu Cicero und Kant.

entsprechenden Gebots allenfalls als explizite Bekräftigung dienen, diese Haltung auch unter widrigen Umständen zu zeigen. Wäre es hier aber nicht zweckmäßiger, das ganze Spektrum des Verhaltens vorzuschreiben, das dieser Werthaltung entspricht, und nicht einfach nur die Werthaltung selbst? Sollte man nicht lieber gleich auf die Normen der universalistisch-egalitären Moral zu sprechen kommen? Dieser Einwand besitzt sicherlich einige Plausibilität.

Es könnte darüber hinaus sein, daß dieses Gebot auch dort gefordert wird, wo der Glaube an das Prinzip nicht besteht. So ist denkbar, daß eine Haltung des wechselseitigen Respekts auch auf dem Boden von Moralkonzeptionen, die das Prinzip nicht kennen, als sinnvoll erscheint. Man denke an diejenigen Spielarten des Kontraktualismus, Utilitarismus oder der Tugendethik, die nicht davon ausgehen, daß das menschlichen Individuum einen Eigenwert besitzt, sondern ihre Normen auf anderem Wege begründen. Dennoch könnten auch Vertreter dieser Konzeptionen es für sinnvoll halten, in der von ihnen entworfenen Gemeinschaft ein Ideal zu propagieren, demzufolge Menschen sich wechselseitig Hochschätzung entgegenbringen sollten. Die Orientierung an einem solchen „irrationalen" Ideal könnte nämlich u.U. eine wirksame motivationale Grundlage für die Befolgung moralischer Normen schaffen: vielleicht sind die Mitglieder einer kontraktualistischen Gesellschaft besser zur Einhaltung der Vertragsnormen motiviert, wenn sie Nutznießer ihres Handelns als intrinsisch wertvolle Personen betrachten können, als wenn sie lediglich ihr Eigeninteresse vor Augen haben? Ein anderes Motiv zur Einführung eines solchen Ideals könnte die Überlegung liefern, daß Menschen sich gern einen Eigenwert zusprechen - daß dies ihr Selbstwertgefühl stärkt oder andere positive Auswirkungen auf ihr Leben besitzt. Auch in diesem Fall wäre es u.U. zweckmäßig, ein entsprechendes Ideal zu propagieren.[124]

3. Die Vervollkommnung des Menschen

Im vorangehenden Abschnitt ist bereits erwähnt worden, daß das Prinzip des menschlichen Eigenwerts dazu herangezogen worden ist, eine perfektionistisch zugeschnittene Ethik zu begründen. Tatsächlich stand die Rede

---

[124] Vgl. die - diesem Gedanken gegenüber allerdings kritische - Überlegung Stemmers zur Möglichkeit irrationaler altruistischer Ideale, STEMMER (2000), S.306f.

von einer Würde des Menschen, wo sie überhaupt mit ethischen Belangen verknüpft wurde, historisch zunächst im Kontext tugendethischer Konzeptionen,[125] und auch heute lassen sich Tendenzen in diese Richtung ausmachen.[126] Und wie oben angesprochen wurde, leistet der Ausdruck „Menschenwürde" diesem Verständnis auch Vorschub, insofern „Würde" eine Tugend bezeichnen kann.[127]

Was ist unter einem perfektionistischen Prinzip der Menschenwürde zu verstehen? Im Kern läßt es sich beschreiben als Behauptung, daß der Mensch die Aufgabe oder das objektive Ziel besitzt, sich in bestimmter Art und Weise zu vervollkommen - sei es durch Ausübung bestimmter, meist moralischer, Tugenden, sei es über die Erlangung kultureller (wissenschaftlicher, künstlerischer oder anderer) Fertigkeiten. Eine perfektionistische Ethik kann unterschiedliche Ausprägungen annehmen, je nachdem, welche Art von Pflichten sie beinhaltet. Da das Erstreben von Leistungen und die Ausbildung von Tugenden sehr wesentlich von der Anstrengung des jeweiligen Individuums selbst abhängt, liegt es bei einer perfektionistischen Argumentation nahe, sich an die jeweils zu vervollkommnenden Individuen selbst zu wenden und diese zur Selbstvervollkommnung aufzufordern. So ergibt sich ein Schwerpunkt auf den sogenannten Pflichten gegen sich selbst. Diese Argumentation ist auch darum reizvoll, weil sie eine zusätzliche Quelle der Motivation zu erschließen vermag: den Wunsch nach eigener Perfektion oder Auszeichnung. Perfektionistische Ethiken bedienen daher häufig einer eudaimonistischen Argumentation, bei der das moralisch Gebotene zugleich als Ziel des „eigentlichen" Eigeninteresses der Adressaten erscheint.

Es gibt allerdings auch stärker deontisch argumentierende Spielarten des Perfektionismus. Für diese ist es nur konsequent, auch die Vervollkommnung der anderen zum Ziel resp. zur Pflicht zu machen - soweit diese eben „von außen" befördert werden kann.

---

[125] Vgl. unten §3, die Abschnitte über Cicero, das christliche Menschenwürde-Verständnis sowie Kant.

[126] Vgl. SPAEMANN (1985)

[127] Vgl. oben Kap.1, §2.1.

Es ist oben[128] bereits angesprochen worden, daß ein perfektionistischer Ansatz die „Würde" - den intrinsischen Wert" des Menschen in den jeweils geschätzten Eigenschaften sieht, also z.B. der Vernunft oder Sittlichkeit bzw. dem entsprechenden Ideal einer vernünftigen und sittlichen Persönlichkeit. Diese Sichtweise kann zu einer inegalitären - also z.B. meritokratischen - Moralkonzeption führen, und wenn dies der Fall ist, steht sie natürlich mit dem Menschenrechtsgedanken in Widerspruch. Abgesehen davon steht die These von der Existenz sogenannter Pflichten gegenüber sich selbst stets in Spannung zur neutralitätsliberalen Grundausrichtung, die die meisten Menschenrechtskonzeptionen aufweisen. Möglicherweise lassen diese Widersprüche sich nach der einen oder anderen Seite hin auflösen - dies muß hier nicht debattiert werden. Mir kommt es an dieser Stelle lediglich darauf an, zu verdeutlichen, daß die unterschiedlichen Menschenwürde-Prinzipien gegebenenfalls auch zu schwer vereinbaren Konsequenzen führen können und umso dringlicher getrennt werde sollten.[129]

4. Das Verbot von Erniedrigungen

Es ist für das heutige Verständnis von Menschenwürde wesentlich, daß darunter der Ausschluß von Demütigungen oder auch, positiv formuliert, die Erhaltung der Selbstachtung der Individuen, verstanden wird. Zum Teil wird sogar von einem Recht *auf* Menschenwürde gesprochen, was wohl zu verstehen ist als ein Recht auf Selbstachtung (resp. auf den Ausschluß von Demütigungen).

Es ist oben gezeigt worden, daß der Ausdruck "Selbstachtung" unterschiedlich zu analysieren ist, je nachdem, ob darunter ein psychologischer Zustand (ein intaktes Selbstwertgefühl) oder bestimmte Normen zum Schutz des Selbstwertes zu verstehen ist.[130] Auch hier ist diese Unterscheidung zwischen dem psychologischen und dem normativen Sinn von "Selbstachtung" von Bedeutung.

---

[128] In diesem Paragraphen, Abschnitt 2 (b).

[129] Es wurde oben bereits anhand der Position von Spaemann aufgezeigt, zu welchen Verwirrungen es führen kann, wenn Perfektionismus und Menschenrechtsidee gleichermaßen unter dem Titel eines Menschenwürde-Prinzips geführt werden, siehe Kap.1, §5.2 (b).

[130] Vgl. oben Kap.1, §3.2.

Verwendet man „Selbstachtung" im normativen Sinne, so fällt das Demütigungsverbot der Sache nach mit einem der bereits genannten Prinzipien zusammen: in diesem Falle bedeutet ja, daß die „Selbstachtung" eines Menschen verletzt ist, daß ihr Selbstwert entweder von ihr selbst oder von anderen nicht geachtet wurde. Ein eigenständiges Prinzip ist nur dann formuliert, wenn das Demütigungsverbot als Verbot begriffen wird, die psychologisch verstandene „Selbstachtung" eines Menschen nicht zu verletzen. Ich werde mich daher auf diese Wortbedeutung konzentrieren.

Eine Verletzung der Selbstachtung einer Person in diesem Sinne - also eine Verletzung des Selbstwertgefühls, eine schwere Kränkung - ist nicht identisch mit der Mißachtung des intrinsischen Werts bzw. der Verletzung der Menschenrechte. Sie kann zwar damit einhergehen: eine Person kann sich genau dann in ihrer Selbstachtung gekränkt fühlen, wenn ihre Rechte mißachtet werden. Doch müssen die beiden Aspekte nicht gemeinsam auftreten: eine Person kann sich auch gedemütigt fühlen, ohne daß dies auf eine Mißachtung ihres Wertes als Person oder eine Verletzung ihrer Menschenrechte hinausläuft - so etwa, wenn ihr bei einer Bewerbung um eine Arbeitsstelle eine andere Person vorgezogen wurde (was ja nicht für sich genommen bereits eine Verletzung irgendwelcher Rechte dieser Person beinhalten muß). Und umgekehrt gilt: eine Verletzung der Menschenrechte und ein Mangel an intrinsischer Wertschätzung können vorliegen, ohne daß die Person sich gedemütigt fühlt.[131]

Das Demütigungsverbot erhält damit ein eigenes Gewicht. Denn das Motiv, Demütigungen in diesem Sinne auszuschließen, kann ein anderes sein als das, den intrinsischen Wert oder die Menschenrechte von Personen zu bewahren. Das Motiv besteht nun darin, Menschen vor psychischem Leid oder Schaden zu bewahren. Natürlich lassen sich beide Motive verknüpfen: ich kann Menschen vor psychischem Schaden schützen wollen, weil ich ihnen intrinsischen Wert resp. Menschenrechte zuerkenne und diese auch die psychische Integrität von Menschen schützen sollen. Dies entspricht sicherlich der herrschenden Auffassung davon, was durch eine Menschenwürde-Garantie bewirkt werden soll.

---

[131] Vgl. hier das „Onkel Tom" - Beispiel, das bereits oben angesprochen wurde, Kap.1, §3.2 (c).

Doch lassen sich diese Motive aber auch unabhängig voneinander vertreten. Bei einigen zeitgenössischen Autoren zeigt sich eine gewisse Tendenz hierzu insofern, als sie den Schutz der Menschenwürde gänzlich auf den Schutz der Selbstachtung zu beschränken scheinen.[132] Auch diese Verwendung tendiert dazu, das Verständnis von "Menschenwürde" zu reduzieren, vor allem: es von begründungstheoretisch schwerer zu vertretenden Annahmen zu trennen. Ein Demütigungsverbot im psychologischen Sinne muß nicht auf die These eines objektiven Wertes oder eines objektiven Rechtsstatus von Menschen rekurrieren. Es kann z. B. auch mitleidsethisch begründet gedacht sein. Für das Verbot einer Demütigung im psychologischen Sinne läßt sich ein breiter Konsens herstellen, ganz gleich, welchen begründungstheoretischen Ansatz man vertritt. Sogar moralische Relativisten oder Skeptiker scheinen sich am ehesten noch auf inhaltliche Normen dieser allgemein akzeptierten Art einlassen zu können.[133] Auch dieser Aspekt erklärt die Popularität des Ausdrucks "Menschenwürde": das Demütigungsverbot (im psychologischen Sinne) scheint schlechterdings keine Gegner zu kennen.

Die breite Zustimmung, die das Demütigungsverbot erfährt, wirft die Frage auf, in welchem Verhältnis der Begriff der Menschenwürde, der auf die Behauptung eines intrinsischen Wertes und den daraus abzuleitenden Rechten der Menschen gestützt ist, zum Begriff der Demütigung (im psychologischen Sinne) steht. Ich habe eingangs auf die Möglichkeit verwiesen, das Demütigungsverbot (immer im psychologischen Sinne gemeint) in den Kernbegriff einzufügen. Es entstand dabei eine Begründungsrelation der folgenden Art: Aus dem Gedanken eines Eigenwerts des Individuums sind Menschenrechte abzuleiten, zu denen unter anderem das Recht auf psychische Integrität zählt, welches wiederum das Verbot von Demütigungen miteinschließt. Man könnte sich aber auch eine andere Begründungsrelation denken, indem man vom Demütigungsverbot, bzw. seiner positiven Kehrseite, dem Gebot des Schutzes der Selbstachtung (im psychologischen Sinne) von Personen *ausgeht*. Als Basis empfiehlt es sich darum, weil es sich einer solch breiten Zustimmung erfreut. Interessanterweise bietet es

---

[132] Vgl. z.B. HONNETH (1990).

[133] Vgl. z.B. RORTY (1989), Kap.4.

einige Ansatzpunkte zur Ableitung des Gebots, anderen Personen einen intrinsischen Wert zuzuschreiben bzw. ihnen Menschenrechte zuzuerkennen. So besitzt die Annahme eine gewisse Plausibilität, daß für die Selbstachtung einer Person konstitutiv ist, daß andere ihr intrinsische Wertschätzung entgegenbringen. Intrinsische Wertschätzung muß wiederum (u.a.) bezeugt werden, indem der Person der gleiche moralische Status zuerkannt wird wie anderen Menschen. Aus diesem Gedanken läßt sich ein Argument für die Gleichbehandlung von Menschen entwickeln, das auf der Garantie einer Menschenwürde im psychologischen Sinne der Selbstachtung aufbaut.[134] Neben dem Aspekt der Gleichheit lassen sich auch andere Aspekte des Menschenrechtsschutzes aus dem Gebot eines Schutzes der Selbstachtung ableiten. Die Herstellung und Erhaltung von Selbstachtung könnte als das fundamentale Rechtsgut angesehen werden, um dessentwillen überhaupt erst alle übrigen Güter garantiert werden müssen. So stellen die Integrität der Psyche und in bestimmtem Maße auch des Körpers natürlich notwendige Bedingungen für die Selbstachtung einer Person dar, und mit Ausnahme von Asketen und Stoikern benötigen Menschen zur Ausbildung und Aufrechterhaltung ihrer Selbstachtung auch ein gewisses Maß an Freiheiten sowie an sozialen, kulturellen und ökonomischen Gütern.

Es geht mir hier nicht darum, eine solche alternative Theorie der Menschenwürde zu vertreten oder auch nur darzustellen, sondern lediglich darum, den Blick auf das argumentative Potential zu lenken, das das Gebot des Schutzes der Selbstachtung von Individuen bietet. Es erscheint mir naheliegend und an vielen Texten, wenn auch z.T. nur zwischen den Zeilen, ablesbar, daß Argumente dieser Art die Zugkraft eines ethischen Prinzips der Menschenwürde stärken. Genau genommen handelt es sich aber um verschiedene Prinzipien, die hier mit demselben Ausdruck benannt werden.

---

[134] Bereits Pufendorf hat ein solches Argument vorgeführt, vgl. Pufendorf, *De off. hom.*, I,7. Eine andere Variante, die allerdings auf den Ausdruck "Menschenwürde" verzichtet zugunsten des korrelierenden der "Achtung", hat neuerdings Frankfurt vorgelegt, vgl. FRANKFURT (1999). Überhaupt scheint dieses Argument im Hintergrund einiger zeitgenössischer Abhandlungen zur Menschenwürde zu stehen, wenngleich es nicht immer reflektiert wird, vgl. etwa MARGALIT (1996), Kap.2.

5. Die Lehre von der Heiligkeit des menschlichen Lebens

Im Umfeld der angewandten Ethik, so v.a. zu Fragen der Reproduktionsmedizin und Biotechnologie, ist seit einigen Jahren eine Tendenz zu beobachten, „Menschenwürde" in einer sehr eingeengten Bedeutung zu verwenden, als Bezeichnung für eine bestimmte Position zur Lebensschutzfrage: die anders auch „Lehre von der Heiligkeit des menschlichen Lebens" („sanctity-of-life-doctrin") genannte Position.[135] Vertreter dieser Position unterstellen dabei häufig, die Forderung nach der unbedingten Nichtantastung menschlichen Lebens, teils auch die Forderung nach der Integrität menschlicher Gattungseigenschaften als solcher, sei analytischer Bestandteil eines Prinzips der Menschenwürde. Auf diese Weise glauben sie, das strikte Verbot einer Tötung von oder Manipulation an vorgeburtlichem menschlichen Leben aus der allgemein akzeptierten Garantie der Menschenwürde bereits aus begrifflichen Gründen ableiten zu können. Dieser Schluß ist aber nicht berechtigt. Denn es kann nicht als ausgemacht gelten, daß der Begriff des Menschen, auf den im modernen Verständnis von "Menschenwürde" Bezug genommen wird, notwendig alle Entitäten meint, die das menschliche Genom tragen, und auch nicht, daß damit alle potentiellen menschlichen Individuen von der Befruchtung an eingeschlossen sind. Daß dies dem heutigen Allgemeinverständnis nicht entspricht, zeigt eben die Schwierigkeit, hierüber einen Konsens zu erzielen. Ebensowenig kann man sich darauf berufen, es handele sich um das historisch verbürgte Verständnis des Wortes. Der Ausdruck "Menschenwürde" selbst wurde historisch so wenig auf die Gesamtheit der Gattungsmitglieder angewandt, daß mit Berufung auf ihn zum Teil sogar Sünder oder andere Menschen, die dem damit verbundenen Persönlichkeitsideal nicht entsprachen, ausgegrenzt wurden.[136] Genausowenig kann man sich hier auf die

---

[135] Diese Tendenz, die Lehre von der "Heiligkeit des menschlichen Lebens" und das "Prinzip Menschenwürde" gleichzusetzen, war sogar bereits so erfolgreich, daß selbst viele Gegner dieser Lehre diese terminologische Festlegung übernommen haben, ablesbar z.B. an den Beiträgen in BAYERTZ (Hg.) (1996).

[136] So z.B. durch Thomas von Aquin, Nachweise s. unten FN.259. Verfechter der Lebensschutzethik untermauern ihre Definition von Menschenwürde zumeist durch Verweis auf das biblische Tötungsverbot, das in Gen 9,6 auf die Gottebenbildlichkeit des Menschen gestützt wird - der christliche Begriff von Menschenwürde wird wiederum

klassischen Menschenrechtslehren stützen. Dies liegt vor allem daran, daß sich die heute so drängenden Fragen, von welchem Lebensstadium an man von einem menschlichen Individuum resp. einem Rechtsträger sprechen kann, verhältnismäßig jungen Datums sind. Das Kriterium, das die Menschenrechtstradition anbietet, ist vielmehr ein negatives, wie oben bereits illustriert: wer "dazugehört", wird ermittelt, indem man auflistet, welche Ausschlußgründe *keine* Relevanz besitzen dürfen – eben Hautfarbe, Geschlecht, Religionszugehörigkeit etc.. Positiv scheint dies auf die Gruppe aller geborenen menschlichen Individuen hinauszulaufen – und selbst hier gibt es Grenzfälle, denkt man etwa an die umstrittenen Fälle schwerstbehinderter Neugeborener oder von Menschen im Langzeitkoma. Dies alles läßt natürlich ebensowenig den umgekehrten Schluß zu, Träger der Menschenrechte könnten nur geborene, bewußtseinsfähige usw. Menschen sein. Wer zur Gruppe der "Menschen" im hier relevanten Sinne gehört, ist eben nicht unter Verweis auf begriffliche Argumente zu klären, die stets ein geteiltes Vorverständnis erfordern, sondern kann nur mit sachlichen Argumenten begründet werden.

§ 2   Die Kernauffassung und ihre Probleme

Nicht jedes der im vorangehenden Paragraphen skizzierten Prinzip beruft sich mit gleichem Recht die „Menschenwürde". Es scheint zentralere und peripherere Verwendungen zu geben. M.E. beziehen sich heutige Sprecher, wenn sie von einer „Ethik der Menschenwürde" oder von „Menschenwürde" als einem „ethischen Prinzip" sprechen, vor allen Dingen auf die beiden erstgenannten Prinzipien: den Menschenrechts- und den Eigenwert-Gedanken. Diese beiden möchte ich, zusammengenommen, als die „Kernauffassung" bezeichnen. Wie oben bereits angesprochen, ist es naheliegend, zwischen diesen beiden Prinzipien eine *Begründungsrelation* herzustellen, und das heißt, den gleichen moralischen Status aller Menschen aus

---

auf die Gottebenbildlichkeitslehre zurückgeführt. Allerdings zeigt die Theologiegeschichte, daß auch dieser Begriff nicht immer in einem universalistisch-egalitären Sinn verstanden wurde, insofern in der alten Kirche und darüber hinaus durchaus umstritten war, ob man Sünder, Heiden und Häretiker als Bilder Gottes bezeichnen könne. Nachweise bei BRUCH (1981), S.141f.

ihren gleichen intrinsischen Wert abzuleiten. In diesem Paragraphen soll ein Blick auf die unterschiedlichen Ausprägungen eines solchen Begründungsansatzes getan werden, ergänzt um eine Skizze der je spezifischen Probleme und Lösungsansätze.

Dabei wird zunächst auf die unterschiedlichen Vorstellungen über die *Basis* der Wertschätzung eingegangen - d.h. die Eigenschaften, aufgrund derer dem Menschen intrinsischer Wert zugeschrieben wird (1). Sodann wird thematisiert, welche Wege bestehen, das evaluative Moment zu begründen (2). Zuletzt wird auf den Schritt vom Wert zur Norm eingegangen - dem Schritt von der intrinsischen Wertschätzung des Menschen zur Anerkennung von Pflichten diesem gegenüber (3).

Es ist darüber hinaus wichtig zu betonen, daß diejenigen Ansätze, die sich auf die Menschenrechtsidee beschränken, ohne diese aber über aus einem Wert (im spezifisch evaluativen Sinn) ableiten zu wollen, dennoch in strukturell ähnliche Schwierigkeiten geraten. Denn auch sie müssen zur Begründung des Menschenrechtsstatus an irgendeiner Stelle auf spezifisch menschliche Eigenschaften rekurrieren und stehen somit unter den Schwierigkeiten, die nachfolgend unter (1) skzziert werden. Und auch sie müssen den Schritt von Tatsachen zu Normen begründen, womit sie trotz Auslassung des „Zwischenschritts" der Begründung des wertenden Moments keine einfachere Aufgabe zu bewältigen haben. Eine Ausnahme bilden allein diejenigen Ansätze, die den gleichen moralischen Status aller Menschen indirekt zu begründen, also etwa über den egoistischen Vorteil, der in einer Gleichbehandlung aller Menschen liegen kann (man denke an vertragstheoretische Ansätze). Sie haben allerdings bezeichnenderweise gerade Schwierigkeiten damit, tatsächlich zu einem universalistisch-egalitären Ergebnis zu gelangen.

1. Die Basis der Wertzuschreibung

Selbst wenn man aber auf dem Boden des Eigenwert-Gedankens bleibt, ist noch nicht klar, welches eigentlich der Gegenstand der Wertschätzung ist, oder, anders gefragt: weshalb das menschliche Individuum Hochschätzung verdient. Damit ist die Aufgabe gestellt, einen Anknüpfungspunkt zu benennen, der die besondere Schätzung des Menschen im Unterschied zu anderen Lebewesen oder auch sonstigen Entitäten begründen kann.

(a) Substantielle anthropologische Eigenschaften
Eine sehr naheliegende Antwort, die eine breite Tradition kennt, beantwortet diese Frage mit Verweis auf bestimmte substantielle anthropologische Eigenschaften.[137]
Vernunft, Willensfreiheit, Perfektibilität, Sprachfähigkeit, Spiritualität, Sittlichkeit, theoretische und praktische Selbstdistanz, aufrechter Gang, Schönheit der Gestalt, Humor, Kunstfertigkeit, Kunstsinn, Kreativität, wissenschaftliche Neugier, mikrokosmisches Wesen, Dialogfähigkeit, Individualität und weitere Eigenschaften sind als Anknüpfungspunkte für intrinsische Wertschätzung ins Feld geführt worden. Traditionell sind diese anthropologischen Bestimmungen gerne zugleich als Wesensmerkmale aufgefaßt worden, doch genügt es, sie als *spezifisch* menschliche Eigenschaften zu begreifen und es offenzulassen, ob sich „der Mensch" durch diese Merkmale definieren läßt bzw. ob es überhaupt möglich ist, ein menschliches „Wesen" zu erfassen.
Die eben angeführte Aufzählung illustriert bereits einen ganzen Problemkomplex, der mit der Auswahl der betreffenden Eigenschaften zusammenhängt:

(i) Zum einen muß begründet werden, daß der Mensch die betreffenden Eigenschaften überhaupt besitzt (ist er frei? Perfektibel? Sittlich?) und daß sie auch für ihn spezifisch sind, er sich dadurch also von Nicht-Menschen auch unterscheidet (denn sonst handelte es sich nicht um den Wert des *Menschen*).

(ii) Ferner muß aus der Vielzahl anthropologischer Eigenschaften eine Auswahl getroffen werden; tatsächlich gibt es, wie die Liste zeigt, recht divergierende Auffassungen davon, auf welche Eigenschaften des Menschen die Haltung der Hochschätzung gegründet sein sollte.

(iii) Und nicht zuletzt wirft auch die Ambivalenz der genannten Eigenschaften Probleme auf. Es ist bei vielen der genannten Eigenschaften un-

---

[137] „Substantiell" ist ein Behelfswort, das lediglich bezeichnen soll, daß es sich bei den betreffenden Eigenschaften nicht um „relationale" handelt. Auf relationale Eigenschaften wird unten (e) einzugehen sein; mit ihnen ist die Eigenschaft einer Entität gemeint, mit einer anderen in Beziehung zu stehen.

klar, ob sie wirklich positive Schätzung verdienen. Nicht zuletzt können die meisten dieser Eigenschaften auch für wertlose oder gar schändliche Zwecke eingesetzt werden. Ein wirkungsmächtiger Vorschlag ist aus dieser Perspektive, eine (mindestens moralisch) unbelastete Eigenschaft zu wählen wie beispielsweise die Sittlichkeit (bzw. die Fähigkeit dazu).

(iv) Wenn diese Fragen geklärt werden können, stellt sich ein zweites, möglicherweise gravierenderes Problem. Es folgt aus dem Erfordernis einer universalistischen und egalitären Wertzuschreibung: nachgewiesen werden muß, daß die Eigenschaften, auf die der Wert gegründet wird, auch bei allen Menschen in gleichem Maße vorhanden sind. Diese Vorgabe wird allerdings für die meisten der oben angeführten anthropologischen Eigenschaften zum Problem. Denn zum einen sieht man sofort, daß die betreffenden Eigenschaften ungleich verteilt sind: Menschen sind in sehr unterschiedlichem Maße intelligent, willensfrei, sittlich oder kreativ.

Hiergegen ließe sich allerdings zunächst einmal geltend machen, daß ein bestimmtes Mindestmaß dieser Eigenschaft ausreiche, um den dann für alle gleichen Anspruch auf Hochschätzung zu begründen. Doch selbst wenn man dies zugesteht, bleibt das Problem bestehen, daß selbst dieses Mindestmaß nicht einmal von allen Individuen, die wir unter die Gemeinschaft der Gleichen zählen möchten, aufgebracht wird. Kinder im Mutterleib und selbst Säuglinge und Kleinkinder, Menschen mit bestimmten Behinderungen oder anders bedingten Nachteilen, demente oder bewußtlose Patienten - sie alle werden von Vertretern der Menschenrechtsidee als „Menschen" bezeichnet und doch läßt sich nicht immer behaupten, daß sie das Minimum (mindestens bestimmter) der genannten Eigenschaften erfüllen. Das Minimum kann aber auch nicht unbegrenzt abgesenkt werden, da es sonst nicht mehr möglich ist, die Vorrangstellung von Menschen gegenüber (höherentwickelten) Tieren zu begründen - andernfalls müßte auch diesen gleichermaßen Eigenwert zuerkannt werden.

(b)   Das Potentialitätsargument
Es gibt Auswege aus dem skizzierten Problem. Einen der wichtigsten stellt das sogenannte „Potentialitätsargument" dar, das als Basis der Wertzuschreibung eine potentiell vorhandene Eigenschaft für ausreichend erklärt. Das Argument kennt verschiedene Ausprägungen, keine kann als unum-

stritten gelten. Verfechter dieses Argumenttyps müssen vor allen Dingen drei Schwierigkeiten begegnen.

(i) Zum einen müssen sie nachvollziehbar eingrenzen, unter welchen Bedingungen ein Wesen eine Eigenschaft potentiell besitzt. Um dies anhand eines häufig diskutierten Beispiels zu erläutern: eine menschliche Keimzelle besitzt zunächst einmal ebenso die „Potenz", ein vernünftiges, willensfreies, kreatives, moralisches Individuum zu werden wie ein einjähriges Kind. Dennoch scheint es angebracht, hier einen Unterschied in ihrer Schätzenswürdigkeit zu machen.

(ii) Damit zusammen hängt eine zweite Schwierigkeit zu begründen, weshalb man eine potentielle Eigenschaft überhaupt schätzen sollte.

(iii) Drittens fällt es selbst Verfechtern dieser Argumentationsstrategie oftmals nicht leicht zu begründen, weshalb man auch diejenigen Menschen in ihrem Eigenwert schätzen sollte, bei denen recht fraglich ist, ob sie die wertbegründende Eigenschaft auch nur potentiell besitzen.

(c) Speziesismus
Ein anderer Ausweg besteht darin, eine Eigenschaft heranzuziehen, die tatsächlich universell und gleich verteilt ist. Eine solche ist allerdings nur in der Zugehörigkeit zur biologischen Spezies gegeben. Dies ist der Standpunkt, den die Vertreter eines Menschenwürde-Prinzips im Sinne der Lehre von der Heiligkeit des menschlichen Lebens beziehen. Allerdings muß sich diese Position den Vorwurf gefallen lassen, hiermit eine Eigenschaft auszuzeichnen, deren Schätzungswürdigkeit fraglich ist (und erst recht deren moralische Relevanz). Der Vorwurf wird unter das Schlagwort des „Speziesismus" gefaßt, mit dem deutlich gemacht wird, daß die Berufung auf die Gattungszugehörigkeit als eine Form der willkürlichen Bevorzugung einer Gruppe vor einer anderen betrachtet wird, oder, aus der Perspektive der damit Benachteiligten betrachtet: daß andere biologische Gattungen „diskriminiert" werden.

(d) Ablehnung einer Rückführung auf Eigenschaften
Ein wieder anderer Ausweg besteht darin, den Gedanken einer Berufung auf anthropologische Eigenschaften gänzlich abzulehnen. Dieser Ausweg

wird durch einen weiteren Einwand motiviert. Dieser besagt, derartige Begründungsstrategien führten nicht eigentlich zu einer Wertschätzung des *Individuums,* sondern zu einer Wertschätzung menschlicher Universalien. Das Individuum selbst würde auf diese Weise gar nicht intrinsisch, sondern vielmehr nur mittelbar geschätzt, insofern es nämlich diese gattungsspezifischen Eigenschaften exemplifiziere, eigentlicher Gegenstand der Hochschätzung seien diesem Modell zufolge aber die betreffenden Eigenschaften selbst. Dies allerdings sei eine absurde Vorstellung, die die Intuition, welche hinter dem Prinzip des menschlichen Eigenwerts stehe, nicht zu erfassen vermöge. Was demgegenüber wirklich gemeint sei, wenn vom intrinsischen Wert eines jeden Menschen gesprochen wird, sei der Wert der je existierenden Individuen in ihrer je kontingenten Gestalt.

Dieser Einwand ist von großem Gewicht und kann meinem Eindruck nach gegenwärtig auch mit sehr breiter Zustimmung rechnen. Es ist allerdings nicht ganz klar, wie ein Ansatz, der ihm gerecht würde, aussehen müßte, so daß hier wiederum verschiedene Möglichkeiten mit ihren spezifischen Schwierigkeiten benannt sein sollen:

(i) Eine radikale Version bestünde darin, eine Begründung des Eigenwertes menschlicher Individuen einfachhin zu verweigern und jeglichen Rekurs auf Eigenschaften zu leugnen. Allerdings ist zu bedenken, daß dieser Ansatz mit dem Speziesismus zusammenzufallen droht. Denn wenn es keine menschliche Eigenschaft gibt, an der sich die Wertzuschreibung festmachen läßt, weshalb wird dann nicht anderen Lebewesen, ja, allen möglichen Entitäten ein Eigenwert zugesprochen? Ist die Auszeichnung des Menschen hier nicht ganz und gar willkürlich?

(ii) Eine gemäßigtere Variante, die meinem Eindruck nach recht verbreitet ist, konzediert, daß wohl etwas an Menschen sei, was die Wertzuschreibung rechtfertigt, bestreitet jedoch, daß sich benennen ließe, was. Es handele sich bei diesem Wert um eine nicht weiter explizierbare Qualität. Diese Antwort birgt allerdings enttäuschend wenig Argumentationspotential.

(iii) Insofern scheint es befriedigender, zumindest Ausschau zu halten nach Explikationsmöglichkeiten. Eine naheliegende Möglichkeit bestünde darin, menschliche Individualität selbst auf ihre anthropologischen Grundlagen hin zu befragen. Anders als die in ihrer Schlichtheit oft wenig überzeugenden Nennungen einzelner Merkmale wie Vernunftbegabung oder Sittlichkeit hätte eine solche Explikation, die komplexer ausfallen und ein differenzierteres Bild menschlicher Eigenschaften ergeben müsste, möglicherweise mehr Überzeugungskraft. Wer allerdings daran festhält, daß Gegenstand der Hochschätzung keine menschliche Universalie, sondern stets nur das Individuum selbst sein kann, wird in dem für Individualität verantwortlichen Eigenschaftskomplex nichts anderes sehen können als Möglichkeitsbedingungen für die Entfaltung des eigentlich Wertvollen, der je individuellen Persönlichkeit selbst.[138]

(iv) Damit bleibt zuletzt die Position, die Wertzuschreibung auf die (natürlich sehr komplexe) Eigenschaft zu beziehen, je das Individuum zu sein, das man ist, resp. das Leben zu führen, das man führen möchte. In diesem Falle würde der Eigenwert des Menschen nicht mehr unter Verweis auf eine generell vorhandene Eigenschaft erklärt, sondern für jedes Individuum gesondert: alle Menschen besitzen einen intrinsischen Wert, da jeder einzelne Mensch einen solchen besitzt.
Begründen ließe sich die Auffassung möglicherweise mit Verweis darauf, daß jedes menschliche Individuum seine eigene Person und sein Leben als wertvoll empfindet - eine Haltung, die dann auch andere Personen (zumindest bis zu einem bestimmten Punkt) teilen können und sollen - vermittels Empathie, der Einsicht in die Gleichwertigkeit dieser Einstellung mit der, die sie ihrer eigenen Person und ihrem eigenen Leben gegenüber einnehmen und der Bereitschaft, diese Einsicht zu generalisieren.

---

[138] Eine mögliche Schwierigkeit dieser Position besteht allerdings darin, daß sie gewissermaßen eine empirische These aufstellt, die im Einzelfall erst überprüft werden müßte: Es müßte nachgewiesen werden, daß tatsächlich jeder Mensch diese Fähigkeit zur Individualität oder Unverwechselbarkeit auch realisiert. Dabei reicht es natürlich nicht zu betonen, daß Menschen in dem Sinne je unverwechselbare Wesen sind, als sie numerisch individuell sind oder einfach aufgrund ihrer je individuellen Lebensgeschichte. Wenn sich Menschen in ihrer Individualität von anderen Lebewesen unterscheiden sollen, muß diese Individualität natürlich auch bedeutend stärker ausgeprägt sein als dies etwa bei hochentwickelten Tieren der Fall ist. Eine andere Möglichkeit besteht hier natürlich wieder im Ausweichen auf das Potentialitätsargument.

Sehen wir einmal ab von den später zu problematisierenden Schritten zum wertenden bzw. normativen Moment und betrachten wir nur die Basis der Wertzuschreibung. Der Ansatz hält in jedem Falle dem Einwand stand, das Individuum würde hier nur mittelbar geschätzt. Wie steht es aber mit dem Erfordernis, den Wert an eine Eigenschaft zu knüpfen, die universell und egalitär vorhanden ist? Die Eigenschaft, je das Individuum zu sein, das man ist, und das Leben führen zu können, das man führen möchte, ist zwar eine Eigenschaft, die bei den meisten Menschen wohl vorhanden ist, nicht aber bei all denen, die wir unserer spontanen Einschätzung zufolge zum Kreise der Menschenrechtsträger zählen wollten. Ein Problem bilden diejenigen Menschen, die sich selbst nicht intrinsisch schätzen und bejahen, weil sie an der eigenen Person keinen Gefallen finden oder ihres Lebens überdrüssig sind. Ein weiteres Problem stellen diejenigen Menschen dar, die aufgrund mangelnder physiologischer oder psychischer Voraussetzungen den Bewußtseinzuständen der Selbstschätzung und der Vorstellung vom eigenen guten Leben nicht in der Lage sind - also etwa Säuglinge und noch jüngere Kinder, demente Patienten usf.. Hier müßte ein zusätzliches Argument beigebracht werden - etwa ein Potentialitätsargument -, um diese Gruppe miteinbeziehen zu können. Nicht zuletzt aber ist fraglich, ob es tatsächlich gelänge, die Zustimmung aller dafür erheischen zu können, die Selbstschätzung jedes Individuums und jedes Lebensentwurfs zu teilen. Wie steht es beispielsweise um Menschen, die wir als zutiefst ungerecht oder sogar grausam erleben oder deren Vorstellung von ihrem eigenen guten Leben wir als verachtenswert empfinden?

(e)   Relationale Eigenschaften

Es besteht noch eine weitere Möglichkeit, den oben angesprochenen Problemen, insbesondere dem Problem der ungleich verteilten anthropologischen Eigenschaften, zu entkommen. Als Anknüpfungspunkt für die Wertzuschreibung wird von manchen Ansätzen her nicht eine substantielle, sondern eine relationale Eigenschaft benannt: die Eigenschaft also, zu irgendeiner Instanz in einer bestimmten Beziehung zu stehen, einer Instanz, die die Macht besitzt, Wert zu verleihen.

So ist es naheliegend, im Rahmen einer religiösen Weltanschauung Gott als Quelle von Wert zu betrachten und den Grund für menschliche Würde in einer speziellen Relation des Menschen zu Gott - etwa in Form der Geschöpflichkeit oder Erwähltheit. Denkbar wäre allerdings auch, bestimmten nicht-theistischen Beziehungen wertverleihende Kraft zuzusprechen: etwa, indem man die Tatsache, daß Menschen zueinander in einer Relation der wechselseitigen Anerkennung stehen, als Grund ihres intrinsischen Wertes betrachtet.

Ein Vorteil der Position liegt zum einen darin, daß sie sich unangesehen der substantiellen Eigenschaften menschlicher Individuen auf alle Menschen und auch auf alle gleichermaßen erstrecken kann - wenn etwa Gott (um beim bekanntesten Typ dieses Ansatzes zu bleiben) alle Menschen erwählt hat und alle in gleicher Weise. Zum anderen kann über sie auch der im vorangehenden Unterpunkt thematisierten Forderung Genüge getan werden, daß als Gegenstand der Wertschätzung nicht eine gattungsspezifische Eigenschaft, sondern je das Individuum selbst stehen muß - wie das der Fall wäre, wenn Gott jedes Individuum um seiner selbst willen erwählt hätte, nicht um seiner Verkörperung einer bestimmten Eigenschaft willen.

(i) Probleme dieser Position liegen zum einen in der Notwendigkeit zu erklären, inwiefern ein *verliehener* Wert als Eigenwert bezeichnet werden kann. Ist es denkbar, auch derivative Werthaftigkeit als intrinsisch zu verstehen?

(ii) Schwieriger noch dürfte der Nachweis sein, daß Menschen tatsächlich in den betreffenden Relationen zu den jeweiligen wertverleihenden Instanzen (z.B. Gott) stehen. Gibt es diese Instanzen? Besitzen sie wertverleihende Kraft? Stehen sie tatsächlich zu allen Menschen in der betreffenden Relation?

(iii) Ein drittes Problem stellt sich mit der Frage, nach welchen Kriterien wiederum die wertsetzende Instanz Menschen ihren Wert verleiht. Anders formuliert: werden die genannten Probleme hier nicht einfach verschoben - in die Entscheidung der je wertsetzenden Instanz selbst. Entweder, so der Einwand, hat die wertsetzende Instanz - also etwa Gott - einen Grund, den Menschen zu schätzen, und erwählt diesen aufgrunddessen. Was kann dieser Grund aber anderes sein als wieder eine der oben genannten substantiellen Eigenschaften? Wenn Gott aber über *keinen* substantiellen Anknüpfungspunkt für seine Auszeichnung des Menschen verfügt, so ist diese willkürlich und muß des Speziesismus geziehen werden.[139]

(iv) Begründung des evaluativen Moments
Der nächste Schritt bei der Begründung des Prinzips vom intrinsischen Wert des Menschen besteht darin zu erklären, weshalb die je gewählte Basis der Wertzuschreibung - die Eigenschaft oder Eigenschaften, von denen vorangehend die Rede war - Hochschätzung verdienen. Eine der größten Hürden bei einer solchen Begründung besteht in der Unmöglichkeit, aus einer Tatsache einen Wert abzuleiten. Es handelt sich hier um ein Problem, dessen bekanntere Analogie als „Sein-Sollen-Fehlschluß" bezeichnet wird. Daß sich aus der Existenz einer Eigenschaft nicht schließen läßt, daß diese zu schätzen ist, daß aus einem Sein kein „Gutsein" folgt, gilt unterschiedslos für alle genannten Eigenschaften, ob substantiell oder relational, potentiell oder aktuell. Natürlich gibt es zahlreiche Vorschläge, dennoch zum gewünschten Ergebnis zu gelangen.

(f)   Verzicht auf Begründung
Man könnte vielleicht meinen, daß an dieser Stelle keine Begründung vonnöten ist - daß die Werthaftigkeit der Eigenschaft sich erschließt, sofern sie einem nur in aller Lebhaftigkeit vor Augen geführt wird. Möglicherweise ist ein solches Vor-Augen-Führen auch der beste Weg, den Glauben an das Prinzip des intrinsischen Wertes zu verbreiten. Doch handelte es sich hier um eine persuasive und nicht argumentative Strategie. Einsicht in die intrinsische Schätzenswürdigkeit des Menschen kann auf diesem Wege daher nicht rational „erzwungen" werden. Zudem ist der Erfolg dieser Strategie weitgehend ungewiß, denn ob sich für eine Werthaltung der Hochschätzung oder Achtung allen Menschen gegenüber tatsächlich erfolgreich werben läßt, ist nicht ausgemacht. Trotz weiter Verbreitung dieser Werthaltung - man sollte sie wohl den meisten Anhängern einer universalistisch-egalitären Moralkonzeption zuschreiben -, gibt es natürlich nach wie vor genügend überzeugte Partikularisten - ob rassistischer, sexistischer, nationalistischer, meritokratischer, egoistischer oder auch anderer Prägung, die

---

[139] Wie unten zu sehen sein wird, ist dieses Problem in der Tat Gegenstand eines anhaltenden theologischen Streits, vgl. §3.3 (b).

von der intrinsischen Werthaftigkeit aller Menschen nicht überzeugt sind.[140]

Bei einem Verzicht auf eine Begründung muß man sich der Tragweite dieses Verhaltens bewußt sein. Denn wie bereits an anderer Stelle bereits erwähnt, erhebt man, wenn man dem Menschen einen intrinsischen Wert zuspricht, einen Objektivitätsanspruch: man bringt nicht einfach nur eigene Gefühle oder Werthaltungen *zum Ausdruck*, sondern gibt zu verstehen, daß man sie auch für richtig hält und fordert andere so implizit dazu auf, sie zu teilen. Es ist dieser Anspruch auf „objektive" Angemessenheit des Werturteils, der bei Verzicht auf eine Begründung in der Luft hinge.

(g) Wertobjektivismus

Ein Weg, den Objektivitätsanspruch zu erklären, besteht darin, Werthaltungen mit epistemischen Einstellungen zu vergleichen. Dies führt zu der Behauptung, Werthaftigkeit sei als solche Gegenstand einer spezifischen Form der Erkenntnis. Dies setzt allerdings einen Nachweis spezifischer Erkenntnisvermögen voraus, der nicht leicht zu erbringen ist; der Verweis auf einen inneren Sinn bleibt ebenso Postulat wie der, Werte könnten vermittels der Vernunft erkannt werden. Derartige Vermögen sind empirisch nicht nachweisbar, und es besteht auch keine anderen Erkenntnisformen vergleichbare Übereinstimmung bezüglich des Erkannten, die eine solche Sicht plausibilisieren könnte - schließlich ist es nicht so, daß alle Menschen die intrinsische Werthaftigkeit aller anderen „sehen".

Der epistemologischen Problematik korrespondiert eine ontologische. Was für Entitäten soll man sich unter den Gegenständer der Werterkenntnis, unter Werten oder Werthaftigkeit, vorstellen? Nehmen wir an, es handelte sich um einen bestimmten Typus von Eigenschaften; diese Eigenschaften müßten die folgenden drei Merkmale aufweisen: Zum einen müßten sie sich von deskriptiven Eigenschaften fundamental unterscheiden, eben dar-

---

[140] Natürlich können Partikularisten selbst auch eine Spielart der These vom Eigenwert des Menschen vertreten, in diesem Falle also eine nicht-universalistische, und zwar dann, wenn sie den Begriff des „Menschen" einschränken auf diejenige Gruppe, der sie Anerkennung zollen: einer Rasse, einem Geschlecht, einer Nation, einem Kreis in Verdienst oder Leistung Herausragender etc.. Strukturell besteht für sie allerdings dasselbe Begründungsproblem; auch sie müssen einsichtig machen können, weshalb den Mitgliedern der von ihnen auserkorenen Gruppe gegenüber Hochschätzung gebührt.

in, evaluativ und nicht deskriptiv zu sein. Denn sie zu erkennen, hieße ja nicht (oder mindestens nicht nur), zu erkennen, daß etwas ist, sondern, daß es gut (oder bei negativ wertenden Eigenschaften: schlecht) ist. Zugleich aber müßten sie in unauflöslichem Zusammenhang mit den deskriptiven Eigenschaften stehen, auf die sie sich beziehen. Und drittens müßten sie so beschaffen sein, daß sie tatsächlich erkennbar wären, d.h. sie müßten der intentionale Gegenstand einer Wahrnehmung oder Überzeugung sein können. Alle drei Erfordernisse stellen eine Ontologie vor die größten Probleme.[141]

(h) Subjektivistische Begründungsansätze
Angesichts dieser Schwierigkeiten wäre ein Ansatz attraktiv, der mit einem schmaleren epistemologischen und ontologischen Gepäck auskäme. Denkbar wäre hier eine Argumentation, die an tatsächlich vorhandene Werthaltungen anknüpfen könnte - ähnlich wie eine Gefühlsmoral an tatsächlich oder mindestens dispositionell vorhandene Gefühlen anknüpft, etwa am Gefühl des Mitleids. Ausgangspunkt wäre die Tatsache, daß Menschen in der Lage sind, anderen Menschen gegenüber Achtung oder Hochschätzung zu verspüren. Dieses Gefühl müßte nun auf seinen Gehalt hin expliziert werden, sodaß der betreffenden Person bewußt würde, daß ihrem Gefühl eine Haltung intrinsischer Wertschätzung anderer Personen zugrundeliegt, eine Werthaltung, die zudem einen Objektivitätsanspruch impliziert. Der nächste Schritt hin zum universalistisch-egalitären Prinzip des Eigenwerts bestünde nun darin, diese Zuschreibung zu generalisieren, d.h. auf alle Menschen zu beziehen.

Alle drei Schritte sind mit Schwierigkeiten behaftet. Der erste Schritt erfordert den Nachweis, daß alle Menschen die Fähigkeit besitzen, einzelnen anderen das Gefühl der Achtung entgegenzubringen. Vielleicht läßt sich dieser Schritt noch am ehesten tun - Ausnahmen gibt es zwar, doch ist denkbar, diese als unbedeutend zu akzeptieren oder auch als problematische Abweichungen zu erklären.

Beim zweiten Schritt - der Analyse dieses Gefühls als Zuschreibung von Eigenwert -, müßte der Einwand entkräftet werden, es handele sich hierbei um arationale affektive Zustände, denen kein Objektivitätsanspruch zu-

---

[141] Vgl. MACKIE (1977), S.38ff. (= Kap.1.9).

kommen könne. Darüber hinaus müßte erklärt werden, weshalb dieser Objektivitätsanspruch nicht als irrational zu betrachten ist, gegeben die oben skizzierten ontologischen und epistemologischen Schwierigkeiten einer Behauptung objektiv bestehender „Werte". Es müßte also gezeigt werden, daß „Objektivität" nicht notwendig als subjektunabhängige Realität von Werten verstanden werden muß, die betreffenden Werthaltung aber dennoch mit dem Anspruch auf Begründbarkeit oder Angemessenheit aus der Perspektive jeder anderen Person auftreten kann.

Schließlich müßte drittens aufgezeigt werden, daß jede Person Grund hat, nicht nur einzelnen anderen gegenüber Achtung zu verspüren, sondern allen Menschen. Ein hier vertrautes Argumentationsmuster besteht im Versuch aufzuweisen, daß alle Menschen (zumindest potentiell) die Eigenschaften besitzen, aufgrund derer den tatsächlich geachteten Personen intrinsischer Wert zugeschrieben wurde und es somit aus Gründen der Konsistenz notwendig ist, diese Haltung tatsächlich auch allen anderen entgegenzubringen.

2. Der Schritt zur Norm

Sofern die gleiche intrinsische Werthaftigkeit aller Menschen aufgezeigt werden konnte, ist nun noch zu begründen, wie aus dieser die Normen folgen, die unter dem Stichwort der „Menschenrechtsidee" skizziert wurden. Es soll an dieser Stelle aber nicht darum gehen, zu erörtern, wie sich die einzelnen Grundsätze, die diese Idee konstituieren, aus dem Eigenwert-Prinzip ableiten lassen, sondern lediglich die abstraktere Frage, wie *überhaupt* von intrinsischer Werthaftigkeit auf moralische Normen geschlossen werden kann, den Träger dieses Werts zu berücksichtigen.

Grundsätzlich liegt der Schritt von Werten zu Normen nahe: Insofern man einer Entität eine positive Werthaltung entgegenbringt - wenn man etwas oder jemanden als schön, amüsant, spannend, liebenswert, anrührend usf. erlebt -, so scheint es leicht zu akzeptieren, daß man diese Entität nicht zugleich ihrer Werthaftigkeit zu berauben soll, daß man sie also etwa nicht zerstören soll oder zulassen, daß sie ohne Not beschädigt wird. Wie dieser Zusammenhang zu explizieren ist - ob als analytischer oder auch anders -, ja, ob er tatsächlich zwingend ist, kann problematisiert werden. Schwerwiegender erscheinen mir allerdings zwei weitere Hürden.

So besteht ein Problem darin, daß der Gegenstand der Wertschätzung wohl nur in den seltensten Fällen als ganzer positiv bewertet wird - er wird immer Aspekte aufweisen, die negative Wertungen auf sich ziehen. Mit Blick auf diese Aspekte erscheinen dann aber die Normen des Schutzes und der Berücksichtigung nicht mehr gerechtfertigt. Auch mit Blick auf den Menschen reicht es daher nicht aus zu zeigen, daß dieser intrinsischen Wert besitzt; es muß begründet werden können, daß dieser positive Wert die negativen Aspekte - z.B. Unmoral - stets überwiegt.

Der Schritt vom Wert zur Norm ist noch mit einem zweiten Problem behaftet. Es kommt in den Blick, wenn man sich vergegenwärtigt, daß es sich bei den betreffenden Normen um *moralische* handelt, um Normen also, die ein besonderes Gewicht besitzen. Aufgrund dieses Gewichts können konkurrierende Präskriptionen, die sich aus anderen Werthaltungen und Wünschen ergeben, nicht realisiert werden. Selbst wenn zu rechtfertigen wäre, daß aus der Hochschätzung des Menschen Normen der Berücksichtigung folgten, so wäre aber noch nicht zugleich schon bewiesen, daß diesen ein solches - möglicherweise sogar kategorisches - Gewicht zukommt. Es müßte demnach gezeigt werden, daß der Mensch nicht nur einen Eigenwert besitzt, der alles Negative an ihm wettmacht, sondern zudem, daß dieser Eigenwert alle anderen Werte (oder mindestens einen großen Teil derselben) zu übertreffen vermag.

An dieser Stelle möchte ich nur einen Hinweis auf einen möglichen Ausweg aus diesem Problem geben. Man muß sich hierzu in Erinnerung rufen, daß es hier nicht einfach um irgendeine Form intrinsischer Werthaftigkeit geht, sondern um eine, die als „Würde" bezeichnet wird, mithin nicht um irgendeine Form intrinsischer Wertschätzung, sondern um eine, die mit dem Begriff der Achtung bezeichnet wird - mindestens in der reduzierten Form, indem damit bloße (d.h. in ihrer Empfindungsqualität unspezifische) Hochschätzung gemeint ist. Dieser Zusatz mag überflüssig erscheinen; läuft intrinsische Wertschätzung nicht immer auf Achtung oder Hochschätzung hinaus? Nein. Intrinsische Wertschätzung ist die Wertschätzung einer Sache um ihrer selbst willen. Nun ist es ja durchaus möglich, Dinge um ihrer selbst willen zu schätzen, ohne sie zugleich *hoch*zuschätzen. Angenehmes, Lustvolles, Schönes, Amüsantes, Liebenswertes kann in diesem Sinne als intrinsisch wertvoll empfunden werden, ohne daß einem zugleich ein Gefühl der Hochschätzung abgenötigt würde. Zudem besitzen Achtungsgefühle eine spezifische Qualität, die sich ebenfalls von der anderer positiv wertender Gefühle unterscheidet.[142] Nun ist man dort, wo Achtung bzw. Hochschätzung als die dem Menschen angemessene Werthaltung gilt (und nicht einfach irgendeine Form intrinsischer Wertschätzung), möglicherweise der Ableitung moralischer Normen bereits näher. Denn wie an anderer Stelle ausgeführt wurde, könnte man in dieser Haltung bereits eine Akzeptanz einer normativen Macht bzw. eines deontischen Elementes enthalten sehen.[143]

§ 3 Zuordnung historischer Positionen

1. Probleme einer Begriffsgeschichte
Nach dem vorangehend Gesagten dürfte einleuchten, weshalb es besonders schwierig ist, die Geschichte des Menschenwürde-Begriffes darzustellen. "Menschenwürde" kennt so viele verschiedene Bedeutungen und diese sind ihrerseits so heterogen, daß unklar ist, welchem Gedanken man unter diesem Titel historisch nachgehen soll. Mithin steht "Menschenwürde" nicht für einen Begriff, sondern für eine Vielzahl ganz unterschiedlicher Begriffe. Es müßten unter diesem Namen daher nicht eine, sondern eine ganze Anzahl von Begriffsgeschichten geschrieben werden, je nachdem, welche Bedeutung des Ausdrucks man zugrundelegt.

Welche Probleme entstehen, wenn die verschiedenen Begriffe nicht differenziert werden, läßt sich an den gängigen historischen Darstellungen ablesen, die als Lexikonartikel, einleitende Abschnitte systematischer Abhandlungen oder auch – wenngleich seltener – in monographischer Form vorliegen.[144] Sie lassen sich bei der Wahl der Texte, auf die sie sich beziehen, einerseits vom Kriterium leiten, ob das *Wort* "Menschenwürde" (bzw. dessen Synonym in anderer Sprache, v.a. des lateinischen Ausdrucks) darin vorkommt. Zugleich orientieren sie sich an unterschiedlichen mit diesem

---

[142] Vgl. oben Kap.1, §2.2 (b).

[143] Vgl. oben Kap.1, §2.2 (c).

[144] Vgl. z.B. BLOCH (1961), PÖSCHL/ KONDYLIS (1992), HORSTMANN (1980), GEDDERT-STEINACHER (1990), S.110ff., BAUMGARTNER ET AL. (1997), S.170ff.

Wort bezeichneten inhaltlichen Thesen – vorzugsweise an den Grundsätzen der oben so bezeichneten Kernauffassung (Menschenrechts- und Eigenwertidee), was mindestens partiell zu einer anderen Textauswahl führt. Das bringt mehrere Nachteile mit sich. Die mangelnde Differenzierung der Sachfragen, deren Geschichte zurückverfolgt wird, nimmt den betreffenden Darstellungen die wünschenswerte Präzision. Die Konzentration auf das bloße Wort bewirkt zudem eine Verzerrung der jeweiligen Begriffsgeschichten: Texte, in denen das Wort vorkommt, erhalten u.U. eine unangemessene Aufmerksamkeit im Gegensatz zu anderen, die der Sache nach möglicherweise einschlägiger wären, das Wort jedoch nicht verwenden.
Als Beispiel könnte man die berühmte *Rede über die Würde des Menschen* von Pico della Mirandola anführen. Thema des ersten Teils der Rede ist die Auszeichnung des Menschen vor allen anderen Geschöpfen des Kosmos. In der einleitenden Fabel wird der Mensch als das einzige Geschöpf dargestellt, dessen Natur selbst nicht festgelegt ist, und der darum die Freiheit besitzt, was er sein will, selbst zu wählen. Er kann dabei zu den Engeln aufsteigen, ebensogut aber auf die Stufe der Tiere oder sogar Pflanzen herabfallen. Der verbreiteten Rezeption dieses Textes zufolge artikuliert sich hier erstmalig die Vorstellung eines völlig selbstmächtigen, frei sich selbst schaffenden Menschen und damit ein Grundgedanke der Neuzeit.[145] Pico vertritt unbezweifelbar eine Spielart der These vom intrinsischen Wert des Menschen und läßt sich damit einer Bedeutung des Ausdrucks "Menschenwürde" zuordnen. Er unterstreicht zudem, der dominierenden Lesart zufolge, eine aufgeklärte anthropozentrische und autonomiebetonte Sicht auf den Menschen. Sofern man das neuzeitliche Interesse an menschlicher Freiheit als eine der Ursachen für die Herausbildung des ethischen Individualismus, Liberalismus und schließlich der Menschenrechtsidee versteht, könnte man überlegen, ob Pico sich als "Ahn" dieser Tradition ansehen ließe. Keineswegs aber läßt sich Picos Text selbst der Gedanke einer glei-

---

[145] Ob diese Interpretation des Textes angemessen ist, ist mittlerweile von verschiedenen Seiten in Frage gestellt worden, vgl. CRAVEN (1981), Kap.2. Auch originell ist Picos Idee des Menschen als eines nicht festgelegten Lebewesens nicht, sie findet sich u.a. bereits in dem anthropologischen Traktat "Über die Erschaffung des Menschen" des Gregor von Nyssa, der in Mittelalter und Renaissance breit rezipiert wurde, vgl. hierzu GARIN (1938), S.128f..

chen Berücksichtigung aller Menschen entnehmen. Der Text steht selbst nicht im Kontext ethischer Überlegungen, erst recht nicht im Kontext einer egalitaristisch-universalistischen Moral. Denn auch wenn die bewundernswerte Natur des Menschen viel Lob erfährt, so ist völlig offen, ob darum auch *allen* Menschen Bewunderung gebührt. Und wie die Menschen, denen Bewunderung zukommt, zu behandeln sind, wird nicht erwogen. Natürlich ist es möglich, dafür zu argumentieren, daß in diesem Text eine Grundlage geschaffen wurde für eine universalistische Sichtweise, doch bedürfte dieser Aufweis größerer Anstrengungen als des bloßen Hinweises darauf, daß hier von der "Würde des Menschen", seiner Auszeichnung und Freiheit die Rede ist. Ich bin mir sicher, daß die Rede ohne den betreffenden Titel keine solche Beachtung innerhalb der begriffsgeschichtlichen Literatur zur Menschenwürde gefunden hätte.[146]

Im folgenden wird es nicht darum gehen, die Versäumnisse der Standard-Begriffsgeschichte nachzuholen – das Spektrum der Begriffe, die mit dem Ausdruck verknüpft sind, ist nicht in Kürze historisch zu erfassen. Es soll auch nicht darum gehen, einen Begriff herauszugreifen, beispielsweise den der universalistisch-egalitären Moral, die zum Kern des heute verbreiteten Verständnisses zu gehören scheint. Vielmehr möchte ich lediglich anhand von drei Beispielen zeigen, welchen Ertrag es bringen kann, die "Klassiker" der Standard-Begriffsgeschichte daraufhin zu untersuchen, in welcher Bedeutung sie den Ausdruck "Menschenwürde" verwenden und in welchem Verhältnis ihre Verwendung zu dem heute verbreiteten Sinn steht. Beabsichtigt ist *keine* inhaltliche Diskussion der Theorien, sondern lediglich ein Nachweis der formalen Eigenschaften ihrer Verwendung des Ausdrucks.

2. Stoa und Naturgesetzlehre
Die Standard-Begriffsgeschichte setzt den Ursprung des Menschenwürde-Begriffs bei der Stoa und der sogenannten jüdisch-christlichen Tradition an. Die Stoa wird dabei vor allem zweier Gründe wegen zitiert: zum einen

---

[146] Es liegt eine gewisse Ironie darin, daß die Rede nicht von Pico selbst, sondern erst posthum ihren zugkräftigen Titel erhielt, zumal Pico selbst den Ausdruck "dignitas hominis" darin nicht verwendet.

aufgrund ihrer Formulierung einer Naturrechtslehre, zum anderen aufgrund der erstmaligen Anwendung des Ausdrucks "dignitas" auf den Menschen durch Cicero. Diese beiden Elemente zusammengenommen suggerieren dem unkundigen Leser eine direkte Analogie zum heute verbreiteten Verständnis einer Ethik der Menschenwürde, bei der aus der gleichen Würde aller Menschen deren natürliche, d.h. also überpositive Rechte abgeleitet würden. Dies ist jedoch in mehrfacher Hinsicht irreführend.

(i) Naturgesetzlehre. Die Lehre vom praktischen Naturgesetz, die sich, obzwar auch bei älteren griechischen Philosophen angelegt, erstmals innerhalb der Stoa systematisch herausgebildet hat, bietet in vielfältiger Hinsicht Ansatzpunkte dafür, sie als eine Quelle der heutigen Menschenwürde-Vorstellung zu bezeichnen. Doch ist es wichtig zu sehen, wo die Gemeinsamkeiten und wo die Unterschiede liegen. Die Standard-Geschichte des Menschenwürde-"Begriffs" stellt die stoische Naturgesetzlehre bevorzugt in eine Traditionslinie mit der christlich-mittelalterlichen, dann aufgeklärten Naturrechtslehre und läßt diese schließlich in die revolutionären Lehren der allgemeinen Menschenrechte münden. Nun gibt es zwar unleugbar Beziehungen zwischen diesen Lehren, doch gibt es ebenso unbezweifelbare Unterschiede. Ein Unterschied wird durch die Äquivokation des Ausdrucks "Recht" verdeckt: "Recht" kann im Deutschen das Gesetz (im Engl.: law) wie das subjektive Recht (im Engl.: right) bezeichnen. Die stoische Naturrechtslehre ist, anders als die Lehre von den Menschenrechten, keine Theorie natürlicher subjektiver Rechte, sondern postuliert ein natürliches Gesetz. Nicht in dieser Hinsicht – die ich oben unter dem Stichwort des "Individualismus" abgehandelt habe -, läßt sich die stoische Lehre also als Quelle des heutigen Menschenwürde-Verständnisses bezeichnen.
Die stoische Naturgesetzlehre behauptet im Kern ein überpositiv geltendes Gesetz der Natur, das zugleich ein Gesetz der göttlichen Vernunft und dem Menschen aufgrund seiner Vernünftigkeit erkennbar ist.[147] Man kann daraus einzelne Aspekte dessen, was ich als den Kern des heutigen Menschenwürde-Gedankens beschrieben habe, ableiten. Zum einen, und dies ist wohl der wichtigste Gesichtspunkt, ist hier die Idee der *Überpositivität*

---

[147] Für eine knappe Darstellung mit den notwendigen Belegen s. FORSCHNER (1998a), S.7ff.

moralischer Gesetze formuliert. Hierzu tritt der Gedanke, daß alle Menschen an diesem Gesetz teilhaben. Dieser Gedanke ist in der Vorstellung einer Menschen wie Götter umfassenden Kosmopolis – die durch dieses Gesetz konstituiert wird – aufgenommen.[148] Man kann hierin die Idee des *Universalismus* in der Ethik vorgeformt sehen, da die partikularistische Konzentration auf die je eigene politische Gemeinschaft aufgebrochen wird.[149] All dies zeigt, daß die stoische Lehre vom praktischen Naturgesetz für die Geschichte der universalistisch-egalitären Ethik zweifellos von großer Bedeutung ist. Es zeigt aber auch, welche Kluft noch zwischen den hier vorfindlichen Ansätzen und einer Lehre universeller Menschenrechte bestehen.

(ii) Cicero. Über Ciceros Rede von einer Würde der menschlichen Natur ist oben[150] bereits einiges gesagt worden. Daran läßt sich hier anknüpfen. Zunächst fällt ins Auge, daß sie mit den eben genannten Theoremen der Naturgesetzlehre nicht in direkter Verbindung steht. Es ist fraglich, ob die Passage, in der sie zu finden ist, zu den klassischen Fundstellen für eine Begriffsgeschichte der Menschenwürde gezählt würde, hätte er sich statt des Ausdrucks "Würde" eines der Worte bedient, die er als Synonyme verwendet, also beispielsweise "praestantia" oder "nobilitas". Überdies erwähnt Cicero den Ausdruck in eher beiläufiger Art, keinesfalls wird er terminologisch gebraucht. Es gibt keine Lehre von einer "dignitas hominis" bei ihm. Was es gibt, ist die Lehre von der Auszeichnung der menschlichen Natur. Diese ist ihm, wie bereits erwähnt, nicht eigen, findet sich hier und bei früheren Stoikern aber in besonders ausgeprägter Form. Innerhalb des pantheistischen Rahmens der stoischen Lehre wird der Mensch als vernünftiges Wesen selbst zu einem Göttlichen. Dies wird mit einer anthropozentrischen Sicht auf den Kosmos verbunden, derzufolge die Welt auf den

---

[148] Vgl. CICERO, *De legibus* (de leg.) I, 22-25, *de off.* I, 50ff.; zum Hintergrund dieser Lehre SCHOFIELD (1991), S.64ff..

[149] Obgleich nicht unumstritten ist, ob die Lehre von der universalen Menschengemeinschaft tatsächlich im Sinne einer Ethik allgemeinmenschlicher Solidarität zu interpretieren ist, kritisch hierzu z.B. DEN BOER (1979), S.78ff.

[150] Siehe Kap.1, §5.2 (a).

Menschen hin geschaffen sein soll.[151] Insofern zeigt sich bei ihm durchaus eine Spielart der These vom intrinsischen Wert des Menschen, doch ist sie hier in einen perfektionistischen Rahmen gestellt. Sie unterscheidet sich daher von der These, die den modernen Menschenwürde-Begriff prägt. Dies zeigt sich daran, daß Cicero der These, alle Menschen seien in einem fundamentalen Sinn gleich schätzenswert, nicht zustimmen könnte: sein Begriff des Wertes eines Menschen ist streng meritokratisch.[152] Wie er selbst bemerkt, kommen nicht alle Menschen den Anforderungen nach, die ihre hohe Auszeichnung ihnen auferlegt: nicht alle erfüllen die normativen Bedingungen ihrer Wesensnatur. Cicero bedient sich hier eines Argumentes, das sich auch in der späteren Literatur zur Auszeichnung des Menschen häufig antreffen läßt: Menschen, die der (objektiv-teleologisch verstandenen) Natur des Menschen zuwiderhandelten, seien in Wirklichkeit nicht Menschen, sondern Tiere.[153]

Entsprechend verwendet Cicero die These vom herausragenden Wert des Menschen nicht zur Ableitung von Pflichten gegenüber anderen, geschweige denn von subjektiven Rechten. Er rekurriert auf diese These zwar durchaus in normativer, nämlich ermahnender Absicht. Die Vorstellung der Würde der eigenen Natur soll dem Einzelnen einen Anreiz liefern, diese in der eigenen Person zu verwirklichen. Doch sucht man vergeblich nach dem Argument, der Mensch solle aufgrund seiner hohen Auszeichnung moralisch berücksichtigt werden. Diese These entspricht weder der de facto inegalitären politischen Theorie Ciceros,[154] noch würde eine solche Argumentationsfigur – der Ableitung von Rechten aus einem intrinsischen Wert - in die teils objektiv-teleologische, teils eudaimonistische Struktur der Ciceronischen Ethik passen. Diese Struktur ist zwar der gesamten antiken und weithin auch der mittelalterlichen und neuzeitlichen

---

[151] Zur These von der Verwandtschaft des Menschen mit Gott vgl. Cicero, *de leg.* I,24ff.. Für weitere Nachweise sowie zum Kontext dieser Lehre innerhalb der hellenistischen Philosophie vgl. WILLMS (1935), Kap.1, insbes. S.32f.
Die anthropozentrische These findet sich bei Cicero in besonders einprägsamer Form in *De natura deorum*, II, 133ff.

[152] Aufschlußreich hierzu *de leg.* I, 29-33.

[153] *De off.* I, 105.

[154] Für Nachweise vgl. WOOD (1988), Kap.5.

Ethik eigen, doch aus eben diesem Grund sollte man nicht vorschnell den Schluß ziehen, die hier vorfindlichen Verwendungen des Ausdrucks "Menschenwürde" seien mit dem heutigen Verständnis in eine Linie zu stellen. Will man historische Zusammenhänge herstellen, so kann das nicht auf derart direktem Wege geschehen.

(iii) Mögliche weitere Quellen des modernen Menschenwürde-Begriffs. Die Konzentration auf Worte wie "Naturrecht" und "Menschenwürde" kann, wie oben gezeigt, nicht nur irreführen, sie begünstigt zudem die Tendenz, bestimmte Elemente einer Lehre gegenüber anderen zu privilegieren. Innerhalb der stoischen Lehre (aber natürlich nicht erst bei ihr) lassen sich neben den genannten eine ganze Anzahl weiterer Thesen finden, die für eine Geschichte der universalistisch-egalitären Moral von Interesse sind. So ist bemerkenswert, daß die moralische Tugend als dasjenige herausgestrichen wird, was den Wert einer Person begründet. Dieser Gedanke enthält ein gewisses egalisierendes Potential, insofern grundsätzlich inegalitär verteilte Eigenschaften wie sozialer Status oder intellektuelle Vermögen hinter den prinzipiell jedem Menschen möglichen Erwerb moralischer Vorzüglichkeit zurücktreten.[155] Andere Ansatzpunkte für eine universalistische Ethik könnte man in der stoischen Lehre von einem Sozialtrieb des Menschen vermuten[156] sowie in der Lehre von der Verwandtschaft des Menschen mit den Göttern.[157] Für eine Geschichte des Begriffs des intrinsischen Wertes des Menschen oder des Begriffs des Universalis-

---

[155] Diskutiert bei RIST (1982), S.75ff.

[156] Für Nachweise siehe FORSCHNER (1982), S.157ff.

[157] Sie existieren bereits in der mittleren Stoa, vgl. WILLMS (1935), S.33; bei Cicero vgl. die bereits genannte Passage *De leg.* I, 24ff. Bei Seneca findet sich meiner Kenntnis nach dann erstmalig der Ansatz zu einer Ableitung von Rücksichtspflichten aus dieser göttlichen Auszeichnung des Menschen, wenn es um die Kritik der Gladiatorenkämpfe geht, SENECA, *Ad Lucilium* 95,33. Zur Ablehnung der Sklaverei aus dem Argument der Gotteskindschaft vgl. EPIKTET, *Diatribai* I, 13,3. Auch bei Cicero findet sich eine Ermahnung zu einer mindestens partiellen Gleichbehandlung von Sklaven, vgl. *de off.* I,41: Selbst dem Geringsten gegenüber, dem Sklaven, sei Gerechtigkeit zu üben, daher sei dieser für seine Arbeit zu entlohnen. Diese Forderung wird allerdings aus der Tugend der Gerechtigkeit gefolgert, ohne den Zwischenschritt zu gehen, einen Wert des Sklaven als Menschen zu behaupten, vgl. auch DEN BOER (1979), S.89ff..

mus könnte das eine oder andere dieser Theoreme von Interesse sein. Es wäre aber sinnvoller, sie trennschärfer auf ihre Aussage, ihren möglichen normativen Kontext und ihre Rezeptionsgeschichte hin zu untersuchen - was durch Eingliederung in die Geschichte eines "Begriffes" der Menschenwürde verhindert wird.

3. Christentum
Als zweite Quelle des "Begriffs" der Menschenwürde wird, wie bereits erwähnt, das Christentum angeführt. Daran ist einiges richtig und vieles mißverständlich. Richtig ist ohne Zweifel, daß die christliche Ethik eine universalistische ist und dadurch das heute vorherrschende Verständnis des gleichen moralischen Status aller Menschen maßgeblich beeinflußt hat. Der Ausdruck "Menschenwürde" enthält jedoch einige Konnotationen, die sich mit der christlichen Lehre schwer vereinbaren lassen, und andere, die zwar damit vereinbar sind, innerhalb der christlichen Ethik aber keine maßgebliche Rolle gespielt haben. Zu dieser Verzerrung führt die allzu enge Orientierung am *Wort* "Menschenwürde". Die Konzentration auf diesen Ausdruck, anstatt auf die Prinzipien der universalistisch-egalitären Moral, denen das sachliche Gewicht zukommt, führt nämlich dazu, daß die betreffenden Darstellungen sich auf die Lehre von der Gottebenbildlichkeit des Menschen konzentrieren, zuungunsten anderer, m.E. maßgeblicherer Elemente der der christlichen Ethik. Zudem suggeriert die standardmäßige Gleichsetzung von Menschenwürde und Gottebenbildlichkeit das Vorhandensein einer Begründungsfigur innerhalb der christlichen Ethik, die man ihr nur unter gewissen Vorbehalten zuschreiben kann: der Ableitung von Menschenrechten aus dem intrinsischen Wert des Menschen. Dies will ich im folgenden ausführen.

(a) Die Ambivalenz des christlichen Menschenbildes
Daß innerhalb der christlichen Ethik von einer "Würde des Menschen" gesprochen wird, ist gar nicht so selbstverständlich. Der Gebrauch dieses Ausdrucks innerhalb der theologischen Ethik ist ein Phänomen jüngeren Datums. Dies zeigt bereits ein Blick auf die relevanten kirchlichen Ver-

lautbarungen und Lehrwerke: erst mit Ende des zweiten Weltkrieges findet die Menschenwürde in nennenswerter Weise Erwähnung.[158] Warum das so ist, läßt sich recht anschaulich anhand einer Passage aus einem katholischen Standardwerk, der Dogmatik von Michael Schmaus zeigen.[159] "Menschenwürde" wird dort nicht, wie dies heute üblich ist, als genuin christlicher Begriff herausgestellt, sondern als der "Muttergedanke der Aufklärung" bezeichnet, und dies in unmißverständlich kritischem Ton. Bestimmte christliche Theologen werden dafür gegeißelt, unter dem Einfluß Kants und des Deutschen Idealismus vom Menschen als von einem Selbstzweck gesprochen zu haben:

> "Diese Anschauungen übersehen, daß die Würde des Menschen eine geschaffene ist und nur als geschaffene, also als eine von Gott begründete und von ihm abhängige verstanden und bewahrt werden kann. Das personale Selbst des Menschen ist zuinnerst auf Erkenntnis und Liebe Gottes angelegt. [...] Jeder Versuch, sich von Gott loszulösen und das menschliche Dasein auf sich selbst zu stellen, ist ein seinswidriges Verhalten, also eine Vergewaltigung der menschlichen Natur und führt zwangsläufig zu ihrer *Entwürdigung.*"[160]

Schmaus´ Ausführungen machen deutlich, weshalb nicht vorbehaltlos von der Selbstzwecklichkeit des Menschen die Rede sein darf: eine theistische Begründung menschlicher Würde kann nur unter der Maßgabe geschehen,

---

[158] Man vergleiche nur die Sachregister theologischer Abhandlungen oder von Kompendien kirchlicher Verlautbarungen: während sich vor dem zweiten Weltkrieg nur in seltenen Fällen ein Stichwort "Menschenwürde" findet, gibt es heute kaum eine grundsätzlichere theologische Abhandlung, in der dieser Ausdruck nicht mehrfach aufgeführt wird.

[159] Bezeichnenderweise ist die zitierte Passage aus nach-konziliaren Auflagen geschwunden.

[160] SCHMAUS ([6]1962), S.151f.. Hervorhebung nicht im Original.[161] Wichtige Dokumente sind hier v.a. die Enzyklika "Pacem in terris". Die Wendung läßt sich besonders deutlich an den Dokumenten des Zweiten Vatikanischen Konzils ablesen, vgl. v.a. die 1965 entworfene "Pastoralkonstitution über die Kirche in der Welt von heute: *Gaudium et spes*", abgedr. in DENZINGER/ HÜNERMANN (1991), Rn .4301-4345 und die Schrift der Päpstlichen Kommission Justitia et Pax "Die Kirche und die Menschenrechte" von 1975, abgedr. in KOCH ET AL (1976).

dem Menschen keinen selbständigen Wert zuzuschreiben. "Menschenwürde" steht unter anderem für ein bestimmtes neuzeitlich-aufklärerisches Menschenbild, das gerade als Gegensatz zum christlichen begriffen wird, insofern es mit der Betonung menschlicher Selbstmacht und Freiheit die Unabhängigkeit des Menschen von einem göttlichen Gnadenhandeln. Es gibt hier eine Parallele zur späten Akzeptanz des Menschenrechtsgedankens durch die Kirchen, die auch erst nach dem zweiten Weltkrieg offiziell erfolgte.[161] Zuvor wurde die Idee der Menschenrechte als antiklerikal und laizistisch verworfen.[162] Einer der Gründe hierfür ist im christlichen Theozentrismus zu suchen. Der christliche Anthropozentrismus ist demgegenüber sekundär: so ist die Erde dem Menschen zwar untertan[163] und auf ihn hin eingerichtet[164], doch ist diese Vorrangstellung des Menschen eine ausschließlich innerweltliche. Aus diesen Gründen konnte und kann einer These wie der, die menschliche Natur verdiene intrinsische Hochschätzung – der These, die mit der Behauptung einer "Würde des Menschen" vorrangig verbunden ist – von christlicher Seite nicht unbefangen begegnet werden.

Es gibt allerdings Kontexte, in denen auch zuvor von der Würde des Menschen innerhalb der christlichen Literatur die Rede war. Als Beispiel wird gerne eine Predigt des Kirchenvaters Leo I. angeführt, dessen Ermahnung "Erkenne Deine Würde, oh Mensch" sogar Eingang in die Liturgie gefunden hat.[165] Diese Verwendung ist auch kein Einzelfall. In der patristischen Literatur zum göttlichen Schöpfungswerk waren Lobreden auf die menschliche Natur und ihre Würde durchaus gebräuchlich.[166] Die Hexameron-Literatur lieferte zudem eine der wichtigsten Quellen für die unter diesem Titel bekannteren anthropologischen Traktate der Renaissance-Autoren. Allerdings ist es verkürzt, an dieser Stelle nur auf die christlichen Lehren zur *Auszeichnung* des Menschen zu verweisen. Die genannten Darstellungen bewegen sich stets zwischen den beiden Polen des Lobes für das gött-

---

[162] Nachweise bei BRECHT (1977); HUBER/TÖDT (1978), Kap. 2.

[163] *Genesis* 1,29.

[164] *Psalm* 104,13ff.; 109.

[165] Vgl. *Sermo* 21, PL 54,192; auch *Sermones* 24,2 (ebd.,205A) und 27,6 (ebd., 220B).

[166] Vgl. JAVELET (1967), TRINKAUS (1970), Kap.IV.

liche Schöpfungswerks einerseits und der Klage über die Gebrechlichkeit und Sündhaftigkeit des Menschen andererseits – in unterschiedlicher Akzentuierung. Auch unter den Autoren der Renaissance ist dieser Zwiespalt nachzuweisen. Hier steht "optimistischen" Abhandlungen über die Würde des Menschen, deren bekannteste von Pico della Mirandola und Manetti verfaßt wurden,[167] eine pointiert pessimistische Sicht gegenüber, die sich etwa bei Poggio oder Garzoni artikuliert.[168] Neben diesen gibt es Versuche, "Elend und Würde" des Menschen gegeneinander abzuwägen und in einen Ausgleich zu bringen.[169] Die Ambivalenz, die sich hier zeigt, läßt sich natürlich auch jenseits dieser Literaturgattung in den anthropologischen Darstellungen christlicher Autoren wiederfinden. Wie optimistisch die Sicht auf die menschliche Natur auch ausfällt, die Behauptung einer Würde des Menschen muß stets um die Kehrseite des Elends des menschlichen Daseins ergänzt werden. Selbst dort, wo von der Würde des Menschen die Rede ist wird, kommt der christliche Theozentrismus zum Zuge: Bewunderungswürdige menschliche Eigenschaften und Leistungen dürfen nicht dem Menschen selbst zugeschrieben, sondern müssen in letzter Instanz auf Gott zurückgeführt werden. Ein Lob der menschlichen Natur ist daher innerhalb der christlichen Literatur nur in Form eines Lobes des göttlichen Schöpfungs- oder Erlösungshandelns legitim.

(b) Die Lehre von der Gottebenbildlichkeit des Menschen
Die Lehre von der Gottebenbildlichkeit hat innerhalb der Theologie sehr unterschiedliche Ausprägungen erfahren und ist zum Streitpunkt sowohl zwischen katholischer wie reformatorischer Lehre geworden wie auch innerhalb der protestantischen Theologie. Ein ganz neues Interesse rufen die-

---

[167] Giovanni Pico della Mirandola, *Oratio de hominis dignitate* [1486]; Manetti, *De dignitate et excellentia hominis libri IV* [1532].

[168] Z.B. Poggio Bracciolini, *De miseria conditionis libri II* [1455]; Giovanni Garzoni, *De miseria humana* [1505].

[169] Dies bereits bei PETRARCA, *De remediis utriusque fortunae* [1577], AURELIO BRANDOLINO, *De humanae vitae conditione* [1543]; FERNÁN PÉREZ DE OLIVA, *Diálogo de la dignidad del hombre* [1546]. Eine gute Kurzdarstellung bei KRAYE (1988), S.306ff. Eine umfangreiche Untersuchung des Themas für die Epoche der italienischen Renaissance bei TRINKAUS (1970), für die Anknüpfung an die Hexameron-Literatur der Kirchenväter siehe dort Kap. IV.

se Auseinandersetzungen wach, seitdem sich die Notwendigkeit einer expliziten theologischen Begründung der Menschenrechte stellt. Die Rede vom christlichen Begriff der Menschenwürde suggeriert, dieser Begriff spiele die fundierende Rolle innerhalb der christlichen Begründung einer universalistisch-egalitären Moral. Da dieser wiederum auf den der Gottebenbildlichkeit zurückgeführt wird, ist es für die christliche Ethik essentiell zu klären, welches der systematische Ort der unterschiedlichen Konzeptualisierungen der "Imago Dei" innerhalb der Moralbegründung ist. Es ist allerdings gar nicht so klar, auf welche Weise dies geschehen kann. Darum werden im Folgenden zunächst einmal die unterschiedlichen Auffassungen zur Gottebenbildlichkeit kurz umrissen. In einem zweiten Schritt wird erörtert, in welcher Form "Gottebenbildlichkeit" als Begründungsfigur innerhalb einer universalistsch-egalitären Ethik fungieren kann.

Die Beschäftigung damit ist auch in systematischer Hinsicht lehrreich, insofern sich an ihr bereits einige Schwierigkeiten verdeutlichen lassen, vor die sich auch nicht-theologisch argumentierende Autoren gestellt sehen, wenn sie den moralischen Status von Menschen zu begründen versuchen.

(i) Gottebenbildlichkeit im "Alten Testament". Der wichtigste Gewährstext der Gottebenbildlichkeitslehre im sogenannten Alten Testament findet sich im Schöpfungsbericht:

> *Genesis 1,26* Dann sprach Gott: Lasset uns Menschen machen, ein Bild, das uns gleich sei, die da herrschen über die Fische im Meer und die Vögel unter dem Himmel und über das Vieh und über alle Tiere des Feldes und über alles Gewürm, das auf Erden kriecht.
> *27.* Und Gott schuf den Menschen zu seinem Bilde, zum Bilde Gottes schuf er ihn; und er schuf sie als Mann und Weib[170].

Es ist bereits innerhalb der alttestamentlichen Wissenschaft umstritten, wie diese Aussage zu verstehen ist.[171] Hält man sich an philologische Gesichts-

---

[170] Zitiert nach der Lutherbibel in der revidierten Fassung von 1984, Stuttgart 1985. Auf das Immunitätsgebot aus *Gen 9,6* wird noch einzugehen sein. Ferner ist die hier nicht weiter aufschlußreiche Nennung der Gottebenbildlichkeit in Gen 5,1 zu erwähnen. Darüber hinaus kommt der Terminus im sogenannten "Alten Testament" nurmehr in den Apokryphen vor, in Sir. 17,1-10, Sap. 2,23 und Sap 7,26.

punkte, so ist von Bedeutung, daß "säläm", der hebräische Ausdruck, der hier mit "Bild" wiedergegeben ist (Septuaginta: "eikon", Vulgata: "imago"), die Bedeutung von "Statue, Gottesbild, Plastik, Flachbild" besitzt[172]. Daraus haben einige Exegeten gefolgert, Gottebenbildlichkeit sei primär als *Gestaltähnlichkeit* zu verstehen.[173] Diese Interpretation wäre als solche nicht umstritten, würde sie nicht näherhin auf das Charakteristikum der aufrechten Haltung bezogen[174]. Hiergegen wird jedoch vor allem geltend gemacht, die Beschränkung auf eine "äußere" Ähnlichkeit der Körpergestalt setze eine Aufspaltung des Menschen in Körper und Geist voraus, die dem alttestamentarischen Denken widerspreche.[175] Die gemeinte Ähnlichkeit müsse als "Ähnlichkeit des ganzen Menschen" verstanden werden. Mit demselben Argument wird auch eine einseitige Begründung der Gottebenbildlichkeit in Geist, Seele oder Vernunft abgelehnt. An dieser Stelle setzen verschiedene Alternativvorschläge an, das mit der Gestaltähnlichkeit Gemeinte zu präzisieren. Problematisch ist allerdings, daß sich dem Wortlaut des genannten Textes kaum nähere Anhaltspunkte entnehmen lassen.[176] Genauer: der Text spricht weniger davon, "worin die Gottesebenbildlichkeit besteht, als wozu sie gegeben ist".[177] Aufgrunddessen ist unter den Exegeten die Tendenz vorherrschend, die Gottebenbildlichkeit "funktional" zu definieren, d.h. die Rolle zu erschließen, die der Text dem Menschen in seinem Verhältnis zu Gott zuweist. Man kann zwei Alternativen unterscheiden (die einander nicht notwendigerweise ausschließen): zum einen die Rolle des Menschen als "Partner Gottes", der dessen Anrede versteht und darauf zu antworten vermag und sich darin als "bündnis- und

---

[171] Eine Übersicht über die Forschung bieten STAMM (1956) und GROß (1993).

[172] Vgl. KÖHLER (1948), 4f.

[173] Nachweise und Kurzdarstellung bei WESTERMANN (²1986), S.206f..

[174] Vgl. HUMBERT (1940), S. ; KÖHLER a.a.O., S.6ff.

[175] STAMM, S.97f.

[176] Strenge Zurückhaltung fordert daher BARR (1968): "There is no reason to believe that this writer [Der Verfasser der Priesterschrift] had in his mind any definite idea about the content or location of the image of god". Ebd., S.13.

[177] V. RAD ([1949/50], ⁸1967).

verhandlungsfähig" erweist.[178] Karl Barth hat diese Ansicht in einem berühmten Abschnitt seiner "Kirchlichen Dogmatik" durch eine eigenwillige Exegese zu fundieren versucht,[179] in der ihm die alttestamentarische Forschung jedoch größtenteils nicht gefolgt ist.[180] Zum anderen wird die Ebenbildlichkeit auf die Herrschaftsstellung des Menschen innerhalb der Welt bezogen. Für diese Interpretation spricht bereits der textliche Befund, insofern der göttliche Herrschaftsauftrag in unmittelbarem Anschluß an die behandelte Aussage genannt wird (Gen 1,28).[181] Als weiterer Textbeleg für diese Auffassung läßt sich *Psalm 8,5ff.* heranziehen, der allgemein als Kommentar zu Gen 1,26ff. gelesen wird:

> *Psalm 8,5.* Was ist der Mensch, daß Du an ihn denkst?/ Des Menschen Kind, daß du dich seiner annimmst?
> *6.* Du hast ihn wenig geringer gemacht als Gott/ hast ihn mit Herrlichkeit und Ehre gekrönt.

---

[178] So WOLFF ([1973]⁴1984), S.233f.; WESTERMANN (³1985), S.25.

[179] BARTH (1945), S.204-233. Barth zufolge besteht die Gottebenbildlichkeit in der besonderen Lebensform des Menschen - darin, daß er "Gegenüber Gottes und seinesgleichen" ist. Dieses dialogische Moment der menschlichen Existenz sieht er bereits im Schöpferplural (*Genesis* 1,26: "Lasset uns"), vor allen Dingen aber mit dem Umstand gegeben, daß der Mensch *zweigeschlechtlich* erschaffen wird: In Genesis 1,27 ("Und Gott schuf den Menschen zu seinem Bilde, zum Bilde Gottes schuf er ihn; und er schuf sie als Mann und Weib") sieht er eine "geradezu definitionsmäßige Erklärung des Textes".

[180] Vgl. STAMM 1956, S.93ff. Einmütige Ablehnung scheint Barths Deutung des Schöpferplurals als "Plural der Selbstberatung" zu finden, etwas mehr Aufmerksamkeit findet seine Verknüpfung des Gottebenbildlickeitsgedankens mit dem Verweis auf die Zweigeschlechtlichkeit, allerdings wird dies eher als ein systematisch-theologisch interessanter Hinweis denn als eine im Text gegebene "Definition" gesehen.

[181] Wer die Gottebenbildlichkeit in der Herrschaftsstellung des Menschen begründet sieht, kann hierfür auch religionsgeschichtliche Anhaltspunkte geltend machen: So ist die These nicht unplausibel, Gen 1,26 sei im Kontext der altorientalischen Königsideologie zu verstehen, die im *König* das Ebenbild Gottes sieht. Dabei ist die Ebenbildlichkeit Ausdruck der Position des Königs als Stellvertreter und Sachwalter Gottes auf Erden; GROß (1981) UND (1993); OCKINGA (1984), S.142ff. Statt des Königs ist es nun die Gattung Mensch, die als Stellvertreter Gottes als "Herrscherbild" aufgestellt wird, an die Stelle der Herrschaft des Königs über die übrigen Menschen tritt die Herrschaft des Menschen über die übrige Schöpfung - eine "demokratisierte Königsideologie", wie dies häufig genannt wird.

> 7. Du hast ihn als Herrscher eingesetzt über das Werk deiner Hände,/ hast ihm alles zu Füßen gelegt:
> 8. All die Schafe, Ziegen und Rinder/ und auch die wilden Tiere.
> 9. Die Vögel des Himmels und die Fische im Meer,/ alles, was auf den Pfaden der Meere dahinzieht.

Zuletzt muß noch eine vierte Möglichkeit ins Auge gefaßt werden, die sich ebenfalls aus einer Betrachtung des achten Psalms ergibt. So hat Gerhard v. Rad darauf hingewiesen, daß dem Menschen mit "kabod" ("Herrlichkeit") nicht nur "Herrlichkeit der äußeren Erscheinung" zugesprochen wird, sondern mehr:

> "Es ist die `gravitas´ des Menschen, das Imponierende an ihm; also wohl etwas Sinnenfälliges, aber doch noch mehr, nämlich die ganze innere Mächtigkeit, die ihm eignet. Hier ist nun ein geheimnisvoller Identitätspunkt zwischen Mensch und Gott sichtbar, denn `kabod´ kommt nach alttestamentlicher Anschauung vor allem Jahwe zu"[182].

Die Parallele dieser Eigenschaft der "Herrlichkeit" mit dem engeren deskriptiven Gehalt der Werteigenschaft "Würde" ist augenfällig; die Besonderheit des "kabod" liegt möglicherweise in einer Betonung des Sakralen. Zusammenfassend lassen sich also die folgenden Deutungsvorschläge festhalten: Gottebenbildlichkeit wird zurückgeführt auf Ähnlichkeit der äußeren Gestalt (aufrechte Haltung), auf des Menschen Eigenschaft, Partner Gottes zu sein, auf seine Herrschaftsstellung in der Welt oder auf eine Spielart der Werteigenschaft "Würde", die "Herrlichkeit" des Menschen. Ich werde weiter unten darauf eingehen, in welcher Weise dies Anlaß gibt, von einer Würde des Menschen zu sprechen. Zunächst soll das Spektrum der Deutungsmöglichkeiten noch weiter aufgefächert werden. Sobald man den engeren Rahmen der alttestamentlichen Exegese verläßt und sich den Positionen zuwendet, die innerhalb der christlichen Theologie vertreten werden, ergeben sich einige maßgebliche Veränderungen. Sie haben vor

---

[182] V. RAD (1935), S.389f. Er verweist ferner auf Bubers Erläuterung, "Kabod" sei die "ausstrahlende und so Erscheinung werdende `Wucht´ oder Mächtigkeit eines Wesens", BUBER ([1932] ³1956), S. 214 A 17.

allem damit zu tun, daß die alttestamentliche Lehre aus dem Blickwinkel des sogenannten "Neuen Testaments" gelesen wurde.

(ii) Gottebenbildlichkeit im „Neuen Testament". Im Textkorpus des sogenannten Neuen Testamentes findet sich der Terminus der Gottebenbildlichkeit ausschließlich in den Briefen, weitestgehend unter den (authentischen sowie pseudepigraphischen) Paulusbriefen. Die besondere Pointe liegt bei diesen Texten darin, daß die Gottebenbildlichkeit hier nicht in erster Linie vom Menschen, sondern von Christus ausgesagt wird. Von Christus heißt es, er sei das "Ebenbild des unsichtbaren Gottes, der Erstgeborene vor aller Schöpfung"[183].

Demgegenüber findet die Gottesebenbildlichkeit des "natürlichen" Menschen entweder nur beiläufige Erwähnung[184], oder aber sie wird nicht als durch die Schöpfung gegebene, sondern vielmehr als endzeitlich *verheißene* Eigenschaft behandelt: Gott habe die Glaubenden dazu auserwählen, Abbilder Christi zu werden[185]. In Zusammenhang mit der Lehre von Adam als dem ersten und Christus als dem zweiten Menschen werden auch zwei Arten der Abbildlichkeit genannt: der Mensch ist Bild des irdischen Menschen und wird durch zukünftige Auferstehung zum Bild des himmlischen[186].

Die zentralen Aussagen zur Ebenbildlichkeit lassen sich hier also in folgender Weise lesen: Ebenbild Gottes ist Christus; der *christliche* Mensch wird Ebenbild Christi. Es bietet sich die Deutung an, der Mensch solle über den Schöpfungsmittler Christus zum Bild Gottes werden.[187] Bei Paulus wird diese "Erneuerung" des Menschen vorwiegend eschatologisch ver-

---

[183] *Kolosser* 1,15; vgl. a. 2 *Korinther* 44: "[Christus], der Gottes Ebenbild ist", *Philipper* 2,6: "Er war Gott gleich [...]". Der Verfasser des Hebräerbriefes spricht von Christus als dem "Abglanz seiner [Gottes] Herrlichkeit und das Abbild seines Wesens", *Hebräer* 1,3.

[184] Und dies in Kontexten, die ihre Bedeutung eher zu relativieren scheinen: *Römer* 1,23; 1 *Korinther* 11,7; ferner *Epheser* 4,24; *Jakobus* 3,9. Vgl. hierzu die Explikation von JERVELL (1960), S.312f.

[185] *Römer* 8,11ff.

[186] 1 *Korinther* 15,45ff., Zitat ebd. 15,49.

[187] Vgl. für eine solche Deutung SCHWANZ (1979), S.18f.

standen. Insofern die genannten Passagen vermutlich der Taufliturgie zugehörten, ist auch denkbar, daß die durch den Gottessohn bewirkte "Neuschöpfung" bereits - teilweise - im Taufakt gesehen wurde[188]. In den nachpaulinischen Briefen findet sich eine ethische Deutung dieser teleologischen Ebenbildlichkeitsvorstellung. So ergeht an die Kolosser die Ermahnung, "den neuen Menschen anzuziehen",[189] als welcher Christus dargestellt wird, als Geist oder "innerer Mensch" im neuen Menschen lebend[190]. Damit wird der Gottessohn zum Vorbild, dem der christliche Mensch nacheifern soll[191]. Im übrigen findet sich eine solche paränetische Verwendung des Imago-Gedankens bereits in der frührabbinischen Literatur, in der das gottgemäße Leben als Ebenbildlichkeit verstanden wird[192].

Man kann also festhalten, daß durch die neutestamentlichen Briefe der Gottebenbildlichkeitsvorstellung zwei neue Gesichtspunkte hinzugefügt wurden:

Zum einen wird der "schöpfungsmäßigen" Gottebenbildlichkeit des Menschen die "eigentliche" des Gottessohnes gegenübergestellt. Zum anderen wird das Bild Gottes/Christi zu einer soteriologischen und damit teleologischen Größe, insofern es den Menschen als ihr Heil und endzeitliches Ziel vor Augen gehalten wird.

(iii) Gottebenbildlichkeit in der christlichen Dogmatik. Die christlichen Theologie ist vor die Aufgabe gestellt, die unterschiedlichen Aussagen zur Gottebenbildlichkeit im Alten und im Neuen Testament miteinander zu vereinbaren. Die besondere Schwierigkeit, die dabei entsteht, hat ihren Grund in einem bestimmten Verständnis der Relation der "Ebenbildlichkeit", die bei Paulus zutage tritt: Ebenbildlichkeit wird als Ähnlichkeitsrelation verstanden, und diese Ähnlichkeit als Vollkommenheit[193]. Diese

---

[188] Vgl. JERVELL (1960), S.250.

[189] *Kolosser* 3,10; vgl. a. *Epheser* 4,24.

[190] Eph 4,22ff; Kol 3,5 –17.

[191] *Kolosser* 3,10

[192] Vgl. JERVELL (1960), S.92ff.; KITTEL (1935), S.391f.

[193] Vgl. die Schilderung des Auferstehungsmenschen durch die Attribute der Unverweslichkeit, Herrlichkeit, Unsterblichkeit in 1 *Korinther* 15, 42ff.

kann dem Menschen natürlich nicht zugeschrieben werden, und so ist es nur konsequent, sie anstattdessen vom inkarnierten Gottessohn auszusagen, wie Paulus dies tut[194]. Die Gottebenbildlichkeit des Menschen kann dann nur als defiziente Form der Gottebenbildlichkeit Christi erscheinen.
Aus diesem Spannungsverhältnis zwischen hebräischer und griechischer Bibel heraus haben sich in der Theologie unterschiedliche Lösungsansätze entwickelt. Zum einen hat es den einflußreichen Versuch gegeben, verschiedene Arten der Gottähnlichkeit zu unterscheiden, deren eine dem irdischen und deren andere dem inkarnierten Menschen zugesprochen wurde (1). Zum anderen wurde die Gottebenbildlichkeit des Menschen schlechterdings in Abrede gestellt (2).
(1) Der erste Typus wird zumeist auf Irenäus von Lyon zurückgeführt, der überhaupt einen der ersten systematischen Lösungsansätze geboten hat. Dieser findet sich in seiner "Rekapitulations"-Lehre, die in dem folgenden Zitat zusammengefaßt ist:

"Der Sohn Gottes ward Mensch, damit wir, was wir verloren hatten in Adam, nämlich die Ebenbildlichkeit und Ähnlichkeit Gottes, in Jesus Christus wiedererlangen."[195]

An diesem Zitat läßt sich dreierlei verdeutlichen: Zum einen behauptet Irenäus den Verlust der Gottebenbildlichkeit des Menschen im Sündenfall. Zweitens sieht er das Heil des Menschen darin, die verlorene Gottebenbildlichkeit wiederzuerlangen. Und schließlich ist der inkarnierte Gottessohn das Medium dieser "Rekapitulation".[196]
Die These von der verlorenen Gottebenbildlichkeit wird an anderen Stellen allerdings relativiert: so unterscheidet Irenäus zwischen zwei Momenten der Ebenbildlichkeit, deren eines auch beim gefallenen Menschen weiter besteht. Dabei verankert Irenäus seine Unterscheidung im biblischen Text

---

[194] Im übrigen nicht ohne Vorläufer, denn bereits Philo von Alexandrien hatte die Ebenbildlichkeit nicht dem irdischen, sondern allein einem rein geistigen Archetyp des Menschen zugesprochen. Vgl. *De opificio mundi* 69.

[195] *Fünf Bücher gegen die Häresien [Adversos haereses]*, III,18,1 (im weiteren Verlauf zit. als: *Adv.haer.*). Zitiert nach der Übersetzung von E.Klebba in der Reihe *Bibliothek der Kirchenväter*, Kempten und München 1912, Bd.I, S.286.

[196] Zu verstehen als die „Zusammenfassung" der Heilsgeschichte (im Leben Christi).

in der Doppelung der Ausdrücke in Genesis 1,26: "Bild" (*imago*) und "Ähnlichkeit" (*similitudo*).[197] Es ist die *similitudo*, die als verloren betrachtet wird. Nun besteht das auch im gefallenen Menschen präsente "Bild" in den Seelenvermögen der Vernunft und des freien Willens,[198] die verlorengegangene "Ähnlichkeit" in der spirituellen Begabung, dem "Gewand der Heiligkeit".[199]

Die Unterscheidung von *imago* und *similitudo* fand in Patristik wie Scholastik weite Verbreitung, unter anderem auch deshalb, weil sie über kompilatorische Lehrbücher und theologische Standardwerke tradiert wurde.[200] Allerdings hängt die Unterscheidung von zweierlei Arten der Gottähnlichkeit nicht an der terminologischen Anknüpfung an die Begriffe *imago* und *similitudo* - auch dort, wo diese Exegese von *Genesis* 1,26 nicht übernommen wurde, findet sich die Unterscheidung zwischen einer unvollkommenen und einer vollkommenen Ebenbildlichkeit. Ein gutes Beispiel hierfür bietet die Theorie Augustins. Dieser führt die Gottebenbildlichkeit zunächst auf die trinitarische Verfaßtheit der menschlichen Seele zurück[201]. Das Bild

---

[197] *Adv.haer.* V,6,1; 16,2. Darüber, ob Irenäus diese Unterscheidung konsequent vertreten hat, besteht angesichts einer Anzahl widersprüchlicher Aussagen Uneinigkeit. Meine Darstellung gibt die Interpretation wieder, die historisch einflußreich geworden ist. Für eine ausführlichere Begründung dieser Deutung vgl. STRUKER (1913), S.76-128.

[198] *Adv. haer.* V,4,3; IV,37,4; 38,4.

[199] Ebd. III,23,5; V,6,1. Es finden sich allerdings unterschiedliche Aussagen dazu, auf welche Art und Weise die *similitudo* wieder restituiert wird, ob durch den in Christus verkörperten Geist (spiritus) oder durch tugendhaftes Verhalten. Innerhalb der katholischen Theologie wird er im Sinne der in der Hochscholastik etablierten und vom kirchlichen Lehramt übernommenen Unterscheidung von geschaffener "Natur" und durch die Gnade gegebenen "Übernatur" in der Weise ausgelegt, daß die *similitudo* in Form der übernatürlichen "heiligmachenden Gnade" restituiert wird. Vgl. anstatt vieler DIEKAMP ([1938] $^{11/12}$1958), S.128; AUER (1975), S.454.

[200] So über die *Genaue Darlegung des orthodoxen* Glaubens des Johannes Damascenus, (*de fid.* II,12), den mittelalterlichen Bibelkommentar *Glossa ordinaria* (vgl. Migne, *Patrologia Latina* 113,88), den *Sentenzenkommentar* des Petrus Lombardus (*sent*.II,16,3) und die *Theologische Summe* des Thomas von Aquin (*S.Th*.I,93,4). Eine ausführliche historische Darstellung bietet die umfangreiche Studie von JAVELET (1967).

[201] *Über die Dreifaltigkeit [De Trinitate]*, Bücher IX-XI.

Gottes kann, so seine Aussage, zwar nicht gänzlich verlorengehen, doch durch Sünde versehrt sein[202]. Bei genauerer Reflexion wird den Seelenvermögen nicht als solchen die Gottebenbildlichkeit zugesprochen, sondern darum, weil sie den Menschen "zu Gott befähigen" (ihm die "capacitas Dei" verleihen), weil sie ihn befähigen, am "göttlichen Licht" zu partizipieren[203]. Damit erfährt auch diese Konzeption eine teleologische Struktur.

(2) Gegen dieses zweistufige Modell von Ebenbildlichkeit haben sich in scharfer Polemik die Reformatoren gewandt. Aufgrund ihrer radikalen Gleichsetzung von Gottebenbildlichkeit und Urstandsvollkommenheit konnte keine anthropologische Eigenschaft das Kriterium der Ebenbildlichkeit erfüllen. Denn, wie Luther in ironischer Wendung gegen die augustinische Definition fragt, wenn der Besitz von Gedächtnis, Wille und Geist den Menschen zum Ebenbild Gottes machte, ein um wieviel vollkommeneres Gottesbild müßte der Teufel sein, der den Menschen in diesen Vermögen überragt?[204] Als Konsequenz dieser Auffassung schließt Luther sich der vereinzelt bereits in der Patristik vorfindlichen[205] Sichtweise an,

---

[202] Ebd. XIV,4,6; XIV,8,11.

[203] Ebd. XIV,8,11; 12,15.

[204] *Vorlesungen über 1 Mose*, WA 42,46.

[205] Die These vom Verlust der Gottesebenbildlichkeit wird vor ihrer Aufnahme durch die Reformatoren allerdings nicht konsequent vertreten. Origenes spricht teils vom völligen (*Peri Archon* IV,4,9), teils vom eingeschränkten Verlust der Gottesebenbildlichkeit (Ebd. II,11,4; 3,6,1; *In Gen. hom.* XIII,4). In prononcierter Form taucht die Behauptung des völligen Verlustes bei Ambrosius auf (*Ps.* 118,10,11; weitere Nachw. b. SEIBEL (1958), S.59 FN 235), obgleich dies mit seiner Explikation der Ebenbildlichkeit, die er in der menschlichen Seele begründet sieht (*Ex.* 6,8), nicht gut vereinbar scheint. Augustinus hat seine frühe These vom gänzlichen Verlust (*De genesi ad litteram* VI,27) später eingeschränkt darauf, das Bild Gottes sei entstellt und erneuerungsbedürftig (*Retractationes* II,24,2), verweist aber darauf, es seien Spuren zurückgeblieben (*De spiritu et littera* 28,48).

Adam habe die Gottebenbildlichkeit im Sündenfall gänzlich verloren.[206] Die Mehrzahl der Reformatoren ist ihm darin gefolgt.[207] Die Behauptung eines Verlustes der Gottebenbildlichkeit ist seither jedoch auch innerhalb der protestantischen Lehren zu einem Anlaß anhaltender Kontroversen geworden. Ein Unbehagen dieser Behauptung gegenüber zeichnete sich bereits innerhalb der altprotestantischen Theorie ab, die trotz ihrer Beibehaltung der lutherischen Gleichsetzung von Ebenbildlichkeit und Heiligkeit versuchte, die These von einem auch nach dem Fall noch verbliebenen "Rest" der Imago zu begründen.[208]

In diesem Jahrhundert ist ebendiese Frage zum Gegenstand einer Auseinandersetzung zwischen den beiden Schweizer Theologen Emil Brunner und Karl Barth geworden,[209] die bis heute protestantische wie katholische Theologen beschäftigt.[210] Auslöser des Konfliktes war Brunners Vorschlag, die Luthersche Sicht dahingehend zu korrigieren, daß zwar die Heiligkeit als "materiale Gottebenbildlichkeit" verlorengegangen sei, nicht aber die Bedingung zu derselben, die Fähigkeit zu sittlicher Verantwortung, die er als die "formale Gottebenbildlichkeit" bezeichnet. Barth lehnte diese Unterscheidung strikt ab, mit Verweis auf die darin inhärente Tendenz zur Wiedereinführung einer den Menschen divinisierenden "natürlichen Theologie". Barths später ausgearbeitete Theorie der Gottebenbildlichkeit in seiner "Kirchlichen Dogmatik" brachte dann allerdings eine systematische Alternative ein,[211] auf die sich auch der spätere Brunner einlas-

---

[206] Vgl. Luthers zwei Predigten sowie seine Vorlesung über die Genesis WA 14,111,55; WA 24, 51, und WA 42; 208,8f.

[207] Vgl. die von Melanchton verfaßte *Apologie des Augsburger Glaubensbekenntnisses*, Art.2,18ff. und die *Konkordienformel, Solida Declaratio*,I, in der Ausgabe der *Bekenntnisschriften der evangelisch-lutherischen Kirche*, Göttingen ⁹1982, S.848, Rn.11. Unterschiedlich starke Äußerungen finden sich bei Calvin, *Genfer Glaubensbekenntnis* OS I, 381 und *Unterricht in der christlichen Religion [Institutio Christianae religionis]* I,15,3f.

[208] Hierzu SCHUMANN (1932).

[209] BRUNNER (1934); BARTH (1934).

[210] Vgl. anstatt vieler für eine protestantische Darstellung JOEST (1986), S.418f., für eine katholische SCHOCKENHOFF (1990).

[211] BARTH (1945), S. 204-233.

sen konnte²¹². Barth betont, die Gottebenbildlichkeit sei nicht als eine *Eigenschaft* des Menschen zu verstehen, sondern *relational*: als das besondere Verhältnis Gottes zum Menschen, den er in Erweis seiner Gnade zu seinem Partner erhebt²¹³, als die "Ehre", Anerkennung, Wertschätzung und Auszeichnung, die Gott darin dem Menschen zuteil werden läßt²¹⁴. Der Terminus "Gottebenbildlichkeit" kann dann allerdings nicht mehr als Ausdruck einer Ähnlichkeitsrelation gesehen werden, sondern muß symbolisch verstanden werden²¹⁵.

(c)   Wert des Menschen und Pflichten der Rücksichtnahme
Vorangehend wurde gezeigt, daß es durchaus Sinn macht, die christliche Lehre als eine anzusehen, in der dem Menschen ein intrinsischer Wert zugesprochen wird, wenngleich dies nur unter bestimmten Voraussetzungen zutrifft und darüber hinaus gravierende Unterschiede zwischen unterschiedlichen Autoren wie Glaubensrichtungen berücksichtigt werden müssen. Gegeben diese Bedingungen, ist es durchaus möglich zu sagen, daß der Mensch aus christlicher Sicht eine bestimmte Form der Hochschätzung verdient und damit "Würde" im Sinne der Behauptung (b) besitzt.²¹⁶
Erneute Differenzierungen und Vorbehalte sind allerdings dort angebracht, wo man die christliche Ethik auf dieser Aussage *gegründet* sehen möchte. Gegen eine solche Sicht spricht vor allen Dingen, daß die christliche Ethik von ihren wesentlichen Aussagen her eine theonome Ethik ist: sie ist primär auf göttliche Gebote gegründet, nicht aus Wertzuschreibungen abgeleitet. Im Kern geht sie auf den Dekalog und das Gebot der Nächstenliebe zurück.²¹⁷

---

²¹² Vgl. BRUNNER ([1950] ³1972), S. 67-73. Ob es Barth und Brunner gelungen ist, diese Unterscheidung tatsächlich in konsequenter Weise in ihre Lehre einzubetten, soll hier dahingestellt bleiben.

²¹³ Ebd., S.206ff.

²¹⁴ DERS. ([1951] ²1957), S. 745-789, Zitat S. 747.

²¹⁵ Barth selbst übersetzt *Genesis* 1,26 konsequent, wenngleich ohne Zustimmung der alttestamentlichen Forschung, mit "Lasset und Menschen machen in unserem Urbild nach unserem Vorbild", BARTH (1945), S.205f.

²¹⁶ Siehe die Liste der Wortbedeutungen von "Würde", Teil 1, Kap.1, §4.

²¹⁷ Vgl. MOUW (1990), S.5ff..

Natürlich sind damit nur die Hauptzüge der christlichen Moral beschrieben. Angesichts der zahlreichen Anknüpfungspunkte für eine Ethik, die die Bibel bietet und angesichts all der Theoreme, die der Eklektizismus christlicher Theologen hinzugefügt hat, ist es ohnehin problematisch, von "der" christlichen Ethik und ihrem wesentlichen Zuschnitt zu sprechen. Für die ethischen Theorien christlicher Autoren hat die Gottebenbildlichkeitslehre aber tatsächlich nur eine untergeordnete Rolle gespielt. Von Anfang an[218] – sei es bei Paulus, sei es bei den für alles Spätere maßgeblichen Konzeptionen aus der Patristik und der Scholastik – sind aus dieser Lehre, wenn denn überhaupt ethische Normen abgeleitet wurden, stets nur sogenannte Pflichten gegenüber sich selbst gefolgert worden: die Ermahnung, sich des Wertes, der in dieser Auszeichnung liegt, würdig zu erweisen oder das objektive Ziel, das Gott dem Menschen zugedacht hat, anzustreben. Die Betonung der Gottebenbildlichkeit in ethischen Kontexten ist, wie die der Menschenwürde, ein verhältnismäßig neues Phänomen.[219] Es ist m.E. aufschlußreich, daß auch zeitgenössische Theologen das Hauptgewicht darauf legen, die *Aufgabe* und das *Ziel*, das dem Einzelnen mit der Gottebenbildlichkeitsaussage formuliert wird, zu betonen, nicht aber die *Rechte*, die ihm daraus anderen Menschen gegenüber erwachsen.[220]

Eine gewichtige Ausnahme von dieser generellen Tendenz bildet jedoch die Begründung des Tötungsverbotes bzw. der sogenannten "Lehre von der Heiligkeit des menschlichen Lebens". Hier stützt sich die Moraltheologie, insbesondere die katholische, auf die Aussage aus Gen 9,6, in der das Verbot der Tötung von Menschen tatsächlich mit deren Gottebenbildlichkeit begründet wird:

---

[218] Und dies gilt sogar, vorgängig zum Christentum, für das rabbinische Judentum.

[219] Vgl. für diese Diagnose auch Scheffczyk, der ebenfalls ein plötzlich einsetzendes Interesses am Gottebenbildlichkeitsgedanken mit dem Zweiten Vatikanischen Konzil konstatiert, SCHEFFCZYK (1969b), S.XVIII.

[220] Vgl. die vom Reformierten Weltbund formulierten Thesen zur "Theologischen Basis der Menschenrechte", abgedr. in LOCHMANN/ MOLTMANN (1976), S.61ff. und Moltmanns "Theologische Erklärung" hierzu, bei der das Recht des Menschen in "Gottes Recht auf den Menschen" begründet wird, ebd. S.45ff.. Für die hierin uneindeutige katholische Sicht vgl. das Arbeitspapier der Päpstlichen Kommission Justitia et Pax "Die Kirche und die Menschenrechte", S.19ff..

Wer Menschenblut vergießt, dessen Blut soll auch durch den Menschen vergossen werden; denn Gott hat den Menschen zu seinem Bilde gemacht.

Man kann sich an dieser Stelle streiten, ob diese Ausnahme die Regel – u.d.i. der hier vertretenen These von der geringen Rolle der Gottebenbildichkeitslehre für die christliche Ethik – bestätigt oder diese These widerlegt. M.E. sollte zumindest zu denken geben, daß nur an dieser Stelle mit dem teleologischen Argumentationsschema gebrochen wird, demzufolge aus der Gottebenbildlichkeit allenfalls Pflichten des Menschen gegen sich selbst abgeleitet werden.

In ihren Grundzügen beruht die christliche Ethik also nicht auf einer Begründungsfigur des intrinsischen Wertes von Menschen. In dieser Hinsicht will sie daher nicht so recht zu dem heutigen Verständnis einer Ethik der Menschenwürde passen, die dieses Element aufweist. Man muß hier jedoch sogleich zwei Qualifikationen anfügen.

Erstens läßt sich die christliche Ethik in dem weiteren Sinn als eine Ethik der Menschenwürde beschreiben, der die universalistisch-egalitären Struktur betrifft. Man ein Menschenwürde-Prinzip im ersten Sinne, der vorangehend mit dem Schlagwort der „Menschenrechtsidee" überschrieben wurde,[221] in allen Punkten mit der christlichen Ethik vereinbaren kann, ist zwar zunächst fraglich. Doch bietet insbesondere das sogenannte neue Testament bietet eine reiche Anzahl von Aussagen, die sich im Sinne dieser Struktur lesen lassen. Dazu gehört an erster Stelle das Nächstenliebe-Gebot, das keine Differenzierung der moralischen Rücksichtnahme zwischen Menschen zuzulassen scheint. Dazu gehört die universalistische Grundtendenz, die durch die allen Menschen, nicht mehr nur einem auserwählten Volk, mindestens potentiell zukommende Heilserwartung gegeben ist. Dazu gehört das Verbot, andere zu richten, das Zurückhaltung hinsichtlich inegalitärer Wertzuschreibungen mit sich bringt. Da es mir nicht darum geht, die Inhalte der christlichen Ethik zu untersuchen, belasse ich es bei diesen Hinweisen. Worauf es mir ankommt, ist vielmehr das folgende: für den Erweis, daß es sich bei der christlichen Ethik um eine Ethik der Menschenwürde handelt, wäre es sinnvoll, das Hauptgewicht auf diese

---

[221] Siehe S.63ff.

sachlich wichtigen und historisch auch wirkungsmächtigeren Aussagen zu legen, anstatt auf die in vieler Hinsicht problematische und ethisch weniger bedeutsame Lehre von der Gottebenbildlichkeit.

Die Konzentration auf die Gottebenbildlichkeitslehre hat vor allen Dingen, so vermute ich, die angewachsene Popularität des Ausdrucks "Menschenwürde" zum Hintergrund. Kirchen und Theologen haben so die Möglichkeit, eine verbreitete ethische Überzeugung als "eigentlich christlich" zu vereinnahmen. Dies ist allerdings nur um den Preis einiger Verrenkungen möglich. Urheberschaftsbehauptungen sollten hingegen an der Sache ansetzen, um die es geht: um die universalistisch-egalitäre Moral.

Zweitens ist darauf hinzuweisen, daß über die Konzentration auf die Gottebenbildlichkeitslehre ein m.E. sehr wesentlicher Beitrag der christlichen Ethik zur Herausbildung der heute verbreiteten Haltung einer intrinsischen Wertschätzung von Individuen verdeckt wird. Das Nächstenliebe-Gebot ist zwar nicht in einer Aussage über den intrinsischen Wert des Menschen begründet, doch führt es der Sache nach zu einer solchen Werthaltung. Als – in der Nachfolge Jesu - praktiziertes Gebot ruft es eine grundsätzlich empathische Haltung wach. Diese erzeugt zwar einen Typus der Werthaltung, der, wie der Name ja bereits sagt, eher den Liebes - als den Achtungsgefühlen zuzurechnen ist. Als Quelle für ein universalistisch-egalitäres Ethos ist es aber durchaus von Gewicht.

4. Kant

Es ist Kant, dessen Begriff einer Würde des Menschen den größten Einfluß auf die Herausbildung des heute verbreiteten Verständnisses gehabt haben dürfte. Kant hat für den modernen Begriff der Menschenwürde in mehrfacher Hinsicht die Weichen gestellt. Er ist meiner Kenntnis nach der erste, der "Menschenwürde" dezidiert im Sinne des moralischen Status des Individuums versteht und aus ihm universalistisch - egalitäre Normen ableitet. Zum anderen evoziert er das Gefühl der Achtung vor Personen als moralisches Motiv. Ich will dies im folgenden näher erläutern.

(a) Würde als innerer Wert

"Würde", so Kant, besitzt dasjenige, was "innern Wert" besitzt.[222] Der innere Wert wird dem relativen entgegengesetzt, und relativen Wert hat, was Mittel zur Befriedigung menschlicher Neigungen und Bedürfnisse oder Gegenstand des Geschmacks ist.[223] Kant bringt dies auch durch die bekannte Unterscheidung zwischen Würde und Preis zum Ausdruck:

> Im Reich der Zwecke hat alles entweder einen *Preis*, oder eine *Würde*. Was einen Preis hat, an dessen Stelle kann auch etwas anderes, als *Äquivalent*, gesetzt werden; was dagegen über allen Preis erhaben ist, mithin kein Äquivalent verstattet, das hat eine Würde.[224]

"Würde" bezeichnet somit einen Wert, der durch mehrere Eigenschaften definiert ist. Es handelt sich *erstens* um einen *intrinsischen* Wert: der Träger von Würde besitzt Wert nicht nur als Mittel zu einem anderen Zweck (der Befriedigung von Wünschen und Bedürfnissen). Kants Bestimmung geht noch darüber hinaus. Denn während man Gegenständen des Wohlgefallens durchaus intrinsischen Wert zuschreiben könnte, sofern man unter einem intrinsischen Wert etwas versteht, was um seiner selbst und nicht um eines anderen willen geschätzt wird, schließt Kant die Möglichkeit aus, die Würde relativ auf eine Einstellung des Wohlgefallens (des Geschmacks) zu gründen. Man könnte, was Kant hier meint, vielleicht ausdrücken, indem man sagt, was Würde besitzt, dem kommt auch nicht ein bloß ästhetischer Wert zu, in Kants eigener Terminologie: kein bloßer "Affektionspreis".[225] Eine "Würde" ist demnach *zweitens* ein Wert, der, anders als ein "Preis", nicht durch subjektive Einstellungen wie Wohlgefallen, Bedürfnisse oder Wünsche in die Welt kommt: er ist nicht *bedingt*.

Darüber hinaus handelt es sich *drittens*, wie das Zitat deutlich macht, um einen Wert, der mit anderen Werten *nicht verglichen* werden kann: Gegen-

---

[222] *GMS*, AA IV, S.435.

[223] Ebd., S.434f..

[224] Ebd.; Vgl. a. *MdS*, AA VI, S.434f.. Die Entgegensetzung von Preis und Würde scheint Seneca entnommen, vgl. *epist.* 71,33.

stände, denen Würde zukommt, sind nicht durch andere Wert aufzuwiegen. Dies wird einige Absätze später bestätigt, wenn "Würde" expliziert wird als dasjenige, was "unbedingten, unvergleichbaren Wert" besitzt.[226] Kant setzt diesen Wert in Beziehung zu dem, was er etwas ungewöhnlich als einen "Zweck an sich" bezeichnet.[227] Daraus läßt sich rückschließen, daß es sich bei der Würde neben den Merkmalen der Unvergleichlichkeit und Unbedingtheit um einen Wert handelt, den alle vernünftigen Wesen anzuerkennen gezwungen sind – denn so wird der Zweck an sich eingeführt.[228] Man könnte hier, um einer eindeutigeren Terminologie willen, vom Merkmal der "Objektivität" dieses Wertes sprechen.[229] "Würde" bezeichnet bei Kant also einen intrinsischen, unbedingten, objektiven und unvergleichlichen Wert. Diese Charakteristika allein genügen um nahezulegen, daß der Träger von Würde *moralischen* Wert besitzt, anders ausgedrückt: daß er Gegenstand moralischer Pflichten ist.

(b) "Würde" als moralischer Status

An vielen Stellen sieht es so aus, als sei alles, was Kant mit seiner Verwendung des Ausdrucks "Würde" zum Ausdruck bringen möchte, daß der Träger von Würde Gegenstand moralischer Pflichten ist. So heißt es in einer Passage aus der "Metaphysik der Sitten":

> Die Menschheit selbst ist eine Würde; denn der Mensch kann von keinem Menschen [...] bloß als Mittel, sondern muß jederzeit zugleich als Zweck gebraucht werden *und darin besteht eben seine Würde* (die Persönlichkeit), dadurch er sich über alle andere

---

[225] *GMS*, AA IV, 434f.. Gegenstände instrumentellen Werts besitzen einen "Marktpreis".

[226] *GMS*, AA IV, 436.

[227] *GMS*, AA IV, 434, *MdS* AA VI, 434; 462.

[228] Für die Verknüpfung der Begriffe *Würde* und *Zweck an sich* vgl. *GMS*, AA IV, 434. Für die Charakterisierung des Zwecks an sich als eines objektiven Zwecks vgl. *GMS*, AA IV, S.428.

[229] Kant spricht an der zitierten Stelle von "Absolutheit", doch ist nicht ganz klar, ob er darunter nicht beide Merkmale faßt, dasjenige der objektiven Geltung und dasjenige der Unabhängigkeit von den genannten subjektiven Einstellungen. Tatsächlich scheint das eine für ihn die Kehrseite des anderen.

Weltwesen, die nicht Menschen sind, und doch gebraucht werden können, mithin über alle Sachen erhebt.[230]

Dies erlaubte auch eine Erklärung für die Beziehung, in der die Begriffe "Würde" und "Zweck an sich" zueinander stehen: sie wären einander gleichzusetzen. Daß eine Person Würde besitzt bedeutete demnach nichts anderes, als daß sie als ein "Zweck an sich" zu behandeln ist. Und was das bedeutet, erschließt sich wiederum aus der zweiten Formel des "kategorischen Imperativ", der sogenannten "Zweckformel":

> Handle so, daß du die Menschheit, sowohl in deiner Person, als auch in der Person eines jeden anderen, jederzeit zugleich als Zweck, niemals bloß als Mittel brauchest.[231]

Diese Formel gibt mindestens negativ Aufschluß darüber, worin die Pflichten bestehen, die den moralischen Status "Würde" konstituieren: im Verbot der Instrumentalisierung. Da Kant die Äquivalenz der unterschiedlichen Formeln des "Kategorischen Imperativ" behauptet,[232] könnte weiter gefolgert werden, daß, worin die Würde besteht, sich auch mithilfe der ersten Formel erschließen läßt. Diese schlägt bekanntlich die Universalisierung der Handlungsmaximen als einen Test vor, mit dessen Hilfe überprüft werden kann, welche Handlungen Pflicht sind und welche nicht.[233] Der Träger von Würde wäre einfach der Gegenstand der auf diese Weise ermittelten Pflichten. Dies erklärte auch die etwas merkwürdige Rede vom Träger der Würde als einem "Zweck an sich": es handelte sich dabei einfach um den Gegenstand der moralischen Pflicht. Anders als der Gegenstand eines Bedürfnisses, eines Wunsches oder eines Geschmacksurteils handelt es sich nicht um einen auf solche Einstellungen relativen Zweck, der in das Belieben des Subjekts gestellt ist, sondern um einen gebotenen Zweck. Wie

---

[230] *MdS* AA VI, 462. Vgl. auch zweite Anwendungsbeispiel der "Zweckformel", in dem die Mißachtung der Würde mit der Mißachtung der Menschenrechte ineins gesetzt wird, *GMS* AA IV, 429.

[231] *GMS,* AA IV, 429.

[232] *GMS,* AA IV, 436.

[233] "Handle nur nach derjenigen Maxime, durch die du zugleich wollen kannst, daß sie ein allgemeines Gesetz werde.", *GMS,* AA IV, 421.

Kant dies in der "Metaphysik der Sitten" ausdrückt: um einen Zweck, der zugleich Pflicht ist.[234]
Ob diese Interpretation Kants Vorstellungen trifft, und ob diese Vorstellungen in sich und mit den übrigen Aussagen der Kantischen Ethik vereinbar sind, ist eine umstrittene Frage, die ich nicht erörtern kann. Ich werde allerdings in einem Punkt auf diesen Fragenkomplex zurückkommen. Denn wenn man die eben skizzierte Lesart zugrundelegt, wird man zu dem Schluß gelangen, Kant verwende den Begriff der Würde ausschließlich im Sinne eines moralischen Status. So verhält es allerdings nicht, wie ich unten zeigen möchte. Zunächst aber ist eine nähere Beschreibung des Trägers der Würde vonnöten.
Wie bereits der Zweckformel zu entnehmen ist, ist der "Zweck an sich" die "Menschheit" in einer Person. Kant versteht darunter das Spezifikum des Menschen, das ihn vor der "Tierheit" auszeichnet,[235] womit er im allgemeinen die Vernunftfähigkeit,[236] im Besonderen die Fähigkeit meint, sich Zwecke zu setzen oder "allgemein gesetzgebend zu sein".[237] Es gibt aber auch eine andere Argumentationslinie, die die Sittlichkeit als das unbedingt Gute, mithin als dasjenige, was Würde besitzt, herausstellt.[238] Dies läßt sich jedoch auf der Grundlage der Kantischen Explikation der Sittlichkeit als Ausübung der gesetzgebenden Vernunfttätigkeit erklären. Der Menschheit kommt, insofern sie zur Sittlichkeit fähig ist, Würde zu, wie Kant herausstellt.[239]
Was aber heißt es, wenn Kant von der Menschheit "in der Person" eines Menschen spricht? Diese merkwürdige Formulierung könnte vermuten lassen, daß Kant nicht dem einzelnen Menschen Würde zuspricht, sondern

---

[234] *MdS*, AA VI, 381.

[235] Vgl. z.B. *MdS*, AA VI, 392.

[236] Vgl. z.B. *GMS* AA IV, 429; auch *GMS*, AA IV, 436.

[237] Vgl. z.B. *GMS*, AA IV, 438f..

[238] Am Eindrücklichsten sicher zu Beginn des ersten Abschnitts der "Grundlegung", *GMS*, AA IV, 393; einige der zahlreichen weiteren Belege: *GMS* AA IV, 435; 439.

[239] *GMS* AA IV, 435.

vielmehr einem Ideal der "Menschheit" resp. des Vernunftwesens.[240] Und selbst wenn es das Individuum ist, das Würde besitzt, und nicht eine abstrakte Idee oder die menschliche Gattung, muß diese nicht konsequenterweise dem *tatsächlich* sittlichen Individuum vorbehalten bleiben? Einige seiner Äußerungen scheinen diese Sicht nahezulegen.[241] Allerdings betont Kant explizit auch die Würde dessen, der sich ihrer selbst nicht würdig erweist,[242] und der ganze Zuschnitt seiner Ethik und Rechtsphilosophie,[243] wie auch seine Diktion implizieren eine strikt universalistische Lesart.[244] Kants Ethik ist zweifellos von der Überzeugung getragen, daß alle Menschen denselben moralischen Status besitzen. In dieser Hinsicht entspricht der Kantische Gebrauch des Ausdrucks "Menschenwürde" bereits dem heutigen Kernbegriff. Mir ist kein Autor vor ihm bekannt, der den Ausdruck in dieser Weise verwendet hätte.

(c) Würde als Wert im spezifisch evaluativen Sinn
Ausgangspunkt war bislang der Gedanke, daß Kant "Würde" in einem rein deontischen Sinne versteht: als Gegenstand von Pflichten. Es scheint mir aber unbezweifelbar, daß er den Ausdruck auch im evaluativen Sinne gebraucht. Zunächst einmal ist auffällig, daß er ihn überhaupt als inneren

---

[240] Der Verdacht, daß hier höchster Gegenstand der Wertschätzung und moralisches Ziel nicht der einzelne Mensch (seine Vollkommenheit, sein Wohl) ist, verschärft sich, wirft man einen Blick auf Kants Anthropologie und Geschichtsphilosophie. Hier entwickelt Kant die These von einem objektiven Ziel der Menschheitsentwicklung, die sich mit einem individualistischen Ansatz nur schlecht verträgt. Vgl. die Ausführungen zum "Charakter der Gattung" in seiner *Anthropologie in pragmatischer Hinsicht*, AA VII, 321, sowie die Schrift *Idee zu einer allgemeinen Geschichte in weltbürgerlicher Absicht*, plakativ der "zweite Satz", AA VIII, 18.

[241] Vgl. z.B. *GMS*, AA IV, 434; 439f..

[242] *MdS*, AA VI, 463.

[243] Nicht zuletzt propagiert Kant in seiner "Rechtslehre" die Idee universeller Menschenrechte, s. *MdS*, AA VI, 237.

[244] Bereits in der Zweckformel heißt es, man solle die Menschheit "in der Person eines jeden andern" als Zweck behandeln. Ähnlich finden sich häufig Wendungen der Art, *jedes* vernünftige Wesen sei Zweck an sich. Es liegt die Annahme nahe, daß Kant hier alle menschlichen Individuen bzw. alle der Vernunft fähigen Wesen einschließt. Vgl. auch *MdS*, AA VI, 463: "Andere verachten [...], ist auf alle Fälle pflichtwidrig; *denn es sind Menschen*".

Wert definiert. Entsprechend wird auch die mentale Einstellung, die die Würde zum Gegenstand hat, als eine Einstellung der "Schätzung"[245] oder "Wertschätzung (aestimii)"[246] bezeichnet. Und man muß nur beobachten, mit welch starkem Wertvokabular er den Gegenstand dieser Wertschätzung beschreibt: es ist nicht nur von Achtung die Rede, sondern stärker noch von "Ehrfurcht", "Heiligkeit", "Herrlichkeit", "Majestät" usf.. Auch die Beispiele, anhand derer er insbesondere seine These von der Sittlichkeit als dem höchsten Wert anschaulich zu machen versucht, sind sehr dazu angetan, im Leser eine entsprechende Werthaltung hervorzurufen.[247] Einen weiteren Hinweis in diese Richtung könnte auch eine Stelle in der "Grundlegung" liefern, in der er die Würde als dasjenige bezeichnet, was "*die Bedingung* ausmacht, unter der allein etwas Zweck an sich sein kann".[248] Man könnte darüber spekulieren, ob er hier einen Wertbegriff (Würde) von einem deontischen (Zweck an sich) trennen wollte. Allerdings ist im weiteren Text eher die Tendenz zu beobachten, daß die Begriffe austauschbar verwendet werden. Es kommt aber auch nicht so sehr darauf an, ob den beiden Begriffen unterschiedliche Bedeutungen zugewiesen werden, sondern darauf, ob die beiden Momente des Evaluativen und des Deontischen darin enthalten sind. Mindestens an Kants *Diktion* ist eine Bezugnahme auf genuin wertende Einstellungen abzulesen.

Es gibt auch einen sachlichen Grund für die Annahme eines wertenden Momentes. M.E. operiert Kant tatsächlich mit der These von einem intrinsischen Wert des Menschen im evaluativen Sinne, ohne dies aber explizit auszuweisen. Dies zeigt sich u.a. am Begriff der Achtung. Wenn man genauer betrachtet, was er als den Gegenstand der Achtung beschreibt, so zeigen sich merkwürdige Schwankungen. Einesteils ist es das moralische

---

[245] Die Würde ist, wie bereits früher zitiert wurde, der Wert, "für welchen das Wort *Achtung* allein den geziemenden Ausdruck der Schätzung abgibt", *GMS*, AA IV, 436.

[246] *MdS*, AA V, 462.

[247] Vgl. z.B. die Passage in der *Kritik der praktischen Vernunft*: "[...] vor einem niedrigen, bürgerlich-gemeinen Mann, an dem ich eine Rechtschaffenheit des Charakters in einem gewissen Maße, als ich mir von mir selbst nicht bewußt bin, wahrnehme, *bückt sich mein Geist*, ich mag wollen oder nicht und den Kopf noch so hoch tragen, um ihn meinen Vorrang nicht übersehen zu lassen." *KpV*, AA V, 77.

[248] *GMS* AA IV, 435 (Hervorhebung nicht im Original).

Gesetz selbst, das als Gegenstand der Achtung bezeichnet wird,[249] anderenteils die sittliche Gesinnung bzw. der einzelne Mensch als potentieller Träger derselben.[250] Die erste, nicht aber die zweite These läßt sich mit der deontischen Lesart seines Begriffs von Würde vereinbaren. Denn Kants Triebfedernlehre zufolge ist die Achtung das moralische Handlungsmotiv.[251] Solange die Achtung dem moralischen Gesetz gilt, ist die deontische Lesart plausibel: in diesem Fall ist die Achtung ein Gefühl, dessen kognitiver Gehalt in der Einsicht in das moralische Gesetz besteht. Das Gefühl der Achtung ist somit das unmittelbare Bewußtsein der Norm und kann direkt handlungsbestimmend wirken, sofern ihr entgegengesetzte Motive, die aus Neigungen entspringen, beiseitegedrängt werden. Gilt die Achtung aber der moralischen Gesinnung bzw. dem Individuum, so läßt sich der Prozeß der Motivation nicht mehr auf diese Weise beschreiben. Das Gefühl ist dann nicht auf eine Norm gerichtet, sondern auf einen Sachverhalt (Sittlichkeit) oder einen Gegenstand (das Individuum). Es ist naheliegend, dieses Gefühl als eines der *Wertschätzung* dieses Sachverhaltes oder Gegenstandes zu bezeichnen, welche ihrerseits die Norm impliziert, diesen Sachverhalt oder Gegensatz hervorzubringen oder zu berücksichtigen. Kant nennt demnach zwei moralische Handlungsmotive: die Achtung vor dem Gesetz sowie die Achtung vor der Sittlichkeit resp. dem Individuum. Mithin gibt es bei Kant zwei Erscheinungsformen der Achtung. Gibt es somit auch zwei moralische Motive? Wenn dies zuträfe, so würde dies letztlich auch auf unterschiedliche Begründungsansätze innerhalb seiner Moral hinweisen.

Kant scheint sich dieser Doppelung der Achtungsformen zwar gewahr zu sein, wenn er schreibt, daß

---

[249] Z.B. *GMS*, AA IV, 400; *KpV*, AA V, 73.

[250] Vgl. v.a. die bereits angesprochene Passage zu Beginn des ersten Abschnittes der "Grundlegung", in der der gute Wille als das einzig unbedingt zu Schätzende herausgestellt wird, *GMS*, AA IV, 393. (Auch wenn hier vom "unbedingt Guten" und nicht vom Gegenstand der Achtung die Rede ist, wie allerdings an vielen späteren Stellen der "Grundlegung"). Siehe auch *KpV*, AA V, 76f..

[251] Vgl. *KpV*, AA V, 71ff..

[a]lle Achtung für eine Person [...] eigentlich nur Achtung fürs Gesetz (der Rechtschaffenheit etc.) [ist], wovon jene uns ein Beispiel gibt.[252]

Es ist jedoch nicht klar, ob er daraus die gebotene Konsequenz zieht. Wollte er am deontischen Ansatz festhalten, so müßte er klarstellen, daß die Achtung vor der Sittlichkeit resp. der Person *nicht* das moralische Motiv darstellen kann. Kant tendiert hingegen dazu, den Unterschied zwischen den beiden Formen der Achtung zu verwischen.[253]

Denkbar wäre es allerdings, die Achtung vor der Sittlichkeit resp. vor Personen als eine Werthaltung zu verstehen, die im Einklang mit dem moralischen Gesetz steht oder von ihm sogar gefordert wird. Es ist wichtig zu sehen, welches der Unterschied ist zwischen dieser Lösung und der faktischen Gleichsetzung der Motive, die sich bei Kant findet. Wenn die Achtung vor Personen als moralisch geboten bezeichnet wird, so ist sie Gehalt einer moralischen Norm und nicht moralisches Motiv. Dieses Gebot bedürfte einer Ableitung mit Hilfe substantieller Argumente – z.B. des Arguments, daß dies dem Selbstwertgefühl der geachteten Personen zugutekäme oder des Arguments, daß eine solche generelle Haltung dem sozialen Frieden diene.[254] Kants eigenen Ausführungen läßt sich dergleichen nicht entnehmen und es widerspricht auch dem non-utilitaristischen Impetus seiner Moral. Dennoch könnte man sich fragen, ob sich eine solche Haltung mit Hilfe der ersten Formel des kategorischen Imperativs herleiten *ließe*.

---

[252] *GMS*, AA IV, 401, dort die Fußnote.

[253] Das zeigt sich besonders deutlich im Abschnitt über die "Triebfedern der reinen praktischen Vernunft": hier wird an eine Explikation des moralischen Motivationsprozesses, in der das moralische Gesetz als Gegenstand der Achtung dargestellt wurde, mit der These angeknüpft, Gegenstand der Achtung könnten nur *Personen* sein.Vgl. *KpV*, AA V, 76. Die Schwankungen zeigen sich auch in seiner Explikation des Motivationsprozesses selbst: er wird einerseits beschrieben als direkte Einwirkung der Norm auf den Willen (über die Beschränkung der Eigenliebe, d.h. der Neigungen, auf solche, die mit dem Gesetz übereinstimmen). Andererseits wird er beschrieben als Einsicht in ein Werturteil (daß nämlich der Wert der Person nur in ihrer sittlichen Gesinnung liegen könne – dies nennt Kant die Demütigung des "Eigendünkels"). Ebd., S.73.

[254] Als inhaltliche Gebote dieser Art könnte man Kants Liste der Achtungspflichten im kasuistischen Teil der *Metaphysik der Sitten* verstehen, s. *MdS*, AA VI, 429ff; 462ff..

Eine Ableitung aus der zweiten Formel scheint naheliegender – hier hängt jedoch für die Konsistenz der Position alles an der Frage, ob die beiden Formen tatsächlich als äquivalent gelten können.

Zusammenfassend läßt sich folgendes sagen: "Würde" besitzt bei Kant auch eine genuin evaluative Bedeutung. Sie bezeichnet den intrinsischen Wert des Sittlichen resp. des Individuums. Die These, daß die sittliche Gesinnung bzw. die Person intrinsischen Wert besitzen, läßt sich innerhalb der Kantischen Ethik an drei Stellen ansiedeln, je nachdem, welche Lesart man bevorzugt.

(i) Zum einen kann man sie als eine alternative Begründungsfigur verstehen, die mit der Hauptlinie der Kantischen Argumentation in Konkurrenz tritt, ohne daß Kant dies selbst bemerkt und die daraus folgende Inkonsistenz ausgeräumt hätte. Diese Begründungsfigur hätte die Form einer Ableitung der moralischen Normen (der universalistischen Berücksichtigung von Personen) aus einem behaupteten intrinsischen Wert derselben.

(ii) Zum anderen kann man sie als eine These verstehen, die Kant aufstellt, ohne ihr aber eine besondere Funktion innerhalb seines ethischen Systems zukommen zu lassen. Sie stellte einfach ein Werturteil dar, für das Kant Gründe anführt und wirbt, vielleicht, um eine mit seiner Ethik gut vereinbare Haltung zu erzeugen.

(iii) Drittens könnte dieses Urteil eines sein, das selbst Pflicht ist, mindestens die mit ihm einhergehenden Verhaltensweisen. In diesem Fall wäre es geboten, anderen Menschen Würde zuzuerkennen und ihnen diesem Urteil gemäß zu begegnen. Diese Pflicht müßte sich allerdings aus der ersten Formel des Kategorischen Imperativs ableiten lassen.

(d) Fazit
Ich habe mich bei meiner Darstellung dessen, was Kant zur Würde des Menschen sagt, auf die oben angeführten Aspekte konzentriert, da dies genügt, um zu zeigen, worauf es mir im Zusammenhang dieses Abschnittes geht. Bei Kant findet sich, meines Wissens erstmalig, ein Gebrauch des Ausdrucks "Würde", der dem heutigen Verständnis in zwei zentralen Hinsichten weitgehend entspricht: die Verwendung in der Bedeutung eines

universalistisch-egalitären moralischen Status sowie in der eines intrinsischen Werts des Individuums (mindestens als moralisches Handlungsmotiv).[255]

Die Besonderheit der Kantischen Verwendung des Ausdrucks zeigt sich am besten, wenn man ihn mit den perfektionistischen Theorien vergleicht, in deren Rahmen der Begriff zuvor vorzukommen pflegte. Eine perfektionistische Theorie der Menschenwürde weist typischerweise das folgende Muster auf: zunächst wird dem Menschen ein hoher intrinsischer Wert aufgrund bestimmter gattungsspezifischer Eigenschaften zuerkannt. Sodann wird es als das Ziel des menschlichen Lebens herausgestellt, diese Eigenschaften zu vervollkommnen. Daraus wird drittens die Ermahnung abgeleitet, dieses Ziel zu verwirklichen und die Eigenschaften in der eigenen Person zu perfektionieren.

Kant durchbricht dieses Schema an verschiedenen Stellen. Es ist nicht ganz leicht, das in Kürze zu zeigen, insbesondere darum nicht, weil auch bei Kant das perfektionistische Schema präsent ist, in der "Metaphysik der Sitten" stärker als in der "Grundlegung".[256] Wichtiger erscheint mir jedoch herauszustellen, wo er sich vom perfektionistischen Argumentationsmuster abhebt und ein neues Verständnis von "Menschenwürde" begründet. Dies läßt sich anhand der folgenden vier Punkte zeigen.

(i) Auch eine perfektionistische Theorie verbindet mit ihrem Begriff von Menschenwürde die Zuschreibung eines intrinsischen Wertes. Charakteri-

---

[255] Die dritte der Verwendungen, die ich als die heute geläufigen herausgestellt habe – "Menschenwürde" in der Bedeutung von Selbstachtung (im *psychologischen* Sinne) -, spielt bei Kant allenfalls eine untergeordnete Rolle. Zwar äußert er sich recht eingehend zur Selbstachtung als der Einstellung, die ein Mensch seiner eigenen Würde gegenüber einzunehmen habe, doch ist hier der objektive und normative Sinn des Ausdrucks relevant, nicht der psychologische. Vgl. Kants Ausführungen zu den Pflichten des Menschen gegen sich selbst als einem moralischen Wesen, *MdS*, Tugendlehre, §§4, 9-12 ; AA VI, 418ff., 428ff.. Die Tugend der Selbstachtung heißt in Kants Terminologie "Ehrliebe (honestas interna, iustum sui aestimium)", ebd., 420.

[256] M.E. zeigt dies, daß Kant bei seiner Ableitung von Pflichten aus der Würde des Menschen unterschiedliche Argumentationsfiguren verwendet. Ich möchte dies hier nicht ausführen, wie ich überhaupt auf die perfektionistische Begründungslinie bei ihm nur hinweisen möchte, da sie die weniger bekannte Seite seiner Theorie der Menschenwürde anbelangt, auf die es hier nicht so sehr ankommt.

stisch ist jedoch, daß die Normen, die daraus abgeleitet werden, unmittelbar nur an den Träger selbst adressiert sind. Die Erhabenheit der menschlichen Natur wird ihm vor Augen geführt, um ihm einen Anreiz zu geben, die eigene Würde zu bewahren oder zu realisieren. Gestützt wird diese Argumentation zumeist durch naturteleologische oder eudaimonistische Argumente, in mehr oder auch weniger expliziter Form. Für die Kantische Theorie wie für das heutige Verständnis von Menschenwürde ist jedoch maßgeblich, daß die Menschenwürde auch unmittelbar als Basis von Pflichten gegenüber anderen begriffen wird.[257]

(ii) Der Perfektionismus sieht den Wert des Menschen in der Vervollkommnung seiner artspezifischen Merkmale. Der Wert des Menschen ist etwas Ideales, Hervorzubringendes. Die Normen, die aus ihm folgen, sind solche, die die Realisierung perfektibler Eigenschaften fordern. Die These vom intrinsischen Wert des Menschen, die sich bei Kant und dem heute dominierenden Verständnis von Menschenwürde findet, bezieht den Wert auf ein Bestehendes: den jeweiligen Menschen (bzw. dessen Existenz, Wohl, gutes Leben). Die Normen, die aus ihm abgeleitet werden sind solches des Nichtantastens, Schützes und Förderns dieses Wertes. In Kants Terminologie läßt sich dieser Unterschied als der Unterschied zwischen einem "zu bewirkenden" und einem "selbständigen Zweck" (resp. Wert)

---

[257] Es wäre allerdings auch im Rahmen einer perfektionistischen Theorie durchaus möglich, Pflichten gegenüber anderen abzuleiten. Denn wenn es sich um ein objektives Ziel der Natur handelt und dieses Normativität kreiert, weshalb sollte nur der jeweilige Träger selbst in der Verantwortung sein, das Ziel zu realisieren? Mindestens, wenn man den eudaimonistischen Argumentationsrahmen aufgibt und sich auf den objektiv-teleologischen konzentriert, müßte die Folge doch sein, das allgemeinmenschliche Ziel insgesamt realisieren zu sollen, nicht nur in der eigenen, sondern auch in der jeweils anderen Person. Genau diese Konsequenz zieht Kant dort, wo er selbst auf ein perfektionistisches Begründungsschema zurückgreift. Zwar folgert er aus der hohen Bestimmung des Menschen nicht, ein jeder müsse die eigene wie die fremde Vollkommenheit befördern, sondern eigene Vollkommenheit und fremde *Glückseligkeit*. Doch scheint der Grund für diese Differenzierung einzig auf die Zusatzprämisse zurückzuführen sein, daß es unmöglich sei, fremde Vollkommenheit zu bewirken. Vgl. *MdS*, Einleitung zur Tugendlehre IV., AA VI, 385ff..

ausdrücken.[258] Dies ist der bedeutsamste Unterschied zwischen der Kantischen und der perfektionistischen Theorie. Er ermöglicht es Kant – und Vertretern einer Menschenwürde-Ethik – vom intrinsischen Wert des tatsächlich existierenden Individuums zu sprechen, nicht von dem einer abstrakten Eigenschaft ("der Menschheit") oder einer idealen Verkörperung derselben.

(iii) Damit hängt ein weiterer Aspekt zusammen: Die Kantische Theorie der Menschenwürde ist, wie oben festgestellt, zumindest partiell als eine zu verstehen, die allen Individuen intrinsischen Wert zuerkennt. Auch dies hebt sie aus den vorangegangenen Theorien heraus, welche nicht deutlich werden lassen, ob die Wertschätzung, die sie im Namen einer "Würde des Menschen" einfordern, einem Ideal des Menschen gelten oder auch allen konkreten menschlichen Individuen. Wie bei Cicero gesehen, bleibt stets die Möglichkeit, solche menschlichen Individuen, die die ausgezeichnete artspezifische Eigenschaft nicht hinreichend aufweisen, ihre Menschheit abzuerkennen.[259] Es bleibt somit ungewiß, ob die perfektionistische These von der Auszeichnung des Menschen impliziert, daß alle Menschen (und auch alle gleichermaßen) moralische Berücksichtigung verdienen.

(iv) Damit hängt wiederum ein weiteres Charakteristikum der Kantischen Konzeption zusammen: die Definition der Würde als eines überragenden und unvergleichlichen moralischen Werts. Die These von der Auszeichnung des Menschen muß nicht mit einer solchen Gewichtung der moralischen Werte oder Zwecke einhergehen. Wie pathetisch etwa Pico die Bewunderungswürdigkeit des Menschen auch schildert, es ist nicht deutlich, ob er das Menschliche darum bereits als den moralisch höchsten Wert oder letzten Zweck betrachtet. Kant hat dies durch seine Betonung der Unbedingtheit, Unvergleichlichkeit und Objektivität der menschlichen Würde

---

[258] Vgl. *GMS* AA IV, 437. Kant behauptet an dieser Stelle, ein selbständiger Zweck impliziere lediglich negative Pflichten, doch ist dies sowohl der Sache nach nicht gerechtfertigt wie auch unvereinbar mit seiner eigenen Ableitung positiver Pflichten aus der Würde des Menschen, vgl. die Pflicht zur Beförderung der Glückseligkeit anderer, *GMS* AA IV, 430.

[259] So argumentiert z.B. Thomas von Aquin bei der Rechtfertigung der Todesstrafe, *Summa Theologica* II-II, 64,2 ad 3.

jedoch erstmalig herausgestellt. Sofern die Würde bei Kant dem Individuum zugesprochen wird (und nicht der Gattung etc.), wird dieses in die denkbar stärkste moralische Position versetzt.[260]
Ebenfalls in diesen Zusammenhang gehört ein letztes Merkmal, das ich hier anführen möchte. Kant stellt die Achtung als das eigentliche moralische Motiv heraus. Zwar besteht bei ihm eine gewisse Unklarheit, worauf die Achtung sich eigentlich richten soll: auf das moralische Gesetz, die Menschheit in uns oder letztlich auf das einzelne Individuum als Träger dieser Eigenschaft. Doch legt, wie bereits erwähnt, seine Ausdrucksweise nahe, das Individuum zumindest auch als Gegenstand der Achtung zu betrachten. Kant hat selbst hervorgehoben, daß durch die Neuformulierung seines Kategorischen Imperativs als das Gebot, Menschen als Zwecke an sich zu behandeln, die Maxime des Handelns in den Vordergrund gerückt und die zugrundeliegende "Idee der Vernunft der Anschauung [...] und dadurch dem Gefühle" nähergebracht werde.[261] Und so ist es auch: wie immer man die Kantische Moralbegründung rekonstruieren mag, besonderen Widerhall hat die Vorstellung ausgelöst, daß das moralische Handeln vom Motiv der Achtung vor dem Individuum getragen sein muß.

---

[260] Um beim Beispiel der vorangegangenen Fußnote zu bleiben: Als weiteres Argument für die Legitimität der Todesstrafe wie auch der Verstümmelung (als Strafe bei geringeren Vergehen) verweist Thomas auf den Vorrang des Gemeinwohls (ebd. 64,2 und 65,1.) Der Wert des individuellen Lebens und Wohls kann hier also durchaus mit dem des Gemeinwohls abgewogen werden. Die hohe Würde des Menschen scheint dem nicht entgegenzustehen.

[261] *GMS*, AA IV, 436. Ob, wie Kant dies meinte, die verschiedenen Formulierungen des Kategorischen Imperativs äquivalent sind, ist zweifelhaft, steht hier aber nicht zur Debatte.

Teil 2: Menschenwürde als Rechtsbegriff

Einleitung zu Teil 2

(v) Funktionen rechtlicher Menschenwürde-Garantien
In diesem Teil soll es um die Probleme und Vorschläge zu einer verfassungsrechtlichen Definition von "Menschenwürde" gehen, wie sie sich aus dem ersten Artikel des Grundgesetzes sowie seinen wenigen historischen Vorläufern ergeben. Daß die deutsche Verfassung dabei im Vordergrund steht, ist nicht zufällig. Zum einen ist das Grundgesetz die erste Staatsverfassung, in dem ein entsprechender Artikel aufgeführt wird. Wichtiger noch: meines Wissens gibt es bis heute kein anderes Rechtssystem, in dem eine Menschenwürde-Garantie so umfassend ausgelegt und angewandt wurde.
Ich werde zunächst die Einführung des Ausdrucks in das Recht untersuchen, angefangen von der Weimarer Reichsverfassung bis zur Entstehung des Grundgesetzartikels (Kap.1 und 2). Diese Untersuchung ist rechtshistorischer Natur, sie enthält aber auch einige Überlegungen zu Sinn und Zweck der Verwendung des Ausdrucks und möglichen Interpretationsalternativen. Anschließend werde ich auf die Konkretisierung des Grundgesetz-Artikels eingehen, die die deutsche Rechtsprechung in Auseinandersetzung mit den Vorschlägen der akademischen Literatur vorgenommen hat (Kap.3 und 4). Dies mündet in eine systematische Rekonstruktion des Begriffs von Menschenwürde, wie er in der deutschen Verfassung vorzufinden ist (Kap.5).
Zuvor möchte ich jedoch einige Überlegungen zum begrifflichen Rahmen anstellen, in dem sich die hier vorgenommene Untersuchung bewegt. Im vorangegangenen Teil wurde auf verschiedene Bedeutungen des Ausdrucks "Menschenwürde" aufmerksam gemacht und aufgezeigt, welche Elemente dem heutigen Verständnis einer Ethik der Menschenwürde notwendig zugrundeliegen. All diese Differenzierungen lassen sich prinzipiell auch auf Rechtskontexte anwenden. Ich habe im ersten Teil gezeigt, daß der Ausdruck "Menschenwürde" auf unterschiedliche ethische Prinzipien beziehen kann, die zudem unterschiedliche moraltheoretische Funktionen

einnehmen können.[262] Ich habe darüber hinaus versucht, den minimalen Kern eines heute geteilten Verständnisses zu umschreiben. Dies beinhaltet zum einen den Gedanken eines intrinsischen Wertes des Individuums - ein Gedanke, der innerhalb dieser Ethik als die Begründungsfigur wie auch das moralische Motiv fungiert. Darüber hinaus umfaßt es das Prinzip des gleichen moralischen Status aller Menschen, oder, wie man auch sagen könnte, den Inbegriff der Menschenrechtsidee. Dieser wurde erläutert anhand der folgenden Merkmale dieser Rechte: Anthropozentrismus, Universalismus, Egalitarismus, Individualismus und vorstaatliche Geltung. Es ist darüber hinaus heute verbreitet, den Gehalt der Norm (mindestens) als das Verbot von Demütigungen zu definieren, positiv gewendet: als das Gebot, die Selbstachtung von Personen zu schützen.

Diese Charakteristika können nun herangezogen werden, die rechtlichen Verwendungen des Ausdrucks deuten zu helfen, was anhand der lakonischen Normtexte und der zumeist eher dürftigen Angaben, die sich entstehungsgeschichtlichen Dokumenten entnehmen lassen, von Nutzen ist. So läßt sich untersuchen, ob Menschenwürde-Anrufungen nur die rhetorische und symbolische Funktion einer Begründungsfigur zugedacht ist, oder ob sie den Charakter durchsetzbarer Normgehalte besitzen. Ist letzteres der Fall, so ist zu unterscheiden, welche der formalen Merkmale der Kernauffassung sie aufnehmen. In den meisten Fällen sollen damit tatsächlich die oben genannten Grundsätze des Universalismus, Egalitarismus und Individualismus eine verfassungsrechtliche Verankerung erfahren.

Konzeptionen der Menschenwürde als eines Rechtsgutes verdienen sicherlich das größte juristische Interesse, werden damit doch inhaltliche Gesichtspunkte für die Gestaltung eines Grundrechtskataloges vorgegeben. Ein Rechtsgut "Menschenwürde" kann dies auf unterschiedliche Weise und in unterschiedlichem Umfang leisten. Zum einen kann es sich um ein mehrere, unter Umständen sogar alle, individuellen Rechtsgüter umfassendes oberstes Gut handeln, zum anderen um ein Rechtsgut neben anderen. Ersteres umschreibt ein substantielles Prinzip, das sich in einen Katalog einzelner Menschenrechte ausfächern läßt.

---

[262] Vgl. Teil 1, Kap.2, §1.0.

Die Definition und Konkretisierung eines solchen umfassenden Rechtsgutes ist eine schwierige Aufgabe, und, wie im weiteren Verlauf dieses Kapitels zu zeigen sein wird, eine Aufgabe, der sich nur selten gestellt wird. Es bieten sich verschiedene Alternativen an. Man könnte sie alle als "Konzeptionen individuellen menschlichen Wohls" bezeichnen, doch mag dies irreführen, da der Ausdruck "Wohl" oftmals für eher "subjektivistische" Theorien menschlichen Gedeihens reserviert wird - d.h. Theorien des guten Lebens, die sich daran orientieren, was die Betroffenen Personen selbst wünschen oder als gut empfinden. Ich werde daher den Ausdruck "individuelles Wohl" vorsichtshalber nur in Zusammenhang mit diesen eher subjektivistisch ausgerichteten Konzeptionen verwenden. Für den "objektivistischen" Gegenpart bietet sich die Bezeichnung "Persönlichkeitsideal" an.

Wie im ersten Teil gezeigt, sind zeitgenössische Beiträge zu ethischen Dimensionen der „Menschenwürde" auch stark an der These von einem menschlichen Bedürfnis nach Selbstachtung orientiert. Dies läßt sich auch an den rechtlichen Verwendungskontexten ablesen. Allerdings wird auch hier kaum je ausbuchstabiert, worauf der juristische Schutz des Selbstwertgefühls von Personen hinauslaufen soll. Dabei ist diese These in vieler Hinsicht mit Fragen und Problemen behaftet. Handelt es sich um einen übergeordneten Gesichtspunkt, auf den die einzelnen individuellen Rechtsgüter als ihr letztes Ziel bezogen sein sollen? In diesem Falle stünde der Ausdruck "Menschenwürde" – verstanden als die Selbstachtung einer Person - tatsächlich für ein umfassendes Rechtsgut. Worin dies besteht und welches die staatlich zu gewährleistenden Bedingungen sind, müßte präzisiert werden. Darüber hinaus wäre natürlich zu rechtfertigen, ob ein solches oberstes Rechtsgut die klassischen Grundrechte zu integrieren vermag oder nicht.

Eine andere mögliche Konzeption von "Menschenwürde" als Selbstachtung verstünde dieses Rechtsgut als eines *neben* anderen. Auch diese Variante klingt in vielen rechtlichen Verwendungskontexten an, auch sie wirft Fragen auf, die selten beantwortet werden. Solange im Unklaren bleibt, worin dieses Gut besteht und welche staatlichen Pflichten daraus abgeleitet werden können, ist unklar, ob es sich um eine sinnvolle Ergänzung des Grundrechtskataloges handelt oder nicht möglicherweise um eine juristisch unsinnige Dopplung von Rechtsgütern. Ein Beispiel kann das Problem veranschaulichen: das Verbot der Folter gehört fraglos unter den Schutzbereich eines Rechtes auf Selbstachtung. Es schützen aber bereits das Recht auf körperliche Unversehrtheit und das Recht auf Handlungsfreiheit vor Folter. Hier wäre also zu prüfen, inwiefern klassische Rechtskataloge überhaupt der Erweiterung durch ein "Recht auf Selbstachtung" bedürfen.

5. Die Einführung des Ausdrucks in das Recht

(a) Die klassischen Menschenrechtsdokumente

Versucht man, den verfassungsgeschichtlichen Kontext des Grundgesetz-Artikels zu ermitteln, stößt man schnell an Grenzen. Zwar hat der Menschenwürde-Satz des Grundgesetzes bei neueren Verfassungen selbst Pate gestanden,[263] doch besitzt er selbst keine wirklichen Vorbilder. Überraschen mag vor allem die Tatsache, daß die revolutionären Menschenrechtsdokumente der Neuzeit diesen Ausdruck nicht verwenden: weder in der Amerikanischen Unabhängigkeitserklärung von 1776 und den Grundrechtskatalogen der amerikanischen Bundesstaaten, noch in der französischen "Erklärung der Rechte des Menschen und Bürgers" von 1789 finden sich Menschenwürde-Garantien.

Daraus darf nicht der Schluß gezogen werden, die inhaltliche Konzeption dieser Dokumente hätte für die Verwendung des Ausdrucks keinen Anlaß geboten. Das Gegenteil ist der Fall. Orientiert man sich an den rechtlichen Bestimmungen, in deren Umfeld der Ausdruck heute zu finden ist, so lassen sich eine Reihe inhaltlicher Übereinstimmungen finden. So kennen die betreffenden Dokumente *legitimatorische Aussagen* über die in ihnen proklamierten Rechte - zumindest insoweit, als diese als "natürliche", "inhärente" und "angeborene" bezeichnet werden (wie in zahlreichen "bills of rights" der amerikanischen Bundesstaaten, ebenso in der französischen Menschenrechtsdeklaration), oder auch als solche göttlicher Abkunft (wie in der amerikanischen Unabhängigkeitserklärung). Von der Sache her könnte man hier auch ein Bekenntnis zur Menschenwürde als *Basis der Menschenrechte* erwarten. Eine solche taucht jedoch an keiner Stelle auf

---

[263] Z.B. für die Verfassung Griechenlands von 1975, vgl. HÄBERLE (1980b).

und ist meiner Kenntnis nach auch im Umfeld der Entstehung nicht vorgeschlagen worden.[264]

Ebensowenig findet sich die Menschenwürde als *Rechtsgut* erwähnt. Denkbar wäre die Nennung als eines der *basalen Rechtsgüter*. Es gibt keine Formel wie etwa die heute beliebte von der "Würde und Freiheit des Menschen" als dem oberstem Ziel des Menschenrechtsschutzes - als fundamentale Güter werden Freiheit, Glück und Sicherheit sowie Leben und Eigentum genannt.[265] Ebensowenig findet sich der Ausdruck bei der Aufzählung der *einzelnen Grundrechte*. Auch hier kommt man ohne das Wort aus, obzwar sich zumindest zwei Normen aus dem Bereich der justiziellen Grundrechte nennen lassen, in deren Zusammenhang der Ausdruck heute

---

[264] Allerdings bedürfte es hier einer umfassenderen Untersuchung dieser Frage, als sie von mir geleistet wurde.
Die einzige mir bekannte Verwendung von „Menschenwürde" als Legitimationsfigur findet sich in Mirabeaus Entwurf einer Menschenrechtserklärung von 1788, die er der fiktiven Rede eines Provençalen an die Holländer eingefügt hat. Die dort aufgeführten Rechte werden nicht nur als Grundlage jeder politischen Gemeinschaft bezeichnet, sondern als solche, "ohne die es der menschlichen Gattung, ganz gleich welchen Breitengrades, unmöglich ist, ihre Würde zu bewahren, sich zu vervollkommnen und ruhig die Gaben der Natur zu genießen". (MIRABEAU, *Aux Bataves sur le Stathoudérat*, s.l., 1788, S.166. Zitiert nach RIALS (1988), S.519.) Die Würde des Menschen wird hier, wie das Zitat zeigt, nicht als intrinsischer Wert eines jeden Menschen aufgefaßt, sondern als Attribut der Menschheit. Der hier verwendete Begriff der Menschenwürde läßt sich somit auch nicht als Inbegriff der Menschenrechtsidee lesen. Vielmehr steht ein Idealbild menschlicher Entwicklung im Hintergrund, wie dies durch die zugleich genannten Vorstellungen menschlicher Vollkommenheit und harmonischen Gedeihens (Genuß der „Gaben der Natur") nahegelegt wird. Es ist nicht klar, ob Mirabeaus Formulierung von der Forderung getragen wird, daß die Gewährleistung dieses Ideals für jedes Individuum gesichert werden soll, oder nur für "die Menscheit" im allgemeinen. Überdies bleibt unausgesprochen, in welcher Weise die Menschenrechte zur Bewahrung der Würde der Gattung (und gegebenenfalls des oder der Einzelnen) beitragen sollen.

[265] In den amerikanischen "Bills" findet sich zumeist die Nennung von "life, liberty, property, happiness, safety" als basale Rechtsgüter, vgl. die ersten Artikel der Deklarationen von Virginia (1776), Pennsylvania (1776), Massachusetts (1780), New Hampshire (1783). Andere bundesstaatliche Rechtekataloge beschränken sich auf Glück und Sicherheit, die Unabhängigkeitserklärung bekanntlich auf die Trias "Life, liberty and the pursuit of happiness". Die französische Menschenrechtsdeklaration erkennt Freiheit, Eigentum, Sicherheit und Widerstand gegen Unterdrückung als grundlegende Rechte an.

gerne gebraucht wird: das Gebot humaner Haftbedingungen[266] und das Verbot grausamer Strafen.[267]
Auch europäische Verfassungen, die im Gefolge der französischen Deklaration Grundrechtsverbürgungen aufgenommen haben, wie die Österreichische Verfassung von 1848 und die - allerdings von Beginn an obsolete - Verfassung des Deutschen Reiches von 1849, die sogenannte Paulskirchenverfassung, kennen keine Garantien der Menschenwürde.[268]

(b)   Die plötzliche Konjunktur des Rechtsterminus
Von zwei Ausnahmen abgesehen, die in §1 des ersten Kapitels behandelt werden, treten rechtliche Garantien der Menschenwürde erst nach dem zweiten Weltkrieg in Erscheinung. Das prominenteste Beispiel stellt die UNO-Menschenrechtsdeklaration von 1948 dar, die in ihrer Präambel "die Anerkennung der allen Mitgliedern der menschlichen Familie innewohnenden Würde und ihrer gleichen und unveräußerlichen Rechte" feierlich zur "Grundlage der Freiheit, der Gerechtigkeit und des Friedens in der Welt" erklärt. Seither, so zeigt ein Blick auf bestehende nationale wie su-

---

[266] Einen Ansatz dazu bietet Art.9 der (französischen) "Erklärung der Rechte des Menschen und des Bürgers", insofern dieser vorsieht, daß bei der Verhaftung eines Menschen "jede Härte, die nicht notwendig wäre, um sich seiner Person zu versichern, durch das Gesetz streng unterbunden werden" soll. In den amerikanischen Rechteerklärungen findet sich hingegen nur das Recht auf eine zügige Verhandlung, die Angemessenheit der Haftbedingungen wird noch nicht eigens eingefordert.

[267] Diese Norm findet sich zuerst in Art.9 der virginischen Deklaration, aber auch in zahlreichen anderen bundesstaatlichen "bills of rights" und ist 1791 in den achten Zusatzartikel der Amerikanischen Bundesverfassung eingegangen.

[268] Allerdings befindet sich interessanterweise unter den Vorschlägen zum Entwurf der Paulskirchenverfassung ein Antrag, dieser einen ersten Artikel voranzustellen, in dem die Garantie eines "der Würde und dem Wesen des Menschen entsprechende[n] Dasein[s]" als Staatszweck festgeschrieben wird. Vgl. den "Antrag des Abgeordneten Dr.Mohr aus Oberingelheim" in VERHANDLUNGEN DER DEUTSCHEN VERFASSUNGSGEBENDEN REICHS-VERSAMMLUNG (1848/49), S.4f. (Der Hinweis ist entnommen STERN (1988), S.15f.). Ferner findet sich im Zusammenhang eines Antrages zum Verbot erniedrigender Strafen die Begründung, "daß ein freies Volk selbst bei dem Verbrecher die Menschenwürde zu achten hat und keine Strafe zur Anwendung bringen darf, durch welche diese verletzt wird", vgl. den "Antrag des Abgeordneten Spatz von Frankenthal", ebd., S. 26.

pranationale Menschenrechtsdokumente, scheint es kaum mehr möglich zu sein, auf ein Bekenntnis zur Menschenwürde zu verzichten.[269]
Natürlich findet die Popularität des Menschenwürde-Begriffs, wie überhaupt die Konjunktur des Menschenrechtsgedankens, eine naheliegende Erklärung im Bewußtsein des unter dem nationalsozialistischen Regime verübten Unrechts. Sowohl die UNO-Deklaration wie auch das Grundgesetz wurden in der Absicht formuliert, sich von Theorie und Praxis des Faschismus und Totalitarismus abzusetzen. Der Ausdruck "Menschenwürde" scheint sich für ein solches Bekenntnis geradezu aufzudrängen. Denn zu offensichtlich ist, daß die nationalsozialistischen Greueltaten als "Verletzungen der Menschenwürde" beschreibbar sind. Versucht man auszubuchstabieren, inwiefern diese Beschreibung zutrifft, so stößt man allerdings auf ein ganzes Spektrum faschistischer "Menschenwürde-Verletzungen", die alle diesen Namen verdienen, ohne damit jedoch stets denselben Typus von Unrecht zu bezeichnen. Man könnte die folgenden Formen von Humanitätsmißachtungen voneinander zu trennen versuchen:

(i) Zum einen negiert die nationalsozialistische Ideologie, wie andere Totalitarismen auch, explizit den Grundgedanken der Menschenrechtsidee. Insofern man den Ausdruck "Menschenwürde" heute mit diesen Gedanken gleichsetzt, stellt bereits die theoretische Grundlage des Totalitarismus eine Mißachtung der Menschenwürde dar: ihr Programm besteht in der erklärten Negation der Grundsätze des Individualismus, Universalismus und Egalitarismus.

(ii) Dieses Programm wurde bekanntlich umfassend umgesetzt und hat zu Menschenrechtsverletzungen unbeschreiblichen Ausmaßes geführt. Der Anspruch auf gleiche Schätzung und Berücksichtigung aller Menschen wurde also nicht nur im Grundsatz oder *theoretisch* negiert, er wurde auch *praktisch* mit Füßen getreten. Diese Folge war natürlich konsequent und man kann sich fragen, weshalb sie hier unter einem eigenen Stichpunkt aufgeführt wird. Der Grund dafür ist, daß diese beiden Aspekte - das theo-

---

[269] Ein Blick auf die nach Ende des zweiten Weltkrieges entstandenen Verfassungen kann einen schnell davon überzeugen. Die Liste wäre bei weitem zu lang, um sie zu zitieren, daher sei nur die Quelle genannt: FLANZ (1999).

retische Bekenntnis und die praktische Befolgung - auseinandertreten können: bekanntlich finden gravierende Menschenrechtsverletzungen auch in Staaten statt, die den Menschenrechtsgedanken explizit anerkannt haben.

(iii) Die nationalsozialistischen Verbrechen haben allerdings einen Zuschnitt, der über die massenhafte Verletzung von Menschenrechten noch hinausgeht. In den politischen und wissenschaftlichen Vorhaben der Selektion von Menschen nach Rasse, körperlicher und geistiger Verfassung usf., im skrupellosen Planung und Durchführung von Menschenexperimenten, im industriell betriebenen Massenmord kommt eine besonders unerträgliche Haltung zum Ausdruck. Obgleich sich alle diese Verbrechen wohl auch als Negierung und Verletzung der Menschenrechte beschreiben läßt, haben sie eine Qualität, die darüber noch hinauszugehen scheint, und die sich kaum anders beschreiben läßt denn als besondere Mißachtung der Idee des intrinsischen Wertes menschlicher Individuen.

(iv) Ferner waren die Praktiken des nationalsozialistischen Terrors für seine Opfer in besonderer Weise demütigend. Man kann hier also auch unter dem Aspekt massiver Verletzungen der Selbstachtung von Personen von Menschenwürde-Verletzungen sprechen.

Dies kann vielleicht verdeutlichen, weshalb sich der Ausdruck in besonderer Weise den Gegnern des Faschismus anbot. Insbesondere läßt sich durch ihn das Bekenntnis zu Menschenrechten und die Forderung nach Schutz der Selbstachtung von Personen herausstreichen (und miteinander verknüpfen). Darüber hinaus bietet der Ausdruck aufgrund seiner Vielgestaltigkeit eine Basis des Konsenses für Vertreter unterschiedlicher politischer, moralischer oder rechtlicher Positionen. Dies zeigen sowohl die Entstehung der UNO-Menschenrechtsdeklaration wie die des Grundgesetzes: beide Male haben sich Verfechter unterschiedlicher Positionen auf diesen Ausdruck zur Formulierung ihrer Grundanliegen einigen können. Meines Erachtens ist daher eher dies als der Grund für die erstaunliche Karriere des Ausdrucks anzusehen als die Dominanz einer bestimmten geistesgeschichtlichen Strömung oder Lehre.
Ein Beleg dieser Hypothese würde zwar umfassendere historische Untersuchungen erfordern, als sie in dieser Arbeit geleistet werden. Mit den im

weiteren Verlauf angeführten Beispielen sind aber einige Indizien dafür zusammengetragen. Die Frage nach den Quellen des Menschenwürde-Gedankens und den Ursachen seiner schlagartig angestiegenen Popularität sind allerdings auch nur insofern von Interesse, als sie Hinweise darauf an die Hand geben, wie das Wort zu definieren ist.

(c)   Überblick über Kapitel 1 und 2
Es wurde bereits auf die erstaunliche Tatsache hingewiesen, daß der Ausdruck "Menschenwürde" in Verfassungen überhaupt erst nach dem zweiten Weltkrieg eine Rolle zu spielen beginnt. Es lassen sich allerdings zwei Ausnahmen nennen: sowohl in der *Weimarer Reichsverfassung* von 1919 wie in der *Irischen Verfassung* von 1937 wird der Ausdruck verwendet. Gibt es also nicht doch eine ältere verfassungsrechtliche Tradition von Menschenwürde-Verbürgungen, auf die sich die nach 1945 entstandenen Rechtstexte gestützt haben könnten?
Bei näherer Betrachtung der beiden Dokumente zeigt sich, daß dies nicht der Fall ist. Wie Kap.1, §1 dokumentiert werden soll, ist das Vorkommnis dieses Wortes in beiden Fällen eher zufällig, beide Male steht es im Kontext von Forderungen, die keine Rechtskraft besaßen resp. besitzen, beide Male vermißt man gehaltvolle Definitionen, und in beiden Fällen ist die Funktion der betreffenden Bestimmungen von der unterschieden, die "Menschenwürde-Artikel" vom Typus der UNO-Deklaration oder des Grundgesetzes besitzen.
Dies macht verständlich, weshalb den fraglichen Bestimmungen in der Weimarer und der Irischen Verfassung bislang kaum Aufmerksamkeit geschenkt worden ist. Es könnte aber dennoch von Interesse sein, ihren rechtlichen Gehalt und Entstehungshintergrund kurz kennenzulernen, wenn auch nur, um besser sehen zu können, was die Spezifik der Menschenwürde-Verbürgungen ausmacht, die seit Ende des zweiten Weltkrieges gang und gäbe sind. Darüber hinaus läßt sich anhand des Artikels der Weimarer Verfassung, so gering seine unmittelbare rechtliche Wirkung auch war, eine eigenständige Dimension innerhalb der rechtlichen Verwendung des Ausdrucks aufzeigen, die bis heute eine Rolle spielt, wenn sie sich auch von der Traditionslinie unterscheidet, die mit der UNO-Menschenrechtsdeklaration und dem Grundgesetz-Artikel begründet wor-

den sind. So bildete die Weimarer Verbürgung eines "menschenwürdigen Daseins für alle" den Rahmen für einen Katalog sozialer Grundrechte.
Der dritte Paragraph von Kapitel 1 ist der "Allgemeinen Erklärung der Menschenrechte" der UNO gewidmet. Zwar handelt es sich bei diesem Dokument nicht um einen Rechtstext, sondern bloß um eine unverbindliche Erklärung, doch hat er eine nicht zu unterschätzende Vorreiterrolle beim Entwurf unzähliger neuerer Verfassungen gespielt. Die UNO-Deklaration enthält die mit Sicherheit bekannteste Anrufung der Menschenwürde und sie hat nicht wenig dazu beigetragen, dem Ausdruck internationale Popularität zu verschaffen. Es ist allerdings weniger klar, welche Funktion dem Ausdruck innerhalb des Deklarationstextes zukommt. Einige mögliche Interpretationen sollen daher vorgeführt und damit die Richtungen angedeutet werden, in die hin sich ein am UNO-Text orientiertes Menschenwürde-Verständnis entwickeln könnte.
In gleicher Weise wird in Kapitel 2 verfahren, das der komplexen Entstehungsgeschichte der Menschenwürde-Garantie des *Grundgesetzes* (Art.1 Abs.1 S.1 GG) gewidmet ist.

6. Die Konkretisierung von Art.1 1 Grundgesetz

(a)   Vor- und Nachteile der Unbestimmtheit
Als "nicht-interpretierte These" sollte die Proklamation der unantastbaren Menschenwürde in das Grundgesetz eingehen, als ein verschiedenen weltanschaulichen und politischen Vorstellungen gegenüber neutraler Rechtssatz. Doch die "These" konnte nicht uninterpretiert bleiben. Denn Rechtsprechung und Rechtswissenschaft haben den ersten Artikel nicht als bloße Verlängerung der Präambel verstanden, sondern ihm durchaus Rechtskraft zugebilligt. Die Unsicherheiten und Meinungsunterschiede, die sich bei der Entstehung des Artikels abgezeichnet hatten, traten so wieder hervor, ergänzt um eine ganze Reihe weiterer Konfliktpunkte, die sich bei der Anwendung dieses neuartigen Verfassungssatzes ergaben. Seither gehört die Auslegung des ersten Artikels zu einem der schwierigsten Kapitel der Grundrechtsdogmatik.

(i) *Probleme.* Über Sinn und Zweck der Norm ist die Rechtswissenschaft sich grundsätzlich uneins. Art.1_1 GG ist aufgrund seiner Unbestimmtheit vielfach als "Leerformel" bezeichnet worden. Die Kritik zielt dabei weniger auf das verschmerzbare Risiko, es hier mit einer bloß rhetorischen Floskel zu tun zu haben, als auf die Gefahr einer beliebig ausfüllbaren und daher politisch instrumentalisierbaren Generalklausel. Anlaß zu derartigen Befürchtungen haben in der Vergangenheit eine Reihe umstrittener Gerichtsurteile gegeben[270] und bietet heute die äußerst kontrovers geführte Diskussion um rechtspolitische Fragen aus Anlaß medizin- und gentechnischer Neuerungen.[271]

Das Problem der politischen Rechtsprechung ist eines. Die Unbestimmbarkeit und Dehnbarkeit des Menschenwürde-Satzes gibt aber zu weiteren Bedenken Anlaß. Eine Gefahr wird in der *wachsenden Kompetenz der Verfassungsgerichtsbarkeit* gesehen. Da sich bei sehr vielen politischen Fragen ein Zusammenhang zur "Menschenwürde" konstruieren läßt, bietet der erste Artikel in all diesen Fällen einen verfassungsrechtlichen Anknüpfungspunkt. Das eröffnet stets die Möglichkeit, dem Parlament die Entscheidungsbefugnis zu entziehen und sie stattdessen dem Verfassungsgericht zu übertragen. Da die Richter, anders als der Gesetzgeber, nicht oder jedenfalls nicht hinreichend durch Wählerwillen legitimiert sind, würde das Demokratieprinzip durch eine zunehmende Verlagerung rechtspolitischer Fragen in die Zuständigkeit der Rechtsprechung empfindlich beschnitten.[272]

---

[270] Am bekanntesten die Entscheidungen zu Wehrpflicht und Ersatzdienst (vgl. BVerfGE 12,45 und 23,127), das "Abhör-Urteil" (BVerfGE 30,1), das "Mephisto-Urteil" (BVerfGE 30, 173), das "Peep-Show-Urteil" (BVerwGE 64,274) und die beiden Entscheidungen zum Schwangerschaftsabbruch (BVerfGE 39,1; 88,203). Auf einige von ihnen wird noch ausführlicher einzugehen sein.
Für den anläßlich solcher Entscheidungen bereits früh geäußerten Vorwurf, es handele sich bei Art.1 Abs.1 GG um eine das herrschende politische System stabilisierende Leerformel vgl. z.B. DENNINGER 1973 oder GOERLICH (1973).

[271] Für den Vorwurf des „inflationären Gebrauchs" des Menschenwürde-Begriffs innerhalb der Diskussionen um Fragen der Bioethik vgl. z.B. HILGENDORF (1999), die Artikel von Mittelstraß, Kuhlmann u.a. in NIDA-RÜMELIN (2002) und DENNINGER (2002).

[272] Die Befürchtung wird u.a. geäußert von VITZTHUM (1987), S.264f.; ZIPPELIUS (1989), Rn.16.

Hinzu tritt die Gefahr einer *"Fundamentalisierung" von Auseinandersetzungen.*[273] Denn die Behauptung, die Menschenwürde sei verletzt, stellt ein Argument von besonderem Gewicht dar. Dies gilt insbesondere dann, wenn man, wie zahlreiche Autoren, davon ausgeht, daß es sich um eine Rechtsnorm von uneingeschränkter Geltung handelt – um eine Norm also, in die unter keinen Umständen eingegriffen werden darf. Bei einer absoluten Norm ist aber mit der Feststellung, sie sei verletzt, die Diskussion bereits beendet, da keine weiteren Gesichtspunkte mehr abwägend ins Spiel gebracht werden können. Die Berufung auf die Menschenwürde stellt insofern ein "Gewinnerargument" dar, dessen Inanspruchnahme u.U. die problematische Folge nach sich ziehen kann, Diskussionen zu lähmen und ihre Inhalte zu tabuisieren.[274] Wer mit den teilweise recht erbitterten Auseinandersetzungen um bioethische Themen vertraut ist, wird dieser Beobachtung sicherlich etwas abgewinnen können.

Eine ebenfalls häufig beschworene Folge der Unschärfe und Dehnbarkeit des Ausdrucks besteht in der *Bagatellisierung* der Norm.[275] M.E. ist dieses Problem aber vernachlässigbar. Natürlich ist es lächerlich, wenn Gerichte über drei Instanzen hinweg mit der Frage befaßt sind, ob es die Würde eines Menschen verletze, wenn sein Name auf einer Telefonrechnung mit "oe" anstatt mit "ö" geschrieben wird.[276] Mit ähnlichen Überzogenheiten muß sich allerdings auch die Rechtsprechung zu anderen Grundrechten herumschlagen, ohne daß diese dadurch bereits ausgehöhlt würden. In der gelegentlichen Trivialisierung eine derartige Bedrohung des Artikels zu

---

[273] GEDDERT-STEINACHER (1990), S.16f..

[274] NEUMANN (1988), S.139.

[275] Vgl. die immer wieder angeführte Klage, der Menschenwürde-Satz verkomme zur "kleinen Münze des Verfassungsrechts" (der Ausspruch entstammt DÜRIG (1958a), Rn.16).

[276] VG Frankfurt, in: DVBl 1966, S.383f.; HessVGH, in: DÖV 1968, S.356f.; BVerwGE 31, S.236f.. Es ließen sich weitere Fälle anführen. Als Menschenwürde-Verletzung wurden z.B. gerügt die Pflicht, Belege beizubringen, aus denen sich die Besteuerungsgrundlagen ergeben (s. BVerfGE 2, 293), die Pflicht, auch bei mangelnder Verkehrsgefährdung an roten Ampeln zu halten (DÖV 1956, S.692), der Verzicht auf die Unterschrift bei automatisch erstellten Verwaltungsakten (BFH, BStBl.II, 1981, S.554) und die fehlende Möglichkeit des Heiratsvermittlers, den Ehemaklerlohn einzufordern (BVerfGE 20,31).

sehen, daß man auf seine Anwendung lieber ganz verzichten möchte, erscheint daher seinerseits als eine übertriebene Reaktion.
Anders steht es aber um die zuvor genannten Probleme. Sollte sich bewahrheiten, was viele Kritiker behaupten, daß nämlich keine Einigung auf hinreichend präzise Anwendungskriterien möglich ist, so sind diese Probleme schwerwiegend genug, um Anlaß zu der Überlegung zu geben, ob der Anwendung dieses Verfassungsbegriff nicht engere Grenzen gezogen werden sollten. Fraglich ist allerdings, welche.

(ii) *Vorschläge für eine restriktive Auslegung*. Innerhalb der verfassungsrechtlichen Diskussion ertönt nicht selten der Ruf nach einer restriktiven Interpretation des Artikels. Dabei liegen die Vorstellungen darüber, wo der Rotstift angesetzt werden sollte, sehr weit auseinander. In gewisser Weise lassen sich beinahe alle Positionen innerhalb der Debatte als Beiträge zu der Frage ansehen, wie weit oder eng Art.1_I ausgelegt werden soll. Die Vorschläge zur Restriktion des Artikels liegen allerdings auf unterschiedlichen Ebenen und betreffen unterschiedliche rechtsdogmatische Aspekte:

Sie berühren zum einen die Frage, wer als Träger von "Menschenwürde" gelten soll. Die, wie es in der Rechtsdogmatik auch heißt, "personelle Reichweite" des Artikels läßt unterschiedliche Restriktionsformen und Restriktionsgrade zu: am weitesten wird sie dort gefaßt, wo sie neben (oder gegebenenfalls anstatt) dem Schutz von Individuen den der menschlichen Gattung vorsieht. Doch auch da, wo die Trägerschaft auf menschliche Individuen begrenzt wird, gibt es zahlreiche Abstufungsmöglichkeiten, die damit zusammenhängen, welche Eigenschaften als ausschlaggebend für die Trägerschaft angesehen werden bzw. wie man den Zeitpunkt bestimmt, zu dem menschliches Leben rechtlich schützenswert erscheint.

Zweitens gibt es unterschiedlich großzügige Auffassungen darüber, wie der Gehalt des Rechtsgutes "Menschenwürde" zu bestimmen ist. In juristischer Terminologie ist auch vom sogenannten "Schutzbereich" der Norm die Rede[277] oder von ihrer "sachlichen Reichweite". Die restriktivste Position bestreitet, daß Art.1_I überhaupt ein Rechtsgut zuzuordnen ist, das nicht be-

---

[277] Zur Erläuterung dieses Begriffs siehe auch unten S.308.

reits durch andere Verfassungsnormen geschützt würde. Jenseits dieser Extremposition eröffnet sich ein weites Feld für Definitionsversuche unterschiedlicher Art. Wie weitreichend die Forderungen des Menschenwürde-Schutzes unter dem Strich sind, hängt dabei zum einen davon ab, welche Konzeption von Menschenwürde vertreten wird, zum anderen, in welchem Umfang man den Staat in die Pflicht nehmen möchte, das betreffende Gut zu schützen und gegebenenfalls auch zu fördern.

Ferner gehen die Meinungen in der Frage auseinander, welches Gewicht dem geschützten Rechtsgut im Falle eines Konfliktes zukommt. Die Mehrzahl der Verfassungsjuristen vertritt die Ansicht, Art.1_1 GG gelte absolut, sei also konfligierenden Normen stets und strikt vorzuziehen. Auch diese Frage eröffnet die Möglichkeit einer mehr oder weniger restriktiven Auslegung: eine absolut verstandene Definition von "Menschenwürde" müßte, so könnte man meinen, den Rechtsschutz effektivieren.[278]

Schließlich wird diskutiert, wer in der Lage sein soll, eine Verletzung der Norm einzuklagen. Diese Diskussion wird unter dem Stichwort der "subjektiv-rechtlichen Qualität" oder des "Grundrechtscharakters" des Artikels geführt und läuft auf die Frage hinaus, ob Bürgerinnen und Bürger mit Berufung auf Art.1_1 eine Verfassungsbeschwerde anstrengen können. Dies zu bestreiten hätte de facto eine stark restringierende Wirkung, da mit der Möglichkeit, eine Menschenwürde-Verletzung individuell einklagen zu können, die Bedeutung der Norm erheblich sinken würde.

Art.1_1 kann also auf sehr unterschiedliche Weise in seiner Rechtswirksamkeit beschränkt werden und dies mit sehr unterschiedlichen Konsequenzen. Es wäre daher verfehlt, aus bloßer Angst vor einem schwer bestimmbaren Begriff die generelle Devise auszugeben, so restriktiv wie möglich zu verfahren, ohne im Einzelnen in Betracht genommen zu haben, welche konkreten Auswirkungen zu gewärtigen sind. Differenzierungen sind vor allen Dingen darum notwendig, weil die Einschränkungsvorschläge unterschiedlichen Rechtfertigungsanforderungen unterliegen. So ist die Begrenzung

---

[278] Ich werde allerdings aufzeigen, weshalb die These von der absoluten Geltung der Norm faktisch dazu führt, den individuellen Rechtsgüterschutz zu verringern. Siehe unten S.307ff..

des Kreises der rechtlich Begünstigten anders zu begründen als die Reduktion des Grundrechtskataloges um einzelne Rechte.

(iii) *Anknüpfungspunkt für verfassungsrechtliche Neuerungen.* Den Menschenwürde-Satz samt und sonders für entbehrlich zu erklären und der Präambel-Rhetorik zuzuschlagen, könnte sich aber noch aus einem weiteren Grund als vorschnelle Reaktion erweisen. Schließlich sollte man nicht übersehen, welche Vorteile dieser neuartige Verfassungssatz bietet. Seine wichtigste Funktion könnte darin bestehen, Anknüpfungspunkt für die richterrechtliche Fortentwicklung des Verfassungsrechts zu sein. Eine der bedeutendsten Leistungen der Rechtsprechung zu Art.1 ist die richterrechtliche Neuschöpfung des sogenannten "allgemeinen Persönlichkeitsrechts", durch das die Verfassung um so wichtige Schutzgüter wie das Recht auf eine Privatsphäre ergänzt werden konnte. Fortentwicklungen dieser Art gibt es auch in Ländern, deren Verfassung kein Menschenwürde-Artikel ziert, doch wie das Beispiel der USA zeigt, müssen sehr verschlungene Wege gegangen werden, um entsprechende Neuentwicklungen verfassungsrechtlich zu legitimieren. Das "allgemeine Persönlichkeitsrecht" ist ein Beispiel für die Ergänzungen der Grundrechte, die unter Berufung auf den Menschenwürde-Artikel vorgenommen sind. Einige erfreuen sich allgemeiner Akzeptanz, wie z.B. das Recht auf richterliches Gehör, andere bieten immer wieder Anlaß zu Kontroversen, so etwa das Recht auf ein staatlich finanziertes Existenzminimum.

Anders als bei dem zuletzt genannten Beispiel – das den klassischen Zankapfel unterschiedlicher politischer Ideologien darstellt - gehen viele der Schwierigkeiten, die sich bei dieser Ausweitung des Grundrechtsschutzes ergeben, jedoch darauf zurück, daß gänzlich neuartige Probleme bewältigt werden müssen. Der Menschenwürde-Artikel soll das verfassungsrechtliche Bollwerk gegen Bedrohungen sein, wie sie etwa durch die Organisation moderner Massenstaaten, die Datenverarbeitungstechnik, die Biotechnologie, den Machtzuwachs monopolistischer Großkonzerne usf. entstanden sind. Zugleich sind die damit verbundenen Schwierigkeiten von äußerster Komplexität und die Folgen unterschiedlicher Lösungsstrategien ungewiß.

Hier entsteht tatsächlich das Dilemma, das oben bereits angedeutet wurde. Einerseits scheint es angesichts der Komplexität und Neuheit der Probleme sinnvoll, eine politische Lösung über den demokratisch legitimierten Gesetzgeber anzustreben. Auf diese Weise wird der Prozeß der Meinungsbildung der Öffentlichkeit nicht entzogen. Andererseits sind die Folgen, die sich bei bestimmten Neuentwicklungen ergeben könnten, zum Teil so gravierend, daß es tatsächlich notwendig erscheint, ihnen auf der Ebene des Verfassungsrechts zu begegnen anstatt auf der Ebene des wechselhaften Mehrheitswillens. Die Debatte um den Menschenwürde-Artikel ist somit nur der Schauplatz eines grundsätzlichen demokratietheoretischen und vor allem –praktischen Problems, für das keine schnelle Antwort zur Hand ist.

(b) Zielsetzung des rechtssystematischen Teils.
Eine schnelle Antwort wird mit der rechtssystematischen Untersuchung der Kapitel 3 bis 5 natürlich auch nicht angestrebt. Hier wird es lediglich darum gehen, die Auslegung nachzuzeichnen, die Art.1_1 durch die Rechtsprechung wie auch durch diese weiterführende oder aber davon abweichende rechtswissenschaftliche Vorschläge erfahren hat. Wie in den ersten beiden Kapiteln dieses Teils der Arbeit soll auch hier versucht werden herauszuarbeiten, in welchen Bedeutungen "Menschenwürde" gebraucht wird und welche rechtliche Funktion dem Wort zugewiesen wird. Auf diese Weise können einige der Interpretationsschwierigkeiten ausgeräumt werden. Einige Probleme lassen sich bereits durch eine Desambiguierung der verwendeten Ausdrücke entschärfen. Andere können auf die Wahl eines bestimmten Begriffes und einer bestimmten Konzeption von Menschenwürde zurückgeführt werden, die sich dann auf ihre Vereinbarkeit mit der Grundlinie der Rechtsprechung überprüfen lassen. Wiederum andere Streitpunkte betreffen nicht eigentlich die Definition von "Menschenwürde", sondern davon unabhängige rechtstheoretische wie rechtspraktische Fragen. Wie sich zeigen wird, ist dies bei beinahe allen gewichtigen substantiellen Streitpunkten der Fall, so daß das eigentliche Problem an anderer Stelle lokalisiert werden muß. Dies alles kann den umkämpften Verfassungsartikel von dem Vorwurf entlasten helfen, er stehe einer jeden Ausdeutung offen.

Es ist auch nicht das Ziel dieses Teils der Untersuchung, eine bestimmte substantielle Konzeption von Menschenwürde zu verteidigen noch auch zu den vielen damit zusammenhängenden Einzelproblemen Stellung zu beziehen. Dazu wären sehr viel umfangreichere Untersuchungen vonnöten.

Doch sollen die Grundaussagen der Rechtsprechung ermittelt und auf eine in sich konsistente Weise zu rekonstruiert werden. Das wird an einzelnen Punkten auch eine Kritik der Judikatur mit sich bringen, wo sie als in sich unstimmig erscheint, an anderen Stellen werde ich Lücken schließen. Die Grundprämissen sollen aber unangetastet bleiben.

Es muß betont werden - was zu Beginn der Arbeit bereits erwähnt wurde - daß es nicht zu den hier verfolgten Anliegen gehört, die Frage der *Trägerschaft* oder „personellen Reichweite" - der Frage also, wer als „Mensch" i.S.v. Art.1 Abs.1 GG zu gelten hat - sachlich zu erörtern; vielmehr werde ich mich hier auf eine kurze Darstellung der Rechtsprechung beschränken. Dies mag einige erstaunen, gehört diese Frage doch zu einer der umstrittensten innerhalb der gegenwärtigen Debatten um den Gehalt des Artikels. Der Grund ist aber, daß das deutsche Verfassungsrecht für eine Klärung dieser Frage zu wenig ergiebig ist. Sie führt daher in vom Verfassungsrecht selbst nicht thematisierte Grundsatzfragen, die sinnvoll nur im Zusammenhang mit der umfassenderen Frage nach der (moralischen) *Begründung* des moralischen Status von Menschen untersucht werden kann. Wie eingangs bemerkt, wird zur Begründungsproblematik in meiner Arbeit keine Position bezogen. Ich bin darüber hinaus aber auch der Meinung, daß es falsch ist, die Frage der Trägerschaft ausschließlich an den Menschenwürde-Satz zu knüpfen. Auch ohne einen solchen Satz bestünde für eine universalistisch-egalitäre Verfassung das Problem zu klären, wer in den Genuß der darin garantierten Rechte kommen soll. Daß die Menschenwürde-Garantie an dieser Stelle so gerne bemüht wird, liegt u.a. an der von mancher Seite gemachten Unterstellung, mit diesem Wort sei bereits analytisch die These verknüpft, daß alle Mitglieder der menschlichen *Gattung* Träger gleicher Rechte sind. Dazu gibt die alltagssprachliche Gleichsetzung von "Mensch" und "Mitglied der menschlichen Gattung" Anlaß. Doch hilft diese Gleichsetzung in den sehr schwierigen Grenzfragen, die u.a. durch die neuen biotechnologischen und reproduktionsmedizinischen Entwicklungen aufgetaucht sind, nicht weiter. Der alltagssprachliche Begriff des "Menschen" ist ein lebensweltlicher, der auf menschliche Individuen bezogen ist, denen wir „normalerweise" begegnen. Er gibt dort keine Kriterien an die Hand, wo der lebensweltliche Kontext verlassen wird.

(c)   Überblick über die Konkretisierungsversuche

Angesichts der zentralen Rolle, die dem ersten Artikel eingeräumt wird, scheint eine nähere Definition der Menschenwürde-Garantie unumgänglich. Die Rechtsprechung hat sich dieser Aufgabe allerdings eher zögerlich angenommen und definitorische Festlegungen vermieden. Unter den Anhaltspunkten zu einer Konkretisierung finden sich Aussagen von sehr unterschiedlichem Verallgemeinerungsgrad.

In frühen Urteilen beschränkte sich das Bundesverfassungsgericht auf die Nennung von "Regelbeispielen" für Menschenwürde-Verletzungen wie die "Erniedrigung, Brandmarkung, Verfolgung, Ächtung usw."[279] oder "ein grausames und hartes Urteil".[280] Bisweilen hat es den Anschein, als wolle das Gericht über die Ableitung punktueller Gewährleistungen aus dem Menschenwürde-Satz auch gar nicht hinausgehen. So wird es häufig mit der Aussage zitiert, der Gehalt des Satzes lasse sich nicht allgemein charakterisieren, sondern stets nur in Bezug auf den einzelnen Fall.[281]

Doch ist das Gericht selbst über dieses Diktum hinausgegangen. Wie in diesem Abschnitt zu zeigen sein wird, hat es Versuche einer allgemeinen Charakterisierungen angestrengt. Allerdings sind diese tatsächlich von einer Vagheit, die ihren Nutzen zweifelhaft erscheinen läßt.

Eine Mittellage zwischen punktuellen Konkretisierungsvorgaben und floskelhaften Grundsatzaussagen nehmen Urteile ein, in denen auf die besondere Nähe einzelner Grundrechte sowie unterschiedlicher Staatszielbestimmungen und anderer Rechtsprinzipien übergeordneten Charakters zum Menschenwürde-Satz hingewiesen wird. Einer Anzahl einzelner Grundrechte wurde ein "Menschenwürde-Kern" attestiert – das Recht auf die freie Entfaltung der Persönlichkeit (Art.2_I), die Rechte auf Leben und körperliche Unversehrtheit (Art.2_{II}), das Gleichheitsrecht (Art.3), die Glaubensfreiheit (Art.4_I und $_{II}$) sowie die Rechtsweggarantie (Art.19_{IV}), um nur

---

[279] BVerfGE 1, 97 (104)

[280] BVerfGE 1, 332 (347)

[281] "Was den in Art.1 GG genannten Grundsatz der Unantastbarkeit der Menschenwürde anbelangt, [...] so hängt alles von der Festlegung ab, unter welchen Umständen die Menschenwürde verletzt sein kann. Offenbar läßt sich das nicht generell sagen, sondern immer nur in Ansehung des konkreten Falls", BVerfGE 30,1,25.

einige der wichtigsten Beispiele zu nennen. Darüber hinaus ist ein enger Zusammenhang zu den Staatszielbestimmungen herausgestellt worden, die im Demokratie-, Sozialstaats- und Rechtsstaatsprinzip formuliert werden. Und auch für den Staatszielbestimmungen untergeordnete Rechtsprinzipien ist ihm konstitutive Bedeutung zugesprochen worden, insbesondere im Bereich justizieller Grundrechte (Schuldprinzip, Resozialisierungsgrundsatz, Garantie eines fairen Verfahrens) und im Bereich des Minderheitenschutzes (Prinzip der Toleranz).[282]

Nicht zuletzt finden sich vereinzelte Versuche, allgemeine Kriterien zur Feststellung von Verletzungen der Norm anzugeben: hierher gehören die sogenannte "Objektformel", derzufolge es der Würde des Menschen widerspreche, ihn "zum bloßen Objekt im Staat zu machen",[283] und das umstrittene Kriterium der willkürlichen Mißachtung.[284] Das Gericht hat jedoch die universelle Anwendbarkeit dieser Kriterien entweder explizit bestritten (so bei der Objektformel) oder diese Frage offengelassen (so bei letzterem, insofern dieses in späteren Urteilen kaum mehr zur Anwendung gekommen ist).

Im juristischen Schrifttum werden diese Ansätze mit unterschiedlicher Akzentuierung aufgegriffen. Einen Teil der Autoren motivieren sie zum ausdrücklichen Verzicht auf jegliche Definition zugunsten eines kasuistischen Vorgehens, dessen Systematisierungsleistungen sich darauf beschränken, die von der Rechtsprechung als Menschenwürde-Verletzungen bezeichneten Fälle in Gruppen zusammenzufassen.[285]

Die Skepsis gegenüber stärker generalisierenden und damit auch abstrahierenden Explikationsversuchen ist angesichts der damit einhergehenden Vagheit nachvollziehbar. Ebenso die Einschätzung, aufgrund der weit zurückreichenden und äußerst heterogenen historischen Quellen lasse sich keine Einigung über allgemeine Definitionen herbeiführen, sondern allenfalls ein Konsens in Einzelfällen. Dennoch möchte ich der Frage nachge-

---

[282] Eine Übersicht mit Nachweisen findet sich bei GEDDERT-STEINACHER (1990), S.136-153.

[283] BVerfGE 27,1,6 – *Mikrozensus*.

[284] BVerfGE 30,1,26 – *Abhör-Entscheidung*.

[285] Vgl. etwa PIEROTH/SCHLINK (1999), Rn.361f.; STARCK (1999), Rn.39ff..

hen, inwiefern sich die genannten Vorgaben der Rechtsprechung stärker systematisieren lassen, und sie dafür im folgenden ausführlicher darstellen.

(d) Aufbau der Kapitel 3-5
Bei der Analyse und Rekonstruktion der juristischen Auslegung des Menschenwürde-Satzes werde ich folgendermaßen vorgehen:
In *Kapitel 3* werde ich mich den Ansätzen widmen, über die das Bundesverfassungsgericht den Gehalt des Artikels allgemein zu bestimmen versucht hat. Diese lassen ferner danach unterscheiden, ob sie den Gehalt des Artikels positiv charakterisieren oder aber negativ - über den Ausschluß dessen, was als Verletzung der Menschenwürde gilt. Das wichtigste der allgemeinen Kriterien stellt zweifellos die sogenannte „Objektformel" dar, die an das Kantische Instrumentalisierungsverbot (der „Zweckformel" des „Kategorischen Imperativs") angelehnt ist. Sie wird eine ausführliche Diskussion erfahren, unter Heranziehung von Stellungnahmen aus der Literatur.
In *Kapitel 4* gehe ich zu konkreteren Ausgestaltungen des Art.1 Abs.1 GG durch das Bundesverfassungsgericht über, namentlich zu dem Kernstück dieser Rechtsprechung: der Entwicklung des sogenannten „allgemeinen Persönlichkeitsrechts". Es handelt sich hierbei um die richterrechtliche Neuschöpfung eines eigenen Grundrechts, abgeleitet aus dem Menschenwürde-Satz sowie einem weiteren Grundrecht. Das allgemeine Persönlichkeitsrecht stellt einen besonders interessanten Konkretisierungsversuch dar, der bislang noch nicht die Aufmerksamkeit erfahren hat, die ihm zukommen könnte. An ihm läßt sich die Frage des möglichen Sinns und Nutzens der Menschenwürde-Garantie des Grundgesetzes einmal jenseits der einseitigen Inanspruchnahme für die Frage der Trägerschaft überprüfen. Zu diesem Zweck werde ich allerdings etwas ausholen und die Entstehung dieses neuen Grundrechts darstellen müssen. Im Anschluß daran wird der Gehalt dieses Rechts analysiert und seine Stellung innerhalb des Grundrechtskatalogs, ja der Verfassung als ganzer, erörtert.
Kapitel 5 ist schließlich dem Versuch gewidmet, die Ergebnisse der vorangegangenen Rechtsprechungsanalyse auf eine möglichst plausible und konsistente Weise zu „rekonstruieren". Diese Rekonstruktion geschieht in Anlehnung an und Auseinandersetzung mit zwei Analysen des deutschen Grundrechtssystems, die sich in der verfassungsrechtlichen Literatur fin-

den. Dabei kann ich mich insbesondere auf die erhellenden Analysen Alexys in seiner *Theorie der Grundrechte* stützen, die sich anhand der Ergebnisse der vorliegenden Analyse an einigen Stellen modifizieren resp. weiterdenken läßt.

Kap. 1: Menschenwürde-Garantien vor dem Grundgesetz

§ 1 Zwei Ausnahmen

1. Artikel 151 der Weimarer Reichsverfassung von 1919

(a) "Menschenwürdiges Dasein" als soziales Staatsziel
Art.151 der Weimarer Reichsverfassung (WRV) beinhaltet die meiner Kenntnis nach früheste verfassungsrechtliche Verwendung des Ausdrucks "Menschenwürde", genauer gesagt: den des "menschenwürdigen Daseins". So lautet der erste Absatz des Art. 151 WRV:

> "Die Ordnung des Wirtschaftslebens muß den Grundsätzen der Gerechtigkeit mit dem Ziele der Gewährleistung eines menschenwürdigen Daseins für alle entsprechen. In diesen Grenzen ist die wirtschaftliche Freiheit des einzelnen zu sichern."[286]

Der Artikel findet sich im zweiten Hauptteil der Verfassung, dem Teil, der die "Grundrechte und Grundpflichten der Deutschen" enthält. Er leitet dort den fünften Abschnitt ein, der mit dem Titel "Das Wirtschaftsleben" überschrieben ist und formuliert "den Grundgedanke[n], von dem der Verfassungsausschuß bei dem Aufbau der wirtschaftlichen Grundrechte ausgegangen ist", den Gedanken nämlich,

> "daß die wirtschaftliche Freiheit des einzelnen nicht Selbstzweck, kein selbständiges Gut für sich ist, sondern daß die wirtschaftliche Freiheit des einzelnen nur insoweit im Wirtschaftsleben gelten soll, als diese Freiheit eine soziale Funktion erfüllt."[287]

---

[286] *Die Verfassung des Deutschen Reiches* vom 11. August 1919, abgedr. in: HILDEBRANDT (Hg.) (^{14}1992), S.69ff.

[287] So der Berichterstatter des Unterausschusses für Grundrechte, der SPD-Abgeordnete Hugo Sinzheimer, in der 62.Sitzung der Nationalversammlung am 21. Juli 1919, s. VERHANDLUNGEN DER VERFASSUNGSGEBENDEN DEUTSCHEN NATIONALVERSAMMLUNG (abgek.: VERH. D. NV) (1920), S.1748B (hier Nummer 148, die der Artikel zum damaligen Zeitpunkt noch trug). Sinzheimers Charakterisierung stellt so-

Mit diesem Artikel wurde "die wohl grundlegendste sozialstaatliche Bestimmung der WRV"[288] formuliert. Inwiefern schlägt sich dies auch im verwendeten Begriff von Menschenwürde nieder?

Betrachten wir zunächst den Wortlaut. Der Ausdruck "menschenwürdiges Dasein" läßt sich paraphrasieren als "ein Dasein, das eines Menschen würdig", und dies wiederum: ein Dasein, das der hohen Stellung[289] eines Menschen angemessen ist. Natürlich kann "hohe Stellung" wiederum durch den Ausdruck "Würde" wiedergegeben werden, so daß sich "menschenwürdig" ausbuchstabieren ließe als: "der Würde eines Menschen angemessen". Insofern scheint mit der Verwendung dieses Ausdrucks unterstellt, daß der Mensch einen hohen Rang einnimmt. Doch mehr als diese Unterstellung läßt sich aus diesem Vorkommnis des Wortes nicht herauslesen. Die rechtliche Funktion des Ausdrucks scheint demnach, anders als in den meisten zeitgenössischen "Menschenwürde"-Garantien, nicht die zu sein, die Grundrechte der Verfassung zu *legitimieren* oder einzelne ihrer formalen Charakteristika herauszuheben. Es ist vielmehr so, daß das "menschenwürdige Dasein" für ein rechtlich zu schützendes *Gut* steht. Um was für ein Gut handelt es sich dabei?

Inhaltlich ist die Rede von einem "menschenwürdigen Dasein" zunächst einmal völlig unbestimmt. Man kann, wie eben vorgeschlagen, "menschenwürdiges Dasein" übersetzen in "die der hohen Stellung eines Menschen angemessenen Existenzbedingungen". Hier zeigt sich, daß alle Konzeptionen, die davon ausgehen, daß dem Menschen gegenüber besondere Pflichten bestehen, von einer solchen Formulierung Gebrauch machen können, so unterschiedlich sie ihrem Gehalt nach auch sein mögen. Sie werden sich eben darin unterscheiden, worauf sie den besonderen Status des Menschen zurückführen, wen sie als Träger dieses Status ansehen und was sie im einzelnen als diesem Status angemessen betrachten. Insofern ist

---

weit keine Einzelmeinung, sondern die Standardauffassung auch späterer Verfassungskommentatoren dar, vgl. statt vieler ANSCHÜTZ (1930), S.602.

[288] VÖLZER (1992), S.150.

[289] Daß bei der Verwendung des Ausdrucks "menschenwürdig" unterstellt ist, daß Menschen einen besonderen Status besitzen, folgt aus der Bedeutung von "würdig". Einer Sache "würdig" ist nur etwas oder jemand, der in irgendeiner Hinsicht hochstehend ist. Dies wäre bei Verwendung des Ausdrucks "angemessen" nicht impliziert.

die Formulierung offen für alle möglichen Substantialisierungen. Dies teilt der Begriff des "menschenwürdigen Daseins" mit dem des menschlichen "Wohls", mit dem man ihn m.E. synonym gebrauchen kann.

Dem Wortlaut läßt sich daher nur entnehmen, daß eine Konzeption des individuellen Wohls vorausgesetzt ist, nicht aber, welche. Ob diese Konzeption durch die Auslegung konkretisiert wurde, gilt es daher zu klären.[290] Zunächst aber zurück zu der Frage, inwiefern sich die sozialstaatliche Stoßrichtung des Artikels im Begriff des menschenwürdigen Daseins niederschlägt. Der Begriff als solcher scheint neutral zu sein gegenüber unterschiedlichen sozial- und wirtschaftspolitischen Konzeptionen. Denn die These, daß Menschen einen besonderen Status besitzen, dem sich normative Kriterien zur Bestimmung dessen entnehmen lassen, was ihr "Wohl" ausmacht, ist für sich genommen keine wohlfahrtsstaatliche. Auch ein Befürworter des Nachtwächterstaates kann dieser Überzeugung sein. Auch er kann darin übereinstimmen, daß Menschen über die Bedingungen ihrer Subsistenzsicherung hinaus weiterer Voraussetzungen bedürfen, sollen sie nicht nur "dahinvegetieren", sondern "als Menschen" leben können. Dennoch wird er daraus noch nicht die Folgerung ableiten, der Staat habe die Pflicht, die Bedingungen für ein solches Dasein bereitzustellen, nötigenfalls unter Beschneidung bestimmter Freiheiten und einer Umverteilung der materiellen Güter. Unabhängig davon, wie der Begriff des "menschenwürdigen Daseins" substantialisiert wird, stellt die verfassungsrechtliche Festschreibung eines solchen Zieles also bereits eine Weiche für wohlfahrtsstaatliche Politik.

Es läßt sich demnach folgendes festhalten: "menschenwürdiges Dasein" wird hier als *Rechtsgut* verstanden, und zwar das umfassende Gut des individuellen Wohls aller Bürger. Allerdings wird dieses Rechtsgut in der Weimarer Verfassung nicht in der Form eines subjektiv-rechtlichen, also von der betroffenen Person einklagbaren, Anspruchs gewährt. Dies zeigt bereits der Wortlaut: es ist nicht von einem "*Recht auf* ein menschenwürdiges Dasein" ist die Rede.[291] Mit dem Wortlaut der Bestimmung und sei-

---

[290] Dies geschieht unten, Abschn. (b), S. 162.

[291] Wie dies beispielsweise in Art.7 Abs.1 der *Sächsischen Verfassung* von 1992 der Fall ist.

ner Stellung innerhalb des Grundrechtsteils der Verfassung wäre es allerdings vereinbar gewesen, sie als ein solches Recht zu verstehen, insbesondere als ein einzelne soziale Grundrechte umfassendes Recht.[292] Hingegen war der Artikel nicht einmal in "objektiv-rechtlicher" Weise bindand,[293] also etwa als Staatszielbestimmung, Gesetzgebungsauftrag oder Auslegungsregel für die Rechtsprechung, - wie dies der Fall hätte sein können, wenn die staatliche Gewalt zu seiner Einhaltung hätte gerichtlich gezwungen werden können.[294] Zwar fanden sich innerhalb der akademischen Literatur durchaus Stimmen, die für eine stärkere Lesart warben,[295] dennoch wurde Artikel 151 Absatz 1 WRV, wie zahlreiche andere der als "Grundrechte" bezeichneten Bestimmungen, lediglich als eine "allgemeine Richtlinie der Staatsgewalt" verstanden, die keiner verwaltungs- noch gar verfassungsgerichtlichen Kontrolle unterlagen.[296] Es handelte sich um einen

---

[292] In der oben bereit zitierten sächsischen Verfassung z.B. wird das "Recht eines jeden Menschen auf ein menschenwürdiges Dasein" konkretisiert durch die daraufhin angeführten Rechte "auf Arbeit, auf angemessenen Wohnraum, auf angemessenen Lebensunterhalt, auf soziale Sicherung und auf Bildung".

[293] Im zeitgenössischen deutschen Verfassungsrecht unterscheidet man zwischen „subjektiv-rechtlichen" Bestimmungen, die einer Person einen *Anspruch* auf staatliches Handeln zu ihren Gunsten verleihen, und objektiv-rechtlichen, durch die der Staat zwar ebenfalls zu einem bestimmten Handeln gezwungen wird, doch ohne daß die davon begünstigten Bürger hier einen Anspruch geltend machen könnten. Vgl. auch Fn.547.

[294] Darin unterschied sich der Artikel allerdings nicht von der großen Mehrzahl der übrigen nominell als "Grundrechte" geführten Normen der WRV: bereits bei Entwurf der Verfassung hatten sich keine Mehrheiten für die Forderung nach justitiablen Grundrechten finden lassen - eine Tendenz, die durch die Rechtsprechung bestätigt wurde. Mit Ausnahme des Eigentumsrechtes, das in gewissem Umfang rechtlich sanktioniert wurde, konnten die Weimarer Grundrechte daher nicht eingeklagt werden.
Ein Überblick über Art und Grad, in dem die unterschiedlichen Grundrechte der Weimarer Reichsverfassung Wirksamkeit entfalten konnten, findet sich in GUSY (1993) und (1997), S.342ff. Für die Debatte um die Justitiabilität der Grundrechte vgl. a. die Darstellung bei VÖLTZER (1992), insbes. S.270ff.

[295] Vgl. v.a. LEHMANN (1930).

[296] So das Reichsgericht, vgl. REICHSGERICHT IN ZIVILSACHEN 107, S.264f sowie die allgemeine Darstellung im Standardkommentar von Anschütz, ANSCHÜTZ ([13] 1930), S.602f. Zur allgemeinen Frage der Grundrechtsbindung in der WRV vgl. ebd., S.505ff. sowie THOMA (1929), S.1ff.

reinen Programmsatz, der aber in Ermangelung von Kontrollinstanzen jeglicher Bindungswirkung entbehrte.
Wenn er aber rechtswirksam geworden wäre, was hätte das Ziel der "Gewährleistung eines menschenwürdigen Dasein" enthalten?

(b)   Entstehung und Gehalt
Weder Literatur noch Rechtsprechung haben den ersten Satz, geschweige denn den dort verwendeten Begriff eines "menschenwürdigen Daseins" definiert. Von Zeitgenossen wurde er gerne - und darin teilt er das Schicksal des Grundgesetz-Artikels - als floskelhaft kritisiert. So wurde bedauert, daß bereits die Formulierung, "weil zu vielsagend, durchaus nichtssagend"[297] sei, oder gespottet über den "öde[n] Gemeinplatz, den man hier mit wichtiger Miene verkündet".[298]
Angesichts dieser Kritik stellt sich die Frage, welches Ziel die Verfassungsgeber mit der Einführung dieses Begriffs verfolgt haben mögen. Allem Anschein nach geht dieser Satz auf die Initiative der (mehrheits-) sozialistischen Abgeordneten der verfassungsgebenden Versammlung zurück.[299] Interessanterweise sah der betreffende Artikel in einem Vorentwurf[300] zunächst nur die Garantie der wirtschaftlichen Freiheit des einzelnen vor.[301] Daß dieser bürgerlich-liberalistischen Bestimmung unter radikaler Verkehrung der Vorzeichen eine gemeinwohlorientierte Verpflich-

---

[297] NAWIASKY (1920), S.152.

[298] So FREYTAGH-LORINGHOVEN (1924), S.362, gesehen "vom Standpunkt des auf völkischem Boden stehenden Monarchisten", ebd. S.V.

[299] Vgl. VÖLTZER (1992), insbes. S.148ff., 200f., 215f.

[300] Es handelt sich um die Diskussionsgrundlage für den "Unterausschuß für Grundrechte", mit deren Erstellung der Staatsrechtler Konrad Beyerle beauftragt worden war.

[301] In dem die wirtschaftlichen Grundrechte und Grundprinzipien einleitenden Artikel 45 des Entwurfs Beyerle vom 29.April 1919 heißt es noch:
"Freiheit ist der oberste Grundsatz des Wirtschaftslebens, gesetzlicher Zwang ist nur zulässig im Dienste des gerechten Ausgleichs zwischen den Beteiligten oder zur Verwirklichung überragender Forderungen des Gemeinwohls". Abgedr. in VÖLTZER (1992), S.374, vgl. a. ebd. S.158ff.
Nach der dritten Sitzung des Unterausschusses besitzt der erste Satz des Artikels bereits den späteren Wortlaut, ebd. S.199ff.

tung vorangestellt wurde, ist vermutlich auf einen von den SPD-Abgeordneten Quarck und Sinzheimer eingebrachten Antrag zurückzuführen, in dem zum ersten Mal innerhalb der Debatte die Formel vom "menschenwürdigen Dasein" auftaucht.[302]

Offen blieb allerdings, welch konkreter rechtlicher Gehalt mit ihr verbunden war. Auch von sozialdemokratischer Seite liegen keine Definitionsversuche im eigentlichen Sinne vor. Allerdings benannten die SPD-Abgeordneten im bereits erwähnten Antrag vor dem Verfassungsausschuß eine Reihe wirtschaftspolitischer Konsequenzen, die sie an die Garantie eines menschenwürdigen Daseins geknüpft sahen und die man mit Hilfe der Schlagworte Sozialisierung, Staatswirtschaft und Wirtschaftsdemokratie zusammenfassen kann.[303] Einzelne dieser Forderungen sind, in mehr oder minder abgeschwächter Form, auch in die Verfassung aufgenommen worden, jedoch nicht mehr in unmittelbarer Nachbarschaft des Artikel 151, sondern über die nachfolgenden Artikel verstreut, so daß der ursprünglich intendierte systematische Zusammenhang zwischen dem "Menschenwürde-Satz" und diesen sozialpolitischen Instrumenten nicht mehr ablesbar ist.

Artikel 151 Abs.1 S.1 WRV ist daher tatsächlich eine "Leerformel" geblieben. Man muß dies aber nicht allein auf die Vagheit der Begriffe der sozialen Gerechtigkeit und des menschenwürdigen Daseins zurückführen. Diese

---

[302] „Antrag Nr. 89 Dr.Quarck/ Dr.Sinzheimer". Abgedr. in: VERH. D. NV., Bd.336, S.174, dort Art.39 Abs.1: "Das Reich hat darüber zu wachen, daß das wirtschaftliche Leben nicht dem Gewinn einzelner, sondern der Herstellung eines menschenwürdigen Daseins für alle dient".

[303] Der Vorschlag im Wortlaut:
"Das Reich hat darüber zu wachen, daß das wirtschaftliche Leben nicht dem Gewinn einzelner, sondern der Herstellung eines menschenwürdigen Daseins für alle dient.
Das Reich hat deswegen, wenn das wirtschaftliche Gesamtinteresse es erfordert, auf gesetzlicher Grundlage
1. privates Eigentum in Gemeineigentum zu überführen;
2. das Reich, die Länder oder die Gemeinden an der Verwaltung wirtschaftlicher Unternehmungen und Verbände zu beteiligen;
3. Einspruch gegen wirtschaftliche Maßnahmen wirtschaftlicher Unternehmungen einzulegen;
4. Selbstverwaltungskörper zu bilden, in denen unter gleichmäßiger Mitwirkung der Arbeiter und Angestellten wirtschaftliche Angelegenheiten geregelt werden."
Vgl. „Antrag Nr.89 Dr.Quark/ Dr.Sinzheimer", a.a.O.

sind ohne Zweifel ausfüllungsbedürftig. Daß der Versuch einer Konkretisierung aber gar nicht erst angestrengt wurde, verdankt sich wohl eher dem mangelnden politischen Willen zur Umsetzung des dahinter stehenden sozialpolitischen Ideals. Das zeigt sich in der Anlage der betreffenden Verfassungsnormen ebenso wie an ihrer Umsetzung durch die unterschiedlichen Staatsgewalten und zwar hinsichtlich zweier Aspekte:

Zum einen fehlte, wie bereits erwähnt, dem besagten Verfassungsartikel jegliche Bindungswirkung. Zu der mangelnden Bereitschaft, dem Grundrechtsgedanken Wirksamkeit zu verleihen, trat zweitens die unausgewogene, ja, widersprüchliche Konzeption des Grundrechtskataloges hinzu: die politischen Konflikte innerhalb der Konstituante hatten sich in der Verfassung in einem unentschiedenen Nebeneinander sozialstaatlicher und libertärer Prinzipien niedergeschlagen, deren Forderungen einander wechselseitig auszuschließen schienen.[304] Derartige Paradoxien zeigen sich insbesondere beim Artikel 151 WRV. Wie bereits erwähnt, sollte er in seiner ursprünglichen Fassung ausschließlich die wirtschaftliche Freiheit des Einzelnen garantieren.[305] Zu dieser ursprünglichen Version des Artikels, die ganz dem (markt-) liberalistischen System verhaftet ist, stehen die sozialistischen Ziele der Endfassung in einem eklatanten Spannungsverhältnis, als mit dem "Menschenwürde-Satz" die *Grenzen* der wirtschaftlichen Freiheit in den Mittelpunkt gerückt werden. Dennoch: die (grundsätzliche) Garantie der wirtschaftlichen Freiheit ist auch in der Endfassung erhalten geblieben, und zwar in unmittelbarer Folge der Garantie des menschenwürdigen Daseins: im zweiten Satz des Artikels (s. das eingangs angeführte Zitat).[306] Zwar steht diese Verbürgung unter dem Vorbehalt der vorangehend artikulierten Gerechtigkeitsforderung, doch sind angesichts der Dehnbarkeit des ersten Satzes die Möglichkeiten einer nach allen Richtungen hin offenen Auslegung gegeben. Selbst bei zugestandener Einklagbarkeit des Art.151

---

[304] Vgl. hierzu auch GUSY (1997), S.342ff, zu Art.151 WRV S. 349ff.

[305] Vgl. Völtzer (1992), S.200f.

[306] Ferner lauten die Absätze 2 und 3:
(2) Gesetzlicher Zwang ist nur zulässig zur Verwirklichung bedrohter Rechte oder im Dienst überragender Forderungen des Gemeinwohls.
(3) Die Freiheit des Handels und Gewerbes wird nach Maßgabe der Reichsgesetze gewährleistet."

Abs.1 S.1 hätten derart uneindeutige Aussagen zu erheblichen Abschwächungen Raum gelassen, mindestens aber zu großen Schwierigkeiten bei der Durchsetzung des Grundrechtes führen müssen.[307] Natürlich war, wie der Sozialdemokrat Friedrich Stampfer in seinem populärwissenschaftlichen Kurzkommentar zur Verfassung schrieb, Artikel 151 "kein Hindernis dafür, die wirtschaftliche Freiheit in einem Maße einzuengen, wie dies vorläufig aus praktischen Gründen nicht einmal der radikalste Sozialist will".[308] Die Verfassungspraxis hat allerdings selbst die gemäßigten Sozialisten enttäuschen müssen.[309]

(c)   Der Einfluß des Artikels
Angesichts des eben aufgezeigten Mangels an Rechtskraft kann man dem "Menschenwürde-Artikel" der Weimarer Verfassung kaum mehr als eine deklaratorische Funktion zusprechen. Denkbar wäre aber, daß er, wie viele zunächst ineffektive Rechtssätze, dennoch traditionsbildend gewirkt hat. Schließlich ist die Weimarer Konzeption sozialer Grundrechte trotz ihrer mangelnden Rechtswirksamkeit ein historisches Novum, insofern hier erstmals sozialstaatliche Ziele in die Form individualisierter Ansprüche des Einzelnen gegenüber dem Staat gegossen wurden.[310] Die Weimarer Idee, den Katalog klassisch-liberaler Grundrechte um soziale zu erweitern, hat denn durchaus Vorbildcharakter entfaltet. Natürlich läßt sich auch nicht verhehlen, daß es um die Umsetzung dieser sogenannten "Menschenrechte der zweiten Generation"[311] trotz ihrer unbestreitbar gewachsenen Bedeutung immer noch schlecht bestellt ist und sie, wo sie in Rechtstexte Eingang gefunden haben, über wohlklingende Willensbekundungen nicht hi-

---

[307] Bezeichnend ist etwa die Erläuterung des Artikels, die sich in einem zeitgenössischen Verfassungskommentar findet, und der sich auf die lapidare Feststellung beschränkt: "Im aufrechterhaltenen Gegensatz zwischen Sozialprinzip (Abs.1 Satz 1) und wirtschaftlichem Freiheitsprinzip (Abs.2 und 3) verliert sich die praktische Bedeutung des Artikels". PÖTSCH-HEFTER (³1923), S.480.

[308] STAMPFER (1919), S.11.

[309] Hierzu GUSY (1997), S.343ff.

[310] Vgl. VÖLTZER (1992), S.282ff.

[311] Die Einteilung der Menschenrechtskategorien in "Generationen" geht auf Vasak zurück, vgl. VASAK (1977), S.29.

nausgehen. Dennoch ist nicht auszuschließen, daß mit ihnen eine Entwicklung angestoßen wurde, die möglicherweise über die Formulierung von Utopien hinausreichen kann. Fraglich ist hier natürlich, ob einer Bestimmmung wie dem Weimarer "Menschenwürde-Artikel" eine solche Zukunft beschieden ist. Dies ist immerhin nicht aus begrifflichen Gründen ausgeschlossen, da, wie oben dargestellt wurde, die mangelnde Justitiabilität des Artikels nicht in einer prinzipiellen Untauglichkeit des Begriffes selbst begründet lag, sondern auf mangelnden Umsetzungswillen zurückzuführen ist.

Wenn nach einer "traditionsbildenden" Wirkung des Weimarer Menschenwürde-Satzes gefragt wird, können verschiedene Gesichtspunkte angesprochen sein. Zum einen erscheint die Frage interessant, inwieweit sich die Rede vom "menschenwürdigen Dasein" durch ihn *terminologisch* verfestigt hat. Zur Zeit seiner Einführung besaß der Ausdruck anscheinend den Charakter eines politischen Schlagwortes, dessen sich vor allem Sozialdemokraten bedienten.[312] Man könnte zwar darüber spekulieren, ob hier eine Formulierung des Stammvaters der Partei, Ferdinand Lassalle, aufgenommen wurde, der in seinem "Arbeiterprogramm" davon spricht, der wahrhafte Zweck des Staates bestünde darin, "die kummervolle und notbeladene materielle Lage der arbeitenden Klasse zu verbessern" und ihren Mitgliedern "zu einem reichlicheren und gesicherten Erwerbe und damit wieder zu der Möglichkeit *geistiger* Bildung und somit erst zu einem wahrhaft menschenwürdigen Dasein zu verhelfen".[313] Allerdings verwendet weder Lassalle diese Formulierung terminologisch, noch läßt sich eine solche Tendenz bei der sozialdemokratischen Linken der Weimarer Zeit erkennen. In den Verhandlungen der Weimarer verfassungsgebenden Versammlung wird um den Begriff so wenig Aufhebens gemacht, daß seine Wahl eher zufällig erscheint. Wenn es sich denn um ein politisches Schlagwort gehandelt haben soll, so kann der Gehalt dessen, was ein "menschenwürdiges Dasein" ausmacht, nicht sehr fest umrissen gewesen sein.

---

[312] Vgl. die Notiz in GOMBERT (1902), S.319; der Hinweis entstammt HORSTMANN (1980).

[313] LASSALLE (1862), S.173.

Dennoch scheint er zumindest tauglich, um die Forderung nach sozialen Rechten zum Ausdruck zu bringen. Den Unterschied macht aber m.E. vor allem der Begriff des "Daseins". Damit werden die Lebensbedingungen von Menschen als der Gegenstand der Rechte beschrieben. Dies legt es nahe, die Rechtsadressaten, die den Gegenstand zu verwirklichen haben, auch zu positiven und nicht nur zu negativen Handlungen verpflichtet zu sehen, wie das beim hierin leicht mißverständlichen Ausdruck der Freiheit resp. Freiheiten der Bürger der Fall ist. Die Verwendung des Ausdrucks im Kontext sozialstaatlicher Forderungen liegt daher nahe.

Es läßt sich aber darüber hinaus nachweisen, daß der Weimarer Artikel in späteren Verfassungswerken Nachahmer gefunden hat. Manchenteils wird der Artikel sogar bis in den genauen Wortlaut hinein übernommen, an anderen Stellen wird nur der Ausdruck "menschenwürdiges Dasein" (oder "menschenwürdige Existenz") aufgegriffen, und an wieder anderen Stellen werden die betreffenden sozialpolitischen Forderungen mit der Garantie der "Menschenwürde" oder eines "Lebens in Würde" verknüpft. So finden sich entsprechende Formulierungen bereits in zahlreichen der politischen Programme und Verfassungsentwürfe, die zur Zeit des Nationalsozialismus von deutschen Emigranten abgefaßt wurden oder in der Vorphase der beiden deutschen Teilstaaten nach Kriegsende entstanden sind.[314] Und auch wenn das Grundgesetz keine entsprechenden Forderungen enthält, so zeigt ein Blick in die Verfassungen der deutschen Bundesländer, daß Art.151 Abs.1 WRV auch hier eine gewisse Wirkung entfaltet hat.[315] Eine wörtliche Übernahme dieses Artikels ist dabei die Ausnahme.[316] Meist wird die Gewährleistung der Menschenwürde oder eines menschenwürdigen Daseins als Staatsziel oder Grundlage der wirtschaftlichen oder gesellschaftli-

---

[314] S.u. den Punkt "Deutscher Widerstand und Exil", S.194.

[315] Siehe unten S.194ff.

[316] Besonders nahe am Wortlaut des Weimarer Artikels sind die Art. 51 Abs. 1 rheinland-pfälzische Verfassung und Art.41 Abs.1 Badische Verfassung, Anleihen wird man aber auch bei den stärker abweichenden Bestimmungen der Art. 27 und 30 der hessischen Verfassung, Art. 151 Abs.1 der Bayerischen Verfassung, der Präambel der Bremer Verfassung, sowie neuerdings in Art. 7 Abs.1 sächsische Verfassung und Art. 45 der brandenburgischen Verfassung sehen. Auch die Verfassung der DDR übernimmt den Weimarer Artikel fast wörtlich, vgl. dort Art. 18 Abs.1.

chen Ordnung formuliert. Zum Teil wird der Ausdruck auch nur im Kontext einzelner sozialstaatlicher Forderungen aufgegriffen, so hinsichtlich von Ansprüchen auf Arbeitsbeschaffung, soziale Sicherung, humane Arbeitsbedingungen, Bildung und der Bereitstellung angemessenen Wohnraums.

Anleihen beim Weimarer Artikel finden sich auch über die deutschen Grenzen hinaus: so in der italienischen Verfassung vom 27. Dezember 1947, deren Constituante sich bei der Formulierung ihrer sozialstaatlichen Forderungen durchaus auf das Vorbild der Weimarer Verfassung berief.[317] Sie zitiert die Würde des Menschen als eine der Grenzen der privatwirtschaftlichen Unternehmensfreiheit[318] und kennt das Recht des Arbeiters auf eine Entlohnung, die "in jedem Falle ausreichen muß, ihm und seiner Familie ein freies und würdiges Dasein zu sichern".[319]

Am zuletzt genannten Recht läßt sich bereits sehr gut die wachsende Popularität des Ausdrucks "Menschenwürde" aufzeigen. Denn die Forderung nach einer angemessenen Mindestentlohnung ist von ihrem *Gehalt* her nicht neuartig. Sie gehört zu den Kernforderungen der ILO (*International Labour Organisation*) und hat seither in zahlreichen sozialrechtlichen Dokumenten ihren Niederschlag gefunden.[320] Meiner Kenntnis nach wurde sie von der ILO aber erst nach dem Zweiten Weltkrieg unter Zuhilfenahme des Begriffs der "menschenwürdigen Existenz" formuliert.[321]

---

[317] Vgl. SCIASCIA (1959), S. 150.

[318] Art.41 Abs.2 Ital. Verf.:

"Sie [die privatwirtschaftliche Initiative] darf nicht im Gegensatz zum Gemeinwohl oder in einer Weise ausgeübt werden, die der Sicherheit, der Freiheit und der Würde des Menschen schadet." zit. n. KIMMEL (^{3}1993), S.217.

[319] Art.36 Abs.1 Ital. Verf., ebd. S.216.

[320] Nachzulesen in der ILO-Verfassung von 1919, der Konvention Nr.26 von 1928 (*Minimum Wage-Fixing Machinery*), abgedr. in: INTERNATIONAL LABOUR OFFICE (1982), S.225; s.a. KÄLLSTRÖM (1992) S.360.

[321] Auch in der UNO-Menschenrechtsdeklaration findet sich das Recht des arbeitenden Menschen auf eine Entlohnung, "die ihm und seiner Familie eine der menschlichen Würde entsprechende Existenz sichert (...)". Allerdings ist anhand der verfügbaren entstehungsgeschichtlichen Literatur nicht zu ermitteln, ob die Weimarer Verfassung

Die Forderungen nach einer Garantie der Menschenwürde oder eines menschenwürdigen Daseins weisen seit der Weimarer Reichsverfassung eine sozialstaatliche Konnotation auf. Dies gibt zu einem der zahlreichen Konflikte Anlaß, die bei der Interpretation dieses Ausdrucks entstehen. Denn auf der anderen Seite wird eben dieser Ausdruck auch von Verfechtern libertärer Positionen für sich in Anspruch genommen. Sie stützen sich teils auf die seit der christlichen Antike nachweisbare Tendenz, die Menschenwürde in der Freiheit des Menschen gegründet zu sehen,[322] teils auf das eher populistische semantische Argument, "Achtung" der Menschenwürde könne nur "Nichtantastung" meinen. Angesichts des gut etablierten sozialstaatlichen Verwendungskontextes erscheint es aber unhaltbar, die abwehrrechtliche Interpretation des Ausdrucks "Menschenwürde" einzig auf den Sprachgebrauch oder auf vage ideengeschichtliche Argumente zu stützen. Viel eher sollte man davon ausgehen, daß im heutigen Gebrauch des Ausdrucks sozialstaatliche Konnotationen immer schon mitschwingen – wenn auch in einer Vagheit, die eine Festlegung auf konkrete politische Gehalte kaum erlaubt.

Diese Vagheit kennzeichnet auch die eben angeführten rechtlichen Bestimmungen, von denen keine bisher inhaltlich näher ausgestaltet wurde. Auch hinsichtlich ihrer Bindungswirkung scheinen sie den Weimarer Artikel kaum zu übertreffen. Dies zeigen im besonderen die betreffenden Artikel der deutschen Länderverfassungen, wie an späterer Stelle dargestellt werden soll. Wenn diese Bestimmungen aber alle mehr oder minder deklaratorischen Charakter besitzen, kann man dann noch von einem über das Terminologische hinausgehenden Einfluß des Weimarer Artikels überhaupt sprechen? Welchen Sinn können die betreffenden Artikel besitzen? Hierzu läßt sich m.E. zweierlei sagen:

---

hierfür Vorbild war oder nicht. Art.23 Abs.3 *Allgemeine Erklärung der Menschenrechte* vom 10. Dez. 1948.
Ferner wurde dieses Recht auch in der "Erklärung der Grundrechte und Grundfreiheiten des Europäischen Parlaments" von 1989 unter Rückgriff auf den Begriff des "menschenwürdigen Daseins" statuiert, vgl. dort Art.13(2), abgedr. in SIMMA/FASTENRATH (Hg.) (1999), S.46.

[322] Ein angesichts der Vieldeutigkeit des Freiheitsbegriffs für sich genommen bereits fragwürdiges Argument.

Wie das Beispiel des deutschen Verfassungsrechts zeigt, hat die Aufnahme von sozialstaatlichen Menschenwürde-Garantien zwar auf Landesebene wenig Neues erbracht. Man könnte jedoch vermuten, daß es der - nicht zuletzt durch den Weimarer Artikel und seine Nachahmer hergestellte – Zusammenhang des Ausdrucks "Menschenwürde" mit sozialen Zielen gewesen ist, der die wohlfahrtsstaatliche Interpretation dieses Rechtsterminus generell begünstigt. Nicht zuletzt wird der Anspruch auf ein Existenzminimum und z.T. auch darüber hinausgehende Ansprüche in Deutschland mit Verweis auf den Grundgesetz-Artikel begründet (ein Anspruch, von dem allerdings bislang umstritten ist, ob er verfassungsrechtlich verankert ist oder im sogenannten "einfachen" Recht, d.h. in Rechtsnormen, über deren Fortbestand der Gesetzgeber entscheiden kann).[323]

Zum anderen kann man die Tatsache, daß derartige Zielbestimmungen durch ihre Positivierung Verfassungsrang erhalten haben, als einen gewissen Fortschritt betrachten, insofern hier zumindest das rechtliche *Potential* besteht, sozialstaatliche Forderungen unter Verweis auf das höchstrangige Recht geltend zu machen. So ist nicht zuletzt die Möglichkeit ausgeschlossen, sozialstaatliche Erwägungen *von vorneherein* anderen Zielen oder Ansprüchen von Verfassungsrang zu opfern, mit denen sie kollidieren können.

2. Die Präambel der irischen Verfassung von 1937

Neben der Weimarer Reichsverfassung gibt es noch ein weiteres vor dem zweiten Weltkrieg entstandenes Verfassungsdokument, in dem der Ausdruck "Menschenwürde" verwendet wird: die *Verfassung der Irischen Republik* von 1937. Um den Kontext der Verwendung vor Augen zu führen, sei die Präambel in ihrer vollen Länge zitiert:

> "In the Name of the Most Holy Trinity, from Whom is all authority and to Whom, as our final end, all actions both of men and states must be referred,
>
> We, the people of Eire
> Humbly, acknowledging all our obligations to our Divine Lord, Jesus Christ, Who sustained our fathers through centuries of trial,

---

[323] Vgl. unten 329ff..

> Gratefully remembering their heroic and unremitting struggle to regain the rightful independence of our Nation,
> And seeking to promote the common good, with due observance of Prudence, Justice and Charity, so that the dignity and freedom of the individual may be assured, true social order attained, the unity of our country restored, and concord established with other nations,
> Do hereby adopt, enact, and give to ourselves this Constitution."[324]

Wie sich unschwer erkennen läßt, ist die Präambel, wie die Verfassung überhaupt, stark von der katholischen Soziallehre geprägt. Tatsächlich hat der maßgebliche Autor dieses Gesetzeswerkes, der ehemalige Partisan und damalige Regierungschef Eamon de Valera, für seinen Entwurf im wesentlichen katholische Geistliche und die von diesen empfohlenen Schriften zur kirchlichen Gesellschaftslehre konsultiert.[325] In Ermangelung anderslautender Hinweise kann man also davon ausgehen, daß auch die Formel von der "Freiheit und Würde des Individuums" dieser Quelle entstammt. Vertreter der These vom maßgeblich christlichen, insbesondere römisch-katholischen Einfluß auf die Einführung des Menschenwürde-Begriffs in das moderne Staatsrecht dürften hierin eine wichtige Bestätigung ihrer Auffassung sehen. Doch ist die Frage berechtigt, worin dieser Einfluß der Sache nach besteht. Denn es gibt hinreichenden Grund zu bezweifeln, daß mit dieser Formel überhaupt ein rechtlich relevanter Normgehalt in die Verfassung aufgenommen wurde. Weder in der Rechtsprechung noch in der Literatur wurde ihm nennenswerte Beachtung geschenkt. De facto scheint er also im irischen Recht keine Rolle zu spielen. Dies mag damit zusammenhängen, daß der Präambel insgesamt jegliche Rechtskraft abgesprochen wird.[326] Es erstaunt jedoch, daß dem Begriff der Menschenwürde noch weniger Aufmerksamkeit zuteil wurde als beispielsweise den ebenfalls in der Präambel angeführten Tugenden der Klugheit, Gerechtigkeit

---

[324] Zitiert nach Rave (1982), *Anhang* S.65.

[325] Zur Entstehung der Verfassung und den Quellen de Valeras LONGFORD/ O'NEILL (1970), S.295ff.; CHUBBS (1978), Kap.6; RAVE (1982), insbes. S.288f.

[326] Vgl. O'REILLY/REDMOND (1980), S.156; KELLY ET AL. (1996), S.1ff.

und Nächstenliebe.[327] Da sich der irischen Rechtsprechung und juristischen Diskussion keine Anhaltspunkte entnehmen lassen, bleibt die Interpretation des Begriffes damit aber fast vollständig auf den *Wortlaut* der Norm verwiesen.

Bereits die systematische Stellung der hier ausgesprochenen "Menschenwürde-Garantie" ist bemerkenswert. Sie offenbart grundsätzliche Unterschiede dieses Menschenwürde-Begriffs zu dem etwa des Grundgesetzes. Denn anders als in der deutschen Verfassung wird die Gewährleistung der Würde des Individuums nicht als oberster Wert der Verfassung verstanden,[328] sondern rangiert als *ein* verfassungsrechtliches Ziel unter anderen - neben der Herstellung der "wahren gesellschaftlichen Ordnung", der nationalen Einheit und der Völkerverständigung, während alle vier als Konkretisierungen des Gemeinwohles dargestellt werden.

Denkbar wäre gleichwohl, daß damit, wenn schon nicht das oberste Verfassungsprinzip, so doch zumindest das oberste Prinzip der *Grundrechte* benannt wurde. Schließlich muß die Gewährleistung der Grundrechte nicht als das oberste Verfassungsziel angesehen werden, was bei einer an die katholische Sozialdoktrin angelehnten Staatsauffassung ohnehin befremdlich wäre. Unter einem Prinzip der Grundrechte ließe sich, gegeben die in dieser Arbeit zugrundegelegten Kategorien, Verschiedenes verstehen: eine Begründungsfigur, die als Legitimationsgrund für die betreffenden Rechte gelten könnte, ein Begriff, der die formalen Merkmale des Menschenrechtsgedankens formulierte, sowie ein die einzelnen Rechtsgüter umfassendes Rechtsgut.

Auf den ersten Blick liegt es nahe, im Verweis auf die Würde des Individuums eine Begründungsfigur zu sehen, wird die Präambel doch in den juristischen Kommentaren stets als ein Bekenntnis zum Naturrecht aufgefaßt. Genauer betrachtet wird jedoch nicht auf die Würde des Individuums,

---

[327] Vgl. die Literaturhinweise in FN.326; in den übrigen mir zugänglichen Staatsrechtslehrbüchern und -kommentaren fand sich überhaupt keine Erwähnung des Würde-Begriffes.

[328] So das Bundesverfassungsgericht, s. *Entscheidungen des Bundesverfassungsgerichtes*, Bd.6, S. 32ff, dort S.36, zukünftig zitiert als: BVerfGE 6, 32 (36). Vgl. auch unten S. 221.

sondern auf die göttliche Dreifaltigkeit als Quelle der Normen rekurriert.[329] Dies ist aus Sicht der katholischen Soziallehre, die hier im Hintergrund steht, nur konsequent: nicht der Mensch, sondern Gott ist die normsetzende Autorität.[330]

Am plausibelsten erscheint es mir, in der Formel ein grundsätzliches Bekenntnis zu individuellen Rechten zu sehen. In der hier verwendeten Terminologie wäre der Ausdruck demnach als "Inbegriff" der Menschenrechtsidee zu bezeichnen. Im Unterschied zu den liberalistischen oder revolutionären Menschenrechtstheorien steht die Betonung individueller Rechte allerdings unter den Vorbehalten des Gemeinwohls, der nationalen Einheit und der Völkerverständigung, und gilt nicht als letzte Legitimationsinstanz staatlicher Autorität. Der Aspekt der Menschenrechtsidee, den ich oben unter dem Stichpunkt des "Individualismus" beschrieben habe, ist hier nur zum Teil verwirklicht.

Es ist darüber hinaus denkbar und mit Wortlaut wie Entstehungshintergrund vereinbar, "Würde und Freiheit des Individuums" als substantielle Prinzipien zu verstehen, mit deren Hilfe subjektive Rechte und andere Normen konkretisiert werden könnten. Allerdings müßten entsprechende Konkretisierungsvorschläge erst erbracht werden.

Die irische Präambel bietet demnach wenig konkrete Anhaltspunkte für ein erweitertes Verständnis eines verfassungsrechtlichen Menschenwürde-Begriffs. Interessant ist sie vor allem darum, weil sie die eigentümlichen Schwierigkeiten veranschaulicht, die ein solcher Begriff der christlichen Soziallehre bereitet. Zu ihrer Wirkung läßt sich nur wenig sagen. Meiner Kenntnis nach hat sie international keine Vorbildfunktion entfaltet. Dies läßt sich auch mit Blick auf das Grundgesetz bestätigen, zu dem kein entstehungsgeschichtlicher Zusammenhang besteht. Somit scheint diese Ausnahme von der Regel, nach der der Menschenwürdebegriff erst in der Nachkriegszeit Verfassungsrang erhalten habe, dieselbe tatsächlich eher zu bestätigen.

---

[329] Sehr deutlich z.B. bei dem in diesem Kontext vielzitierten Aufsatz von GROGAN (1954).

[330] Siehe auch die Ausführungen zum Begriff der Menschenwürde im Christentum, oben S.104ff..

§ 2 Die Menschenrechtsdeklaration der UNO

Wie bereits ausgeführt,[331] wurde der Ausdruck "Menschenwürde" erst mit Anbruch der vierziger Jahre dieses Jahrhunderts in rechtlichen Kontexten geläufig. Der zweite Weltkrieg und der Nationalsozialismus bewirkten eine allgemeine Wende im politischen Denken zugunsten der Menschenrechtsidee, und natürlich ist auch der zeitgenössische Menschenwürde-Begriff aus dieser Protestreaktion gegen Theorie und Praxis des Faschismus geboren. Doch was bedeutet das für den Gehalt des Begriffs? Und inwiefern geht er über den des Menschenrechts hinaus? Eine erste Antwort auf diese Fragen müßte sich anhand des Entstehungshintergrundes der weltweit wohl bekanntesten Menschenwürde-Verbürgung finden lassen, derjenigen der UNO-Deklaration vom 10. Dezember 1948. Die Würde des Menschen findet in dieser "Allgemeinen Erklärung der Menschenrechte" (abgek.: AEMR) an drei Stellen Erwähnung: in der Präambel, im ersten Artikel und im dritten Absatz des 23.Artikels. Ich werde nur auf die ersten beiden eingehen, da sich für die Rolle, die der Ausdruck "Menschenwürde" im 23. Artikel spielt, nicht viel mehr sagen läßt, als bereits im Zusammenhang des Weimarer Verfassungsartikels bemerkt wurde.[332]

(i) Präambel

Die *Präambel* beginnt mit der berühmten und in zahlreichen späteren Menschenrechtsdokumenten wiederholten Feststellung,

> "[...] die Anerkennung der allen Mitgliedern der menschlichen Familie innewohnenden Würde und ihrer gleichen und unveräußerlichen Rechte [bilde] die Grundlage der Freiheit, der Gerechtigkeit und des Friedens in der Welt [...]".

Dieses Bekenntnis wird explizit (vier Absätze später) auf die Satzung der UNO bezogen, der UN-Charta vom 26. Juni 1945, in deren Präambel die Mitglieder der Vereinten Nationen bereits "ihren Glauben an die grundle-

---

[331] Siehe oben Einleitung zu Teil 2, 2 (b).
[332] Siehe oben S.168.

genden Menschenrechte, an die Würde und den Wert der menschlichen Person [...]" verkündet hatten.[333]

Bei beiden Präambeln läßt sich wenig über den möglichen konkreten Gehalt des verwendeten Begriffes von Menschenwürde sagen. Was den Vorspruch der Charta anbelangt, so geht er maßgeblich auf die Initiative des südafrikanischen Feldmarschalls Smuts zurück, dessen allen Zeugnissen zufolge bewegendes Plädoyer auf der Gründungskonferenz der UNO (in San Franzisko 1945) wesentlich dazu beitrug, ein Menschenrechtsbekenntnis in die Charta aufzunehmen. Smuts war es auch, der den dafür maßgeblichen Präambel-Entwurf formulierte.[334] In seiner Rede bezeichnete Smuts den Kampf der Alliierten als einen moralischen Kampf und forderte ein "Glaubensbekenntnis" der Vereinten Nationen zum Ideal der Menschenrechte.[335] Man liegt sicher nicht falsch, wenn man hierin das Hauptanliegen sieht, von dem die Delegierten bei Entwurf der Präambel ausgingen: eine Proklamation der Idee moralisch fundierter, oder, wie man auch sagen kann: überpositiver Rechte aller Menschen, in bewußter Absetzung von totalitären Ideologien. Somit läßt sich die Rede von "Würde und Wert der Persönlichkeit" im wesentlichen auf die Funktion einschränken, diesem Bekenntnis eine emphatische und einprägsame Note zu verleihen.[336] Man

---

[333] Diese und die folgenden Textauszüge werden zitiert nach SIMMA/FASTENRATH (HG.)(1998), S.5ff.

[334] Smuts´ Rede ist abgedruckt in VEREINTE NATIONEN (1945): UNCIO, Bd.1 (Doc. 55, P/13, 2.Mai 1945), S.425. Sein Präambel-Entwurf findet sich in UNCIO, Bd.6, S.20f. Zu den Hintergründen RUSSELL (1958), S.910ff. und SALOMON (1946).

[335] "Let us, in this Charter of humanity give expression to this faith in us, and thus proclaim to the world and to posterity, that this was not a mere brute struggle of force between the nations but that for us, behind the mortal struggle, there was the moral struggle, was the vision of the ideal, the faith in justice and the resolve to vindicate the fundamental rights of man, and on this basis to found a better, freer world for the future". VEREINTE NATIONEN (1945): UNCIO, Bd.1 (Doc. 55, P/13, 2.Mai 1945), S.425.

[336] Auch in der Literatur wird die Formulierung der Charta und die an ihr angelehnte der UNO-Deklaration nicht anders gelesen denn als Ausdruck eines im weitesten Sinne "naturrechtlichen" Bekenntnisses, d.h. als ein Bekenntnis zu überpositiven universellen Rechten. Mårtenson (1992), der den Begriff der Menschenwürde als "the most revolutionary of the concepts" der AEMR bezeichnet, versteht darunter "the revolution of placing the human person squarely at the centre of national and international values" und nicht eine substantiellere anthropologische oder normative Aussage, a.a.O.,

sollte bei der Rekonstruktion der Beweggründe für die Wahl der Begrifflichkeit nicht übersehen, wie sehr es den Delegierten dabei auf die pädagogische Rolle des Textes ankam. In den Worten eines Kommissionsmitgliedes:

> The new Preamble should be short and moving and beautiful, something simple that every school child in the world could commit to memory and that could hang, framed, in every cottage on the globe.[337]

Neben der Bedeutung als rhetorisch besonders wirkungsvolle Reformulierung des Menschenrechtsgedankens kann der hier verwendete Ausdruck auch als Begründungsfigur intendiert gewesen sein. Den entstehungsgeschichtlichen Dokumenten läßt sich zwar kein expliziter Hinweis darauf entnehmen. Jedenfalls haben die Autoren der beiden UNO-Menschenrechtspakte sich für diese Lesart entschieden, indem sie den Präambeln jeweils die Feststellung einfügten, "daß sich diese Rechte aus der dem Menschen innewohnenden Würde herleiten".[338]

In Smuts´ eigenem Entwurf, so ist noch zu bemerken, taucht der Terminus "Würde" nicht auf, statt dessen ist von "the sanctity and ultimate value of human personality" die Rede. Daß diese Formulierung durch den Ausdruck "Würde" ersetzt wurde, scheint vor allem auf die Absicht zurückzuführen zu sein, eine weltanschaulich neutrale Umschreibung zu finden (und das heißt hier, eine Umschreibung, die religiöse Konnotationen vermeidet). Daß der Begriff der "Würde" dies zu leisten imstande war, läßt sich u.a. auch anhand der - allerdings in Zusammenhang mit dem ersten Artikel der

---

S.17. Auch Nowaks Kommentar zum "Internationalen Pakt über bürgerliche und politische Rechte" von 1966, in den die Präambel der AEMR ja übernommen wurde, expliziert den Menschenwürde-Begriff lediglich über das Merkmal der Überpositivität: es solle damit der naturrechtliche im Gegensatz zum bloß völkerrechtlichen Ursprung der Menschenrechte markiert werden, vgl. ebd. S.3.

[337] Der US-Delegierte Stassen, zitiert nach GILDERSLEEVE (1959), S.344; der Hinweis entstammt RUSSELL (1958).

[338] "Internationaler Pakt über bürgerliche und politische Rechte" und "Internationaler Pakt über wirtschaftliche, soziale und kulturelle Rechte", beide v. 1966, abgedr. in SIMMA/FASTENRATH (1998), S.25ff. und 66ff.

UNO-Deklaration geführten – Debatte ablesen.[339] Hier wurden Verweise auf die Gottebenbildlichkeit des Menschen ebenso wie solche auf die Natur als Quelle von Rechten ausdrücklich verworfen, mit dem Argument, es müsse eine für alle konsentierbare Formulierung gefunden werden. Die Rede von einer allen Menschen zukommenden Würde schien dieses Kriterium zu erfüllen und wurde von keiner Seite beanstandet.

2. Artikel 1 AEMR

(a) Entstehung

Der erste Artikel gehörte zu den umstrittensten der gesamten Deklaration.[340] Er lautet:

> "Alle Menschen sind frei und gleich an Würde und Rechten geboren. Sie sind mit Vernunft und Gewissen begabt und sollen einander im Geiste der Brüderlichkeit begegnen."[341]

Der Artikel scheint für die Frage nach der Bedeutung eines verfassungsrechtlichen Menschenwürdebegriffs besonders interessant, aus zweierlei Gründen: zum einen, weil die Anrufung der allen Menschen eigenen Würde hier ein zweites Mal erfolgt und überdies außerhalb der Präambel. Das könnte als Indiz dafür gewertet werden, daß ihr mehr als deklamatorische Funktion zugedacht war. Zum anderen, weil sich diese Formulierung, verglichen mit historischen Vorbildern, gerade durch die Hinzufügung des Terminus "Würde" unterscheidet. Schließlich wird der erste Artikel der französischen Menschenrechtsdeklaration mit den Worten eingeleitet, "die Menschen werden frei und gleich an Rechten geboren(...)" - von Würde ist in diesem ansonsten gleichlautenden Satz nicht die Rede.[342] Auch hier

---

[339] Vgl. LINDHOLM (1992), S.44ff., VERDOODT (1964), S.82f.

[340] Vgl. LINDHOLM (1992), S.31ff, S.42.

[341] Der Artikel entstammt in seinen Grundzügen der Feder des französischen Mitgliedes der Redaktionskommission, Cassin. Der Vorschlag, im Begriff der Menschenwürde das "Grundgewebe" ("basic woof") der Deklaration zu sehen, war allerdings zuvor schon vom Vertreter Libanons, Malik, eingebracht worden. Vgl. LINDHOLM (1992), S.34. Zur Entstehung des Artikels ferner Verdoodt (1964), dort insbes. S.78ff.

[342] Zit. n. HARTUNG/COMMICHAU/MURPHY (HG.) (1998), S.75. Vergleiche auch Abschnitt 1 der *Virginia Bill of Rights* von 1776, in dem es heißt: "That all men are by

möchte man substantielle Gründe für diesen Zusatz vermuten. Stellt er eine bahnbrechende Erweiterung des Menschenrechtskatalogs klassischen Typus dar, wie zum Teil behauptet wird?[343] Und findet sich hier möglicherweise der Vorläufer des ersten Grundgesetz-Artikels, dem ja eine vergleichbare systematische Stellung zukommt?

Leider geben die Debatten um diesen Artikel nicht viel an die Hand, um diese Fragen zu beantworten. Denn bei den betreffenden Auseinandersetzungen stand nicht der Menschenwürde-Begriff im Vordergrund, sondern die theoretische Grundlage und praktische Funktion des *gesamten* Artikels. Es lassen sich dieser Debatte daher nur einige wenige Hinweise darauf entnehmen, welche Funktion speziell dem Begriff der Menschenwürde zugedacht war. Sie sollen kurz aufgezeigt werden:

Einer der Hauptstreitpunkte betraf die Entbehrlichkeit des Artikels. Kritiker brachten vor, es handele sich dabei um sinnentleerte Rhetorik, die besser in der Präambel aufgehoben sei.[344] Er formuliere, anders als die nachfolgenden Artikel, kein Recht und sei daher zu streichen.[345] Auch wurde befürchtet, die Aufnahme "philosophischer Beteuerungen, die keine justitiablen Rechte zum Ausdruck bringen", müsse zur Folge haben, die Bindungswirkung der Deklaration insgesamt zu schwächen.[346] Die Mehrheit innerhalb der Generalversammlung wollte sich dem Vorschlag, den Artikel zu streichen oder in die Präambel zu transferieren, allerdings nicht an-

---

nature equally free and independant and have certain inherent rights", ebd., S.70, sowie Art.I der *Massachusetts Bill of Rights* vom 2. März 1780: "All men are born free and equal, and have certain natural, essential and unalienable rights"., zit. n. SCHWARTZ (1971), Bd.1, S.340.

[343] Vgl. z.B. LINDHOLM (1992), S.31f., 51ff.

[344] "Solemn affirmations lacking in sense", so das sowjetische Mitglied der Menschenrechtskommission, Alexander Bogomolov, auf der Sitzung vom 17. Juni 1947, zit. n. HUMPHREY (1984), S.44.

[345] So der Regierungskommentar Südafrikas. Ähnlich äußerte sich der Delegierte Panamas, de Alfaro, vor dem Dritten Kommittee der Generalversammlung, vgl. LINDHOLM (1992), S.39 u. 43.

[346] So John Humphrey, der Leiter der Menschenrechtsabteilung des UN-Sekretariats und Verfasser des ersten Entwurfs der Deklaration, welcher selbstredend keine Menschenwürde-Anrufung enthält. Vgl. HUMPHREY (1984), S.44.

schließen.[347] Man könnte vermuten, daß die UNO-Mitglieder daher mehrheitlich der Meinung waren, der Artikel reiche über das generelle Bekenntnis zu überpositiven Menschenrechten hinaus. Die Gründe, die zugunsten des Verbleibs des ersten Artikels angeführt wurden, lassen solche Rückschlüsse allerdings nicht zu.[348] So wurde zum einen die Notwendigkeit betont, sich noch einmal explizit gegen totalitäre Ideologien abzugrenzen. Selbst die Verteidiger des Artikel 1 haben ihn demnach durchaus als *Wiederholung* einer Aussage aus der Präambel verstanden. Im Unterschied zu den Gegnern hielten sie diese Wiederholung allerdings für notwendig: es sollte ein Kernanliegen der Deklaration eigens herausgestellt werden. Zum anderen wurde die Funktion des Artikels für den systematischen Aufbau der gesamten Deklaration betont. Er artikuliere, so das Argument, ein die nachfolgenden Rechte zusammenfassendes Prinzip[349] und stelle auf gelungene Weise die Verbindung von Menschenrechten und -pflichten heraus[350].

So gesehen besäße der erste Satz des Artikels tatsächlich eine hervorragende Funktion: das Prinzip der Menschenrechte zu benennen. Doch wie ist dieses Prinzip zu verstehen? Auch hier liefert die Diskussion anläßlich seiner Entstehung nur wenige Anhaltspunkte für eine Rekonstruktion. Sie soll dennoch versucht werden.

---

[347] Vgl. LINDHOLM (1992), S.44. Anders entschieden sich die Delegierten der Organisation Amerikanischer Staaten bei der Verabschiedung der "Amerikanischen Erklärung über die Rechte und Pflichten des Menschen" vom 2. Mai 1948. Sie nahmen einen annähernd gleichlautenden Satz auf, positionierten ihn allerdings in der Präambel. Ein weiterer interessanter Unterschied zur UNO-Deklaration besteht hier darin, daß zwischen der Begabung des Menschen mit Vernunft und Gewissen und der Pflicht zur Brüderlichkeit ein Begründungszusammenhang hergestellt wird: "Alle Menschen sind von Geburt frei und gleich in ihrer Würde und ihren Rechten, und, da von Natur mit Vernunft und Gewissen ausgestattet, sollten sie einander brüderlich begegnen." Zitiert nach der Übersetzung bei SIEGHART (1988), S.235.

[348] Vgl. VEREINTE NATIONEN (1948) (GAOR C.3), Part I, S.90ff. Die maßgebliche Verteidigung stammt vom "Vater" des Artikels, dem französischen Delegierten Cassin, vgl. die Darstellung bei LINDHOLM, a.a.O., S.42ff., weniger aufschlußreich VERDOODT, S.81f.

[349] So z.B. der belgische Delegierte Carton de Wiart, VEREINTE NATIONEN (1948), S.96.

[350] So der chinesische Delegierte Chang, ebd.

(b) Rekonstruktion der Bedeutung von Art.1 S.1 AEMR
Im Anschluß an Äußerungen von UN-Delegierten wie Kommentatoren der Bestimmung möchte ich verschiedene Lesarten des Satzes erörtern.

(i) Erstens könnte man in der Nennung der Würde des Menschen ein bloßes Synonym für den Besitz von Menschenrechten sehen. Die Formel von der Gleichheit an Würde und Rechten brächte somit auf redundante, aber vielleicht rhetorisch wirkungsvolle, Weise nur das eine zum Ausdruck: daß Menschen als Träger gleicher Rechte gesehen werden. Mit dem Wortlaut des Artikels läßt sich diese Minimallesart vereinbaren. Ob sie von den Autoren der Deklaration intendiert war, scheint hingegen fraglich. Der Vorschlag, den Ausdruck "Würde" als redundant zu streichen, stieß in der Generalversammlung jedenfalls auf Ablehnung.[351]

(ii) Man kann in dem Satz, möglicherweise in dem gesamten ersten Artikel, aber auch ein Begründungsmodell skizziert sehen. In diesem Zusammenhang könnte man zu der Auffassung gelangen, die angesprochene gleiche Würde solle als Fundament der angesprochenen Rechte behauptet werden. Als ein Beispiel einer solchen Lesart sei auf eine Rekonstruktion zurückgegriffen, die auf den ersten Blick nahezuliegen scheint, da sie die ins Auge stechenden Begriffe von Freiheit, Gewissen und Vernunft auf der einen, Würde und Rechte auf der anderen Seite in Verbindung zu setzen versucht. Eine entsprechende Rekonstruktion hat Wetlesen vorgelegt.[352] Ihm zufolge enthält Artikel 1 AEMR zum einen die Behauptung, der Mensch besitze die Eigenschaft der Freiheit (erster Satz), sowie Vernunft und Gewissen (zweiter Satz). In diesem deskriptiven Urteil sei das evaluative fundiert, alle Menschen besäßen gleiche Würde (im Sinne von "intrinsischer Wert"), welches wiederum die Basis liefere für die Behauptung gleicher Rechte.

Die Validität eines solchen Fundierungsansatzes soll hier nicht thematisiert werden. In Frage steht, ob sich der erste Artikel in der vorgeschlagenen Weise interpretieren läßt. Wetlesens Rekonstruktion deckt sich zwar mit

---

[351] Zum Hintergrund dieses Vorschlages vgl. unten, S.185 und FN.363.

[352] WETLESEN (1989). Einer solchen Lesart scheint der hierin allerdings uneindeutige Kommentar Verdoodts an manchen Stellen auch zuzuneigen, vgl. a.a.O. S.84.

durchaus verbreiteten Legitimationsstrategien für Menschenrechte, Legitimationsstrategien, die zudem sicherlich die Zustimmung einiger der UN-Delegierten gefunden hätten. Dennoch ist zweifelhaft, ob damit der Sinn des ersten Artikels adäquat erfaßt ist, aus unterschiedlichen Gründen:
Zum einen spricht viel dafür, das Postulat der Freiheit nicht als eine *Feststellung* zu verstehen, sondern als die - lediglich indikativisch formulierte - *Forderung*, allen Menschen einen Anspruch auf Freiheit zuzugestehen.[353]
Zweitens ging das Bestreben bei Entwurf des Artikels dahin, zu Begründungsfragen gerade nicht Stellung zu nehmen. Die Ableitung von Menschenrechten aus den angeführten Eigenschaften von Vernunft und Freiheit verweist auf - auch innerhalb der Entwurfsdiskussion als eurozentrisch gebrandmarkte - neuzeitliche Naturrechtskonzeptionen und erscheint insofern gerade nicht als konsensfähig.[354]
Abgesehen davon läßt sich auch der Wortlaut des ersten Satzes nur mühsam in das von Wetlesen vorgeschlagene Schema einfügen. Denn zum einen wird der Konnex zwischen der Attribution von Freiheit und der daraus abzuleitenden Würde nicht deutlich. Zum anderen ist nicht ersichtlich, wie die Zuschreibung von Vernunft und Gewissen im zweiten Satz mit der (vermeintlichen) Zuschreibung der anthropologischen Eigenschaft der Freiheit parallelisiert werden kann. Die Nennung von Vernunft und Gewissen scheint im Dienst einer ganz anderen Begründungsfigur zu stehen als der von Wetlesen rekonstruierten. Dies läßt sich bereits daran ersehen, daß

---

[353] Natürlich profitiert die Formulierung "alle Menschen sind frei geboren" insofern von ihrem doppelten (deskriptiven wie normativen) Sinn, als sie einen Zusammenhang zwischen der anthropologischen Eigenschaft der Freiheit und dem geforderten Recht auf Freiheit suggerieren kann. Doch selbst wenn die Formulierung bewußt in dieser Ambiguität aufgegriffen wurde, bleibt bestehen, daß die Kernaussage in der Proklamation eines allen Menschen zukommenden Freiheits*rechtes* zu sehen ist. Dies bestätigen nicht nur die gängigen Interpretationen gleichlautender Bestimmungen in den klassischen Menschenrechtsdeklarationen, sondern auch die Art und Weise, in der die UNO-Delegierten den Artikel paraphrasierten oder explizierten, nämlich als *Recht auf Freiheit*, s. LINDHOLM (1992), S.47f.

[354] So auch LINDHOLM (1992), S.50.

es im zweiten Satz um die Begründung von Pflichten, nicht von Rechten, geht.[355]

(iii) Als problematisch erweist sich die Wetlesensche Konstruktion demnach vor allem mit Bezug auf den ersten Begründungsschritt, den er im Artikel zu finden glaubt. Macht die These vom Begründungsmodell aber nicht auch unabhängig von diesem Schritt Sinn? Es ließe sich doch nach wie vor an der Fundierungsrelation zwischen Würde und Rechten festhalten. Demnach wäre der erste Satz des Artikels in seinem Gesamt so zu verstehen, daß in ihm zum einen ein Recht aller Menschen auf Freiheit erklärt wird ("alle Menschen sind frei [...] geboren"), zum anderen das Prinzip der Rechtsgleichheit (und: "alle Menschen sind [...] gleich an [...] Rechten geboren"), wobei für letzteres die gleiche Würde aller Menschen als Begründung dient (denn: "alle Menschen sind [...] gleich an Würde [...] geboren"). Diese Lesart scheint sowohl mit dem Wortlaut wie mit den bisher sichtbar gewordenen Intentionen der Autoren vereinbar zu sein. Sie ist allerdings noch weiter zu differenzieren. Offen bleibt nämlich, wie man "Würde" als Begründungsfigur zu verstehen hat. Eine Möglichkeit bestünde darin, den Ausdruck als einen bloßen Platzhalter für konkrete Begründungsmodelle

---

[355] Darüber hinaus läßt sich insbesondere der Begriff des "Gewissens" nicht in Wetlesens Modell einpassen, wie ein Blick auf den Entstehungshintergrund zeigt. Der Terminus "Gewissen" stellt die - stark irreführende - Übersetzung des chinesischen Begriffes "Ren" dar, der besser mit einem Begriff wie "Mitmenschlichkeit" oder "Menschlichkeit" übertragen worden wäre. (Der chinesische Delegierte selbst übersetzte "consciousness of his fellow-men" oder "sympathy", zit. n. LINDHOLM (1992), S.33; für nähere Erläuterung vgl. Artikel "Ren" in GELDSETZER/ HAN DING (1986), S.64). Die ursprüngliche Entwurfsfassung stellte die Zuschreibung von Vernunft und Gewissen zudem in den Kontext des Gedankens einer übergreifenden "Menschheitsfamilie", eine Argumentationsfigur, die ja auch in einer Linie mit der Ermahnung zur Brüderlichkeit im zweiten Satz des Artikels steht. So lautete die ursprüngliche Fassung des Cassin'schen Vorschlages:
"All men, being members of one family, are free, possess equal dignity and rights, and shall regard each other as brothers".
In der von einer daraufhin eingesetzten Arbeitsgruppe revidierten Fassung hieß es sodann:
"All men are brothers. They are endowed with reason, members of one family, they are free and possess equal dignity and rights".
Zit. n. LINDHOLM (1992), S.33.

zu verstehen. Insofern er nicht expliziert wird, bleibt er für unterschiedliche Positionen gleichermaßen offen und somit die erwünschte Konsensfähigkeit garantiert.

Den Sinn einer derart abstrakt gehaltenen Begründungsfigur könnte man darin sehen, den Gedanken der Überpositivität der Rechte (bzw. der Gleichheitsthese) zu verkörpern, ohne aber damit zugleich die Quelle der Verbindlichkeit zu benennen. Man könnte darüber hinaus die Möglichkeit sehen, mit einem solchen nach so vielen Seiten hin offenen Begriff (der Würde als eines intrinsischen Wertes des Menschen) eine Leerstelle geschaffen zu haben, die von je spezifischen Begründungsansätzen ausgefüllt werden kann. Dahinter könnte die Hoffnung stehen, daß der "Glaube" an die Existenz überpositiver Rechte aller Menschen wie auch die Motivation, sie zu respektieren, aus unterschiedlichen Quellen gespeist werden können, so daß es jeder Rechtsgemeinschaft, in der diese Rechte positiviert werden, anheim gestellt bleibt, welches Begründungsmodell sie in Anspruch nimmt. Gerade zur Zeit der Entstehung der Deklaration ist diese Hoffnung an prominenter Stelle geäußert worden. Im Vorfeld des Entwurfs der AEMR initiierte die UNESCO 1947 eine internationale Expertenumfrage über die theoretischen Grundlagen der Menschenrechte. Im Vorwort des dabei entstandenen Bandes stellt der katholische Theologe und Philosoph Maritain den Unterschied heraus zwischen dem vordringlichen praktischen Ziel einer Einigung über eine Liste von Menschenrechten und dem theoretischen einer Übereinkunft in Begründungsfragen. Maritain verweist auf das Paradox, daß Begründungen unverzichtbar und doch nicht konsensfähig seien, sieht aber andererseits den Bestand der konsentierbaren moralischen Normen dadurch nicht gefährdet, da er das "Wachsen des moralischen Wissens und des moralischen Gefühls" als "unabhängig von den philosophischen Systemen und den rationalen Begründungen, die sie liefern" begreift.[356] Maritain betonte, das Ziel der UNESCO sei ein *praktisches*: die Einigung auf einen Katalog von Rechten - und gab der Zuversicht Ausdruck, daß sich hier bei allen Unterschieden der "*spekulativen* Ideologie" doch ein gemeinsamer Nenner hinsichtlich der "*praktischen* Ideologie" fin-

---

[356] UNESCO (1949), S.9ff, 12 (eigene Übersetzung). Für eine derzeit einflußreiche Formulierung dieser Unabhängigkeitsbehauptung s. RORTY (1993).

den lasse.³⁵⁷ Die AEMR kann natürlich als Ergebnis eines solchen Konsenses gelesen werden (mit der gravierenden Einschränkung allerdings, daß er zu nicht geringen Teilen auf Lippenbekenntnissen beruht). Ein Verdienst der Deklaration, durch das sie ihre Vorläufer überrage, wird auch heute noch in ihrer Begründungsoffenheit gesehen, darin, "politischer und nicht so metaphysisch zu sein".³⁵⁸ Eben dieser "Neuanfang für die universellen Menschenrechte", der darin liege, die politische und kulturelle Pluralität sichtbar zu machen, zugleich aber "Anhänger aller normativer Traditionen [...] zur Ausarbeitung der Menschenrechte einzuladen", sei die Leistung, die mit Formulierung des ersten Artikels vollbracht worden sei.³⁵⁹

(iv) Eine vierte mögliche Lesart versteht Würde nicht als eine abstrakte Begründungsfigur bzw. als Platzhalter für eine solche, sondern als einen substantiellen Gleichheitsgesichtspunkt. Ein solches Verständnis wird durch die Neigung einiger der Delegierten sowie auch späterer Kommentatoren des Artikels nahegelegt, ihn als "Recht auf Freiheit und Gleichheit" oder auf "gleiche Würde" zu paraphrasieren.³⁶⁰ Im Unterschied zur zweiten Lesart wird hier nicht nur das Postulat angeborener Freiheit und angeborener gleicher Rechte als normativer Satz gelesen, sondern ebenso das einer angeborenen Gleichheit an Würde – auch hier handelt es sich, dieser Lesart zufolge, um die (lediglich indikativisch formulierte) Forderung, Menschen hinsichtlich ihrer Würde gleichzustellen.

Der Vorzug dieser Deutung liegt zum einen in ihrer Konsistenz hinsichtlich des Wortlauts des Satzes, der konsequent in allen seinen Teilen als Artikulation eines Anspruchs, nicht einer Feststellung, gelesen wird. Zum anderen wird vor dem Hintergrund dieser Lesart die Auffassung besser verständlich, der erste Satz formuliere ein die übrigen Menschenrechte umfassendes Prinzip. Ähnlich wie dies auch für die Grundrechtssystematik der

---

[357] Ebd., S.10.

[358] LINDHOLM (1992), S.54

[359] Ebd.

[360] So u.a. die französischen Delegierten Cassin und Grumbach, abgedr. in LINDHOLM (1992), S.48.

deutschen Verfassung vorgeschlagen wurde,[361] kann man im ersten Artikel AEMR ein liberalistisches und ein egalitaristisches Prinzip ausgedrückt sehen, das dann (in den nachfolgenden Artikeln) in die einzelnen Grund- bzw. Menschenrechte aufgegliedert wird. Drittens ergibt sich auf der Grundlage dieser Lesart die Möglichkeit, die Hinzufügung des Ausdrucks "Würde" als substantielle Erweiterung des Rechtsgehaltes der Bestimmung zu sehen, nicht bloß als eine - sei es rhetorische, sei es rechtstheoretische - Floskel.

Um dies zu sehen, ist es erforderlich, sich vor Augen führen, welchen Sinn ein Anspruch auf Gleichstellung hinsichtlich von Rechten *und* Würde besitzen könnte. Die Forderung nach Rechtsgleichheit gehört zu den klassischen Menschenrechten, die in der UNO-Deklaration zudem in zwei weiteren Artikeln Ausdruck findet: dem generellen Diskriminierungsverbot des Art.2 AEMR und dem spezielleren des Art.7. Damit wird die Möglichkeit gleicher Inanspruchnahme der in der UNO-Deklaration statuierten Rechte gefordert sowie die der gleichen Inanspruchnahme einzelstaatlicher Gesetze.[362] Welchen Zugewinn könnte angesichts dessen die Forderung nach gleicher Würde erbringen?

Aufschlußreich erscheint mir in diesem Zusammenhang eine Episode aus der Diskussion innerhalb der Generalversammlung.[363] Ein Delegierter der Union Südafrikanischer Staaten, Te Water, brachte den Vorschlag ein, den Terminus "Würde" zu streichen. Die Achtung der fundamentalen Menschenrechte, so sein Argument, sei gleichbedeutend mit der Achtung der Würde und die Proklamation der letzteren daher überflüssig. Nun stand allerdings Te Waters Vorschlag im Kontext seiner durchaus weiter reichenden Intention, den Umfang der zu garantierenden Rechte auf ein Minimum - eben "fundamentaler" - Rechte einzuschränken. Er verwies dabei ausdrücklich auf die südafrikanische Gesellschaftsordnung, die durch einen großzügigeren Zuschnitt des Rechtekataloges auf den Kopf gestellt zu werden drohte. Hinter Te Waters Vorschlag, den Terminus "Würde" zu streichen, mag daher mehr als der Wunsch nach rhetorischer Ökonomie

---

[361] Vgl. unten S.288f.

[362] Vgl. SKOGLY (1992), S.62f.

[363] Nachzulesen bei VERDOODT (1964), S.81.

gestanden haben: die Angst nämlich, durch die Verbürgung gleicher Würde sehr viel großzügigere Zugeständnisse an den Egalitarismus machen zu müssen als durch die bloße Gewährleistung der Rechtegleichheit.

Inwieweit ist diese Angst bzw. die dahinterstehende These von einer Diskrepanz zwischen Rechten und Würde berechtigt? Eine Antwort darauf hängt davon ab, *welche* Rechte als gleiche gewährleistet werden und natürlich davon, wie "Würde" inhaltlich definiert wird. Da eine solche Definition durch den UNO-Text nicht geleistet wird und sich auch weder bei ihren Autoren noch bei ihren Kommentatoren findet, kann man hier nur spekulativ einige Beispiele für mögliche substantielle Interpretationen von "Würde" geben. Damit soll lediglich illustriert werden, auf welche Weise man einer Verbürgung von Gleichheit an Rechten *und* Würde einen spezifischen Sinn abgewinnen könnte.

Zum einen könnte "Würde" hier durchaus auch im Sinne von *sozialer Status* verstanden werden. Die Forderung nach sozialer Gleichstellung, mindestens soweit dies Konsequenzen für die Bekleidung öffentlicher Ämter und Funktionen hat, gehört zu den Kernforderungen der revolutionären Menschenrechtsbewegungen des 18. Jahrhunderts.[364] Im Kontext dieser Forderung wird der Ausdruck "Würde" (nicht: "Menschenwürde") auch erstmals verwendet.[365] Eine solche Forderung nach Einebnung der sozialen Unterschiede ginge allerdings nicht notwendigerweise über die ohnehin bereits garantierte Rechtsgleichheit hinaus. Denn auch diese erklärt statusgebundene Privilegien - Privilegien, die an Merkmale der Geburt, des Geschlechts, der Rasse etc. gebunden sind - bei der Wahrnehmung der Rechte für unzulässig, und zwar sowohl was die fundamentalen, in der Deklaration benannten Rechte anbelangt wie auch die in jedem Staat eingeräumten ein-

---

[364] Vgl. nur Art.1 der französischen Menschenrechtsdeklaration:
"Die Menschen werden frei und gleich an Rechten geboren und bleiben es. Gesellschaftliche Unterschiede können nur auf den gemeinsamen Nutzen gegründet sein".

[365] Vgl. z.B: PAINE [1971/2], S.320: "The Patriots of France have discovered in good time, that rank and *dignity* in society must take *new ground*. The old one has fallen through. It must now take the substantial ground of *character* instead of the chimerical ground of titles."

fachgesetzlichen Rechte.[366] Die Forderung nach sozialer Gleichstellung könnte aber als Maßstab darüber hinausgehen, bis zu dem Punkt, Maßnahmen des positiven Diskriminierungsschutzes zu gebieten, die Voraussetzung für die Erlangung erstrebenswerter sozialer Positionen sind. Je umfassender der Schutz sozialer Würde ausgestaltet würde, desto weiter reichte die Garantie "gleicher Würde" über die bloße Verbürgung der Rechtsgleichheit hinaus. Wo solche Rechte aber bereits garantiert sind, stellt die Garantie gleicher Würde natürlich keine Erweiterung dar.

Ein Unterschied zwischen Gleichheit an Rechten und Gleichheit an Würde kann sich auch ergeben, wenn man von einer anderen Bedeutung des Ausdrucks "Würde" ausgeht. Versteht man "Würde" z.B. im Sinne von "Selbstachtung", so kann man in Art.1 S.1 AEMR den Anspruch aller Menschen formuliert sehen, gleichermaßen ein "Leben in Würde/ Selbstachtung" führen zu können (oder, wie es gerne heißt: den Anspruch auf ein "menschenwürdiges Dasein"). Hier bedeutet der Anspruch auf gleiche Würde, daß der Staat allen Bürgern gleichermaßen Möglichkeiten bereitstellen muß, ein solches Leben zu führen. Auch dies könnte eine erhebliche Erweiterung des "klassischen" Menschenrechtekataloges hin auf größere Schutz- und Leistungspflichten des Staates nach sich ziehen.

Dies sind nur zwei von einer Reihe möglicher Interpretationen dessen, was "Würde" als Gleichheitsgesichtspunkt heißen könnte. und die ich nicht erschöpfend behandeln kann. Ich werde hier auch nicht die Frage verfolgen, welche Rechtsgüter die *AEMR* faktisch vorsieht oder begründeterweise vorsehen sollte. Festzuhalten bleibt, daß mit dem Zusatz, Menschen besäßen gleiche Würde (und d.h. nach dieser Lesart: sollen sie besitzen), eine Leerstelle geschaffen worden ist, die durch Benennen eines substantiellen Gleichheitsgesichtspunkts ausgefüllt werden könnte. Es müßte hierfür allerdings konkretisiert werden, was der Besitz von "Würde" für Menschen bedeuten könnte. Gleichheit müßte so nicht nur formal als Rechtsgleichheit gedeutet werden, sondern könnte auch anhand eines inhaltlichen Standards

---

[366] Dies ist Art.2 AEMR, der die Gleichheit der "in dieser Erklärung verkündeten Rechte und Freiheiten" statuiert, macht dies explizit: "ohne irgendeine Unterscheidung, wie etwa nach [...] sozialer Herkunft [...]". Art. 7 AEMR, der den Anspruch aller Menschen auf Gleicheit vor dem *Gesetz* betrifft, ist entsprechend zu lesen ("[...] haben ohne Unterschied Anspruch [...]").

gemessen werden. So verstanden böte die Formulierung des ersten Artikels AEMR tatsächlich eine Neuerung.

Daß die Erweiterung der Gleichberechtigungsgarantie um den Begriff der gleichen Würde von den Autoren der Deklaration so verstanden wurde, läßt sich allerdings nicht belegen. Sie ist auch von späteren Kommentatoren nicht auf die hier vorgeschlagene Weise ausgelegt worden und hat insbesondere keine Positivierung durch die später geschlossenen Menschenrechtsverträge erfahren.

Dennoch erscheint es mir nicht unplausibel anzunehmen, daß die UNO-Delegierten die Formulierung darum wählten, weil sie den Zusatz als eine substantielle Erweiterung zum Gleichberechtigungssatz verstanden, auch wenn sie nicht hinreichend reflektiert hatten, welchen. Eine minimale Version dieses Zusatzes kann man in der häufigen Forderung sehen, Menschen nicht nur formal korrekt zu behandeln, sondern ihnen darüber hinaus auch Achtung (und Achtung als prinzipiell Gleiche) zu zollen und diese Achtung in der Art der Behandlung spürbar werden zu lassen.[367]

(v) Denkbar ist schließlich noch eine Kombination der letzten beiden Lesarten. "Würde" kann u.U. als Platzhalter sowohl für ein begründendes Prinzip wie für einen daraus abzuleitenden Gleichheitsgesichtspunkt angesehen werden, deren nähere Bestimmung beide den jeweiligen Rechtsgemeinschaften mit ihren unterschiedlichen weltanschaulichen Ansatzpunkten überantwortet würde. So bestünde, um ein klassisches Beispiel zu nehmen, die Möglichkeit, den intrinsischen Wert des Menschen auf bestimmte als wertvoll erachtete anthropologische Merkmale (wie etwa die Fähigkeit zu vernünftiger Selbstbestimmung) zurückzuführen. Zugleich könnte ein Ideal menschlichen Gedeihens formuliert werden, in dessen Mittelpunkt die Förderung und der Schutz dieser Merkmale steht. Das Ideal der möglichst umfassenden Ausbildung dieser Merkmale könnte das substantielle Gleichheitskriterium liefern. Die Forderung nach gleicher Würde ließe sich also übersetzen in die Forderung, es sei dafür Sorge zu

---

[367] Einen Versuch, die konkreten Folgen, die dies für ein Gemeinwesen haben könnte, auszubuchstabieren, unternimmt SCHAECHTER (1983). Dies ist auch ein wesentlicher Bestandteil der "anständigen Gesellschaft", die Margalit zu zeichnen versucht, DERS. (1996).

tragen, daß allen Bürgern gleichermaßen die Chance gegeben ist, ihre betreffenden Fähigkeiten (zu Vernunft und Freiheit) zu entwickeln und zu erhalten.

(c) Wirkung

Die AEMR ist eine völkerrechtlich nicht verbindliche Deklaration. Sie ist demnach nicht justitiabel. Die in ihr erklärten Menschenrechte haben jedoch eine gewisse Positivierung durch die zahlreichen internationalen Menschenrechtsverträge gefunden, die in ihrem Gefolge entstanden sind. Natürlich sind diese Verträge in ihrem Umfang begrenzt, was sich an den Listen der Unterzeichnerstaaten ablesen läßt. Ebenso begrenzt ist der Grad der jeweiligen Positivierung - zwar gibt es eine ganze Reihe unterschiedlicher Sanktionsinstrumente, doch die wenigsten scheinen stark genug, um Vertragstreue erzwingen zu können.[368]

Der Rechtekatalog der AEMR ist beinahe vollständig in den beiden bereits oben angesprochenen Menschenrechtspakten von 1966 aufgenommen worden. Beide greifen, wie übrigens auch zahlreiche der anderen internationalen Menschenrechtsverträge, mehr oder minder wörtlich auf die Präambel der AEMR zurück. Insofern enthalten auch sie jeweils das Bekenntnis zur "allen Mitgliedern der menschlichen Gesellschaft innewohnenden Würde". Bezeichnenderweise hat aber der durchaus weiterreichende erste Artikel der AEMR (bzw. dessen erster Satz) keinen Eingang in eines der Vertragswerke gefunden. Statt dessen findet sich, wie bereits erwähnt, in den Vorsprüchen der beiden Menschenrechtspakte der Zusatz, "daß sich diese Rechte aus der dem Menschen innewohnenden Würde ableiten". Es liegt nahe, daß die Verfasser der Pakte sich, anders als diejenigen der Deklaration, für einen Transfer des ersten Satzes des ersten Artikels in die Präambel entschieden haben, aus dem Gedanken heraus, daß darin keine subjektiv-rechtliche Bestimmung formuliert sei. Die Möglichkeit (und das eigentliche Novum), aus dem Begriff der Menschenwürde einen substantiellen Gleichheitsgesichtspunkt zu gewinnen, ist damit in den Pakten verlorengegangen. Die Erwähnung der Menschenwürde bleibt hier auf der Ebe-

---

[368] Die wichtigsten internationalen Menschenrechtsverträge finden sich in der Sammlung von Simma und Fastenrath, a.a.O. Einen Überblick über die verschiedenen Sanktionsinstrumente verschaffen die Artikel 73-78 bei WOLFRUM (Hg.) (1991).

ne nicht-justitiabler Präambelrhetorik und hat keine weiterreichende Funktion als die der emphatischen Bekräftigung des Menschenrechtsgedankens einerseits sowie eines Platzhalters für eine Begründungsfigur. Abgesehen von den sie positivierenden Menschenrechtskonventionen hat die AEMR aber insofern eine Vorbildfunktion entfaltet, als der Ausdruck "Menschenwürde" in zahlreichen weiteren nationalen wie supranationalen Grundrechtsdokumenten aufgegriffen wurde, auch in der Formulierung des Art.1 S.1 AEMR.[369] Und es steht außer Zweifel, daß sie dem Ausdruck zu einer ungeheuren Popularität in alltagssprachlichen Kontexten verholfen hat. Allerdings hat dies nicht dazu beigetragen, dem Terminus schärfere Konturen zu geben, sondern eher der Tendenz Vorschub geleistet, "Menschenwürde" und "Menschenrechte" gleichzusetzen. Man kann sich daher fragen, ob es einen wirklich merklichen Verlust bedeutet hätte, wäre auf diesen Begriff ganz verzichtet worden. In der *Europäischen Menschenrechtskonvention*, dem bislang wirksamsten supranationalen Menschenrechtsdokument, ist dies geschehen: hier werden, unverkennbar auf den Wortlaut der UNO-Deklaration verweisend, einzig die in ihr positivierten "Grundfreiheiten" als "Grundlage von Gerechtigkeit und Frieden in der Welt" bezeichnet.[370]

---

[369] Vgl. z.B. Art.1 S.1 der Verfassung der Tschechischen Republik von 1992, abgedr. In HEIDELMEYER (1997), S.143.

[370] Präambel der "Konvention zum Schutze der Menschenrechte und Grundfreiheiten" vom 4. Nov. 1950, abgedr. in SIMMA/FASTENRATH (Hg.), (1999), S.258. Zur Reichweite der Konvention vgl. JANIS/KAY/BRADLEY (1995), Kap.1.

Kap. 2: Die Entstehung von Art.1 Abs.1 Grundgesetz

In diesem Kapitel soll es um den entstehungsgeschichtlichen Kontext von Artikel 1 Abs.1 S.1 Grundgesetz (abgek.: GG) gehen.
Dabei ist zunächst einmal zu fragen, ob sich ein Zusammenhang zwischen den im vorigen Kapitel behandelten "Menschenwürde-Artikeln" und dem des Grundgesetzes nachweisen läßt. Aus dem zur Irischen Verfassung Gesagten erübrigt es sich, einem Zusammenhang mit diesem Text noch einmal gesondert nachzugehen. Interessanter ist aber die Frage nach einem möglichen Bezug zu Art.151 Abs.1 WRV und Artikel 1 AEMR.

§ 1 Vorbilder

(i) Einfluß des Weimarer Artikels?
Man könnte vermuten, daß es sich beim Weimarer "Menschenwürde-Artikel" um einen historischen Vorläufer des ersten Grundgesetz-Artikels handelt. Diese Vermutung ist jedoch aus zwei Gründen verfehlt. Zum einen lassen sich den Dokumenten zur Entstehungsgeschichte des Grundgesetzes keinerlei Hinweise darauf entnehmen, daß ihre Verfasser sich an der Weimarer Bestimmung orientiert hätten.[371] Dem entspricht die geringe Beachtung, die der Weimarer Artikel im seither entstandenen Schrifttum zu Art. 1 Grundgesetz gefunden hat: hier wird die Weimarer Norm in der Regel zwar angeführt, konkrete Bezüge zum Grundgesetz-Artikel werden dabei allerdings nicht herausgestellt.
Zum anderen - und dies mag die Zurückhaltung der Autoren wie der Interpreten des Grundgesetzes erklären - kam Art.151 Abs.1 S.1 WRV eine prinzipiell andere Rolle zu als dem Menschenwürdesatz des Grundgesetzes. Der Weimarer Artikel fungierte als oberstes Prinzip der sozialen Grundrechte der Verfassung. Da die Grundgesetz-Geber bewußt darauf verzichtet hatten, soziale und wirtschaftliche Grundrechte in die Verfassung aufzunehmen,[372] konnte dieser Artikel auch gar nicht in ihren Blickpunkt geraten. Bei der Aufnahme des Menschenwürde-Begriffs in den er-

---

[371] Vgl. die entsprechenden Dokumente, FN.420.

[372] Siehe WERNICKE (1993), Bd.5/I, S.XXXIVf.

sten Artikel standen ganz andere Erwägungen im Hintergrund: so ging es vornehmlich darum, ein oberstes Prinzip der Menschen- und Naturrechtsidee zu formulieren, die man im Grundgesetz verankert sehen wollte.[373] Man knüpfte damit an einen ganz anderen verfassungsrechtlichen Diskurs an, der aus Opposition zum und in Absetzung vom Nazi-Regime entstanden war.

Wenngleich sich auch kein entstehungsgeschichtlicher Zusammenhang nachweisen läßt, so ist andererseits damit nicht gesagt, daß der Artikel durch spätere Auslegungen - durch Rechtsprechung, akademische Literatur und durch das nicht zuletzt auch Maßstäbe setzende Verfassungsvolk -, nicht doch wieder in den Zusammenhang der sozialstaatlichen Forderungen gerückt wurde, in dem es zur Zeit der Weimarer Verfassung stand.

2. Einfluß von Art.1 AEMR?

Den Autoren des Grundgesetzes, die zum Teil zeitgleich mit denen der AEMR berieten, stand ein Entwurf der UNO-Deklaration zur Verfügung.[374] Die Initiative, den Menschenwürdeschutz im ersten Artikel des Grundgesetzes aufzunehmen, wurde allerdings nicht mit Verweis auf die UNO-Deklaration begründet - hier gab es, wie später noch zu zeigen sein wird, ein anderes Vorbild, den sogenannten "Herrenchiemseer Entwurf". Generell tauchen Bezugnahmen auf den Menschenwürde-Begriff der UNO-Erklärung nicht häufig auf. Die einzige Ausnahme findet sich anläßlich der Diskussion um die Frage, ob der Menschenwürde-Begriff des Grundgesetzes als *Fundament* der Menschenrechte herausgestellt werden sollte. Hier versuchte eines der Mitglieder seine diesbezügliche Forderung zu untermauern, indem es sich wiederholt auf die Autorität des UNO-Entwurfs berief.[375]

---

[373] Siehe unten die Ausführungen in Abschnitt § 4 "Die Diskussion im Parlamentarischen Rat", S.208ff.

[374] Vgl. den Entwurf der AEMR vom 16. September 1948, abgedruckt in WERNICKE/ BOOMS, Bd.5/I (1993), S.220ff.

[375] Es handelte sich um den Vorsitzenden des Grundsatzausschusses des Parlamentarischen Rates, den CDU-Abgeordneten von Mangoldt. Von Mangoldt bestand darauf, im Grundgesetz einen Zusammenhang zwischen Menschenwürde- und Menschenrechts-Bekenntnis ausdrücklich festzuhalten. Er führte dafür zwei Argumente an: zum einen bilde die Menschenwürde das Fundament der Menschenrechte, zum anderen

Wie auch immer die kausalen Zusammenhänge im Einzelnen zu beschreiben wären, es fällt auf, daß man sich in beiden Fällen dazu durchgerungen hat, das Bekenntnis zur Menschenwürde auch außerhalb der Präambel festzuhalten und es somit von seiner systematischen Stellung her in den Bereich des justitiablen Rechts zu rücken. Weitere Gemeinsamkeiten zeigen sich, vergleicht man die Streitpunkte, um die die jeweiligen Debatten kreisten sowie die Ergebnisse, zu denen man gelangte. Beide Entwurfsgremien erörterten anläßlich ihrer "Menschenwürde-Artikel" die rechtstheoretischen Fragen nach Geltung und Begründbarkeit überpositiver Rechte. Beide entschlossen sich im Ergebnis für ein Bekenntnis zur Überpositivität der Menschenrechte und beide verzichteten bewußt auf jegliche Inanspruchnahme konkreter Begründungsansätze.

Dennoch lassen sich auch Unterschiede ausmachen, wie sich bereits am Wortlaut zeigt. Die UNO-Deklaration stellt, in ihrem ersten Artikel, den Begriff der Würde in den Kontext der Forderung nach Gleichheit, während der Grundgesetz-Artikel den Gesichtspunkt der Unantastbarkeit hervorhebt.

Fragt man nach den unmittelbaren Einflüssen, die zur Entstehung des Menschenwürde-Artikels des Grundgesetzes beigetragen haben, sollte man jedoch auch einen Blick auf die Vor- und Frühphase der Bundesrepublik werfen. Hier fällt auf, daß der Ausdruck "Menschenwürde" in zahlreichen Verfassungsentwürfen und politischen Programmen auftaucht, angefangen von den Verlautbarungen deutscher Exilanten und Exilvereinigungen noch während der Herrschaft der Nationalsozialisten über die Programme der sich neu formierenden politischen Parteien während der Besatzungszeit bis hin zu den ersten Länderverfassungen. Im folgenden sollen einige dieser Beispiele angeführt werden.

---

setze die Achtung der Menschenwürde voraus, daß die Menschenrechte respektiert würden. Für seine Position zog er mehrfach das Beispiel der UNO-Deklaration heran, in deren Präambel er diesen Zusammenhang herausgestellt sah. Vgl. die *22. Sitzung des Ausschusses für Grundsatzfragen vom 18.11.1948*, abgedr. in WERNICKE/ BOOMS, Bd.5/II (1993), S.584ff.

§ 2   Die Vorphase der Entstehung

1. Deutscher Widerstand und Exil

Betrachtet man die politischen Manifeste und Verfassungsentwürfe, die von Gegnern der nationalsozialistischen Herrschaft im inneren wie äußeren Exil verfaßt wurden, so fällt vor allen Dingen ins Auge, wie häufig der Begriff der Menschenwürde von Vertretern der Sozialdemokratie in Anspruch genommen wird. Zu nennen ist hier das sogenannte "Prager Manifest" der Sopade (der Exil-Organisation der SPD), das im Januar 1934 unter dem Titel "Kampf und Ziel des revolutionären Sozialismus - die Politik der Sozialdemokratischen Partei Deutschlands" erschien.[376] Dort heißt es unter Punkt V: "Die Revolution der Gesellschaft", die sozialistische Gesellschaft gebe "der Persönlichkeit ihr unveräußerliches Recht und ihre Menschenwürde zurück", ferner sei "die sozialistische Neuordnung der Wirtschaft Mittel zum Endziel der Verwirklichung wahrer Freiheit und Gleichheit, der Menschenwürde und voller Entfaltung der Persönlichkeit".[377] Dabei bezeichnen sich die Verfasser als "Erben der unvergänglichen Überlieferungen der Renaissance und des Humanismus, der englischen und französischen Revolution". Eine ganz ähnliche ideengeschichtliche Verortung findet sich bereits in dem diesem Manifest vorausgehenden "Programmentwurf" einiger Sopade-Mitglieder[378], abgefaßt im November 1933.[379] Die Autoren protestieren unter Anrufung der "ewigen Menschenrechte, die seit der französischen Revolution unverlierbarer Besitz aller Kulturvölker geworden" seien, und des "Menschheitsideal[s] der klassischen deutschen Philosophie" gegen das nationalsozialistische Regime, in dem "der Mensch auf das Tiefste erniedrigt, seine Würde mit Füßen getreten, seine Freiheit durch den Terror geknebelt ist".[380]

Mit Blick auf die Genese des Grundgesetzes sind aber vor allem zwei weitere Dokumente von Bedeutung, die sogenannten "Londoner" und "Nürn-

---

[376] *Neuer Vorwärts* vom 28.1.1934, abgedruckt in ANTONI (1991), 291ff.

[377] Ebd. S.298.

[378] Friedrich Stampfer, Curt Geyer (alias Max Klinger) und Erich Rinner.

[379] Abgedruckt in MATTHIAS (1968), S.197ff.

[380] Ebd., S.198

berger Richtlinien". Im November 1945 verabschiedete die "Union deutscher sozialistischer Organisationen in Großbritannien", die die Nachkriegsentwicklung der SPD wesentlich beeinflussen sollte,[381] ihre "Richtlinien für eine neue deutsche Staatsverfassung"[382]. Bereits in der Präambel werden "[d]ie Achtung und der Schutz der Freiheit und Würde der Persönlichkeit" als die "unveräußerlichen Grundlagen des staatlichen und gesellschaftlichen Lebens der deutschen Republik" bezeichnet und unter den Zielen derselben auch die "Sicherung einer menschenwürdigen Existenz für alle" angeführt.[383]

Versucht man, die von sozialdemokratischer Seite erfolgten Menschenwürde-Anrufungen inhaltlich zu klassifizieren, so steht man, wie etwa bei der UNO-Deklaration auch, vor dem Problem, daß angesichts der nur vagen Angaben mehrere Deutungen möglich sind. Folgende Kategorien von Menschenwürde-Verbürgungen lassen sich benennen:
Zum einen findet sich die, bereits aus der Weimarer Verfassung bekannte, Garantie eines "menschenwürdigen Daseins" als Ziel sozialdemokratischer Sozial- und Wirtschaftspolitik. Diese Verwendung läßt sich dem sozialdemokratischen Programm unproblematisch zuordnen, auch wenn die rechtlichen und politischen Konsequenzen dieser vagen Forderung nicht immer mit hinreichender Konkretion benannt werden.
Schwieriger fällt die Interpretation derjenigen Verwendungen des Ausdrucks, in denen, wie etwa in der Präambel der "Nürnberger Richtlinien", die Menschenwürde-Garantie in Zusammenhang mit Grund-, insbesondere mit Freiheitsrechten, genannt wird. Zunächst läßt sich konstatieren, daß, anders als die sozialstaatliche Forderung nach einem "menschenwürdigen Dasein", die Präambel der "Nürnberger Richtlinien" eine Neuheit darstellt - und dies nicht nur bezogen auf sozialdemokratische Verfassungstexte bzw. -entwürfe, sondern meines Wissens auch darüber hinaus. Nirgendwo bisher scheint "Menschenwürde" im Verbund mit den Menschenrechten als

---

[381] Vgl. ANTONI (1991), S.97ff.

[382] Abgedr. in ANTONI (1991), S.303ff.

[383] Ebd., S.303. Vgl. ferner den Abschnitt "Die Wirtschaft", als deren Aufgabe es bezeichnet wird, "eine menschenwürdige Existenz für alle zu sichern und den allgemeinen Wohlstand zu heben". Ebd., S.308.

Staatszielbestimmung einer Verfassung vorangestellt worden zu sein. Daß dieses Novum Schule gemacht hat, beweisen die dann von der SPD auf ihrem Nürnberger Parteitag im Juli 1947 angenommenen "Richtlinien für den Aufbau der Deutschen Republik"[384]. Die "Grundrechte und Grundpflichten der Deutschen" anführend werden "die unveränderlichen Ideen der Menschenwürde, der Freiheit und Gerechtigkeit [...]" als "wesentlicher Bestandteil des staatlichen Lebens und der Verfassung" ausgewiesen.[385]
So interessant sich auch der Entwurf einer solchen Präambel ausmacht, zu einem Zeitpunkt, zu dem auch die UNO-Deklaration noch gar nicht Bestand hatte, so unklar ist es, welches Verständnis von Menschenwürde darin zum Ausdruck kommt. Das bloße Nebeneinander von Menschenwürde und Prinzipien oder Rechtsgütern wie Freiheit, Gleichheit, Gerechtigkeit und Entfaltung der Persönlichkeit läßt noch keine Rückschlüsse darauf zu, ob die Menschenwürde den Begriffen als Begründungsfigur vorangestellt wird, als deren Oberbegriff, oder ob damit ein ihnen gleichgeordnetes, eigenständiges Prinzip (oder Rechtsgut) aufgelistet wird. Der Wortlaut ist in dieser Hinsicht nicht aufschlußreich. Ebensowenig kann die Bezugnahme auf Renaissance, Humanismus, auf die revolutionären Menschenrechtserklärungen oder den deutschen Idealismus weiterhelfen, insofern dieser Bezugsrahmen alle genannten Deutungen zuläßt. Natürlich ist nicht ausgeschlossen, daß - und auch hier zeigt sich eine Parallele zur UNO-Deklaration - mehrere oder sogar alle dieser Alternativen zugleich angesprochen sein sollen.
So ist denkbar, daß die Garantie der Würde des Menschen zum einen den Grundgedanken zum Ausdruck bringen soll, daß die (klassischen) Menschenrechte gewahrt werden müssen. Man kann darin also sowohl einen Oberbegriff für den Gedanken universeller überpositiver Rechte sehen wie auch ein (nicht weiter spezifizierte) Begründungsfigur.
Es ist aber gleichfalls denkbar, daß darin ein inhaltlich bestimmtes Rechtsgut formuliert wird. Der Entstehungskontext legt die Vermutung nahe, daß mit der Anrufung der Menschenwürde ein Verbot von Demütigungen sta-

---

[384] Vgl. PROTOKOLL (1948) S.225ff. Die Erläuterungen Walter Menzels hierzu ebd. S.121ff, zu Menschenwürde und Grundrechten S.136ff. Die "Richtlinien" sind auch abgedruckt in BENZ (1979), S.359ff.

tuiert werden sollte, positiv gewendet: eine Garantie der Selbstachtung von Personen. Dies könnte zum einen ein subjektives Abwehrrecht (a) gegen erniedrigende Behandlung von Seiten des Staates oder Dritter einschließen.[386] Es könnte damit aber auch eine umfassendere Konzeption menschlichen Wohls (b) formuliert sein, auf dessen Herstellung der Staat (und eventuell auch seine Bürger) verpflichtet werden soll. Eine solche umfassendere Konzeption könnte auf die Minimalbedingungen dessen hinauslaufen, was ein "menschenwürdiges Dasein" ausmacht (b1), oder aber sehr viel höher gesteckt werden und ein Persönlichkeitsideal (b2) bezeichnen, zu dessen Ausbildung der Staat seinen Bürgern verhelfen soll. Bemerkenswert in diesem letzteren Zusammenhang ist die Präambel der "Nürnberger Richtlinien". Unmittelbar an die oben zitierte Erwähnung der Menschenwürde schließt der folgende Absatz an:

> "Der Mensch ist berufen, in der ihn umgebenden Gemeinschaft seine Gaben in der Freiheit und Erfüllung des Sittengesetzes zu seinem und der anderen Wohle zu entfalten. Es ist die Aufgabe des Staates, dem Menschen hierbei zu dienen."[387]

Hier wird das perfektionistische Ideal eines "seine Gaben" entfaltenden Menschen beschrieben, das sowohl für den je Einzelnen selbst verpflichtend sein soll wie auch für den Staat, der angehalten wird, die Möglichkeiten der Erfüllung dieses Ideals bereitzustellen. Es drängt sich die Frage auf, ob sich diese Zielvorgabe gegebenenfalls als Ausfüllung des Begriffs der Menschenwürde lesen läßt, der im vorangegangenen Absatz genannt wurde.

Als ein Indiz für diese Auffassung läßt sich die württembergisch-badische Verfassung (vom November 1946) heranziehen. Einer Äußerung Carlo Schmids zufolge ist in dieser (vorläufigen) Landesverfassung der Versuch

---

[385] Ebd., Abschn.C, S.361.

[386] Dies legen auch die Ausführungen Menzels bei der Präsentation der "Richtlinien" auf dem SPD-Parteitag nahe, Nachweise s. FN 384.

[387] A.a.O.

unternommen worden, den Begriff der Menschenwürde zu definieren.³⁸⁸ Dieser Hinweis ist vor allen Dingen darum interessant, weil Schmid am Entwurf sowohl der "Nürnberger Richtlinien" wie dieser Landesverfassung Anteil hatte. Schmid erläutert zwar nicht, welche Definition die württembergisch-badische Verfassung tatsächlich gibt. Da die Ähnlichkeit mit der Formulierung im Vorspruch der "Nürnberger Richtlinien" frappierend ist, liegt die Vermutung nahe, die Definition von "Menschenwürde" soll auch hier auf das angesprochene perfektionistische Ideal von Bildung, Autonomie und Sittlichkeit hinauslaufen.³⁸⁹ Wie das genannte Ideal im Einzelnen zu beschreiben wäre, bleibt bei diesen Äußerungen jedoch offen. Denkbar ist zum einen, daß die - über alle parteiideologischen Grenzen hinweg vertretene - These von den den Grundrechten entsprechenden Grund*pflichten* der Bürger Ausdruck finden sollte.

Selbst wenn sich der Ausdruck "Menschenwürde" in sozialdemokratischen Entwürfen besonders häufig findet, so haben auch andere politische Gruppierungen in ihren Programmen und Verfassungsentwürfen vereinzelt davon Gebrauch gemacht. Hier lassen sich die "Grundsätze für die Neuord-

---

[388] Die Äußerung erfolgte anläßlich der Beratungen des Parlamentarischen Rates zum Entwurf des ersten Grundgesetz-Artikels, vgl. die *Vierte Sitzung des Ausschusses für Grundsatzfragen vom 23. Sept. 1948*, abgedr. in WERNICKE/ BOOMS, Bd.5/I (1993), S.66.

[389] Das Bekenntnis zur Menschenwürde erfolgt im Vorspruch:
"In einer Zeit großer äußerer und innerer Not hat das Volk von Württemberg und Baden im Vertrauen auf Gott sich diese Verfassung gegeben als ein Bekenntnis zu der Würde und zu den ewigen Rechten des Menschen, als einem Ausdruck des Willens zu Einheit, Gerechtigkeit, Frieden und Freiheit".
Dem schließt sich, im ersten Absatz des ersten Artikels, unmittelbar die Feststellung an, "der Mensch [sei] berufen, in der ihn umgebenden Gemeinschaft seine Gaben in Freiheit und in der Erfüllung des ewigen Sittengesetzes zu seinem und der Anderen Wohl zu entfalten." In Absatz zwei heißt es sodann: "Der Staat hat die Aufgabe, ihm hierbei zu dienen. [...]".
Interessant ist dabei allerdings, daß das Menschenwürde-Bekenntnis der württembergisch-badischen Verfassung nicht auf die Initiative der SPD, sondern der CDU zurückgeht: auf den Vorschlag des CDU-Abgeordneten und Präsidenten der Verfassungsgebenden Versammlung für Württemberg-Baden, Wilhelm Simpfendörfer, vgl. dessen Vorschlag in der *9. Sitzung des Verfassungsausschusses der Vorläufigen Volksvertretung am 24. Mai 1946*, abgedr. in FEUCHTE (1995), S.223.

nung" des Kreisauer Kreises vom 9. August 1943 nennen.[390] Unter den sieben aufgeführten Grundsatz-Forderungen findet sich auch die nach "Brechung des totalitären Gewissenszwangs und Anerkennung der unverletzlichen Würde der menschlichen Person als Grundlage der zu erstrebenden Rechts- und Friedensordnung." Was damit genau gemeint ist, ist aus sich heraus nicht unbedingt verständlich, doch schließt an diesen Satz die Forderung nach der Möglichkeit sozialer und politischer Partizipation sowie der staatlichen Verbürgung von Arbeit und Eigentum unangesehen der "Rassen-, Volks- und Glaubenszugehörigkeit"[391]. Es handelt sich demnach um eine etwas ungewöhnliche Kombination politischer sowie sozialer Grundrechte mit einem Diskriminierungsverbot, welche jedoch verständlich wird, wenn man sie vor dem Hintergrund der Bestrebung liest, sich von faschistischen Praktiken abzusetzen.[392]

2. Vor- und Frühphase der Bundesrepublik

Spätestens zu der Zeit, zu der sich die deutschen Parteien mit Blick auf eine Aufhebung der Alliiertenregierung in den drei westlichen Besatzungszonen zu konsolidieren begannen, hatte sich "Menschenwürde" als Verfassungsterminus übergreifend durchgesetzt. Eine Sichtung der ersten Parteiprogramme zeigt, daß fast alle Parteien sich in der einen oder anderen Form auf die Menschenwürde berufen. Neben der SPD, auf deren "Nürnberger Richtlinien" im vorangegangenen Abschnitt bereits verwiesen wurde, nahmen insbesondere die konservativen Parteien den Ausdruck in An-

---

[390] Abgedr. in: BENZ (1979), S.94ff.

[391] Ebd., S.95.

[392] Nennenswert ist noch eine Schrift des sogenannten "demokratischen Deutschland", eine parteipolitisch nicht gebundene Arbeitsgruppe Deutscher Emigranten in der Schweiz. Sie veröffentlichte im Mai 1945 "Grundsätze und Richtlinien für den deutschen Wiederaufbau im demokratischen, republikanischen, föderalistischen und genossenschaftlichen Sinne". Darin wird das Desiderat einer "menschenwürdigen Zukunft" für die deutsche Jugend gefordert und "die Achtung vor der Würde des Menschen und die Ehrfurcht vor dem Leben des Mitmenschen" als übergreifendes Erziehungsziel genannt, auf dem Boden eines nur vage als "christlich" und "humanistisch" bezeichneten Weltbildes. Zum Hintergrund vgl. HOEGNER (1959), S.173ff., die "Grundsätze und Richtlinien" sind auch abgedruckt in BENZ (1979), S.103ff.

spruch.[393] Bei den Liberalen kam diese Tendenz nicht so ausgeprägt zum Vorschein.[394] Was die Verfassungsentwürfe anbelangt, die in der Sowjetischen Besatzungszone entstanden, so wurde dort, was nicht weiter verwundert, zunächst nur die Garantie eines "menschenwürdigen Daseins" als Prinzip der Wirtschaftspolitik festgehalten, in fast wörtlicher Übernahme des entsprechenden Artikels aus der Weimarer Verfassung.[395] Die Verfassung der DDR von 1968 kennt darüber hinaus aber auch weiter gefaßte Menschenwürde-Verbürgungen im Kontext des Bekenntnisses zu Grundrechten.[396]

3. Westdeutsche Länderverfassungen

Angesichts der Popularität, die der Ausdruck "Menschenwürde" in der Vor- und Frühphase der Bundesrepublik bereits besaß, verwundert es nicht, ihn auch in zahlreichen Länderverfassungen wiederzufinden. Bevor das Grundgesetz in Kraft trat, hatten schon zehn Landesverfassungen im westdeutschen Raum Bestand. In sieben dieser Dokumente findet sich, in der einen oder anderen Form, eine Berufung auf die Menschenwürde. Angesichts der Tatsache, daß zwei dieser Dokumente - die vorläufigen Ver-

---

[393] Für die Christdemokraten, die erst spät zu einem länderübergreifenden Programm zusammenfanden, vgl. die "Kölner Leitsätze" vom Juni 1945, abgedr. in FLECHTHEIM (1963), Teilbd.II/1, S.30ff; die Frankfurter Leitsätze" der Hessischen CDU vom September 1945, ebd., S.36ff.; den "Aufruf der Christlich-Demokratischen Union Südwürttemberg-Hoohenzollern" vom Juni 1946, ebd. S.47ff.; "Aufruf und Parteiprogramm von Neheim-Hüsten" vom März 1946, ebd., S. 50ff.; das "Ahlener Wirtschaftsprogramm für Nordrhein-Westfalen" vom Februar 1947, ebd., S.53ff., die "Düsseldorfer Leitsätze" vom Juli 1949, S.58ff. sowie das Grundsatzprogramm der CSU vom Dezember 1946., ebd. S.213. Für das Zentrum vgl. das "Soester Programm" von 1945, ebd., S.244ff., sowie das "Kultur-, Wirtschafts- und Sozialprogramm der deutschen Zentrumspartei" vom November 1946, ebd., S.245ff.

[394] Eine Menschenwürde-Garantie ist allerdings im Aufruf der LDPD vom Juli 1945 zu finden, vgl. ebd., S.269ff. In den späteren "Programmatischen Richtlinien" der FDP vom Februar 1964 wird die Erhaltung der Menschenwürde als Ziel der Sozialpolitik aufgeführt, vgl. ebd., S.272ff.

[395] Art.18, Abs.1 des "Entwurf[s] einer Verfassung für die DDR" der SED vom November 1946, abgedruckt in BENZ (1979), S.449ff.

[396] Art.4 und 19.Abs.2 *Verfassung der Deutschen Demokratischen Republik v. 6.4.1968*, GBl. DDR I, zu dieser sowie der veränderten Verfassung der DDR allgemein ROGGEMANN (1989).

fassungen Hamburgs und Großberlins - reine Organisationsstatute darstellten und weder grundrechtliche noch wirtschafts- und sozialpolitische Bestimmungen enthielten, bedeutet dies, daß fast alle frühen Vollverfassungen der westdeutschen Bundesländer die Menschenwürde-Terminologie aufgegriffen haben. Hier findet sich bereits ein ganzes Spektrum an Verwendungen: als allgemeines (unspezifiziertes) Bekenntnis in der Präambel,[397] als eigenständige Menschenwürde-Garantie in einem der Verfassungsartikel, zumeist innerhalb des Grundrechtsteils,[398] in Zusammenhang mit sozialstaatlichen Zielvorgaben und Rechten[399] sowie als Erziehungsziel[400].

Augenfällig ist zunächst, daß parteiideologische Zuordnungen auch hier nicht mehr greifen. Unter den Autoren, die maßgeblich an den Entwürfen der jeweiligen "Menschenwürde-Artikel" beteiligt waren, finden sich Sozial- wie Christdemokraten, Liberale wie Parteilose.[401] Das gilt ebenso für

---

[397] In den Verfassungen von Bayern (1946; BayV) und Rheinland-Pfalz (1947; RhPfV); die Präambel der Bremer Verfassung (1947; BremV) setzt mit einer Zurückweisung der Menschenwürde-Verletzungen durch die Nazis ein und in der der saarländischen Verfassung (1947; SaarlV) wird ein *Recht* auf Anerkennung u.a. der Menschenwürde statuiert.

[398] So in Art.3 Hessische Verfassung (1946; HessV), Art.100 BayV, Art.5 Abs.1 BremV (hier in systematischem Zusammenhang mit Justizgrundrechten), vgl.a. Art.4 RhPfV.

[399] So in Art.27 und 30 HessV, Art.151 Abs.1 BayV, Art.51 sowie 55 RhPfV, Art. 41 Abs.2 sowie Art.43 Abs. 1 Badische Verfassung (BadV) und in Präambel sowie Art.52 Abs.1.S.1 BremV.

[400] Art.131 Abs.2 BayV und Art.26 BremV.

[401] Die Hessische Verfassung ging zu wesentlichen Teilen auf einen sozialdemokratischen Entwurf zurück (vgl. PFETSCH 1986, S.387ff.), ebenso die Präambel der Bremer Verfassung (vgl. hierzu KRINGE (1993), S.215ff.).
Die Präambel der Verfassung von Württemberg-Baden wurde auf Initiative eines CDU-Abgeordneten aufgenommen, vgl. FN.389. Die sozialstaatlich orientierten Menschenwürde-Artikel der Badischen Verfassung gehen ebenfalls auf die Initiative der "Badischen Christlich Sozialen Partei" (BCSV) zurück. Das geht aus dem unter Führung der Konservativen entstandenen Entwurfes des Staatssekretariats sowie dem Verfassungsentwurf der BCSV hervor, abgedr. in FEUCHTE (1999), S.275ff und S.323ff. Unter maßgeblichem Einfluß der christlichen Parteien sind auch die betreffenden Bestimmungen der Verfassung von Rheinland-Pfalz zustandegekommen, vgl. SÜSTERHENN/ SCHÄFER (1950), S.63ff.

die Menschenwürde-Verbürgungen im Rahmen sozialstaatlicher Forderungen, die durchaus nicht allein auf die SPD-dominierten Verfassungsentwürfe entfallen.

Kennzeichnend für die Menschenwürde-Verbürgungen der ersten Länderverfassungen scheint mir ferner das Folgende:

Zum einen steht hinter einigen dieser Bestimmungen sichtbar der Wunsch, sich vom nationalsozialistischen Unrecht abzugrenzen. Dies zeigt sich besonders deutlich am Vorspruch zur Bremer Verfassung, in der es heißt:

"[e]rschüttert von der Vernichtung, die die autoritäre Regierung der Nationalsozialisten unter Mißachtung der persönlichen Freiheit und der Würde des Menschen in der jahrhundertealten Freien Hansestadt Bremen verursacht hat".[402]

Interessant ist unter diesem Aspekt auch das Verbot rassistischer oder anderweitig diskriminierender Beleidigungen, das die rheinland-pfälzische Verfassung kennt und das hinter der hessischen Menschenwürde-Garantie des Art.3 und dem ihm nachgebildeten Art.7 der Badischen Verfassung steht.[403] Auch das Erziehungsziel der Achtung oder Ehrfurcht vor der Menschenwürde muß man vor diesem Hintergrund lesen.

Ein weiteres hervorragendes Merkmal ist die gewachsene Bedeutung sozialstaatlicher Menschenwürde-Garantien. Das zeigt sich bereits quantitativ: in immerhin fünf der betreffenden Dokumente werden sozialstaatliche Ziele als Gewährleistung von "Menschenwürde" resp. "menschenwürdigem

---

Für den "Menschenwürde-Artikel" der Bremer Verfassung (Art.5 Abs.1) zeichnet hingegen der Liberale Spitta (BDV) verantwortlich, vgl. KRINGE (1993), S.78 u. 240. Art.100 der Bayerischen Verfassung wiederum ist dem Vorschlag des unabhängigen Sachverständigen der verfassungsgebenden Versammlung Nawiasky zu verdanken, vgl. STENOGRAPHISCHE BERICHTE, Bd.I,S.233 sowie unten S.205ff.

[402] Präambel der Brem.Verf.

[403] Vgl. Art.4 RhPfV, in dem allerdings von der "*Ehre* des Menschen" die Rede ist. Der Verfassungsentwurf von Zinn und Arndt stellte das Verbot diskriminierender Beleidigungen ebenfalls unter den allgemeinen Schutz der "Ehre des Menschen", in der endgültigen Fassung blieb die Garantie von "Ehre und Würde des Menschen" übrig, die nicht mehr in das entsprechende Beleidigungsverbot konkretisiert wurde. Vgl. für den Entwurf PFETSCH (1986), S.387ff. Art. 7 Abs.1 und 2 besteht in einer fast wörtlichen Übernahme des hessischen Artikels.

Dasein" formuliert. Dabei werden die betreffenden Menschenwürde-Verbürgungen, über allgemein formulierte Staatsziele hinausgehend, auch bereits mit spezifischen Regelungsbereichen verknüpft: mit den Forderungen nach angemessenen Arbeitsbedingungen und gerechter Entlohnung. Es besteht hier also bereits eine Tendenz zur Konkretisierung, die sich in der weiteren Entwicklung des Rechtsterminus "menschenwürdiges Dasein" fortgesetzt hat: in den Verfassungen der *neuen* Bundesländer werden Menschenwürde-Garantien in Zusammenhang mit Wohnraumversorgung[404] und Subsistenzsicherung genannt, aber auch über den Bereich der "sozialen" Grundrechte hinausreichend im Kontext von Strafvollzug[405], Forschung[406] und dem Umgang mit Sterbenden[407].

Diese Befunde zeigen, daß der Ausdruck sich bereits vor Inkrafttreten des Grundgesetzes als verfassungsrechtlicher Terminus etabliert hatte. Dies sowie die Tatsache, daß zwei Drittel der Grundgesetz-Autoren bereits mit Entwürfen auf Landesebene befaßt gewesen waren,[408] könnte vermuten lassen, daß die Präsenz der Menschenwürde-Verbürgungen in den Länderverfassungen nicht ohne Einfluß auf die Entstehung des ersten Grundgesetz-Artikels war. Zur Konkretion des Grundgesetz-Begriffes haben diese Vorgaben dennoch nicht beigetragen. Dies hat verschiedene Gründe: zum einen ist das Grundgesetz generell arm an sogenannten "sozialen" Grundrechten - Menschenwürde-Verbürgungen im Rahmen sozial- oder wirtschaftspolitischer Zielbestimmungen, wie sie zahlreiche der Länderverfassungen kennen, finden sich hier daher nicht. Ebensowenig wird durch andere grundgesetzliche Normen konkretisiert, was mit "Menschenwürde" gemeint ist - der Terminus kommt nur an einer Stelle vor. Zum anderen hat sich die Konkretisierung des Grundgesetz-Artikels als die dominante er-

---

[404] Art.7 Abs.1 der Sächsischen Verfassung (abgek.:SächsV), Art.40 Abs.1 der Verfassung von Sachsen-Anhalt (SaAnhV),Art.45 Abs.2 S.2. brandenburgische Verfassung (BrandV).

[405] Art.54 Abs.1 Brand V.

[406] Art.31 Abs.2 Brand V, Art. 7 Abs.2 Verfassung von Mecklenburg-Vorpommern (MeVoV).

[407] Art.8 Abs.1 S.1 BrandV, Art.1 Abs.1 S.2 thüringische Verfassung (ThürV).

[408] Vgl. PFETSCH (1990), S.26.

wiesen: so hat sich die Rechtsprechung der Länder bei der Auslegung ihrer Menschenwürde-Artikel an den Urteilen des Bundesverfassungsgerichts orientiert und nicht umgekehrt. Auch dort, wo sie über die grundgesetzlichen Bestimmungen hätten hinausgehen können - etwa bei den im Grundgesetz ja fehlenden sozialstaatlichen Forderungen - ist dies weitgehend nicht erfolgt.

Eine eingehendere Analyse der einzelnen Bestimmungen in den Länderverfassungen kann hier nicht geleistet werden.[409] Einzig auf die Menschenwürde-Garantie der Bayerischen Verfassung werde ich unten ausführlicher zu sprechen kommen, da sich von ihr aus eine "Abstammungslinie" zum Grundgesetz-Artikel ziehen läßt - mit allen Vorbehalten, die hier angebracht sind.

§ 3 Der Verfassungskonvent von Herrenchiemsee

Eine der wichtigsten Grundlagen für die Konzeption des Grundgesetzes stellte der sogenannte "Herrenchiemseer Entwurf" dar (Abk.: HChE), erarbeitet im August 1948 von einem von den Ministerpräsidenten der westlichen Besatzungszonen eingesetzten Sachverständigenausschuß.[410] Das Ergebnis ihrer Beratungen wurde in einem um Alternativen ergänzten Entwurf festgehalten, der der verfassungsgebenden Versammlung, dem Parlamentarischen Rat, als unverbindliche Diskussionsgrundlage vorgelegt wurde. Tatsächlich entspricht das Grundgesetz in wesentlichen Zügen dem Zuschnitt, der der Verfassung bereits im Herrenchiemseer Entwurf zugedacht war.[411] Auch die Berufung auf die Würde des Menschen im ersten Artikel findet sich, wenngleich in etwas anderer Form, in dieser Vorlage:

"Artikel 1:

---

[409] Vgl. aber hierfür STIENS (1997), S.235ff. Trotz ihres Bemühens, die Novität und Eigenständigkeit der landesverfassungsrechtlichen Regelungen herauszustreichen, scheinen ihre Ergebnisse jedoch eher zu bestätigen, daß die bundesrechtliche Ausgestaltung der Menschenwürde-Garantie durch die landesrechtliche kaum erweitert wird.

[410] Auskunft über die Zusammenstellung des Verfassungskonvents sowie über den Verlauf der Verhandlungen gibt BUCHER in der Einleitung zu WERNICKE/ BOOMS, Bd.2 (1981), S.VIIff..

[411] Einen Überblick über die Gemeinsamkeiten gibt OTTO (1971), Kap.II.

(1) Der Staat ist um des Menschen willen da, nicht der Mensch um des Staates willen.

(2) Die Würde der menschlichen Persönlichkeit ist unantastbar. Die öffentliche Gewalt ist in allen ihren Erscheinungsformen verpflichtet, die Menschenwürde zu achten und zu schützen."[412]

Der Bericht des Verfassungskonvents macht allerdings keine weiteren Aussagen dazu, wie sich insbesondere der erste Satz des zweiten Absatzes konkretisieren ließe. Auch dem Bericht des "Unterausschusses für Grundsatzfragen", auf dessen Vorschlag dieser Artikel zurückgeht, ist nicht mehr zu entnehmen. Allenfalls ließe sich anhand der systematischen Nähe der Menschenwürde-Verbürgung mit der Staatszielbestimmung im ersten Absatz des Artikels der Schluß ziehen, daß der Artikel insgesamt die Konzeption eines Staates zum Ausdruck bringen soll, der seine primäre Funktion in der Gewährleistung der Menschenrechte seiner Bürger sieht, wobei Absatz zwei als Bekräftigung (durch den ehrfurchtheischenden Ausdruck "Menschenwürde") und Konkretisierung (durch den Hinweis auf die Bindung der Staatsgewalten) gedacht ist. Doch selbst dies läßt sich mit Eindeutigkeit nicht sagen.

Allerdings ist es in diesem Falle möglich, die Person zu identifizieren, auf die der Vorschlag, einen "Menschenwürde-Artikel" in das Grundgesetz aufzunehmen, aller Wahrscheinlichkeit nach zurückzuführen ist: auf den Verfassungsrechtler Hans Nawiasky. Nawiasky stellte eines von drei Mitgliedern einer Kommission, die beauftragt war, für den "Unterausschuß für Grundsatzfragen" des Verfassungskonventes einen Grundrechtskatalog zu entwerfen, und er war dabei sowohl wort- wie federführend.[413] Doch nicht allein wegen seiner bestimmenden Rolle innerhalb der Kommission - wie im "Grundsatz-Ausschuß" überhaupt - läßt sich Nawiasky die Initiative für diesen Artikel des Herrenchiemseer Dokumentes zuschreiben. Nawiasky

---

[412] Vgl. *Verfassungsausschuß der Ministerpräsidentenkonferenz der westlichen Besatzungszonen. Bericht über den Verfassungskonvent auf Herrenchiemsee v. 10 bis 23. August 1948. C: Entwurf eines Grundgesetzes*, abgedr. in WERNICKE/ BOOMS, Bd.2 (1981), S.579 (580).

[413] Vgl. WERNICKE/ BOOMS, Bd.2 (1981), S.216f., FN 83, s.ebd. Einleitung, S.LXXXf.

war bereits als Autor eines anderen "Menschenwürde-Artikels" in Erscheinung getreten: in seiner Eigenschaft als Sachverständiger des bayerischen Verfassungskonventes hatte er der bereits eineinhalb Jahre zuvor verabschiedeten bayrischen Verfassung zu einem solchen Novum verholfen.[414] Es könnte also von Interesse sein zu hören, welche Überlegungen Nawiasky bewogen haben, sowohl die bayerische wie die bundesdeutsche Verfassung um eine solche Bestimmung zu erweitern.
Nawiasky, der als jüdischer und demokratisch gesinnter Juraprofessor in München 1933 selbst zur Emigration gezwungen worden war,[415] schildert das Motiv für seinen Vorschlag (bezüglich der bayerischen Verfassung) in folgenden Worten:

> "Er [der Verfasser] ging von der Tatsache aus, daß in der Praxis der nationalsozialistischen Behörden, ganz abgesehen von der sonstigen Verleugnung elementarer Rechtsgrundsätze, zusätzlich eine empörende Mißachtung der persönlichen Würde des Menschen gang und gäbe war, und dieser sollte mit Nachdruck entgegengetreten werden."[416]

Das Zitat selbst ist nicht leicht zu deuten, insofern unklar ist, welches die "sonstigen elementaren Rechtsgrundsätze" sind, von denen der Menschenwürdeschutz unterschieden wird. Es liegt aber die Vermutung nahe, Nawiasky habe seinen "Menschenwürde-Artikel" als Formulierung eines einzelnen Grundrechtes *neben* anderen (wie z.B. dem Recht auf Leben, Frei-

---

[414] Nawiaskys erste und widerspruchslos übernommene Eingabe erfolgte auf der 10. Sitzung des Verfassungsausschusses v. 1.August 1946, Vgl. STENOGRAPHISCHE BERICHTE, Bd.I,S.233. Generell zur Mitarbeit Nawiaskys an der Bayerischen Verfassung sowie bereits zuvor am Verfassungsentwurf des Ministerpräsidenten Hoegner vgl. HOEGNER (1950), S.1. Der betreffende Artikel der Bayerischen Verfassung (Art.100 BV) lautet: "Die Würde der menschlichen Persönlichkeit ist in Gesetzgebung, Verwaltung und Rechtspflege zu achten". Darüber hinaus findet der Begriff der Menschenwürde sogar an drei weiteren Stellen Erwähnung: in der Präambel (Abkehr von der Mißachtung der Menschenwürde im zweiten Weltkrieg), als Erziehungsziel (Achtung der Menschenwürde, Art.131 Abs.2 BV) sowie als wirtschaftspolitische Zielvorgabe (Gewährleistung eines menschenwürdigen Daseins, Art.151 Abs.1 BV).

[415] Zur Biographie Nawiaskys s. ZACHER (1997).

[416] NAWIASKY/LECHNER (1953), S.110

heit(en), politische Partizipation etc.) verstanden. Für diese Deutung spricht zum einen, daß für Nawiasky selbst an der subjektiv-rechtlichen Qualität des Art. 100 BV kein Zweifel besteht - vielmehr macht er keinen Hehl aus seiner Kritik an der vom Herrenchiemseer Entwurf abweichenden Formulierung des Parlamentarischen Rates, die nahelegen könnte, es handele sich lediglich um eine "philosophische Begründung des ganzen Grundrechtsabschnittes und gar nicht um einen verbindlichen Rechtssatz".[417] Zum anderen stellt er klar, daß "an die Aufstellung eines *zentralen* Rechtsguts als elementare Grundlage der Grundrechte" - wie dies seiner Darstellung zufolge nach Inkrafttreten des Grundgesetzes durch die *Rechtsprechung* zu Art.1 GG geschehen ist - "in keinem Augenblick gedacht" war.[418] Obzwar Nawiasky diese Entwicklung des Grundgesetz-Artikels zu einem die übrigen Grundrechte umfassenden Grundrechts nachträglich gutheißt, war sein eigener Vorschlag für die bayerische Verfassung und den Herrenchiemseer Entwurf noch anders konzipiert. Es bleibt demnach, da einerseits keine "bloß philosophische Begründung" intendiert war, andererseits auch kein umfassendes Rechtsgut, nurmehr die Alternative eines einzelnen Rechtsgutes "Menschenwürde", das den Katalog der bekannten Rechtsgüter erweitern sollte.

Offen bleibt bei Nawiasky allerdings, wie man dieses Rechtsgut inhaltlich fassen sollte. Hier bleibt er so vage, daß Zweifel aufkommen, ob er überhaupt über eine einigermaßen präzise Vorstellung darüber verfügte, welchen Gehalt der von ihm in Anschlag gebrachte neue Verfassungsbegriff eigentlich besitzen sollte. Es ist denkbar, daß sich ihm dieser Ausdruck - wie so vielen anderen - angesichts des erlebten Unrechts einfach aufgedrängt hat. Ähnlich mag es den Abgeordneten der Bayerischen Verfassungsgebenden Versammlung gegangen sein, die den Vorschlag kommentarlos übernahmen.

Geht man von dem oben angeführten Zitat aus, so könnte man Nawiaskys Vorstoß vielleicht als den wenig artikulierten Versuch beschreiben, ein Grundrecht zur Wahrung der *Selbstachtung* von Personen aufzustellen. Art.100 BV besäße dieser Deutung zufolge den Sinn, Personen vor Verlet-

---

[417] NAWIASKY (1950), S.26.

[418] Ebd.

zungen ihrer Selbstachtung zu schützen, wo diese durch andere Grundrechte nicht bereits ausgeschlossen werden.[419] Bedauerlicherweise wurde die Frage, in welcher Hinsicht ein solches Grundrecht über die übrigen Grundrechte hinausgeht, weder von ihm noch von anderer Seite reflektiert.

Es bleibt also auch nach Befragung der Autor-Intentionen noch weitgehend offen, welche genaue Funktion der Menschenwürde-Artikel des Herrenchiemseer Entwurfes innehaben sollte. Bei der Suche nach Anhaltspunkten, die einem dabei weiterhelfen könnten, kann man sich natürlich auch fragen, ob nicht auch die dem Entwurf folgende Ausdeutung des bayerischen Menschenwürde-Artikels durch Rechtsprechung und Lehre Fakten geschaffen haben, auf die die "Herrenchiemseer" zurückgreifen konnten. Die Zeit, die zwischen der Entstehung von Art.100 BV und Art.1 GG liegt, war aber zu kurz, als daß die bayerische Judikatur bereits konkretere Vorgaben hätten entwickeln können. Vielmehr ist es umgekehrt so, daß das Bayerische Original in der Folge in den Schatten seines bundesrepublikanischen Nachfolgers geraten ist und die Länderrechtsprechung sowie -lehre sich an der des Bundes orientiert hat.

Im Ergebnis läßt sich demnach nur das Folgende festhalten: Der Wunsch, Entwürdigungen, wie sie die Opfer des Nationalsozialismus erfahren haben, ein für allemal auszuschließen, scheint ein Motiv für den Entwurf des Artikel 1 HChE gewesen zu sein, die Notwendigkeit einer entsprechenden, an den Menschenrechten orientierten Staatszielbestimmung ein anderes. Darüber hinaus läßt sich dem Herrenchiemseer Entwurf aber keine Spezifizierung dessen entnehmen, was unter "Menschenwürde" zu verstehen ist. Wie sah es aber in der Folge aus?

§ 4 Die Diskussion im Parlamentarischen Rat

Die Lektüre der Verhandlungsprotokolle zu Artikel 1 GG vermittelt einem das Bild einer von einem grundsätzlichen Einvernehmen getragenen Dis-

---

[419] Daß es sich bei dem Artikel um ein andere Grundrechte ergänzendes Grundrecht handelt, ist die Meinung Dürigs, s. DÜRIG 1956, S.119.

kussion.[420] Anders als bei einigen der dem ersten Artikel "nachfolgenden Grundrechte" zeichneten sich wenig pointierte Gegensätze ab. Allerdings wurden auch wenig substantielle Präzisierungsvorschläge unterbreitet.
Bereits die Einführung des Artikels geschah fast beiläufig, ohne inhaltliche Diskussion oder Begründung.[421] Der Grundrechte-Katalog, den der SPD-Abgeordnete Bergsträsser für den zuständigen Fachausschuß des Parlamentarischen Rates (dem "Ausschuß für Grundsatzfragen") entworfen hatte, setzte mit den Freiheitsrechten ein und enthielt keine Menschenwürde-Garantie. Bei der Erörterung dieses Papiers wurde dann - in Anlehnung an den ersten Artikel des Herrenchiemseer Entwurfs - der Vorschlag eingebracht, eine solche mitaufzunehmen. Dies wurde von den Mitgliedern des Grundsatz-Ausschusses ohne weiteres akzeptiert, wobei zunächst nur in Frage stand, ob man diese Garantie in einem eigenen Artikel aufführen solle oder als eines der Freiheitsrechte.[422] Bereits hier zeigt sich eine schwankende Haltung dem Status der Menschenwürde-Verbürgung gegenüber, die auch den ganzen weiteren Diskussionsverlauf kennzeichnet: obzwar die Aufnahme einer solchen Verbürgung allseits auf Zustimmung stieß, bestanden eher diffuse Vorstellungen davon, welchen rechtlichen Sinn man

---

[420] Zur Genese des Grundgesetzes vgl. die kommentierte Quellenedition des Deutschen Bundestages und des Bundesarchives, zit. WERNICKE (1975ff.). Eine Übersicht geben DOEMMING ET AL. (1951), speziell zu Art.1 GG S.41ff.
Die verschiedenen Entwurfsstadien lassen sich nachlesen in WERNICKE/ BOOMS, Bd.7 (1995), relevant sind hier v.a. die Dokumente Nr. 1-8 und 11-13.
Zu den verfassungsgebenden Verhandlungen des Parlamentarischen Rates vgl. ferner:
- Die Beratungen im *Unterausschuß für Grundsatzfragen*, der u.a. für den Entwurf der Grundrechte zuständig war, abgedr. in WERNICKE/ BOOMS, Bd.5 (1993), hier die Dokumente Nr. 2-4 (zur Grundrechtskonzeption allgemein) sowie zu Art.1 GG im speziellen die Dokumente Nr.5, 29, (ev. 30) und 42.
- Die Beratungen im *Hauptausschuß*, der für die Koordination der Fachausschüsse zuständig war und beauftragt, politische Vorentscheidungen zu treffen, vgl. hier PARLAMENTARISCHER RAT (1948/49), insbes. die 17. und die 42. Sitzung (vom 3 Dez. 1948 sowie vom 18. Jan. 1949), S.205f. sowie 529ff.
- Die Beratungen im *Plenum*, hier insbes. die *zweite, dritte* und *zehnte* Plenumssitzung (vom 8. und 9.September 1948 sowie vom 8.Mai 1949), abgedr. in WERNICKE/ BOOMS, Bd.9 (1996), Dokumente Nr.2 und 3.
[421] Vgl. die *Dritte Sitzung des Ausschusses für Grundsatzfragen* vom 21. Sept.1948, abgedr. in WERNICKE/ BOOMS, Bd.5 (1993), Bd.5/I, S.50ff.

mit ihr verbinden wollte.[423] So war zwar schnell entschieden, daß die Menschenwürde-Garantie in einem eigenen Artikel dem Grundrechtekatalog vorangestellt werden sollte,[424] doch wurde die Funktion dieser Bestimmung nicht explizit gemacht. Ebenso spärlich sind Definitionsvorschläge oder Aussagen über rechtliche Folgen.

Zusätzlich erschwert wird die Rekonstruktion des Gehaltes der Menschenwürde-Garantie, wie sie den Verfassungsgebern vorschwebte, durch den Umstand, daß der Menschenwürde-Satz zumeist in dem weiteren Kontext des gesamten ersten Artikels diskutiert wurde, so daß sich oft nicht angeben läßt, welche der Funktionen, die dem ersten Artikel zugedacht waren, auf dessen ersten Satz entfallen sollten. Es wird sich in der folgenden Darstellung daher nicht vermeiden lassen, stets wieder die Frage zu stellen, worin sich die Funktion des Menschenwürde-Satzes (Art.1 Abs.1 S.1 GG) von der der übrigen Sätze des Artikels unterscheidet (vom Menschenrechtsbekenntnis des zweiten Absatzes und der Grundrechtsverbürgung des dritten), auch wenn dies eine gewisse Umständlichkeit zur Folge hat.

---

[422] Vgl. v.Mangoldt (CDU), ebd., S.52.

[423] Einen Eindruck von der Unsicherheit, mit der der Begriff selbst gegen Ende der Verhandlungen hin noch gehandhabt wurde, vermittelt der folgende Dialog zwischen dem SPD-Abg. Bergsträsser und dem CDU-Abg. V. Mangoldt. Er fand im Kontext der Diskussion um das Recht auf freie Entfaltung der Persönlichkeit (Art.2I GG) statt. Bergsträsser monierte, unter einem solchen Recht könne er sich nichts vorstellen. Mangoldt repliziert:
"*Vorsitzender [Dr. v. Mangoldt]*: Wenn man so argumentiert, so kann man auch gegen den Begriff der Menschenwürde einwenden, daß man sich darunter nichts vorstellen könne.
Dr. Bergsträsser: Menschenwürde schließt jeden Zwang aus, gegen seine eigene Überzeugung zu handeln. Dies scheint mir eines der wichtigsten Merkmale der Menschenwürde zu sein. Menschenwürde schließt aus, daß jemand geprügelt wird.
Vors. [Dr. v. Mangoldt]: Menschenwürde bedeutet vor allen Dingen, frei verantwortlich zu handeln.
Dr. Bergsträsser: Menschenwürde ist anders ausgedrückt die Freiheit von Zwang, gegen seine Überzeugung zu handeln."
23. Sitzung des Ausschusses für Grundsatzfragen vom 19. Nov. 1948, WERNICKE (1993), Bd. 5/II, S.607.

[424] In der *vierten Sitzung des Ausschusses für Grundsatzfragen* vom 23.Sept. 1948, abgedr. in WERNICKE/ BOOMS, Bd.5/I (1993), S.62ff.

Artikel 1 GG lautet:

"(1) Die Würde des Menschen ist unantastbar. Sie zu achten und zu schützen ist Verpflichtung aller staatlichen Gewalt.

(2) Das Deutsche Volk bekennt sich darum zu unverletzlichen und unveräußerlichen Menschenrechten als Grundlage jeder menschlichen Gemeinschaft, des Friedens und der Gerechtigkeit in der Welt.

(3) Die nachfolgenden Grundrechte binden Gesetzgebung, vollziehende Gewalt und Rechtsprechung als unmittelbar geltendes Recht."

Dabei läßt sich der Aufbau, wie ihn seine Verfasser intendierten, folgendermaßen beschreiben: die Menschenwürde-Garantie steht als "das Wichtigste [...] am Anfang", Absatz zwei formuliert das Verhältnis von Menschenwürde und Menschenrechten, während im dritten Absatz zu den Grundrechten übergeleitet wird.[425]

Vorweggeschickt werden sollte, daß die Parlamentarischen Räte unter den "Menschenrechten" nicht-positive universelle Rechte verstanden, unter den "Grundrechten" die (positiven, unmittelbar geltenden) Rechtsverbürgungen des Grundgesetzes. Dabei stand nicht in Frage, daß letztere als Positivierung ersterer zu verstehen sind, allerdings mit geringerer Reichweite[426] und auch ohne im Einzelnen deckungsgleich zu sein mit den "klassischen" Menschenrechten. Da rasch entschieden war, daß soziale, wirtschaftliche und kulturelle Rechte - Bestimmungen über die "Lebensordnungen", wie diese gerne genannt wurden -, angesichts des provisorischen Status des

---

[425] Vgl. das Résumée des Vorsitzenden des Grundsatzausschusses auf der *Zweiten Lesung des Hauptausschusses*, a.a.O., S.529. Ebenso auf der *32. Sitzung des Ausschusses für Grundsatzfragen* vom 11.1.1949, WERNICKE (1993), Bd.II, S.918: "Wir haben den folgenden Aufbau: Oben darüber steht die Menschenwürde, dann kommt die allgemeine Freiheit, die alles in sich schließt. Art.3, 4 und 5 sind alles Freiheiten, die aus dieser allgemeinen Freiheit fließen und eine Spezialisierung dieser allgemeinen Freiheit darstellen."

[426] Insofern die Grundrechte teils nur Deutschen zukommen, und dort, wo sie unangesehen der Staatsbürgerschaft gewährt werden, natürlich auf den Personenkreis beschränkt bleibt, der sich auf deutschem Hoheitsgebiet befindet.

Grundgesetzes keinen Eingang in die Verfassung finden sollten,[427] wurde von "Menschenrechten" generell nur in Zusammenhang mit bürgerlichen und politischen Rechten gesprochen, häufig war auch nur von "Freiheitsrechten" die Rede.[428]

Welche rechtlichen Funktionen des Menschenwürde-Satz lassen sich nun aus den Verhandlungen des Parlamentarischen Rates herauslesen?

(a) Staatszielbestimmung

Zunächst sticht ins Auge, daß mit dem Satz eine Staatszielbestimmung formuliert werden sollte. Dies läßt sich bereits anhand der Grundsatzreferate ablesen, die von Vertretern der beteiligten Parteien zu Beginn der verfassungsgebenden Verhandlungen (auf der dritten Plenumssitzung) gehalten wurden. Der Schutz der Menschenwürde wurde hier mehrfach in Zusammenhang mit den obersten Zielen der zu entwerfenden Verfassung genannt. So sprach Carlo Schmid (SPD) von der Demokratie als conditio sine qua non der Würde des Menschen,[429] Adolf Süsterhenn (CDU) nannte "Freiheit und Würde der menschlichen Persönlichkeit" als "Höchstwert der Verfassung"[430] und Hans Seebohm (DP) bezeichnete die "Abwehr der Bedrohung der persönlichen Freiheit und Würde des Menschen" als "die grundsätzliche Aufgabe, die es zu lösen gilt"[431]. Auch in späteren Wortbeiträgen von Vertretern unterschiedlicher Parteien wurde die Garantie der "Würde und Freiheit des Menschen" wiederholt als vordringliches Ziel der Verfassung und als Leitlinie des zu schaffenden Gemeinwesens proklamiert.

Man kann den Sinn dieser Staatszielbestimmung paraphrasiert sehen in dem ersten Artikel des Herrenchiemseer Entwurfes, der, wie oben bereits zitiert, mit dem Satz beginnt: "Der Staat ist um des Menschen willen da, nicht der Mensch um des Staates willen." Nachdem diese Formulierung

---

[427] Vgl. bereits oben Fn.372.

[428] Dennoch scheint mir dadurch die Frage nicht entschieden zu sein, ob das Bekenntnis zu den Menschenrechten in Absatz 2 des Artikels als ein Bekenntnis nur zu diesen Menschenrechten der "ersten Generation" zu verstehen ist.

[429] *Zweite Plenumssitzung* vom 8. September 1948, abgedr. in WERNICKE Bd.8, S.36.

[430] Ebd., S.55.

[431] *Dritte Plenumssitzung* vom 9. September 1948, ebd., S.120.

den Widerstand des Abgeordneten Heuss (FDP) provoziert hatte, der damit die "innere Würde des Staates" gekränkt sah,[432] wurde er nicht übernommen. Die darin zum Ausdruck gebrachte Auffassung schien ihm wie den übrigen Beteiligten im Bekenntnis zu Menschenwürde und Menschenrechten aufgehoben.

Als Ziel des Staates, so kann man folgern, wurde der Schutz eines Mindestbestandes an individuellen Rechten gesehen, die dem staatlichen Zugriff entzogen sein sollen. Die Menschenwürde-Garantie formuliert also als Staatszielbestimmung den Grundsatz, den ich oben unter dem Stichwort des "Individualismus" skizziert habe:[433] den Primat des Individuums vor allen anderen staatlichen Zielen.

Dies zeigt auch die Konkretisierung dieses Zieles, die durch den Artikel in seinem Gesamt geleistet werden sollte. Es entsprach dem geteilten Anliegen der Mitglieder des Parlamentarischen Rates, den Grundrechtsschutz verfassungsrechtlich sicherzustellen und dies im ersten Artikel festzulegen. So wurden die Grundrechte als unmittelbar geltendes Recht konzipiert, das auf dem Wege der Verfassungsbeschwerde durch den Bürger einklagbar sein sollte und das alle staatlichen Gewalten, insbesondere auch die Legislative, binden sollte. Darüber hinaus wurden der Einschränkbarkeit und Änderbarkeit der Grundrechtsgarantien Grenzen gesetzt. Im ersten Artikel wurden die Prinzipien der Grundrechtsbindung des Staates explizit artikuliert (Abs.1, S.2 und Abs.3) und der Gedanke einer begrenzten Einschränkbarkeit in Formulierungen wie denen der *Unantastbarkeit* (der Menschenwürde) sowie der *Unverletzbarkeit* und *Unveräußerlichkeit* (der Menschenrechte) festgehalten.[434]

Die Funktion einer Staatszielbestimmung wird somit nicht nur von dem Menschenwürde-Satz allein getragen, sondern in den nachfolgenden Ab-

---

[432] *Dritte Plenumssitzung* vom 9.Sept.1948, abgedr. in WERNICKE/ BOOMS, Bd.9 (1996), dort S.115.

[433] Vgl. oben S.68ff.

[434] Diese Bestimmungen finden ihre Ergänzung in der sogenannten "Wesensgehaltsgarantie" des Art.19 Abs.2 GG, in dem der Schutz eines minimalen Grundrechtskerns, ebenfalls in der Terminologie der "Unantastbarkeit", garantiert wird, sowie der in Art.20 Abs.3 festgelegten Höherrangigkeit des Verfassungsrechts vor dem einfachen Recht, die natürlich auch für die Grundrechte gilt.

sätzen wiederholt und konkretisiert. Es ist aber sicher nicht verkehrt, ihn als pointierte Zusammenfassung dieses Staatszieles zu lesen. Wäre dies die einzige Funktion des Menschenwürde-Satzes, so wäre er rechtlich letztlich entbehrlich, insofern eine entsprechende Garantie unantastbarer Grundrechte diesen Zweck auch hätte übernehmen können, wenngleich vielleicht nicht in gleicher stilistischer Qualität. Man mag es aber u.U. für einen mehr als nur rhetorischen Vorzug des Satzes halten, daß mit ihm die intendierte Absetzung von den totalitären Praktiken des Nationalsozialismus besonders gut zum Ausdruck kommt. Insofern kann man von der unverzichtbaren symbolischen oder pädagogischen Funktion des Satzes sprechen.

(b)   Behauptung der vorpositiven Geltung der Grundrechte
Die Diskussion um die Überpositivität der Grundrechte beherrschte einen erheblichen Teil der Auseinandersetzungen um den ersten Artikel.[435] In gewisser Weise schienen alle Abgeordneten der Auffassung, daß der Grundrechtekatalog eine vorstaatliche Legitimation besitzt und Art. 1 GG diese Überzeugung auch zum Ausdruck bringen sollte. Allerdings befleißigten sie sich dabei einer unterschiedlichen Terminologie: die einen sprachen von "natürlichen" und "gottgegebenen", die anderen von "überpositiven", "vorstaatlichen", "ewigen", "unantastbaren" oder "unabdingbaren" Rechten. Die terminologischen Differenzen spiegeln sachliche: so bestand nicht nur Uneinigkeit darüber, wie die Überpositivität von Rechten theoretisch zu explizieren, zu begründen und im Anschluß daran terminologisch zu fassen sei, sondern auch darüber, welchen rechtlichen Sinn ein solches Bekenntnis zur Überpositivität machen könnte.
Tatsächlich wurden damit unterschiedliche Anliegen verbunden – allerdings ohne sie stets auseinanderzuhalten. Zum Teil wurde die Notwendigkeit, sich explizit zur Vorstaatlichkeit der Grundrechte zu bekennen, damit

---

[435] Die Diskussion dieser Frage wurde in der *Vierten Sitzung des Grundsatz-Ausschusses* anhand einer Vorlage geführt, die die folgende Fassung des Artikel 1 GG vorsah:
"Die Würde des Menschen ruht auf ewigen, einem Jeden von Natur aus eigenen Rechten. Das deutsche Volk erkennt sie erneut als Grundlage aller menschlichen Gemeinschaften an. Deshalb werden Grundrechte gewährleistet, die Gesetzgebung, Verwaltungs- und Rechtspflege auch in den Ländern als unmittelbar geltendes Recht binden."
A.a.O., S.62 (Fn.3).

begründet, es müsse verdeutlicht werden, daß ein Grundbestand von Gütern jeglichem staatlichen Zugriff entzogen sei.[436] Doch waren nicht alle Abgeordneten der Meinung, daß hierfür ein Bekenntnis zur Überpositivität vonnöten sei.[437] Tatsächlich kann man sich fragen, ob diese Forderung nicht effektiver durch positives Verfassungsrecht verankert werden sollte. Und dies ist ja auch geschehen. Wie vorangehend (unter Punkt (a)) bereits gezeigt, wurde einer Änderung oder gar Beseitigung der Grundrechte in ihrem Kernbestand durch die sogenannte "Wesensgehaltsgarantie" und die sogenannte "Ewigkeitsklausel" vorgebeugt. Auf verfassungsrechtlich legalem Wege sind die Grundrechte daher von keiner der staatlichen Gewalten, auch nicht der gesetzgebenden, abzuschaffen. Die Gefahr, der damit allerdings nicht entgegengetreten werden kann, ist die der Mißachtung oder des Umsturzes der Verfassung. Ihr kann mit Mitteln der Rechtssetzung nicht begegnet werden.

Dies zeigt aber den möglichen Sinn einer Vorstaatlichkeitsbehauptung. Sie besitzt selbst nicht die Form einer rechtlich erzwingbaren Norm, sondern den eines Appells, dem eine "erzieherische" Funktion zukommt: vermittels einer rhetorisch einprägsamen Behauptung der Legitimität des Rechtes soll seine Akzeptanz gefestigt und gefördert werden.[438] Hierzu scheint, wie bereits das Beispiel der UNO-Menschenrechtserklärung gezeigt hat, ein Bekenntnis zur "Menschenwürde" besonders geeignet. Das zeigt sich – auch hier entsprechend zur AEMR – am Konsens, mit dem die Menschenwürde als normativer Bezugspunkt der Verfassung akzeptiert wurde. Und sie wurde bewußt als gemeinsamer Bezugspunkt weltanschaulich differierender Parteien herausgestellt. Voran ging eine Auseinandersetzung über die

---

[436] Einige der Äußerungen von Mitgliedern des Parlamentarischen Rates lassen sich in dieser Weise deuten, vgl. v.a. Süsterhenn auf der Zweiten Plenumssitzung, a.a.O., S.55f., sowie auf der *32.Sitzung des Grundsatzausschusses* v. 11.1.1949, a.a.O., S.917.

[437] So lassen sich z.B. Heuss' wiederholt geäußerte Zweifel am Sinn der Vorstaatlichkeitsbehauptung verstehen, vgl. die *Dritte Plenumssitzung*, abgedr. in WERNICKE/ BOOMS, Bd.9 (1996), S.44., ferner die *Dritte* und die *Vierte Sitzung des Grundsatzausschusses*, a.a.O., S.44 und S.67 sowie die *42. Sitzung des Hauptausschusses*, a.a.O., 530.

[438] So wollte Heuss denn im Bekenntnis zur Überpositivität auch vorwiegend eine "moralisch-pädagogische These" sehen, vgl. *Dritte Sitzung des Grundsatzausschusses*, a.a.O., S.44.

religiösen und ideengeschichtlichen Quellen des Ausdrucks, der zunächst von Seiten der konservativen Parteien forciert wurde. Sie beharrten zunächst darauf, die Vorstaatlichkeit der Grundrechte könne nur über die Betonung ihrer "natürlichen" oder auch "göttlichen" Herkunft zum Ausdruck gebracht werden.[439] Bei Abgeordneten der anderen Parteien wurde diese Terminologie aber aus rechtstheoretischen Gründen wie aus solchen der weltanschaulichen Neutralität abgelehnt.[440] Ganz ähnlich wie bei der UNO-Deklaration verzichtete man daher auf Vokabeln wie "Gott" und "Natur" und entschloß sich dazu, Begründungsfragen der philosophischen oder theologischen Spekulation anheimzustellen. Einer vielzitierten Bemerkung Theodor Heuss' zufolge sollte die Menschenwürde-Garantie als eine "nicht-interpretierte These" in die Verfassung eingehen.[441]

(c)   Generalklausel für den Grundrechtskatalog
Man könnte die im vorangehenden Abschnitt erwähnte Berufung auf überpositives Recht allerdings auch als Hinweis auf Normen verstehen, die inhaltliche Kriterien für die Rechtsinterpretation und -fortschreibung liefern, und zwar dort, wo das positive Recht ausfüllungs- und ergänzungsbedürftig bleibt. Aussagekräftig ist in diesem Zusammenhang der Vorschlag v. Mangoldts (CDU) im "Grundsatzausschuß", der Rechtsprechung solle die Möglichkeit eingeräumt werden, den "Untergrund des Naturrechts", auf

---

[439] Vgl. v.a. das Referat des CDU-Abgeordneten Süsterhenn zur Eröffnung der Grundsatzdebatte auf der *zweiten Plenumssitzung* vom 8.Sept. 1948 (abgedr. in WERNICKE/ BOOMS, Bd.9 (1996), S.54ff.) sowie den in der *zweiten Lesung im Hauptausschuß* eingebrachten gemeinsamen Antrag von CDU/CSU, Zentrum und DP, die Menschenrechte als "von Gott gegeben" zu bezeichnen, *42. Sitzung d. Hauptausschusses* vom 18. Jan. 1949, PARLAMENTARISCHER RAT (1948/49), S.530f.

[440] Vgl. die *Neunte Plenumssitzung* vom 6.Mai 1949, abgedr. in WERNICKE/ BOOMS, Bd.9 (1996), S.446f., sowie die *Zweite Lesung im Hauptausschuß, 42. Sitzung* vom 18.Jan. 1949, a.a.O., S.529ff.

[441] *Vierte Sitzung des Grundsatzausschusses*, a.a.O., S.72 sowie S.67; vgl. auch die einflußreiche Stellungnahme des juristischen Sachverständigen Richard Thoma, der ebenfalls dafür plädierte, die Begründungsfrage offen zu lassen, abgedr. in WERNICKE/ BOOMS, BD.5/II (1993), S.361ff.. Selbst der glühende Verfechter der katholischen Soziallehre, der CDU-Abgeordnete Süsterhenn, zeigte sich konziliant: "[...] in dem Begriff der Menschenwürde als dem in der Diesseitigkeit höchsten Wert stimmen wir überein", vgl. die *32. Sitzung des Grundsatzausschusses*, ebd, S.915.

dem die Grundrechte basierten, bei der Auslegung derselben heranzuziehen.[442] Dieser Vorschlag blieb jedoch nicht unwidersprochen. Die SPD-Abgeordneten Zinn und Schmid lehnten die Auffassung eines unmittelbare Rechtsgeltung beanspruchenden "Naturrechts" ab[443] und wiesen auf die mit dieser Auffassung verbundene Gefahr einer beliebigen Interpretation hin[444]. Schmid gab zu bedenken, Artikel 1 stelle "gewissermaßen die Generalklausel für den ganzen Grundrechtskatalog" dar und müsse daher "wohl überlegt" werden.[445] Seine Lösung bestand in der Forderung nach einem "limitativ" gefaßten Grundrechtskatalog, um einer willkürlichen Ausdehnung der subjektiv-rechtlichen Verbürgungen entgegenzutreten.[446] Es ist anhand der Verhandlungsprotokolle nicht klar, ob, und wenn ja, worauf, sich die Mitglieder des "Grundsatzausschusses", die diese Frage diskutierten, letztlich einigten. Schmids Forderung nach einem "Ausschließlichkeitskatalog" fand auf seiten seines Kontrahenten v. Mangoldt keine Zustimmung – man einigte sich auf einen "Mindestkatalog".[447] V. Mangoldt muß demnach die Möglichkeit offengehalten haben, den Grundrechtskatalog unter Rückgriff auf Naturrechtssätze zu ergänzen, ohne damit einen Mindestbestand grundrechtlicher Gewährleistungen zu überschreiten.

Paradox ist aber auch das weitere Verhalten der Gegner der "Naturrechtsklausel". Zwar sprachen sie sich gegen die These von einem zwar ungeschriebenen, aber unmittelbar anwendbaren Naturrecht aus, doch schienen sie nichtsdestotrotz in Artikel 1 die Möglichkeit einer erweiterten Grundrechtsinterpretation zu sehen. So sprach Zinn davon, man müsse "bei der Regelung der Grundrechte [...] irgendwie an die menschliche Würde als Ausgangspunkt anknüpfen"[448] und Schmid führte diesen Gedanken fort,

---

[442] Vgl. v. Mangoldt auf der *Vierten Sitzung des Grundsatzausschusses*, a.a.O., S.64.

[443] Zinn (SPD), ebd. S.66.

[444] Schmid (SPD); a.a.O., S.65: "Wenn wir an dem Satz von dem naturgegebenen Rechte festhalten, müssen wir uns darüber im Klaren sein, daß wir damit jedermann freistellen zu sagen: Naturrecht, wie ich es auffasse."

[445] Ebd., S.64.

[446] Ebd., S.65f.

[447] Vgl. ebd., S.65 und 67.

[448] Ebd., S.66.

indem er die Rede vom "Menschenbild" einführte, von dem der Verfassungsgeber ausgegangen sei und an dem sich die richterliche Interpretation orientieren könne[449]. Man könnte diese Äußerungen möglicherweise wie folgt interpretieren: Zwar wurde die Berufung auf ein vorverfassungsmäßiges *Naturrecht* als Grundlage der Rechtsfortbildung abgelehnt. Statt dessen wurde vorgeschlagen, bei der Grundrechtsinterpretation auf den verfassungsrechtlich positivierten Satz von der unantastbaren *Menschenwürde* zurückzugreifen. Es scheint so, als sei, trotz der Forderung nach einem abschließend formulierten Grundrechtskatalog dennoch die Möglichkeit gesehen worden, die Grundrechtsauslegung und -fortbildung über die "Generalklausel" des Artikel 1 GG zu ermöglichen, wobei dem Menschenwürde-Satz die Schlüsselrolle zugestanden wurde. Angesichts dessen erscheint es logisch, daß von SPD-Seite eine Definition des Menschenwürde-Begriffs gefordert wurde.[450] Unverständlich bleibt aber, daß keine Anstrengung unternommen wurde, eine solche zu geben. Zumindest lassen sich keine Ansätze zu einer rechtlich signifikanten Definition ersehen.[451]

(d) Fazit

Bezogen auf die vorgeschlagenen Kategorien für eine Analyse des Menschenwürde-Begriffs in rechtlichen Kontexten läßt sich das Folgende festhalten:

Der Menschenwürde-Satz des Grundgesetzes soll in einprägsamer Form Grundelemente des Menschenrechtsgedankens zum Ausdruck bringen. Er wurde aber nicht einfach nur als "Inbegriff" der Menschenrechte verstanden, insofern er explizit eine begründende Funktion zugesprochen bekam.

---

[449] Ebd., S.66f.

[450] Vgl. Schmid, ebd. S.66.

[451] Schmids Beitrag zu einer Menschenwürde-Definition erschöpften sich in dem Hinweis auf die württembergisch-badische Verfassung, in der s.E. eine solche gegeben wurde (vgl. oben S.197), sowie die nicht weiter explizierte Rede von einer den Menschen vor anderen Lebewesen auszeichnenden Eigenschaft, die seine Würde begründe und die vom Staat geschützt werden müsse. (vgl. ebd., S.72) Welches diese Eigenschaft ist und was der staatliche Menschenwürde-Schutz demnach beinhaltet, wurde von ihm nicht weiter erörtert und auch von keinem der übrigen Parlamentarischen Räte.

Offen blieb die Frage, ob damit aber auch ein inhaltliches Prinzip formuliert wurde, das zur weiteren Rechtsfortbildung herangezogen werden kann. Und selbst wenn man sich auf die positiven Indizien stützt, die hier für diese Lesart zusammengetragen wurden, so bleibt völlig ungewiß, wie dieses Prinzip zu definieren wäre. Insofern blieb der nachfolgenden Konkretisierung durch Rechtsprechung und Lehre tatsächlich ein weiter Gestaltungsspielraum.

Kap. 3: Allgemeine Kriterien

Wie in der Einleitung zum zweiten Teil dieser Arbeit erläutert, ist Art.1 Abs.1 GG in zahlreichen Urteilen des Bundesverfassungsgerichts näher bestimmt worden. In diesem Abschnitt möchte ich die Aussagen betrachten, die den Gehalt der Norm mit Hilfe *allgemeiner* Kriterien zu umreißen versuchen. Ich beginne mit den positiven Kriterien (§1), die ich in formale Charakteristika (§1.1) und substantielle Bestimmungen (§1.2) unterteilt habe, diskutiere sodann etwas ausführlicher das wichtigste Kriterium, das der "Objektformel" (§3) und wende mich abschließend dem Kriterium der "Mißachtungsabsicht" zu (§4).

§ 1   Positive Kriterien

1. Formale Charakteristika

(a)   Konstitutionsprinzip der Verfassung

Art.1_I nimmt eine herausragende Stellung innerhalb des Grundgesetzes ein. Das Bundesverfassungsgericht entwickelte in einer Sequenz von Urteilen die Doktrin von der "Wertordnung" des Grundgesetzes, an dessen Spitze die Menschenwürde als der "höchste Rechtswert"[452] und das "tragende Konstitutionsprinzip"[453] steht. Als solches besitze der Artikel eine "Ausstrahlungswirkung" nicht nur auf die übrigen Grundrechte, sondern auf die gesamte Verfassung, ja selbst auf die Privatrechtsordnung.

Gemehrt wird die Bedeutung der Norm durch den Umstand, daß sie durch die sogenannte "Ewigkeitsgarantie" des Art.79_{III} GG einer jeglichen Änderung entzogen ist. Sie kann daher auch nicht mit verfassungsändernder parlamentarischer Mehrheit eingeschränkt oder beseitigt werden.

Einer verbreiteten Meinung zufolge ist dem noch ein dritter Superlativ hinzuzufügen: die "Unantastbarkeit" der Menschenwürde bedeute, daß Art.1_I

---

[452] BVerfGE 45, 185 (227).

[453] BVerfGE 6, 12 (36). Zahlreiche weitere Nachweise bei NIEBLER (1989); GEDDERT-STEINACHER (1992), S.105, Fn.386.

uneingeschränkte Geltung zukomme. Demnach sollen keine Situationen denkbar sein, die einen Eingriff in die Menschenwürde rechtfertigen.[454] Schließlich lassen sich noch zwei weitere Aspekte anführen, die aus der "Unantastbarkeit" gefolgert werden: die Unveräußerlichkeit und Unverwirkbarkeit der Menschenwürde.[455]

(b) "Kern" der Grundrechte
Der Lehre vom "Menschenwürde-Kern" der Grundrechte zufolge teilen sich die besonderen Eigenschaften dieser Norm auch den nachfolgenden Grundrechten mit: sofern und soweit die Grundrechte Ausdruck der Menschenwürde sind, dürfen sie nicht beschränkt werden, und selbst der Verfassungsgesetzgeber darf sie nicht ändern. Die Rechtsprechung hat offengelassen, ob tatsächlich *alle* Grundrechte einen Menschenwürde-Kern aufweisen oder ob dies nur für einige unter ihnen gilt. So ist unbestritten, daß einzelne Grundrechte einen "Menschenwürdegehalt" besitzen - etwa die Glaubens- und Gewissensfreiheit oder der Anspruch auf rechtliches Gehör. Für andere Grundrechte wird dies jedoch bezweifelt, beispielsweise für die Vereinigungsfreiheit oder die Freizügigkeit. Damit zusammen hängt der Dissens hinsichtlich der Frage, ob der Menschenwürdegehalt mit dem in Art.19 Abs.2 GG vor einer Antastung geschützten "Wesensgehalt" derselben identisch ist oder nicht.[456]

---

[454] Ausführlicher hierzu unten, S.307ff..

[455] Letztere Behauptung ist von der Rechtsprechung v.a. mit Bezug auf die Menschenwürde von Straftätern herausgestellt worden, BVerfGE 45, 185 (229); 64, 261 (284); 72, 105 (115); 87, 209 (228).

[456] Art.19 Abs.2 GG lautet: "In keinem Falle darf ein Grundrecht in seinem Wesensgehalt angetastet werden". Der Staatsrechtler Günter Dürig, auf den die Lehre vom "Menschenwürdegehalt" im wesentlichen zurückgeht, setzte "Wesens-" und "Menschenwürdegehalt" der Grundrechte gleich. Mit dieser These versuchte er, die umstrittene Frage zu beantworten, wie sich der Wesensgehalt der einzelnen Grundrechte jeweils *inhaltlich* bestimmen läßt – der Menschenwürde-Begriff (und hier insbesondere das unten noch zu erörternde Kriterium der Verdinglichung) sollte gerade *explizieren*, was den Wesensgehalt ausmacht. Diese Position hat zur Folge, daß der einem staatlichen Eingriff entzogene Wesensgehalt zugleich einer Verfassungsänderung entzogen wird, da Art.1 von der sogenannten "Ewigkeitsgarantie" des Art.79$_{III}$ umfaßt wird. Unter heutigen Autoren findet die These von der Identität von Menschenwürde- und Wesensgehalt nur vereinzelt Anhänger. (Zur Gegenthese vgl. exemplarisch DREIER

Daß diese Frage von äußerster praktischer Relevanz ist, zeigt der gegenwärtig diskutierte Vorschlag, das individuelle Recht auf Asyl (Art. 16a₁ GG) abzuschaffen und durch eine vom Einzelnen nicht mehr einklagbare sogenannte "Institutsgarantie" zu ersetzen.[457] Sollte sich die Meinung durchsetzen, daß das individuelle Grundrecht auf Asyl (Art.16a₁ GG) keinen "Menschenwürdekern" besitzt – wofür bereits vereinzelt argumentiert wird[458] –, so ist eine Abschaffung dieses Rechtes durch die verfassungsgebende Mehrheit im Parlament nicht ausgeschlossen.

(c) Trägerschaft

Wie bereits angekündigt, werde ich die Frage der Trägerschaft nicht erörtern, sondern lediglich einige Angaben dazu machen, wie die Rechtsprechung sich hierzu verhält. Grundlegend ist die Aussage aus dem ersten Urteil zum Schwangerschaftsabbruch, in dem es heißt:

> Jeder besitzt sie [die Menschenwürde], ohne Rücksicht auf seine Eigenschaften, seine Leistungen und seinen sozialen Status. Sie ist auch dem eigen, der aufgrund seines körperlichen oder geistigen Zustands nicht sinnhaft handeln kann. Selbst durch "unwür-

---

1996b, Rn. 97; eine informative Kurzdarstellung der Diskussion zu Art. 19₁₁ findet sich bei DENNINGER (1989b)).

[457] Vorschläge dieser Art wurden von den konservativen Parteien, aber auch darüber hinaus, mehrfach vorgebracht. So heißt es im *Beschluss des Bundesausschusses der CDU Deutschlands vom 7. Juni 2001 in Berlin* (CDU Deutschland (2001), S.14): „Die Ausgestaltung des Asylrechts als Individualgrundrecht im Grundgesetz der Bundesrepublik Deutschland ist im europäischen Vergleich atypisch. Die übrigen Mitgliedstaaten der europäischen Union kennen eine derartige individualrechtliche Ausgestaltung des Asylrechts nach bundesdeutschen Muster nicht. Insoweit ist davon auszugehen, dass im Falle einer europäischen Harmonisierung des Asylrechts dessen verfassungsrechtliche Ausgestaltung nicht mehrheitsfähig ist." Zwar erscheine „eine Umwandlung des Asylrechts in eine institutionelle Garantie zum jetzigen Zeitpunkt nicht geboten", doch läßt eben diese Formulierung offen, was man in Zukunft zu gewärtigen hat. Vgl. auch die weniger zurückhaltende Argumentation in BOSBACH (2000), Pkt.6.6.ff.

[458] Vgl. z.B. BRUGGER (1993); PIEROTH/ SCHLINK (1994) - der "Menschenwürde-Kern" des Grundrechts soll nicht die Gewährung von Asyl umfassen, sondern lediglich das Verbot, "sich durch aufenthaltsbeendende Maßnahmen an Menschenwürdeverletzungen zu beteiligen", ebd., S.676.

diges" Verhalten geht sie nicht verloren. Sie kann keinem Menschen genommen werden.[459]

Hier kommt also die negativ definierte universalistische These zum Ausdruck, die oben[460] bereits skizziert wurde. Dabei wird, wer Träger von Menschenwürde ist, zunächst negativ über die Zurückweisung von Ausschließungsgründen wie "Eigenschaften, Leistungen etc." bestimmt.

Im Zusammenhang der Frage, zu welchem Zeitpunkt im Entwicklungsstadium eines menschlichen Individuums die Trägerschaft einsetzt, hat die Rechtsprechung den "Beginn der geschichtlichen Existenz eines menschlichen Individuums" genannt. Diesen sieht es zum Zeitpunkt der Nidation gegeben.[461] Ob Menschenwürde bereits zu früheren Stadien menschlichen Lebens bestehen soll, hat das Gericht hingegen offengelassen. Es mußte den rechtlichen Status von Embryonen bislang nur im Kontext des Schwangerschaftsabbruchs erörtern, für den diese Frage keine Relevanz besitzt. Andere problemträchtige Praktiken wie etwa der Umgang die Erzeugung von Embryonen zu Fortpflanzungs- oder Forschungszwecken sind ihm hingegen nicht zur Beurteilung vorgelegt worden.

Unklar bleibt selbst, welchen rechtlichen Status der Embryo *nach* der Einnistung besitzt. Denn zwar wurde ihm Würde zugesprochen, doch impliziert dies nach Ansicht eines Teils der Literatur nicht zugleich, daß der Embryo subjektive *Rechte* besitzt.[462] Die Äußerungen des Gerichts sind hier schwankend, zumeist spricht es allerdings nur von *Schutzpflichten* des Staates gegenüber dem ungeborenen Leben. Diesen müssen der deutschen Rechtsdogmatik zufolge nicht notwendig auch Rechte auf Seiten des Begünstigten entsprechen. Unbezweifelt ist jedoch, daß die Grundrechtsträgerschaft mit der Geburt beginnt.[463]

---

[459] BVerfGE 87,209,228 - Horrorfilm.
[460] Siehe S.66ff.
[461] BVerfGE 39,1,37ff. – Schwangerschaftsabbruch (1).
[462] Vgl. ESER (1987), S.139ff.
[463] Dies wird auf § 1 BGB gestützt.

In einer äußerst umstrittenen Entscheidung hat das Bundesverfassunggericht bestimmt, daß die Menschenwürde auch nach dem Tod fortbestehe.[464] Daraus wurde mindestens der Anspruch gefolgert, auch posthum nicht herabgewürdigt oder erniedrigt zu werden. Wie weiterreichende Fragen im Umgang mit Toten zu beurteilen sind – wie es etwa um den prekären Status von künstlich beatmeten hirntoten Menschen steht - läßt sich hieraus nicht erschließen.

2. Die "Menschenbild-Formel"
Wie bereits angedeutet, kennt das Gericht eine Reihe allgemeiner substantieller Umschreibungen seines Begriffs der Menschenwürde. Eine der ersten bot das sogenannte "KPD-Urteil" von 1956:

> "In der freiheitlichen Demokratie ist die Würde des Menschen der oberste Wert. [...] Der Mensch ist danach eine mit der Fähigkeit zu eigenverantwortlicher Lebensgestaltung begabte "Persönlichkeit". [...] Um seiner Würde willen muß ihm eine möglichst weitgehende Entfaltung seiner Persönlichkeit gesichert werden."[465]

Diese Definition wurde auch in der Lehre vom sogenannten "Menschenbild des Grundgesetzes" aufgegriffen, welche vom Bundesverfassungsgericht in einer Sequenz ähnlichlautender Aussagen herausgebildet wurde.[466] Dieser Lehre zufolge liegt der staatlichen Verpflichtung zu Achtung und Schutz der Menschenwürde

> "[...] die Vorstellung vom Menschen als einem geistig-sittlichen Wesen zugrunde, das darauf angelegt ist, in Freiheit sich selbst zu bestimmen und sich zu entfalten."

---

[464] Vgl. BVerfGE 30,173,194 – Mephisto.

[465] BVerfGE 5, 85 (204). Zwei weitere Beispiele aus zahlreichen ähnlich lautenden Aussagen: "die unverlierbare Würde des Menschen als Person besteht gerade darin, daß er als selbstverantwortliche Persönlichkeit anerkannt bleibt" (BVerfGE 45,187,228 – Lebenslange Freiheitsstrafe); "Artikel 1 Abs.1 schützt die Würde des Menschen, wie er sich in seiner Individualität selbst begreift und seiner selbst bewußt wird. Hierzu gehört, daß der Mensch über sich selbst verfügen und sein Schicksal eigenverantwortlich gestalten kann." (BVerfGE 49, 286, 298).

[466] Eine ausführliche Darstellung dieser Lehre gibt BECKER (1996).

Und das Gericht fährt fort:

"Diese Freiheit versteht das Grundgesetz nicht als diejenige eines isolierten und selbstherrlichen, sondern als die eines gemeinschaftsbezogenen und gemeinschaftsgebundenen Individuums."[467]

Die Formel enthält unterschiedliche Informationen. Zum einen zeichnen sich Ansätze einer Theorie der Normbegründung ab: Dem Menschen werden wertvolle Eigenschaften zugeschrieben, entweder als solche, die ihm bereits zukommen (er *ist* ein "geistig-sittliches Wesen") oder als ihm vorgegebenes Ziel (er ist auf Selbstbestimmung und –entfaltung "*angelegt*"). Ähnliche Thesen finden sich auch an anderen Stellen. Das Gericht schwankt dabei offensichtlich zwischen der These eines intrinsischen Wertes des konkreten Individuums und einem perfektionistischen Verständnis von Menschenwürde, demzufolge diese als ein dem Menschen inhärentes *Ziel* zu verstehen ist. Doch wird diese Spannung durch Rückgriff auf ein Potentialitätsargument aufgelöst, d.h. ein Argument, das die Schutzwürdigkeit des Trägers aus der bloßen *Fähigkeit*, die wertbegründende Eigenschaft zu erlangen, ableitet.[468]

Eingehender ist das hier angedeutete Begründungsmodell nicht erläutert worden. Das Zitat gibt aber, wenngleich in äußerst vager Form, Aufschluß über den *Gehalt* der durch das positive Recht zu schützenden Güter: Es muß sich dabei um die anthropologischen Eigenschaften und Fähigkeiten handeln, die in der "Menschenbild–Formel" genannt werden.

Für diese wertbegründenden Eigenschaften bzw. Ziele hat die Rechtsprechung allerdings, wie oben bereits ersichtlich wurde, unterschiedliche Begriffe verwendet. Es ist nicht immer ganz klar, wie diese zusammengehören – ob sie als Tautologien verstanden werden, ob als einander ergänzende Teildefinitionen oder als einander hierarchisch unterzuordnende Bestimmungen unterschiedlichen Konkretisationsgrades. Versucht man sie grob nach inhaltlichen Aspekten zu ordnen, so stechen drei Gesichtspunkte ins

---

[467] BVerfGE 30,1,20 – Abhörurteil. Zahlreiche weitere Nachweise bei LEIBHOLZ/ RINCK/ HESSELBERGER (1998), Rn.12.

[468] Vgl. BVerfGE BVerfGE 39,1,41: "Die von Anfang an im menschlichen Sein angelegten potentiellen Fähigkeiten genügen, um die Menschenwürde zu begründen."

Auge. Zum einen ist auffällig die Betonung des Autonomie-Aspektes, der in der Verwendung von Begriffen wie "Freiheit", "Selbstbestimmung", "eigenverantwortliche Lebensgestaltung" und "freie Persönlichkeitsentfaltung" zum Ausdruck kommt. In der Bezugnahme auf "Geistnatur", "Sittlichkeit"[469] und "Persönlichkeit", selbst in dem schillernden Begriff der "Entfaltung" der Person klingen aber auch andere Töne an, die einem humanistischen Bildungs- und einem moralischen oder religiösen Tugendideal entstammen könnten. Drittens wird im zweiten Teil der Menschenbild-Formel auf Merkmale zurückgegriffen, die sich unter das Stichwort der "Sozialnatur" des Menschen fassen ließen.

Der zuletzt genannte Bestandteil der Menschenbild-Lehre gibt allerdings ein Rätsel eigener Art auf. Man könnte meinen, die Merkmale der "Gemeinschaftsgebundenheit" und "Gemeinschaftsbezogenheit" sollten bestimmen helfen, in welcher Eigenschaft Ziel und Wert der menschlichen Existenz und folglich das primäre Rechtsgut des Art.1I gesehen werden. Anders als es die Formulierung nahelegt, werden diese Merkmale aber nicht mit der Absicht eingeführt, das Ideal der Persönlichkeitsentfaltung genauer zu umschreiben, sondern dazu herangezogen, dessen Grenzen zu markieren. So fährt das Zitat fort:

> "Sie [die Freiheit des Individuums] kann im Hinblick auf diese Gemeinschaftsgebundenheit nicht `prinzipiell unbegrenzt´ sein. Der Einzelne muß sich diejenigen Schranken seiner Handlungsfreiheit gefallen lassen, die der Gesetzgeber zur Pflege und Förderung des sozialen Zusammenlebens in den Grenzen des bei dem gegebenen Sachverhalt allgemein Zumutbaren zieht [...]."[470]

Das Merkmal der Sozialität fungiert hier demnach nicht als wert-, sondern als *pflichten*begründende Eigenschaft des Menschen. Auf diese irreführende Indienstnahme der Rede vom "Menschenbild" wird später noch einzugehen sein.[471] Für die gegenwärtig verfolgte Frage, welches die staatlicherseits zu schützenden Eigenschaften des Menschen sein könnten, hilft der

---

[469] Von der "sittlichen Persönlichkeit" spricht z.B. BVerfGE 27,344,350f..

[470] BVerfGE 30,1,20 – Abhörurteil.

[471] Siehe unten S.313ff..

zweite Teil der Menschenbild-Formel nicht weiter. Jedenfalls hat die Rechtsprechung das Merkmal der "Gemeinschaftsgebundenheit" nicht im Sinne einer anthropologischen Eigenschaft (resp. Fähigkeit) ausgelegt, die aufgrund ihres (objektiven) Wertes vom Staat geschützt werden muß, wie sich das in Form einer Forderung denken ließe, Menschen in ihren Bedürfnissen nach und Fähigkeiten zu Gemeinschaftsbildung zu fördern.

Somit reduzieren sich die deskriptiven Bestandteile des "Menschenbildes" auf die Eigenschaft der Autonomie einerseits und die Fähigkeit zu Sittlichkeit und Geistesbetätigung andererseits. Genaueres läßt sich den unterschiedlichen Ausprägungen der "Menschenbild-Formel" nicht entnehmen. Um zu erfahren, wie die hier umrissenen Grundsätze zu verstehen sind, muß man daher untersuchen, wie sie angewandt werden. In der Folge wird sich zeigen, daß das Gericht sich vor allem auf den Aspekt der Autonomie berufen hat. Dies wird insbesondere in Auseinandersetzung mit dem sogenannten "allgemeinen Persönlichkeitsrecht" zutage treten, auf das das quantitative wie qualitative Hauptgewicht der Menschenwürde-Judikatur entfällt. Im Abschnitt über das Paternalismus-Problem wird allerdings gezielt der Frage nachgegangen, ob bei der höchstrichterlichen Auslegung des Art.11 GG nicht auch die perfektionistischen Elemente einfließen, die in der Menschenbild–Formel anklingen.

§ 2 Die Objektformel

Das bekannteste und am meisten diskutierte Kriterium für Menschenwürde-Verletzungen stellt die sogenannte "Objektformel" dar:

> "Es widerspricht der menschlichen Würde, den Menschen zum bloßen Objekt im Staat zu machen."[472]

In verschiedenen Variationen wird die Formel nicht nur vom Bundesverfassungsgericht, sondern auch von den übrigen Bundes- wie Landesgerichten verwendet.[473] Was die Rechtswissenschaft anbelangt, so sind die Meinungen geteilt. Den einen gilt sie als der "auch heute noch [...] überzeu-

---

[472] BVerfGE 27,1,6 - Mikrozensus.

[473] Nachweise bei HÄBERLE (1987), Rn.13ff, hier insbes. Rn.15, und 19ff, hier insbes. Rn.30.

gendste Ansatz zur Umschreibung des Menschenwürdeprinzips", der maßgeblich dazu beigetragen habe, Art.1I GG justitiabel zu machen.[474] Die anderen lehnen sie als "nicht nur unklar, sondern auch beliebig einsetzbar" ab.[475] Angesichts des großen Raumes, den die Diskussion um die Objektformel einnimmt, soll sie auch hier ausführlicher behandelt werden.

Die Objektformel wird allgemein in engem Zusammenhang mit dem kategorischen Imperativ Kants gesehen, und zwar mit dessen zweiter Variante, der sogenannten "Zweckformel".[476] Dieser Zusammenhang wird deutlicher, wenn man die Formulierung heranzieht, die ihr zuvor der Staatsrechtler Günter Dürig gegeben hat, dessen Konzeption des ersten Artikels wie der Grundrechte insgesamt einen maßgeblichen Einfluß auf die deutsche Rechtsprechung ausgeübt hat:[477]

> "Die Menschenwürde als solche ist getroffen, wenn der konkrete Mensch zum Objekt, zu einem bloßen Mittel, zur vertretbaren Größe herabgewürdigt wird."[478]

Mit der Kantischen Formel teilt die Dürigsche das Kriterium der *Instrumentalisierung*, das von der Formel der Rechtsprechung nicht explizit aufgegriffen wird. Wie aus seinen Anwendungsbeispielen deutlich wird, sieht Dürig in der Behandlung als Mittel eine Spielart der *Verdinglichung*.[479] Gegenüber dem Kantischen Instrumentalisierungsverbot stellt die Objektformel demnach eine Erweiterung dar, und eine durchaus sinnvolle, da

---

[474] So HÄBERLE (1987), Rn.43 und 37.

[475] HILGENDORF (1999), S.145.

[476] "Handle so, daß du die Menschheit, sowohl in deiner Person, als auch in der Person eines jeden anderen, jederzeit zugleich als Zweck, niemals bloß als Mittel brauchst", *GMS*, AA IV, S.429. Zur "Zweckformel" bei Kant siehe oben S.123ff.

[477] DÜRIG (1956) und (1958a).

[478] A.a.O., S.127. Zum Einfluß Dürigs siehe STERN (1992), S.51ff.; HÄBERLE (1980a).

[479] Man könnte meinen, Dürig nenne hier drei gleichrangige Kriterien: Behandlung als Objekt, als Mittel, als austauschbare Größe. Letztere beiden Alternativen treten in seinen Anwendungsbeispielen allerdings als *Erläuterungen* des Verdinglichungskriteriums auf, siehe z.B. die Fälle der heterologen Insemination (a.a.O., S.130) und der unverhältnismäßigen Belastung des Einzelnen (ebd., S.146).

hiermit einige Fälle erfaßt werden können, die ganz allgemeiner Ansicht nach Menschenwürde-Verletzungen darstellen, obwohl sie sich nicht ohne weiteres als Instrumentalisierung charakterisieren lassen: so alle Formen von Grausamkeit oder Vernichtungswillen, die nicht um eines weiteren Zweckes geschehen, sondern direkt intendiert sind.[480]
Daß die Objektformel des Gerichtes an die Kantische Zweckformel angelehnt ist, zeigt aber nicht nur der Umweg über Dürigs Formulierung, sondern bestimmte Ergänzungen der Formel, die das Gericht selbst vorgenommen hat. So heißt es als Erläuterung der Formel:

"Der Satz, `der Mensch muß immer Zweck an sich selbst bleiben´ gilt uneingeschränkt für alle Rechtsgebiete [...]."[481]

Dies macht zugleich deutlich, daß das Gericht nicht nur das als "negativ" bezeichnete Kriterium des Verdinglichungsverbots kennt, sondern durchaus auch dessen positive Wendung, die sich im übrigen auch bei Kant findet: das Verbot, eine Person als bloßes Objekt (bei Kant: Mittel) zu behandeln, wird paraphrasiert mit Hilfe des Gebotes, sie als "Zwecke an sich" und in ihrer "Subjektqualität" zu respektieren.[482] Dies scheint der beliebten Behauptung, die Menschenwürde-Garantie lasse sich nur ex negativo konkretisieren, zu widersprechen.[483] Dennoch könnte die These zutreffen, daß sich das Verdinglichungsverbot leichter anwenden läßt als das Gebot, Menschen als Zwecke zu behandeln, und sich so die Priorität negativer Kriterien in praktischer Hinsicht bestätigen ließe. Um dies zu prüfen, sei gleich ein Blick auf die Anwendungsbeispiele geworfen.

---

[480] Vgl. HILGENDORF (1999), S.143f..
G.Seebaß hat mirgegenüber den interessanten Vorschlag geäußert, im vorliegenden Fall den subjektiven Zweck der Willensbefriedigung zu problematisieren. Wenn, wie er ferner vorschlägt, „Ding" als „Mittel zu Fremdzwecken" expliziert würde, fiele der Unterschied zwischen Instrumentalisierungs- und Dingformel in sich zusammen.

[481] BVerfGE 45,187,228 – *Lebenslange Freiheitsstrafe*.

[482] BVerfGE 30,1,26.

[483] Vgl. DÜRIG (1958a). Diese Behauptung wird zumeist an der bereits oben, Fn.281., zitierten Aussage des Gerichtes festgemacht.

1. Kasuistik

Das Bundesverfassungsgericht selbst hat zur Explikation des Begriffes der Verdinglichung keinen nennenswerten Beitrag geleistet. Nicht nur finden sich keinerlei Ansätze zu einer systematischen Erfassung dessen, was mit dem Begriff gemeint sein könnte, auch konkrete Folgerungen wurden aus der Objektformel nur wenige gezogen, obgleich sie doch häufig angeführt wurde. So hat das Gericht einzig die folgenden Fälle in - mehr oder minder – expliziter Form als Beispiele der Verdinglichung bezeichnet: die vollständige datentechnische "Katalogisierung und Registrierung" der Bürger[484], die Behandlung des Straftäters als "bloßes Objekt der Verbrechensbekämpfung"[485], den Zwang zur Selbstbezichtigung im Strafprozeß[486], ungerechtfertigt auferlegte Arbeitspflichten[487] sowie die Degradierung zum bloßen "Schauobjekt"[488]. Diese Fälle stellen sicherlich einleuchtende Beispiele dessen dar, was landläufig unter einer "Verdinglichung" verstanden wird, doch erforderte es einige spekulative Anstrengung, wollte man aus ihnen eine systematischere Erläuterung des Verdinglichungs-Begriffs induzieren.

Den wichtigsten juristischen Beitrag zur Anwendung der Objektformel hat ihr "Autor", Günther Dürig, geleistet. Dürig selbst hielt sie für ein unkontroverses Mittel zur Feststellung von Menschenwürde-Verletzungen.[489] Um dies zu zeigen, versuchte er, eine sehr breite Palette von Grundrechtsverbürgungen, die mit dem Menschenwürde-Satz in einen engeren oder weite-

---

[484] BVerfGE 27,1,6 – Mikrozensus

[485] BVerfGE 28,386,391 – kurze Freiheitsstrafe

[486] BVerfGE 56,37,43 – Auskunftspflicht des Gemeinschuldners. Hier kommt nicht eigentlich das Verdinglichungs-, aber das ihm unterzuordnende Instrumentalisierungsverbot zum Tragen, wenn es bei der Begründung heißt, "die Menschenwürde gebiete, daß der Beschuldigte frei darüber entscheiden könne, ob er als Werkzeug zur Überführung seiner selbst benutzt werden dürfe".

[487] Dies läßt sich im Umkehrschluß aus BVerfGE 74,102,122 (Arbeitspflicht nach JGG) folgern.

[488] BVerfGE 47,239,247 – Zwangsweise Veränderung der Haar- und Barttracht, dem Urteil ebenfalls im Umkehrschluß zu entnehmen.

[489] Dürig sprach sogar von einer "induktiven Methode", deren Zuverlässigkeit sich bereits in Seminaren zum Thema erwiesen habe, siehe DÜRIG (1956), S.133.

ren Zusammenhang gestellt werden, mittels der Objektformel zu erfassen. Seine Fallsammlung fiel umso größer aus, als er die zusätzliche These aufstellte, der durch Artikel 19 $_{II}$ GG absolut geschützte "Wesensgehalt" der Grundrechte sei identisch mit deren "Menschenwürdegehalt", so daß Art.1$_I$ auch für die inhaltliche Bestimmung der speziellen Grundrechte heranzuziehen sei.[490] Dürigs Beispielkatalog stellt allerdings eine recht bunte Ansammlung von Anwendungsfällen dar. Sie sind zwar entlang bestimmter rechtsdogmatischer Kategorien geordnet, doch nicht so angelegt, daß sich daraus eine strukturierte Explikation des Verdinglichungsverbotes ergäbe. Ich habe daher versucht, sie nach systematisch sinnvolleren Gesichtspunkten zu ordnen. Zudem ist augenfällig, daß Dürig seine eigene Definition oder "Formel" unterschiedlich konsequent zum Einsatz bringt. In einer Reihe von Fällen wird nicht mehr explizit darauf Bezug genommen, und man kann sich des Eindrucks nicht erwehren, daß sich die Formel in ebendiesen Fällen nicht plausibel anwenden läßt.[491] Ich möchte mich daher auf die Beispiele beschränken, bei denen er explizit auf die Definition zurückgreift.

(i) An erster Stelle nennt Dürig Fälle, in denen Menschen die Eigenschaft von Rechtssubjekten überhaupt abgesprochen wird. Hierunter fielen sowohl "Verbrechen gegen die Menschlichkeit" wie Völkermord und Vertreibung, als auch die "Perversion der Rechtsordnung", die darin bestehe, Sachen Personen rechtlich gleichzustellen oder sogar überzuordnen.[492] Zum Objekt wird der Mensch demnach dort gemacht, wo sein rechtlicher Status dem Status von Sachen angeglichen wird. Diese Form der Verdinglichung kann, so scheint mir, nicht nur dort diagnostiziert werden, wo die Rechtssubjektivität von Personen explizit geleugnet wird, sondern auch

---

[490] Siehe oben Fn.456.

[491] Nicht erwähnt wird die Formel z.B. bei dem umfänglichen Fragenkomplex, der der Bestimmung des Wesensgehaltes von Art.3 GG, dem Gleichheitsgebot, gewidmet ist. Tatsächlich liegt der Vorwurf einer Verdinglichung bei der ungleichen oder ungerechten Behandlung nicht so nahe wie beispielsweise im Falle einer aktiven Beschränkung des Entscheidungsspielraumes von Bürgern.

[492] A.a.O., S.127f.; "Schulfall: Vorrangstellung des `Bodens´ über den Eigentümer in der NS-Zeit", ebd., S.127.

dort, wo die Verletzung einzelner Rechte von Menschen in einer Weise geschieht, die darauf schließen läßt, daß den Rechtsansprüchen der Betroffenen keinerlei Gewicht beigemessen wird, so daß dies einer faktischen Negierung ihrer Rechtssubjektivität (mindestens hinsichtlich bestimmter Rechte) gleichkommt. Dies ist bereits bei willkürlichen Rechtsverletzungen der Fall, d.h. bei solchen, die ohne ersichtliche Notwendigkeit bzw. Begründung erfolgen; - erst recht bei gravierenden und massenhaften Rechtsverletzungen.

Fälle dieser ersten Gruppe sind von der Rechtsprechung nicht aus der Objektformel abgeleitet worden; - doch wohl nur deshalb, weil keine Notwendigkeit bestand, dies explizit hervorzuheben.[493]

(ii) Als zweite signifikante Fallgruppe läßt sich die Beeinträchtigung der Urteils- und Willensbildungsfähigkeit von Personen nennen. Das zentrale Beispiel ist hier der Einsatz psychotechnischer Vernehmungsmittel im Strafprozeß.[494] Daß hier von einer Verdinglichung die Rede ist, läßt sich mit Hilfe zweier Überlegungen erläutern: zum einen werden Menschen, wenn ihnen die betreffenden Fähigkeiten geraubt werden, urteils- und entscheidungsunfähigen Gegenständen faktisch gleichgemacht. Zum anderen wird ihr Anspruch nicht respektiert, diese Fähigkeiten unbehindert ausüben zu können.

(iii) In Verlängerung dieser Linie liegt eine weitere Fallgruppe, die wohl die weitaus größte darstellt. Sie erschließt sich recht gut durch eine Erläuterung, die das Bundesverfassungsgericht von der Objektformel gegeben hat. Mit Blick auf das Handeln der Judikative heißt es, die Würde der Person fordere,

> "daß über ihr Recht nicht kurzerhand von Obrigkeits wegen verfügt wird; der Einzelne soll nicht nur Objekt richterlicher Ent-

---

[493] Wie bereits erwähnt, zählt das Gericht "Erniedrigung, Brandmarkung, Verfolgung, Ächtung usw." (BVerfGE 1,97,104) zu Verstößen gegen Art.1$_I$, doch bedient es sich für diese Feststellung nicht der Objektformel.

[494] Beschluß des Bundesverfassungsgerichts (Vorprüfungsausschuß) vom 18.8.1981, abgedr. in: *Neue Juristische Wochenschrift* 35 (1982), S.375, vgl. bereits BGHSt 5,332ff..; DÜRIG (1956), S.128.

scheidens sein, sondern er soll vor einer Entscheidung, die seine Rechte betrifft, zu Wort kommen, um Einfluß auf das Verfahren und sein Ergebnis nehmen zu können."[495]

Jemanden als bloßes Objekt zu behandeln, so ließe sich verallgemeinernd sagen, bedeute, ihm auf ein Handeln, das seine unmittelbaren Interessen berührt, keine Einflußmöglichkeiten zuzugestehen. Es erscheint nur naheliegend, daß dieser Grundsatz für den Anspruch auf rechtliches Gehör herangezogen wird, er läßt sich aber durchaus auch auf andere Bereiche ausdehnen, etwa auf den Bereich des Datenschutzes: Der Bürger muß die Möglichkeit erhalten, den staatlichen (oder auch privaten) Zugriff auf seine persönlichen Daten zu kontrollieren.[496] Beide Beispiele gibt auch Dürig. Bei ihm finden sich jedoch noch eine ganze Anzahl weiterer. So sei der Grundrechtsträger

> "beispielsweise dann dem staatlichen Geschehen als bloßes Objekt ausgeliefert, wenn ihm das Gebrauchmachen von einem Grundrecht *durch Voraussetzungen verwehrt wird, auf deren Erfüllung er bei allem Mühen keinen Einfluß hat.*"[497]

Dürig schlägt vor, dieses "Einflußnahmeargument" als generelles Prinzip des öffentlichen Rechts anzusehen. Betrachtet man weitere von ihm genannte Fallgruppen, so zeigt sich, daß sich ein solches Argument durchaus noch über die Bedingungen des Grundrechtsgebrauches hinaus ausdehnen ließe: Dürig nennt belastende Rückwirkungsgesetze als ein weiteres Beispiele dafür, daß "der Bürger [...] im betreffenden Lebensbereich des Spezialgrundrechts zum Spielball (Objekt) des gesetzgeberischen Geschehens gemacht wird".[498] Ferner soll die "Gleichschaltung von Informationsquellen", d.h. insbesondere der öffentlichen Medien, den Grundrechtsträger

---

[495] BVerfGE 9,89,95 – Gehör bei Haftbefehl.

[496] BVerfGE 65,1,42f. – *Volkszählung*. Ein Beispiel für ein entsprechendes Verbot der Objektivierung durch (private) *Dritte* bietet die Zivilrechtsprechung zum Anspruch auf Einsichtnahme in ärztliche Aufzeichnungen, vgl. BGHZ 85,332; BGH, NJW 1989, 765, zit.n. ZIPPELIUS (1989), Rn.676.

[497] DÜRIG (1956), S.136. Als Beispiele führt er u.a. das Verbot von Sippenhaftung und Klassenjustiz an.

zum Objekt erniedrigen, da "der Mensch ohne Ausweichmöglichkeit einer Informationsquelle ausgeliefert wird".[499] Dürig hat auch den Anspruch des Einzelnen auf die Gewährung eines Existenzminimums mit Hilfe der Objektformel begründet:

> "Die Menschenwürde als solche ist auch getroffen, wenn der Mensch gezwungen ist, *ökonomisch unter Lebensbedingungen* zu existieren, die ihn zum Objekt erniedrigen".[500]

Diese Beispiele, die sich durch weitere in Literatur und Rechtsprechung zu findende ergänzen ließen, können, so unterschiedlich sie sind, als Instantiierungen *einer* Bedeutung der Objektformel begriffen werden: Das Individuum ist hier "Objekt" des Geschehens, insofern als es *ohnmächtig* ist. Das Verdinglichungsverbot in diesem Sinn genommen läßt sich demnach als ein Bestandteil des Autonomieschutzes darstellen: Dem Bürger sollen Gelegenheiten zu selbstbestimmtem Handeln nicht dadurch genommen werden, daß ihm für ihn oder sie wesentliche Möglichkeiten, ihr Leben in der von ihnen gewünschten Weise zu gestalten, verschlossen werden. Ich schlage vor, darunter auch die eingangs als zweite Gruppe genannten Fälle (die Beeinträchtigung des Urteils- und Willensbildungsvermögens) zu subsumieren.

(iv) Schließlich läßt sich, vielleicht auch nur im Sinne einer Restkategorie, eine letzte Fallgruppe nennen, die der eben genannten an Weite nicht nachsteht: Verdinglichung als mangelnde Achtung vor dem Individuum in seinem herausragenden Wert. Mit "Achtung" ist hier eine Werthaltung gemeint, möglicherweise sogar als affektive Einstellung.[501] Diese Kategorie erfaßt verschiedene und durchaus heterogene Handlungstypen. So würde ich darunter die Behandlung eines Menschen als "vertretbare Größe" fassen, als in seiner Existenz ersetzbare, - da auf einen bestimmten Zweck reduzierbare - Entität. Ebenso läßt sich die Behandlung von Menschen als

---

[498] A.a.O., S.139.

[499] Ebd.

[500] A.a.O., S.131.

Artefakte oder Produkte der Züchtung hierunter reihen. Welche Techniken der Reproduktivmedizin unter das Verdikt fallen, Menschen in dieser Weise zu betrachten, ist umstritten – für Dürig ist bereits die künstliche Befruchtung als solche suspekt, gänzlich die heterologe Insemination (die künstliche Befruchtung bei fremdem Samenspender), die das artifiziell gezeugte Kind zum "Homunculus" werden lasse. Darüber hinaus überschneiden sich viele der Fallgruppen, und beinahe alle vorangehend genannten Typen von Verdinglichung weisen auch einen Gesichtspunkt der Respektlosigkeit auf. Je weitreichender die Eingriffe in die menschliche Autonomie, desto eher wird man darin auch eine Haltung der mangelnden Achtung zum Ausdruck gebracht sehen – man halte sich nur das oben genannte Beispiel der Verweigerung des rechtlichen Gehörs vor Augen: Mit dem Verzicht darauf, die Darstellung und Argumente des Angeklagten zur Kenntnis zu nehmen, entmachtet man diesen nicht nur, indem man ihn der Möglichkeiten beraubt, auf den Verlauf des Prozesses Einfluß zu nehmen, man bringt damit zugleich zum Ausdruck, daß man das Urteil der betroffenen Person für überflüssig hält und somit geringschätzt. Schließlich läßt sich die Aberkennung der Rechtssubjektivität von Menschen als eine (besonders krasse) Form von Achtungsverweigerung beschreiben.

Zusammenfassend ergibt der Durchgang durch die von Dürig angeführten Anwendungen der Objektformel das folgende Bild: Als Objekt wird ein Mensch dann behandelt, wenn ihm seine Rechtssubjektivität abgesprochen, wenn er in den für die Ausübung seiner Selbstbestimmungsfähigkeit wesentlichen Möglichkeiten beschnitten oder ihm die gebührende Achtung als menschliches Individuum verweigert wird. Über diese Kategorien als solche wird kaum Uneinigkeit bestehen. Aber ist tatsächlich die Objektformel vonnöten, um herauszustellen, daß es sich hierbei um Verletzungen der Menschenwürde handelt? Schließlich können diese Arten von Handlungen auch unmittelbar als Beispiele für die Anwendung des Art.1_1 GG genannt werden - ohne daß hierzu auf das Argument der Verdinglichung zurückgegriffen werden müßte.

---

[501] Vgl. die Unterscheidung verschiedener Bedeutungen von "Achtung", oben Teil1, Kap.1, §2.2.

Liegt der Wert der Formel dann vielleicht darin, der moralischen (bzw. juristischen) Intuition im *Einzelfall* auf die Sprünge helfen zu können? Auch dies scheint nicht der Fall zu sein. Zwar stellen die Fallbeispiele zu großen Teilen tatsächlich unkontroverse Anwendungen der Objektformel dar. Doch muß man dies nicht der Objektformel zugute halten. Tatsächlich handelt es sich dabei um Fälle, deren rechtliche Bewertung ohnehin unkontrovers ist, so daß die Objektformel gerade hier als Kriterium entbehrlich erscheint. Hingegen gehen überall dort, wo unterschiedliche Ansichten über die Legitimität einer staatlichen Maßnahme bestehen, auch die Ansichten darüber auseinander, ob es sich um eine Verdinglichung handelt. Das zeigen besonders deutlich die Beispiele aus der Reproduktionsmedizin und Gentechnologie. Ob die heterologe Insemination eine Verdinglichung des Samenspenders ist – der frei zugestimmt hat und ein gutes Werk zu tun meint –, wird äußerst kontrovers beurteilt. Ob sich die Objektformel im Fall der sogenannten "verbrauchenden Embryonenforschung" anwenden läßt, ist genau darum umstritten, weil umstritten ist, ob es sich bei den fraglichen Embryonen um Träger subjektiver Rechte und damit um Entitäten handelt, die nicht verdinglicht werden dürfen. Die Liste der kontroversen Fragen läßt sich beliebig verlängern. Es war eine naive Vorstellung Dürigs zu glauben, der Ausdruck "Behandlung als Objekt" sei für sich genommen bereits phänomenologisch präzise genug, um einen bestimmten Typus von Unrecht mit Eindeutigkeit zu erfassen.

Ich möchte es aber nicht bei dieser Kritik auf der Ebene der Kasuistik belassen, sondern auf die Frage eingehen, ob sich die Objektformel mit grundsätzlichen Argumenten kritisieren läßt. Interessant ist hier zunächst der Umstand, daß das Bundesverfassungsgericht selbst die Anwendbarkeit der Formel bezweifelt hat.

2. Die Relativierung der Objektformel

Es läßt sich nicht eindeutig beurteilen, welchen Stellenwert die Objektformel für die Rechtsprechung besitzt. Einerseits kam und kommt sie standardmäßig zum Einsatz, wenn es um die Anwendung des Art.1_1 geht. Andererseits hat das Bundesverfassungsgericht ihre Tauglichkeit als Kriterium ausdrücklich in Frage gestellt:

"Allgemeine Formeln wie die, der Mensch dürfe nicht zum bloßen Objekt der Staatsgewalt herabgewürdigt werden, können lediglich die Richtung andeuten, in der Fälle der Verletzung der Menschenwürde gefunden werden können. Der Mensch ist nicht selten bloßes Objekt nicht nur der Verhältnisse und der gesellschaftlichen Entwicklung, sondern auch des Rechts, insofern er ohne Rücksicht auf seine Interessen sich fügen muß".[502]

Allerdings gehört das Urteil, dem diese Aussage entstammt, zu den umstrittensten der gesamten Menschenwürde-Judikatur. Die sogenannte "Abhör-Entscheidung" betraf u.a. die Frage, ob die im Zuge der Notstands-Verfassungsänderungen von 1968[503] eingeräumte Beschränkung des Post- und Fernmeldegeheimnisses sowie der Ausschluß des Rechtsweges für die betroffenen Bürger mit Art.1_1 GG vereinbar sei. Das Gericht war mehrheitlich dieser Ansicht, was einen Sturm der Empörung provozierte.[504] Diese Kritik scheint nicht ohne Auswirkung auf die Rechtsprechung geblieben zu sein, insofern diese in der Folge kaum mehr auf dieses Urteil Bezug genommen hat. Dennoch erlaubt das noch nicht den Schluß, das Gericht habe seine Kritik am Verdinglichungsverbot zurückgenommen und werde darauf auch in Zukunft nicht mehr zurückgreifen. Gleiches gilt für die Rechtswissenschaft: auch wenn heute mehr oder minder einhellig geurteilt wird, daß die Kritik an der Objektformel im Abhör-Urteil im Dienst einer ergebnisorientierten Argumentation stand, so ist das nicht mit einer generellen Ablehnung dieser Kritik gleichzusetzen.[505] Es ist daher nach wie vor sinnvoll, nach den Gründen zu fragen, die für die Relativierung der Objektformel vorgebracht wurden.

Interessanterweise stellte das Gericht nicht in Frage, daß es sich im vorliegenden Falle um eine Verdinglichung der betroffenen Bürger handelt, es griff auch nicht auf die Unterscheidung zwischen einer Behandlung als Ob-

---

[502] BVerfGE 30,1,25 – Abhör-Urteil.

[503] Vgl. das *17. Gesetz zur Ergänzung des Grundgesetzes vom 24.6.1968* sowie das *Ausführungsgesetz vom 13.8.1968*.

[504] Siehe das Minderheitenvotum der Richter Geller, v.Schlabrendorff und Rupp (BVerGE 30,33,42), ferner HÄBERLE (1971) und (1979) m.w.Nachw..

jekt und einer Behandlung als "*bloßes* Objekt" zurück – eine Ausweichstrategie, die hier durchaus offengestanden hätte. Statt dessen stellte es die Verknüpfung zwischen Verdinglichung und Menschenwürde-Verletzung in Frage.[506] Das Argument, dessen es sich dabei bediente, läßt sich folgendermaßen darstellen: Zunächst wird der Begriff der Verdinglichung als Ausübung staatlichen (oder anderen) Zwanges expliziert.[507] Sodann wird nahegelegt, nicht jede solche Beeinträchtigung sei illegitim.[508] Daraus folgt natürlich, daß nicht jede Verdinglichung illegitim sei und dies erlaubt den Schluß, nicht jede Verdinglichung sei eine Menschenwürde-Verletzung.[509] Plausibel an dieser Argumentation ist die zweite Prämisse: einzig Vertreter anarchistischer Positionen werden bestreiten, daß Bürger sich in zahlrei-

---

[505] Vereinzelt wird sie nach wie vor zustimmend zitiert, vgl. z.B. HILGENDORF (1999), S.142.

[506] Dieses Vorgehen ist merkwürdig. Man kann es sich entweder mithilfe der Überlegung erklären, das Gericht habe keine Möglichkeit gesehen, die erste Prämisse (daß es sich hier um eine Behandlung des Bürgers als Objekt handele) zu stürzen, da der Fall zu offensichtlich als Fall von Verdinglichung gelten muß. Dies wäre interessant insofern, als eine derartige Diagnose des Gerichts als Indiz dafür genommen werden könnte, daß es (in der hiesigen Rechtsgemeinschaft) einen festen Bestand an geteilten Intuitionen darüber gibt, welche Fälle Merkmale einer Verdinglichung aufweisen. Eine andere Erklärung böte die Unterstellung, das Gericht habe mit Hilfe eines scheinbar großzügigen Zugeständnisses (daß die Bürger hier als Objekte behandelt werden) und einer umwegigen Argumentation (gegen die Gleichsetzung von Menschenwürde-Verletzung und Verdinglichung) den eigentlichen Streitpunkt zu verschleiern versucht. Vgl. ferner FN. 510.

[507] " [...] der Mensch ist [...] bloßes Objekt [...], insofern er sich ohne Rücksicht auf seine Interessen fügen muß". Diese Formulierung impliziert die These, jede Ausübung staatlichen (gesellschaftlichen, sozioökonomischen) Zwangs auf den Bürger sei als Verdinglichung zu charakterisieren.

[508] Auch dies ist in dem eben angeführten Satz enthalten: daß der Mensch "nicht selten bloßes Objekt" des Rechts sei und "sich fügen müsse", ist zu verstehen als: er ist und muß dies *legitimerweise*.

[509] Das Argument läßt sich schematisch wie folgt darstellen:
(1) Eine Verdinglichung besteht in der Ausübung staatlichen Zwangs
(2) Nicht jede Ausübung staatlichen Zwangs ist illegitim
Aus (1) und (2): (3) Nicht jede Verdinglichung ist illegitim
(4) Eine Verletzung der Menschenwürde ist stets illegitim
Aus (3) und (4): (5) Nicht jede Verdinglichung bewirkt eine Verletzung der Menschenwürde

chen Fällen "ohne Rücksicht auf ihre Interessen fügen" müssen. Auch die erste Prämisse besitzt ein plausibles Moment: denn tatsächlich sind es vor allem bestimmte Formen der Zwangsausübung, die geläufigerweise als Fälle von Verdinglichung genannt werden. Doch leuchtet nicht ein, daß *jede* solche Form staatlichen Zwangs als eine Verdinglichung angesehen werden muß, wie dies das Gericht zu behaupten scheint.[510] Damit wird der Begriff der Verdinglichung deutlich weiter gefaßt, als es dem üblichen Verständnis des Wortes entspricht. Denn wie vage der Begriff auch sein mag, klar ist, daß damit nicht bloß triviale oder leicht zu rechtfertigende Beeinträchtigungen individueller Interessen angesprochen sind. So wäre es etwa nach allgemeinem Empfinden überzogen, Verkehrsteilnehmer als Objekte staatlichen Handelns zu bezeichnen, weil sie sich dem Normzwang der Straßenverkehrsordnung beugen müssen. Auch stärkere Beeinträchtigungen des individuellen Wohls, deren Berechtigung durchaus umstrittener ist als die der Straßenverkehrsordnung - die Steuerpflicht beispielsweise -, ließen sich nicht als Verdinglichung der Bürger bezeichnen, ohne die übliche Wortbedeutung zu überdehnen.

Das im Abhör-Urteil vorgebrachte Argument, das erweisen sollte, daß es Verdinglichungen gibt, die keine Menschenwürde-Verletzungen darstellen, ist demnach nicht schlüssig – und dies unabhängig davon, ob man den in dieser Entscheidung verhandelten Fall als eine Verletzung von Art.1_1 ansieht oder nicht.

Die Relativierung der Objektformel, wie sie das Bundesverfassungsgericht vorgenommen hat, hat sich als unzulässig erwiesen. Dennoch bleibt die Frage offen, welchen praktischen Nutzen die Formel hat. Können das Instrumentalisierungs- und das Verdinglichungsverbot als Kriterien dafür herangezogen werden, wann eine Menschenwürde-Verletzung vorliegt?

---

[510] Im Anwendungsfall des Abhörurteils kommt noch ein weitere fragwürdige Prämisse hinzu: die implizite These nämlich, daß es sich im *konkreten* Fall um eine legitime Ausübung staatlichen Zwangs handle. Diese Prämisse trägt die sachlich gesehen wesentliche Begründungslast, was durch die merkwürdigen Auslassungen zum Zusammenhang von Verdinglichung und Menschenwürde überspielt wird.

3. Instrumentalisierung und Verdinglichung als Kriterien

Um als Kriterium fungieren zu können, müssen die Begriffe der Instrumentalisierung und Verdinglichung sich dafür eignen, einen *Tatbestand* zu beschreiben. Die Merkmale einer staatlichen Handlung bzw. ihrer Folgen für das betroffene Subjekt müssen sich so präzisieren lassen, daß sich *allein* anhand dieser Merkmale überprüfen läßt, ob der in Frage stehende Sachverhalt unter die Norm fällt oder nicht. Die Tatbestandsmerkmale dürfen dabei selbst keine Werturteile voraussetzen, zumindest keine, die selbst das Ergebnis einer rechtlichen Beurteilung des Sachverhaltes darstellen. Weder der Begriff der Instrumentalisierung noch der der Verdinglichung vermögen dies aber zu leisten, wie ich im Folgenden zeigen will.

(a)   Instrumentalisierung als Kriterium

Es ist ein bekannter Einwand gegen die Kantische Formel, daß eine Behandlung als Mittel für sich genommen keine illegitime Behandlung darstellt: Jede Inanspruchnahme einer Dienstleistung fällt hierunter.[511] Allerdings hat Kant die vorsichtigere Formulierung gewählt, derzufolge nur die Behandlung als *bloßes* Mittel die Menschenwürde verletze. Dennoch erbringt diese Qualifikation nichts, solange nicht klargestellt wird, worin sich die Behandlung als Mittel von der Behandlung als *bloßes* Mittel unterscheidet. In der Kant-Literatur wird an dieser Stelle bevorzugt auf das zweite Fallbeispiel zur "Zweckformel" verwiesen. In ihm wird der Fall des unaufrichtigen Versprechens als eine Instrumentalisierung bezeichnet, mit folgendem Argument:

> "Denn der, den ich durch ein solches Versprechen zu meinen Absichten brauchen will, kann unmöglich in meine Art, gegen ihn zu verfahren, einstimmen und also selbst den Zweck dieser Handlung enthalten."[512]

Eine Behandlung als bloßes Mittel, so ließe sich Kants Argument verallgemeinern, ist eine Behandlung ohne oder sogar gegen die Zustimmung der betroffenen Person. Diese Präzisierung besitzt eine gewisse Plausibili-

---

[511] Auch innerhalb der juristischen Literatur wird dieser Einwand formuliert, am bekanntesten ist der Aufsatz von HOERSTER (1983).

[512] *GMS*, AA IV, S.429f..

tät. Sieht man genauer hin, so erweist sie sich allerdings als fragwürdig. Denn *erstens* wird eine Behandlung als Mittel nicht bereits dadurch legitimiert, daß die betroffene Person ihr zustimmt. Eine Person, die zu autonomen Entscheidungen nicht in der Lage ist, kann auch dann instrumentalisiert sein, wenn sie in die Behandlung einwilligt. Und zweitens gilt auch das Umgekehrte: daß eine Person ihre Zustimmung verweigert, muß eine Handlung noch nicht diskreditieren. Alles hängt davon ab, ob die betroffene Person dazu verpflichtet ist, die Behandlung zu erdulden oder nicht.
An dieser Stelle könnte man einwenden, das hier angesprochene Kriterium sei nicht die faktische Zustimmung, sondern eine hypothetische. Sie müsse als aufgeklärte Zustimmung einer rationalen Person begriffen werden. Eine aufgeklärte Person werde nicht zustimmen, wenn sie instrumentalisiert werde. Doch mit dieser Qualifikation hat man das gesuchte Kriterium aus der Hand gegeben. Denn was eine aufgeklärte Person mit sich machen ließe, ist eine offene Frage, auf die es keine schnelle und eindeutige Antwort gibt. Zudem läßt sich bei diesem Kriterium der zweite Einwand wiederholen: Auch eine rationale Person kann einer legitimen Behandlung die Zustimmung verweigern, denn diese muß durchaus nicht ihrem wohlverstandenen Eigeninteresse liegen. Um diesen Einwand aufzufangen, kann man das Kriterium der Zustimmung natürlich noch weiter qualifizieren – etwa, indem man darunter die Zustimmung einer rationalen und unparteilichen Person versteht. Bei dieser Figur kann es sich aber endgültig nicht mehr um einen Vorschlag für ein Kriterium handeln, da zur Beurteilung aus einer Perspektive der Unparteilichkeit eine komplexe Beurteilung der fraglichen Situation vorausgegangen sein muß.

(b) Tauglichkeit des Verdinglichungsverbotes
Läßt sich diese Kritik auch auf das Verdinglichungsverbot übertragen? Man wäre vielleicht geneigt, dies zu bestreiten, aus der folgenden Überlegung heraus: Beim Instrumentalisierungsverbot stellte sich das Problem, daß es moralisch legitime Formen der Behandlung als Mittel gibt. Bei der Behandlung als Objekt ist es anders, denn es gibt keine legitimen Fälle einer Behandlung als Objekt. Eine Verdinglichung ist eo ipso eine unrechte Handlung.
Wenn man so argumentiert, hat man sich allerdings bereits der Möglichkeit begeben, die Verdinglichung als ein *Kriterium* zur Feststellung eines Un-

rechts zu verwenden. Denn wenn das Unrecht analytischer Bestandteil des Begriffs ist, setzt dieser eine moralische Beurteilung der Situation voraus und kann Unrechtshandlungen nicht allein anhand *deskriptiver* Merkmale unterscheiden helfen, was eben die Leistung eines Kriteriums sein sollte. Will man die Formel als Kriterium einsetzen, so muß man daher die (mindestens logische) Möglichkeit offenlassen, daß es *legitime* Formen der Behandlung als Objekt gibt.

Läßt sich rein deskriptiv erfassen, was eine Behandlung als Objekt darstellt? Meines Erachtens ist das nicht möglich, die Probleme, die sich beim Instrumentalisierungsverbot herauskristallisiert haben, stellen sich hier analog. Ich möchte das kurz an einem Explikationsvorschlag zeigen, den die amerikanische Philosophin Martha Nussbaum unterbreitet hat.[513] Zwar hat sie ihren Versuch auf den Bereich der sexuellen Verdinglichung beschränkt und versteht ihn auch nicht als eine abschließende Analyse des Begriffs. Immerhin wagt sie sich aber an eine Systematisierung der Merkmale, die eine Behandlung als Objekt ausmachen sollen, und geht somit über die reine Kasuistik hinaus. Die grundsätzlichen Schwächen des Verdinglichungskriteriums treten daher auch deutlicher hervor als bei Dürigs Fallbeispielen. Nussbaum erstellt folgende (ausdrücklich für offen erklärte) Liste von Merkmalen einer Behandlung als Objekt:[514]

1. Behandlung als Mittel ("instrumentality")
2. Behandlung als Entität, die keine Autonomie besitzt ("denial of autonomy")
3. Behandlung als lebloser, passiver Gegenstand ("inertness")
4. Behandlung als austauschbares Objekt ("fungibility")
5. Behandlung als eine Entität, die beschädigt oder zerstört werden darf ("violability")
6. Behandlung als Eigentum ("ownership")
7. Behandlung als eine Entität, deren Erlebnisse und Gefühle nicht berücksichtigt werden müssen ("denial of subjectivity")

---

[513] NUSSBAUM (1996).

[514] A.a.O., S.257.

Unbestreitbar handelt es sich hier um eine Liste klassischer Beispiele dessen, was eine Behandlung als Objekt ausmacht. Und sie führt mit besonderer Deutlichkeit vor Augen, wie gering die kriterielle Funktion des Verdinglichungsbegriffs ist. Denn in all diesen Beispielen ist bereits ein Wissen darüber *unterstellt*, was die moralisch relevanten Unterschiede zwischen Personen und Objekten ausmacht. Man kann dies folgendermaßen zeigen:

Die Beispiele fallen in zwei Gruppen. Eine Gruppe enthält Beispiele, in denen eine Person so behandelt würde, als besäße sie bestimmte Eigenschaften nicht: Autonomie (2), Leben oder Aktivität (3), Bewußtsein oder Empfindungsvermögen (7). Man könnte also glauben, es handele sich hier um eine rein deskriptive Erfassung der Unterschiede zwischen Personen und Objekten. Doch das ist nicht der Fall, und zwar darum nicht, weil hier bereits eine Auswahl derjenigen Merkmale von Personen getroffen wurde, die moralische Relevanz besitzen. Wenn ich einer Person, die mich in meiner Selbstbestimmungs- oder Erlebnisfähigkeit beschneidet, vorwerfe, mich als Objekt zu behandeln, so bin ich in den seltensten Fällen der Meinung, die Person sei irrtümlicherweise der Meinung, ich besitze die betreffenden Fähigkeiten nicht. Vielmehr werfe ich dieser Person die vor, daß sie diese Fähigkeiten nicht so berücksichtigt, wie dies moralisch geboten ist.

Die zweite Gruppe beschreibt Objekte sogar explizit in moralischen Begriffen. Ein Objekt ist demnach eine Entität, die instrumentalisiert (1), ausgetauscht (4), beschädigt oder zerstört (5) oder als Besitz betrachtet (6) werden *darf*. Mit anderen Worten ist ein Objekt, im Gegensatz zu einer Person, schlicht eine Entität, die keinen moralischen Status besitzt. In diesem Falle läßt sich aber, was eine Behandlung als Objekt ist, nur im Rekurs darauf bestimmen, was den moralischen Status von Personen ausmacht und nicht umgekehrt.

4. Abschließende Beurteilung

Es hat sich gezeigt, daß die Objektformel gerade nicht dazu herangezogen werden kann, den Menschenwürde-Satz dort zu konkretisieren, wo seine Anwendung umstritten ist. Doch scheinen mir die kasuistischen Bemühungen Dürigs und Nussbaums nicht nur in kritischer Absicht erwähnenswert. Ein Nachdenken über die Objektformel halte ich nicht nur darum für sinnvoll, weil es dazu dient, sich der Vagheit dieses populären Explikationsvorschlages bewußt zu werden. Daß die Objektformel, ebenso wie das Kantische Instrumentalisierungsverbot, eine solche Wirkung entfaltet hat, läßt sich als ein Indiz dafür lesen, daß es sich bei ihnen zumindest um gut gewählte Metaphern handelt. Auch wenn sie sich letztlich nicht dafür eignen, den in Frage stehenden Begriff der Menschenwürde-Verletzung zu operationalisieren, so können sie dennoch von heuristischem Wert sein. Denn sie ermöglichen es, eine Situation aus einer Perspektive zu beschreiben, die bestimmte Eigenschaften als moralisch relevant hervortreten lassen. Dies ist auch in Fällen des Dissenses durchaus nützlich, insofern nun die Möglichkeit besteht, eben diese Perspektive als fragwürdig herauszustellen und eine andere zu zeichnen. Ethische Diskussion und Entscheidungsfindung ist in solchem Maße von Fallbeschreibungen abhängig, daß man die Rolle wirkungsvoller Metaphern auf keinen Fall unterschätzen sollte. Als Kriterium, das es erlauben soll festzustellen, wann eine Menschenwürde-Verletzung vorliegt, taugen sie, wie ich zu zeigen versucht habe, jedoch nicht.

Man könnte allerdings geltend machen, daß das Instrumentalisierungs- resp. Verdinglichungsgebot gar nicht die Funktion erfüllen können muß, die ich vorangehend umschrieben habe.[515] Genügte es nicht, wenn man in ihm ein notwendiges (statt eines hinreichenden) Kriteriums sähe? Und geht es hier nicht lediglich darum, einen *Platzhalter* zu finden, einen generellen Terminus, der das Gemeinsame der unstrittigen Beispiele fassen soll - eine Aufgabe, die notgedrungen eine gewisse Vagheit mit sich bringt? In diesem Falle wäre es ungefährlich, (wie Nussbaum) bestimmte moralische Vorentscheidungen bereits vorauszusetzen.[516] Diese könnten durchaus als *deskriptive* Merkmale betrachtet werden, da sie erfaßten, was in einer bestimmten Gesellschaft als moralisch relevant betrachtet wird.
Es ist aus meiner Sicht zuzugestehen, daß das Instrumentalisierungs- oder auch das Verdinglichungsverbot eine solche Platzhalterrolle übernehmen

---

[515] Ich versuche im folgenden die Einwände, die G.Seebaß mir gegenüber formuliert hat, zu referieren.

[516] Siehe die oben angegebene Bedingung der Deskriptivität eines Kriteriums sowie die gegen Nussbaums Darstellung gerichteten Einwände eines Rückgriffs auf moralisch relevante Merkmale.

können. Und tatsächlich können die Listen typischer Instrumentalisierungsfälle, wie Dürig, Nussbaum oder andere sie aufgestellt haben, einen Überblick darüber verschaffen, was in unserer Gesellschaft unstrittig als Verdinglichung gewertet wird. Formuliert man das Anliegen einer Konkretisierung von Art.1_1 tatsächlich schärfer - und dies war der Ausgangspunkt in diesem Abschnitt -, so sollen ja gerade auch strittigere Fälle mit ihrer Hilfe zu entscheiden sein. Dies, so die Argumentation hier, leisten die genannten Kriterien und Kasuistiken nur sehr bedingt.

§ 3 Das Kriterium der "willkürlichen Mißachtung"

In der Abhör-Entscheidung hat das Gericht anstelle der Objektformel andere Kriterien vorgeschlagen, um bestimmen zu können, wann eine Verletzung von Art.1_1 vorliegt. So heißt es dort:

> "Eine Verletzung der Menschenwürde kann darin allein [d.h. in der Behandlung als bloßes Objekt] nicht gefunden werden. Hinzukommen muß, daß er [der Mensch] einer Behandlung ausgesetzt wird, die seine Subjektqualität prinzipiell infrage stellt, oder daß in der Behandlung im konkreten Fall eine willkürliche Mißachtung der Würde des Menschen liegt. Die Behandlung des Menschen durch die öffentliche Hand, die das Gesetz vollzieht, muß also, wenn sie die Menschenwürde berühren soll, Ausdruck der Verachtung des Wertes, der dem Menschen kraft seines Personseins zukommt, also in diesem Sinne eine 'verächtliche Behandlung', sein".[517]

Auch dieser Teil der Abhör-Entscheidung hat scharfe Kritik provoziert. Protestiert wurde zum einen gegen die Abschwächungstendenz, die sich in der Formulierung niederschlägt, die Subjektqualität des Menschen müsse *prinzipiell* in Frage gestellt werden, soll von einer Menschenwürde-Verletzung die Rede sein können. Zwar ist die Formulierung so vage, daß sie für beinahe jede Lesart offensteht, der Duktus der gesamten Passage legt jedoch den Verdacht nahe, die Garantie des Art.1I GG solle hier auf die Minimalforderung zusammengekürzt werden, lediglich Schutz vor *extremen*, den Rechtsstatus von Menschen gänzlich negierenden Beeinträch-

---

[517] BVerfGE 30,1,25f..

tigungen bieten. Damit würde Art.1₁ GG praktisch entbehrlich gemacht, da davon auszugehen ist, daß derart krasse Menschenrechtsverletzungen auch auf der Grundlage der übrigen Verfassungsbestimmungen ausgeschlossen werden können. Zu dieser engen Auslegung hat sich das Bundesverfassungsgericht in der Folge denn auch nicht entschließen können.
Interessanter ist die weitere Aussage, es müsse "eine willkürliche Mißachtung der Würde des Menschen" vorliegen. Auch hier läßt der Wortlaut verschiedene Deutungen zu. Die Literatur hat ihr zwei Bedingungen für eine Menschenwürdeverletzung entnommen: das Vorliegen eines Handlungsmotivs (Mißachtung) sowie die Abwesenheit von Rechtfertigungsgründen (Willkür).

1. Mißachtung als Handlungsmotiv

Die angeführte Passage wird häufig so verstanden, als sei die zusätzliche Bedingung, die hier genannt wird, eine Haltung der Miß- oder Verachtung der betroffenen Person bzw. dem Menschen als solchen gegenüber, die in der staatlichen Handlung zum Ausdruck kommen oder sogar bewußt zum Ausdruck gebracht werden muß. Hiergegen ist zu recht eingewandt worden, es komme nicht auf die subjektive Einstellung der staatlichen Handelnden an, sondern auf die Folgen für die betroffenen Personen. Auch eine "gutgemeinte" Handlung könne eine Verletzung der Menschenwürde bewirken. Art.1₁ GG würde sehr kurz greifen, sähe man ihn nur dann beeinträchtigt, wenn von Seiten der staatlich Handelnden eine "Mißachtungs-" oder "Herabwürdigungsabsicht" vorliegt.[518]
Allenfalls als hinreichende Bedingung für eine Menschenrechtsverletzung könnte eine solche subjektive Einstellung gelten. Dies wird von der Kritik zum Teil eingeräumt. Doch sind auch hier Vorbehalte angebracht, denn es ist fraglich, ob Gesinnungen, und seien es die Gesinnungen staatlicher Gewaltträger, Gegenstand der rechtlichen Beurteilung sein können und sollen. Da mentale Einstellungen epistemisch schwer zugänglich und darüber hinaus vom Subjekt selbst nur bedingt zu beeinflussen sind, können nicht die Einstellungen, sondern lediglich die Handlungen, in denen sie zum Ausdruck gebracht werden, Gegenstand der rechtlichen Norm sein. Dies ist gemeint, wenn von einer "objektiven" Herabwürdigungsabsicht gesprochen

---

[518] So auch das Sondervotum zum Abhör-Urteil, BVerfGE 30,1,39f.

wird.[519] Man sollte das Element der Absicht aber besser ganz herauslassen und davon sprechen, daß die Menschenwürde es ausschließt, Menschen zu mißachten oder herabzuwürdigen.
Dieser Definition wird man unschwer die Zustimmung verweigern können. Doch was ist damit gewonnen? Die Begriffe der Herabwürdigung und der Mißachtung sind ebenso interpretationsoffen wie der der Menschenwürde-Verletzung. Das zeigt sich daran, daß sie interdefinierbar sind: worin eine Herabwürdigung besteht, könnte man genausogut über den Begriff der Menschenwürde-Verletzung zu explizieren versuchen. Das Kriterium der "objektiven" Mißachtung oder Herabwürdigung ist somit unbrauchbar.

2. Willkür

Im Urteil wird die Bedingung der Mißachtung durch das Merkmal der Willkürlichkeit qualifiziert. Auch hier steht außer Frage, daß die willkürliche Beeinträchtigung von Personen, gar ihre willkürliche Herabwürdigung (im "objektiven" Sinne), unstatthaft ist. Unklar ist allerdings wieder, ob das Merkmal der Willkür dabei als *notwendige* Bedingung fungieren soll – ob also eine "Mißachtung der Würde des Menschen" *erst dann* bedenklich sein soll, wenn sie nicht durch Gründe abgestützt ist, sondern willkürlich erfolgt. Hier hängt alles davon ab, was man unter "Willkür" versteht. Eine sehr schwache Lesart bestünde darin, von Willkür nur dort zu reden, wo "sachlich einleuchtende Gründe schlechterdings nicht mehr erkennbar sind".[520] So verstanden hätte das Kriterium der Willkür jedoch eine extreme Abschwächung der Menschenwürde-Garantie zur Folge. Denn problematisch ist in einer Rechtsordnung, die sich selbst als "freiheitlich-demokratisch" begreift, nicht der Ausschluß grenzloser herrschaftlicher Willkür – daß diese mit den Grundprinzipien eines solchen Gemeinwesens

---

[519] Vgl. KUNIG (1992a), Rn.24.

[520] BVerfGE 64,158,168f.. So expliziert das Bundesverfassungsgericht den Willkür-Begriff, den es bei der Auslegung des Gleichheitsgebotes aus Art.3 GG zugrundelegt, das nach richterlicher Auffassung nur *willkürliche* Ungleichbehandlungen ausschließt. Bei der Bestimmung dessen, was als Willkür zu gelten habe, billigt das Gericht dem Gesetzgeber einen weiten Ermessensspielraum zu, bei dessen Beurteilung es nicht darauf ankommen soll, "ob der Gesetzgeber die jeweils gerechteste und zweckmäßigste Regelung getroffen hat", sondern nur, ob überhaupt sachliche Gründe für die Regelung bestehen.

nicht vereinbar ist, wird von niemandem angezweifelt. Die eigentlich bedrängende Frage richtet sich aber darauf, ob eine Mißachtung gerechtfertigt sein kann, für die sich tatsächlich Gründe anführen lassen. Für eine staatliche Handlung, die als (objektiv) mißachtend zu qualifizieren wäre, müßten also recht schwerwiegende Gründe sprechen, wenn sie dennoch als legitim ausgewiesen werden soll. Die Formulierung des Gerichts gibt aber keine Gesichtspunkte an die Hand, mit deren Hilfe sich beurteilen ließe, wann entsprechende Gründe vorliegen. Die Aussage reduzierte sich also darauf zu sagen: Eine objektive Herabwürdigung von Personen stellt dann eine Verletzung von Art.1_1 GG dar, wenn keine schwerwiegenden Gründe sie rechtfertigen. So verstanden diente die Aussage des Gerichts dem verklausulierten Zweck, die Möglichkeit einer Güterabwägung zwischen dem Rechtsgut der Menschenwürde und anderen Rechtsgütern einzuräumen – sie böte damit aber noch keinerlei Kriterium, auch kein noch so allgemeines, das bei einer solchen Abwägung herangezogen werden könnte.

Abschließend läßt sich daher bestreiten, daß sich hinter dem Stichwort der "willkürlichen Mißachtung" brauchbare oder auch nur akzeptable Kriterien für die Feststellung einer Menschenwürde-Verletzung verbergen. Da auch die "Objektformel" sich nicht als solches Kriterium eignet, scheint es sinnvoller, die Aufmerksamkeit auf substantielle Konkretisierungsvorschläge zu richten. Das Kernstück der richterrechtlichen Konkretisierung des Art.1_1 GG ist das sogenannte "allgemeine Persönlichkeitsrecht", dem der folgende Abschnitt gewidmet ist.

Kap.4: Kernstück: Das allgemeine Persönlichkeitsrecht

Für die Rechtsprechung zum Menschenwürde-Satz ist es kennzeichnend, daß sie diesen kaum je für sich genommen konkretisiert hat, sondern stets nur in Verbindung mit einzelnen Grundrechten.[521] Am häufigsten wird der Artikel mit Art.2_I GG gepaart. Aus der Verknüpfung dieser beiden Bestimmungen entstand das sogenannte "allgemeine Persönlichkeitsrecht", eine richterrechtliche Neuschöpfung, die schrittweise weiter konkretisiert wurde. Laut Aussage des Bundesverfassungsgerichts kommt Art.1_I GG eine bestimmende Rolle sowohl hinsichtlich der Reichweite wie auch hinsichtlich des Gehaltes dieses Rechtes zu. Eine Analyse dieses Rechtes könnte daher weiteren Aufschluß über den Gehalt wie auch den Rechtsstatus von Art.1_I GG geben.

§ 1 Entstehung

Für das Verständnis des allgemeinen Persönlichkeitsrechtes ist es hilfreich, die Umstände seines Entstehens zu kennen. Ich werde ausführlicher auf diesen Hintergrund eingehen, als auf den ersten Blick vielleicht nötig erscheint, da er Einsichten in das Grundrechtsverständnis der Rechtsprechung vermittelt, die ihrerseits Rückschlüsse auf Art.1_I und seine Funktion für den Grundrechtskatalog erlauben.

(a) Die Entstehung des Art.2_I GG
Wie erwähnt, stellt Art.2_I GG eine der grundgesetzlichen Quellen des allgemeinen Persönlichkeitsrechtes dar. Diese Bestimmung hat folgenden Wortlaut:

> "Jeder hat das Recht auf die freie Entfaltung seiner Persönlichkeit, soweit er nicht die Rechte anderer verletzt und nicht gegen die verfassungsmäßige Ordnung und das Sittengesetz verstößt."

---

[521] Dahinter steht vermutlich die Strategie, den rechtlichen Status des Art.1_I GG in der Schwebe zu lassen. Denn auf diese Weise bleibt die Frage, ob es sich bei dem Artikel um ein einklagbares Recht handelt, offen.

Der Artikel gehört zu den umstrittensten des gesamten Grundrechtskataloges.[522] Da er als verfassungsgeschichtliche Neuheit gilt, gab es auch wenig historische Anhaltspunkte für die Auslegung.[523] Auch der unmittelbaren Entstehungsgeschichte lassen sich nur grobe Hinweise darauf entnehmen, welche Funktion ihm zugedacht war. Die ersten Entwürfe für den Artikel sahen Formulierungen vor, in denen, anders als in der Endfassung, die grundsätzliche Freiheit einer jeden Person im Vordergrund stand, zu tun und zu lassen, was sie will.[524] Mithin muß es die Intention der Verfassungsgesetzgeber gewesen sein, ein allgemeines, und das heißt: ein nicht spezifiziertes Freiheitsrecht festzuschreiben, das als "Generalklausel für die ganzen Grundrechte"[525] fungieren sollte.

Der Vorschlag, eine solche generelle Freiheitsvermutung in den zweiten Artikel aufzunehmen, fand nicht nur Befürworter. Angesichts der weitreichenden Möglichkeiten, den grundsätzlich zugestandenen Handlungsspielraum wieder einzuschränken – dort nämlich, wo es zu Kollisionen mit "den Rechten anderer, der verfassungsmäßigen Ordnung und dem Sittengesetz"

---

[522] Vgl. SCHOLZ (1975), S.80f.

[523] Vgl. DREIER (1996c), Rn.1ff.; KLIPPEL (1987). Als Neuerung gilt zum einen die Rede von der "freien Entfaltung der Persönlichkeit". Der Ausdruck fällt erstmals in Art.2 sowie Art.3 Abs.2 der Verfassung der italienischen Republik von 1947, er erscheint ferner in Art.22 AEMR sowie in Art.1 Abs.1 RhPfV. Darüber hinaus besitzt aber auch die Festschreibung eines allgemeinen Freiheitsgrundrechtes verfassungshistorisch wenig Vorbilder.

[524] "Jeder ist frei, innerhalb der Schranken der Rechtsordnung und der guten Sitten alles zu tun, was anderen nicht schadet", Art.2 HChE, abgedr. WERNICKE (1981), S.580. Im *Grundsatzausschuß* einigte man sich zunächst auf die folgende Formulierung: "(1) Der Mensch ist frei. (2) Er darf tun und lassen, was die Rechte anderer nicht verletzt oder die verfassungsmäßige Ordnung des Gemeinwesens nicht beeinträchtigt". Hingegen schlug der *Allgemeine Redaktionsausschuß* vor: "Jedermann ist frei, zu tun und zu lassen, was die Rechte anderer nicht verletzt und nicht gegen die verfassungsmäßige Ordnung und das Sittengesetz verstößt." Siehe die "Stellungnahme des Allgemeinen Redaktionsausschusses zu den Formulierungen der Fachausschüsse, Stand 10. November – 5. Dezember 1948", abgedr. in WERNICKE (1995), S.36.
Für den Verlauf der Diskussion vgl. die bereits oben, Fn.420 angeführte Quellenedition und den Überblick bei DOEMMING ET AL., S.61ff..

[525] So der Abgeordnete v. Mangoldt auf der *32. Sitzung des Grundsatzausschusses* v. 11.1.1949, abgedr. in WERNICKE (1993), S.918.

kommt -, wurde diese Form einer Freiheitsverbürgung von einigen als inhaltsleer verworfen.[526]
Das Redaktionskomitee unterbreitete den Vorschlag, den Wortlaut des Artikels zu verändern und an die Stelle der "Freiheit, zu tun und zu lassen", was man wolle, die "freie Entfaltung der Persönlichkeit" zu setzen. Inwieweit dieser Vorschlag den Vorwurf der Gehaltlosigkeit entkräften sollte, läßt sich nicht ermitteln. Laut Auskunft des maßgeblichen Befürworters der neuen Formulierung, v. Mangoldt, standen stilistische Erwägungen hinter der Änderung: der Ausdruck "freie Persönlichkeitsentfaltung" wurde aufgrund des "Würdevollen im Klang" gewählt.[527] Es erscheint jedoch als merkwürdiger Zufall, daß man damit auf einen Ausdruck zurückgriff, der eher auf eine *substantielle* Freiheitskonzeption schließen läßt. Für die spätere (richterrechtliche) Ausgestaltung des Art.2_I GG ist diese Wortwahl auch nicht folgenlos geblieben.

(b) Zwei Interpretationen des Artikels
Welche Konsequenzen diese Wortwahl haben sollte, zeigt bereits die Kontroverse, die sich innerhalb der Rechtswissenschaft um die Funktion des Artikels entspann. Grundsätzlich wurden zwei Lesarten verteidigt, die man durchaus den beiden Formulierungsvarianten der Entstehungsdebatte zuordnen kann:

---

[526] Vgl. das Urteil des Sachverständigen Thoma, abgedr. in WERNICKE (1993), S.363: bei weiter Auslegung der Schrankenklausel (wenn man nämlich unter der "verfassungsmäßigen Ordnung" die "gesamte jeweils in Geltung stehende Rechtsordnung" meint) besage der Satz nur: "Der Mensch ist von Rechts wegen frei, soweit er nicht von Rechts wegen unfrei ist". Dem wurde im Grundrechtsausschuß durchaus zugestimmt (zumindest durch den Vorsitzenden desselben, v. Mangoldt, der hierin unwidersprochen blieb). Vgl. die *23. Sitzung des Grundrechtsausschusses vom 19.11.1948*, abgedr. in WERNICKE (1995), S. 606.

[527] Vgl. die *Zweite Lesung des Hauptausschusses* (42. Sitzung vom 18.1.1949), in: PARLAMENTARISCHER RAT (1948/49), S.533. Die Äußerung erfolgte in Erwiderung der Kritik des Abgeordneten Bergsträsser im *Grundsatzausschuß* (23. Sitzung), die "freie Entfaltung der Persönlichkeit" betreffe einen inneren Vorgang, zu schützen sei aber die Handlungsfreiheit.

(i) Auf der einen Seite wurde Art.2₁ GG als eine "Grundnorm der menschlichen Freiheit"[528] verstanden, die die allgemeinste nur denkbare Freiheitsverbürgung enthalten und subsidiär dort greifen sollte, wo die speziellen Freiheitsrechte des Grundgesetzes nicht einschlägig sind.

(ii) Dem gegenüber stand die Alternative eines Grundrechtes, das eine enger, dafür aber gehaltvoller definierte Schutznorm der menschlichen Persönlichkeit darstellen sollte. Hier gab es zwei Spielarten: zum einen das Recht auf Schutz eines sehr eng gefaßten "Persönlichkeitskerns", der die "sittliche und geistige" Entfaltung von Personen im Sinne eines "Ideal[s] echten Menschentums" gewährleisten sollte.[529] Zum anderen wurde dafür votiert, den Artikel in Anlehnung an die bereits durch die Zivilgerichte herausgebildete Konzeption eines "allgemeinen Persönlichkeitsrechts" zu verstehen, das v.a. den Schutz der Privatsphäre und des "sozialen Geltungsanspruchs" von Personen umfaßte.

Ferner entstanden Meinungsverschiedenheiten hinsichtlich der Reichweite beider Alternativen durch unterschiedliche Auffassungen in der Frage, wie die sogenannte "Schrankenklausel" zu verstehen sei, den Nebensatz also, in dem präzisiert wird, jeder könne das Recht auf freie Persönlichkeitsentfaltung genießen „soweit er nicht die Rechte anderer verletzt und nicht gegen die verfassungsmäßige Ordnung und das Sittengesetz verstößt." Wie extensiv sollten die drei "Schranken" der Rechte anderer, der verfassungsmäßigen Ordnung und des Sittengesetzes ausgelegt werden? Im Mittelpunkt stand hier die Schranke der "verfassungsmäßigen Ordnung". Je nachdem, ob man damit lediglich die *Verfassungs*normen als solche angesprochen sah oder aber die gesamte Rechtsordnung, sofern sie mit der Verfassung in Einklang steht, ergaben sich deutliche Unterschiede hinsichtlich der faktischen Reichweite des jeweils verbürgten Freiheitsrechtes.

Das Bundesverfassungsgericht entschied diesen Streit nach anfänglichem Zögern im berühmten "Elfes"-Urteil von 1957 zugunsten einer sehr weitge-

---

[528] NIPPERDEY/ WIESE (1968), S.767.

[529] So H. Peters, der hauptsächliche Vertreter dieser Alternative, s. PETERS (1953), S.669.

faßten und gewissermaßen doppelten Grundrechtsverbürgung.[530] Wie nachfolgend dargestellt werden wird, hat diese sich zu zwei richterrechtlich verfestigten Grundrechten herausgebildet, die unter den Namen „Recht auf allgemeine Handölungsfreiheit" sowie „allgemeines Persönlichkeitsrecht" firmieren. Es ist instruktiv zu sehen, wie dies geschehen konnte.

(c)   Das „Recht auf allgemeine Handlungsfreiheit"
Wie sah also die Weichenstellung aus, die das Bundesverfassungsgericht im „Elfes"-Urteil vornahm? Es interpretierte zunächst Art.2 Abs.1 GG im Sinne eines "Rechtes auf allgemeine Handlungsfreiheit" und damit als das subsidiäre Freiheitsgrundrecht. Indem es sich zugleich für die weitestmögliche Interpretation der Schranken dieses Rechtes entschied - der zufolge unter der "verfassungsmäßigen Ordnung" die gesamte Rechtsordnung zu verstehen ist, sofern sie formal und material mit der Verfassung in Einklang steht -,[531] entschied es sich zugleich für eine denkbar schwache Version eines solchen allgemeinen Freiheitsgrundrechts.

Als Konsequenz dieses Urteils kann ein jegliches staatliches Handeln, das einen Bürger oder eine Bürgerin in seiner oder ihrer Handlungsfreiheit beschränkt, auf dem Wege der Verfassungsbeschwerde beanstandet werden – ganz gleich, welcher Art die verschlossene Handlungsalternative ist und welche Bedeutung man ihr beimessen mag. Zugleich muß eine solche Beschränkung aber als legitim hingenommen werden, wenn sie aufgrund eines Gesetzes erfolgt, das mit den Grundsätzen der Verfassung vereinbar ist. Im Ergebnis stellt das Recht auf allgemeine Handlungsfreiheit ein allen Bürgern zur Verfügung stehendes Mittel bereit, staatliche Akteure zu verfassungskonformem Handeln zu zwingen. Es ist daher (allerdings in kritischer Absicht) als "Grundrecht auf Verfassungsgemäßheit der gesamten Staatstätigkeit" bezeichnet worden.[532] Man kann seinen Nutzen vor allen

---

[530] BVerfGE 6,32. In diesem Urteil verwendet das Gericht noch nicht den Terminus "allgemeines Persönlichkeitsrecht", doch ist die Konzeption eines solchen Rechtes der Sache nach bereits angelegt. Die Grundaussagen des Urteils sind in ständiger Rechtsprechung verfestigt und weiterentwickelt worden.

[531] BVerfGE 6,32,38.

[532] SCHMIDT (1966), S.68. Die Kritik Schmidts (und anderer) richtet sich auf die seiner Meinung nach problematische Ausweitung des Bereichs der Verfassungsbeschwerde.

Dingen darin sehen, durch die Einklagbarkeit einer verfassungsrechtlichen Begründung staatlichen Handelns die Willkürfreiheit zu sichern[533] sowie eine umfassende "Durchrechtlichung" gesellschaftlicher Bereiche und Institutionen zu verhindern.[534]

(d)   Das allgemeine Persönlichkeitsrecht
Trotz der weitreichenden verfassungsprozessualen Konsequenzen, die ein solches Recht mit sich bringt, mag man seinen Beitrag zu einer effektiven Sicherung individueller Freiheitsspielräume als eher bescheiden ansehen. Der bereits zu Entstehungszeiten geäußerte Einwand, angesichts seiner weiten Beschränkbarkeit laufe das Recht faktisch leer, ist daher auch gegen die Auslegung des Bundesverfassungsgerichts vorgebracht worden. Problematisch ist eine solche "Freiheitsvermutung" insofern, als sie keine inhaltlichen Abwägungskriterien an die Hand gibt. Sobald feststeht, daß die freiheitsbeschränkende staatliche Maßnahme sich auf Belange von Verfassungsrang stützen kann, muß das allgemeine Freiheitsrecht diesen automatisch weichen.[535]

Doch trifft dieser Vorwurf das Gericht insofern nicht, als es bei der Statuierung einer bloß formalen Handlungsfreiheit nicht stehengeblieben ist. Bereits im oben angesprochenen „Elfes"-Urteil hatte es darüber hinaus betont, daß aufgrund Artikel 2_1 GG

> "dem einzelnen Bürger eine Sphäre privater Lebensgestaltung verfassungskräftig vorbehalten ist, also ein letzter unantastbarer Bereich menschlicher Freiheit besteht, der der Einwirkung der

---

Es bestehen unterschiedliche Ansichten darüber, in welchem Ausmaß die Rechtsprechung Art.2_1 GG tatsächlich als subjektiv-rechtliches Instrument zur Erzwingung verfassungskonformen Handelns des Staates gelten läßt, vgl. SCHOLZ (1975), S.95ff., DEGENHART (1990).

[533] So ALEXY (1986), S.324, 344.

[534] So PODLECH (1989b), Rn.32

[535] Zwar hat Alexy gezeigt, daß auch dieses formale Recht einige solcher Kriterien an die Hand gibt, doch ist auch seine Ausbeute an freiheitssichernder "Substanz" denkbar mager: Sie beschränkt sich auf die Feststellung, daß "ein repressives Verbot intensiver beeinträchtigt als ein präventives" und "ein Verbot einer Handlungsweise *in all ihren Formen* stets eine recht intensive Beeinträchtigung darstellt", vgl. ALEXY (1986), S.320 (Hervorhebung nicht im Original).

gesamten öffentlichen Gewalt entzogen ist. Ein Gesetz, das in ihn eingreifen würde, könnte nie Bestandteil der 'verfassungsmäßigen Ordnung' sein".[536]

Somit hat es vermittels einer Aussage über den Gehalt der "verfassungsmäßigen Ordnung" eine substantielle Freiheitsgarantie eingeführt: die Garantie des "letzten unantastbaren Bereiches menschlicher Freiheit", die "Sphäre privater Lebensgestaltung". In späteren Urteilen hat es diese Gewährleistung mit der durch die Zivilrechtsprechung vorgebildete Rechtsfigur des "allgemeinen Persönlichkeitsrechts" verknüpft. Dieses neue Recht war bereits von den Zivilgerichten aus Art.1_I GG in Verbindung mit Art.2_I GG abgeleitet worden, aus dem Erfordernis heraus, einen verfassungsrechtlichen Anknüpfungspunkt für den Privatsphärenschutz zu finden, der durch kein anderes Grundrecht garantiert wird. Die Verfassungsgerichtsbarkeit hat diese richterrechtliche Kreation in ständiger Rechtsprechung übernommen.[537]

Mittlerweile ist es verbreitet, Art.2_I GG als Basis *zweier* Grundrechte anzusehen: zum einen beinhaltet es das Recht auf allgemeine Handlungsfreiheit, zum anderen stellt es eine Säule des allgemeinen Persönlichkeitsrechts dar, das sich zudem auf Art.1_I GG stützt und so gewissermaßen zwischen den beiden ersten Artikeln situiert ist.[538]

(e)   Vorteile der Neuschöpfung
Ich habe die Umwege, über die das allgemeine Persönlichkeitsrecht entstanden ist, in dieser Ausführlichkeit dargestellt, da diese Entwicklung ein interessantes Licht auch auf die hier verfolgte Fragestellung wirft: die Frage nämlich, welchen Sinn die Erweiterung des "klassischen" Grundrechtskataloges um eine Garantie der Menschenwürde haben kann. Wie die Entstehungsgeschichte des allgemeinen Persönlichkeitsrechts verdeutlicht, ist der klassische Grundrechtskatalog in mehrfacher Hinsicht unzulänglich,

---

[536] BVerfGE 6,32,41- Elfes.

[537] Zur Rechtsprechung der Zivilgerichte vgl. BRANDNER (1983).

[538] Zum systematischen Zusammenhang zwischen der allgemeinen Handlungsfreiheit und dem allgemeinen Persönlichkeitsrecht sind unterschiedliche Vorschläge unterbreitet worden, auf die ich hier nicht eingehe, da es in diesem Zusammenhang letztlich nur um das allgemeine Persönlichkeitsrecht geht.

um die Anliegen der Rechtssubjekte hinreichend zu schützen. So war es zum einen erforderlich, die speziellen Freiheitsverbürgungen um ein allgemeines Freiheitsrecht zu erweitern. Denn die einzelnen Freiheitsgrundrechte stellen nur punktuelle Verbürgungen dar, die z.T. historisch kontingenten Bedürfnissen entsprungen sind und neuartigen Freiheitsgefährdungen nicht immer Rechnung tragen können. Die besonderen Gefahren, die beispielsweise von der modernen Datenverarbeitungstechnik und anderen Neuentwicklungen für die Integrität der Privatsphäre ausgehen, können durch sie nicht erfaßt werden. Es genügt hier nicht, auf die Flexibilität der Gesetzgebung zu vertrauen. Zwar kann auch die einfache Gesetzgebung auf neuartige Gefährdungen reagieren, doch reicht das oftmals nicht aus. Einfache Gesetze stoßen dort an ihre Grenzen, wo sie mit Gütern von Verfassungsrang kollidieren. So können Übergriffe auf persönliche Daten der Bürger mit Verweis auf übergreifende verfassungsrechtliche Prinzipien begründet werden, etwa das aus dem Rechtsstaatprinzip abzuleitende Gebot der Rechtssicherheit. Indiskretionen in den Massenmedien können durch Grundrechte wie das Recht auf Meinungsfreiheit abgestützt werden, usf.. Aus diesem Grund müssen wichtige Belange wie die Integrität der Privatsphäre eine verfassungsrechtliche Verankerung erfahren. Dies können sie, sofern keine Verfassungsänderung angestrebt wird, nur durch richterliche Rechtsfortbildung. Und für diese wiederum ist ein verfassungsrechtlicher Anknüpfungspunkt notwendig. Zu welch merkwürdigen Auswegen die Rechtsprechung gezwungen wird, wenn sich ein solcher Anknüpfungspunkt in der Verfassung nicht findet, zeigt die Geschichte des Privatsphärenschutzes in den USA. Dort bestand zwar bereits seit 1974 eine gesetzliche Regelung zum Privatsphärenschutz,[539] dennoch sah sich die Gerichtsbarkeit vor die Notwendigkeit gestellt, eine verfassungsrechtliche Grundlage für ein Recht auf Privatheit zu konstruieren. Da sich in der amerikanischen Verfassung kein übergreifendes Grundrecht, etwa in Form eines allgemeinen Freiheitsrechtes, findet, muß die Rechtsprechung sich einer äußerst komplizierten und fragilen Konstruktion bedienen.[540]

---

[539] "Privacy Act" v. 1974.
[540] Vgl. hierzu BRUGGER (1983) und (1987) mit den entsprechenden Nachweisen.

Der Privatsphärenschutz ist ein, wenngleich ein besonders markantes Beispiel für den Sinn eines umfassenden Grundrechtes, mit Bezug auf das Lücken im Grundrechtskatalog geschlossen werden können. Die Entwicklung des allgemeinen Persönlichkeitsrechts zeigt zudem, daß ein rein *formales* Recht wie die allgemeine Handlungsfreiheit diese Aufgabe nicht leisten kann. Das gesuchte "Auffanggrundrecht" muß substantielle Gesichtspunkte anbieten, soll es nicht wiederum völlig leerlaufen. An dieser Stelle kommt nun die Menschenwürde-Garantie mit ins Spiel. Denn ohne Rückgriff auf den ersten Artikel wäre es der deutschen Rechtsprechung nicht gelungen, das gesuchte substantielle Auffanggrundrecht, das "allgemeine Persönlichkeitsrecht", aus der Verfassung abzuleiten. In der Folge wird zu sehen sein, welche Funktion dem Menschenwürdesatz dabei im Einzelnen zukommt. Dafür ist es zunächst notwendig, den Gehalt des allgemeinen Persönlichkeitsrechts zu bestimmen, im Anschluß daran wird zu klären sein, welche Rolle die Menschenwürde-Garantie für die Gestaltung dieses Rechtes spielt.

§ 2 Gehalt des Rechts

Der Gegenstand des allgemeinen Persönlichkeitsrechts ist von der Rechtsprechung nicht anhand einer allgemeinen Definition bestimmt worden. Wie bereits hinsichtlich Art.1_1 behält sich das Bundesverfassungsgericht auch hier ausdrücklich vor, diese Norm anhand des Einzelfalls zu konkretisieren. Läßt sich anhand der bestehenden Anwendungen induzieren, was unter dem Schutzgut der "Persönlichkeit" und deren "freier Entfaltung" zu verstehen ist?

1. Einzelne Rechtsgüter

(a) Privatsphäre
Wie die Trennung unterschiedlicher Persönlichkeitssphären bereits vermuten läßt, hat die Verfassungsgerichtsbarkeit, auch hier der Zivilrechsprechung folgend, das allgemeine Persönlichkeitsrecht zunächst im Sinne eines Rechtes auf Schutz der Privatsphäre ausgestaltet. In diese Richtung

deutet bereits die allgemeine Umschreibung, das Recht solle "die engere persönliche Lebenssphäre" gewährleisten.[541]

Dennoch ist die in der Literatur verbreitete Bereitschaft, das allgemeine Persönlichkeitsrecht mit dem Schutz der Privatsphäre *gleichzusetzen*,[542] irreführend. Denn unter den Entscheidungen des Bundesverfassungsgerichts gehen viele deutlich über das hinaus, was gelegentlich - in Anlehnung an das amerikanische Vorbild - als ein "Recht auf Privatheit" bezeichnet wird. Beispielsweise hat das Gericht das Recht des Jugendlichen auf einen schuldenfreien Eintritt in die Volljährigkeit als Bestandteil des Persönlichkeitsrechtes bezeichnet[543] - ein Anspruch, der sich beim besten Willen nicht unter den Privatsphärenschutz subsumieren läßt. Gleiches gilt für den Schutz der "persönlichen Ehre" und des "sozialen Geltungsanspruchs" von Personen, der auch dort vom allgemeinen Persönlichkeitsrecht umfaßt sein soll, wo dies über den Schutz vor Indiskretion hinausgeht.[544] Im Folgenden werden weitere Beispiele genannt werden. Für den Augenblick genügt es festzuhalten, daß das allgemeine Persönlichkeitsrecht mehr gewährleisten soll als den Schutz des Privaten.

Dem steht nicht entgegen, daß der überwiegende Teil der richterrechtlich sanktionierten Gewährleistungen des Rechts diesem Schutzbereich zugeschlagen werden kann: zu denken ist hier an die zahlreichen Einzelverbürgungen, die von Rechtsprechung und Literatur als "Recht auf Schutz der

---

[541] BVerfGE 54,148,153

[542] Z.B. SCHMITT GLAESER (1989), ROHLF (1980), KUNIG (1992b), Rn.32.

[543] BVerfGE 72,155,170ff. – Privatautonomie Minderjähriger.

[544] BVerfGE 34,269,282f. – Soraya.
Wenn man die Grundgesetzbestimmungen betrachtet, die als "*spezielle* Persönlichkeitsrechte" neben das "allgemeine" gestellt werden, bestätigt sich dieser Eindruck. So wird etwa der in Art.6 ausgesprochene Schutz von Ehe und Familie von der Rechtsprechung unter die speziellen Persönlichkeitsrechte gezählt, und in der Literatur werden sogar die Rechte der Meinungs-, Versammlungs- und Vereinigungsfreiheit angeführt. (Vgl. SCHMITT GLAESER (1989), Rn.2ff., m.w.Nachw.). Zwar gibt es bei all diesen Rechten Berührungspunkte mit dem Privatrechtsschutz – Art. 6 GG garantiert u.a. den Schutz der vertraulichen Kommunikation zwischen Ehepartnern -, doch zielt das Grundrecht primär auf die Erhaltung der Institution und geht damit weit über das Recht auf Privatheit hinaus. Entsprechendes gilt für die anderen der genannten speziellen Persönlichkeitsrechte.

Privat-, Geheim- und Intimsphäre"[545], "Recht auf Schutz vor der Offenbarung persönlicher Lebenssachverhalte"[546], "Recht auf Verschweigen einer Entmündigung"[547], "Recht auf das eigene Bild und das gesprochene Wort"[548], "Recht auf informationelle Selbstbestimmung"[549], "Recht auf sexuelle Selbstbestimmung"[550], "Recht auf einen autonomen Bereich privater Lebensgestaltung"[551] apostrophiert werden. Wie diese Liste, die sich im übrigen noch verlängern ließe, zeigt, handelt es sich um Garantien von sehr unterschiedlichem Konkretionsgrad, die sich zum Teil überlappen, zum Teil einander unterordnen lassen. Die Liste zeigt darüber hinaus, wie heterogen die Aspekte dessen sind, was wir geläufigerweise mit dem Begriff des "Privaten" bezeichnen. Es wundert daher nicht, daß sich in der Literatur die unterschiedlichsten Versuche finden, den Schutzbereich systematisch zu beschreiben und die punktuellen Verbürgungen sinnvoll zu kategorisieren.[552] Das führt zu der Frage, wie hilfreich der Begriff eines "Rechtes auf Privatheit" zur Kategorisierung der betreffenden Schutzgüter überhaupt ist, d.h. auch dort, wo er nicht über das hinausgeht, was mit dem Begriff des "Privaten" gemeint ist.

---

[545] BVerfGE 27,344,350f. – Mikrozensus.

[546] BVerfGE 80,367,373.

[547] BVerfGE 78,77,84.

[548] BVerfGE 35,202,220 – Lebach; 34,238,246 – Heimliche Tonbandaufnahme.

[549] BVerfGE 65,1,42f. – Volkszählung.

[550] BVerfGE 47,46,73 – Sexualkundeunterricht.

[551] BVerfGE 35,202,220 – Lebach.

[552] Abgesehen von den (teilweise willkürlich anmutenden) Grobeinteilungen, die sich in jeder Lehrbuchdarstellung zu Art.2IGG finden, sind innerhalb der deutschen Rechtswissenschaft unterschiedliche Vorschläge unterbreitet worden, den Begriff des Privatsphärenschutzes zu analysieren und auf fundamentalere Rechtsgüter zurückzuführen (vgl. RÜPKE (1976), ROHLF (1980)). Z.T. weisen diese Ansätze Parallelen zu der älteren, aber von anderen rechtsdogmatischen Voraussetzungen ausgehenden US-amerikanischen Diskussion auf. Einen Überblick über das US-amerikanische "right to privacy" gibt BRUGGER (1983); für eine Darstellung der amerikanischen Diskussion um eine angemessene Analyse des Privatheits-Begriffes siehe GAVISON (1980).

(b) Selbstbestimmung

Sinnvoller erscheint mir der Ansatz, den das Bundesverfassungsgericht selbst gewählt zu haben scheint: Es tendiert dazu, alle Gewährleistungen des allgemeinen Persönlichkeitsrechts auf den Gesichtspunkt der Selbstbestimmung zurückzuführen. Das ist angesichts der Verklammerung dieses Rechtes mit dem der allgemeinen Handlungsfreiheit, als das Art.2_1 GG primär zu verstehen ist, nur naheliegend. So kommt nicht nur der allgemeinen Handlungsfreiheit, sondern auch dem allgemeinen Persönlichkeitsrecht die Funktion eines "Auffanggrundrechtes" zu: Es gilt als das "unbenannte Freiheitsrecht", das mögliche Lücken im Katalog der benannten, d.h. im Grundrechtskatalog explizit aufgeführten, speziellen Freiheitsrechte schließen soll.[553] Das Gericht hat im Einklang damit mehrfach betont, dem allgemeinen Persönlichkeitsrecht liege der "Gedanke der Selbstbestimmung" zugrunde.[554] Konsequenterweise machen auch diejenigen allgemeinen Charakterisierungen des Rechtes, die es nahelegten, es als ein "Recht auf Privatheit" zu verstehen, von der Terminologie der Freiheitsrechte Gebrauch – das Gericht spricht von einem "letzte[n] unantastbare[n] Bereich menschlicher Freiheit" und einem "letzten unantastbaren Bereich privater Lebensgestaltung".[555] Gleiches gilt für die Rechtfertigung von Einzelverbürgungen, insbesondere im Kontext des Informationsschutzes: Das allgemeine Persönlichkeitsrecht umfaßt, so das Gericht, "auch die aus dem Gedanken der Selbstbestimmung folgende Befugnis des Einzelnen, grundsätzlich selbst zu entscheiden, wann und innerhalb welcher Grenzen persönliche Lebenssachverhalte offenbart werden"[556], und das angesichts von Gefährdungen durch moderne Informationsverarbeitungstechnologien ge-

---

[553] BVerfGE 54,148,153; 65,1,41; 72,155,170; 79,256,268. "Unbenannte Freiheitsrechte" sind solche, die dem Verfassungstext nicht ausdrücklich zu entnehmen sind, sondern diesem – richterrechtlich – unterstellt werden. Für eine eingängige Erläuterung dieser Rechtsfigur s. ALEXY (1986), 330ff.

[554] Siehe nur die für das Verständnis dieses Rechtes zentralen Entscheidungen zu den Fällen "Eppler" (1976) und "Volkszählung" (1982), BVerfGE 54,148 und 65,1.

[555] BVerfGE 6,32,41 -Elfes- und BVerfGE 80,367,373f.. - Tagebuchaufzeichnung.

[556] BVerfGE 65,1,41 - Volkszählung.

schaffene Recht auf Kontrolle über persönliche Daten wurde explizit als "Recht auf informationelle Selbstbestimmung" tituliert.[557]

Auch dort, wo Gewährleistungen des allgemeinen Persönlichkeitsrechts über den Indiskretionsschutz hinausgehen, wird der Selbstbestimmungs-Gedanke zur Rechtfertigung herangezogen. So wurde das Recht, sich gegen ein Unterschieben nicht getaner Äußerungen zu wehren (das auch dort gilt, wo die Privatsphäre nicht beeinträchtigt ist), mit dem Argument begründet, der Einzelne solle "grundsätzlich selbst entscheiden können, wie er sich Dritten und der Öffentlichkeit gegenüber darstellen will"[558]. Gleiches gilt für das bereits oben angeführte Recht auf einen schuldenfreien Eintritt ins Erwachsenenalter.[559]

Ausgehend von der individuellen Selbstbestimmungsfähigkeit als dem durch das Persönlichkeitsrecht geschützten Gut lassen sich die einzelnen Gewährleistungen des Privatsphärenschutzes in systematischer Weise zusammenfassen. Dafür bietet sich eine Einteilung in die folgenden beiden Kategorien an: zum einen die autonome Kontrolle über persönliche Daten, zum anderen die Autonomie in Lebensstilentscheidungen.[560]

---

[557] BVerfGE 65,1,42.

[558] BVerfGE 54,148,156 - Eppler.

[559] In der Urteilsbegründung ist zu lesen: "In gleicher Intensität [wie im Bereich der Offenbarung von persönlichen Lebenssachverhalten, D.J.] wird aber das Recht auf individuelle Selbstbestimmung berührt, wenn Eltern ihre minderjährigen Kinder kraft der ihnen zustehenden gesetzlichen Vertretungsmacht (§ 1629 Abs.1 BGB) finanziell verpflichten können." BVerfGE 72,155,170.

[560] Innerhalb von Rechtsprechung und Literatur finden sich unterschiedliche Kategorisierungen der Einzelverbürgungen, die von der hier gewählten z.T. abweichen. Die Rechtsprechung faßt unter Bezeichnungen wie "Kernbereich privater Lebensgestaltung" oder "Recht auf Achtung der Privat-, Geheim- und Intimsphäre" Verbürgungen, die unter beide der hier gewählten Kategorien fallen, nämlich sowohl den Schutz persönlicher Daten wie das Recht auf Selbstbestimmung in Fragen der eigenen Lebensgestaltung. Andere zu Einzelrechten fixierte Verbürgungen lassen sich einfacher zuordnen: so das "Recht auf das eigene Bild und das gesprochene Wort" und auf "informationelle Selbstbestimmung" zu erstgenannter Kategorie, das Recht eines Menschen, "seine Einstellung zum Geschlechtlichen selbst zu bestimmen", zu letztgenannter. Die Wahl der Kategorien hängt natürlich davon ab, welche Analyse des Privatsphärenschutzes man zugrundelegt. Wenn man jedoch – wie es das Bundesverfassungsgericht

All dies würde es nahelegen, das allgemeine Persönlichkeitsrecht einfach als Recht auf (besonders wichtige Aspekte der) Selbstbestimmung zu verstehen. Doch auch diese, über den reinen Privatsphärenschutz hinausgehende, Definition scheint noch nicht alles zu erfassen, was das allgemeine Persönlichkeitsrecht gewährleistet, wie sogleich gezeigt werden soll.

(c)   Weitere konstitutive Bedingungen der Persönlichkeit
Zu den gerichtlich erkannten Schutzgütern, die sich nicht ohne weiteres unter ein Recht auf Autonomie subsumieren lassen, gehört in erster Linie die *Selbstachtung* der Bürger. In mehreren Entscheidungen hat das Gericht betont, das allgemeine Persönlichkeitsrecht solle den Einzelnen auch vor (schwerwiegenden) Beeinträchtigungen seines "sozialen Geltungsanspruchs" und seiner "persönlichen Ehre" bewahren. Zwar darf der Gehalt des sozialen Geltungsanspruchs nur unter Rückgriff auf die Selbstdefinition der betroffenen Person bestimmt werden, so daß sich diesbezüglich ein weiterer Aspekt des Autonomie-Schutzes ergibt.[561] Doch wenn Bürger vor Beeinträchtigungen ihrer Selbstachtung bewahrt werden sollen – etwa, indem gegen Beleidigungen oder verfälschende Darstellungen ihrer Person in der Öffentlichkeit vorgegangen wird –, so geschieht dies nicht um ihrer Selbstbestimmung willen. Eine Passage aus einer entsprechenden Urteilsbegründung kann dies bestätigen:

"Das Grundrecht schützt Elemente der Persönlichkeit, die nicht Gegenstand besonderer Freiheitsgarantien sind, aber diesen in ihrer konstituierenden Bedeutung für die Persönlichkeit nicht nachstehen (vgl. BVerfGE 54,148,[153], stRspr.). Dazu gehört auch die soziale Anerkennung des Einzelnen. Aus diesem Grund umfaßt das allgemeine Persönlichkeitsrecht den Schutz vor Äußerungen, die geeignet sind, sich abträglich auf sein Bild in der Öffentlichkeit auszuwirken. Derartige Äußerungen gefährden die von Art.2 Abs.1 gewährleistete freie Entfaltung der Persönlichkeit, weil sie das Ansehen des Einzelnen schmälern, seine sozia-

---

ganz offensichtlich tut – von der Selbstbestimmung als dem grundlegenden Gut ausgeht, drängt sich die hier vorgeschlagene Einteilung geradezu auf.
[561] BVerfGE 54,148,155f – Eppler.

len Kontakte schwächen und infolgedessen sein Selbstwertgefühl untergraben können."[562]

Hier wird augenscheinlich das Selbstwertgefühl neben der Freiheit und der sozialen Anerkennung als konstituierend für die Persönlichkeit angesehen. Gleiches gilt für die je ganz anders gearteten Ansprüche auf "Kenntnis der eigenen Abstammung" sowie auf Schutz der Zugehörigkeit zu bestimmten Gruppen und Vereinigungen (insbesondere religiöser und weltanschaulicher Minoritäten), als deren Ziel die "Identität" der Person (im sozialpsychologischen Sinne) gilt, nicht die Selbstbestimmung.[563] Was mit der "Identität" einer Person gemeint ist, wird in den betreffenden Urteilsbegründungen nicht ausgeführt und bleibt auch in der Literatur, die diesen Terminus bei ihrer Explikation des Persönlichkeitsrechtes gern aufgreift, offen.[564] Man kann hier aber von dem im Alltagsgebrauch gängigen groben Verständnis ausgehen, demzufolge damit das Bewußtsein einer Person um ihre Situierung innerhalb sozialer Kontexte wie auch ihr Selbstverständnis in praktischer Hinsicht geht, d.h. um die für ihre Lebensführung grundlegenden Ziele und Ideale.[565]

Es tauchen in den Urteilsbegründungen zum allgemeinen Persönlichkeitsrecht noch zwei weitere Begriffe von ebensolcher Vagheit auf: sowohl die

---

[562] BVerfGE 99,185,193f. – Scientology/Helnwein.

[563] BVerfGE 79,256,268f. sowie 99,194.

[564] Selbst dort, wo der Begriff der Identität herangezogen wird, um den Gehalt des Persönlichkeitsrechts insgesamt zu charakterisieren, vgl. SCHMITT GLAESER (1989), Rn.32f., HÄBERLE (1987), Rn.47ff. – hier als Explikation des Schutzgutes der Menschenwürde.

[565] Weiteren Aufschluß kann allenfalls die Kasuistik geben, die zu diesem Punkt bisher allerdings nicht sehr umfangreich ist. Neben der Kenntnis der biologischen Eltern wurde die Zugehörigkeit zu sozialen Gruppen als identitätsbildend hervorgehoben (BVerfGE 99,185,194 – Scientology/Helnwein). Ferner wurde der Schutz des eigenen Namens dem allgemeinen Persönlichkeitsrecht mit der Begründung zugeordnet, der Name sei "Ausdruck der Identität und Individualität", BVerfGE 97,391,399f. - Namensnennung.

"Individualität"[566] einer Person wie deren "geistig-seelische Integrität" sind demzufolge Bestandteile der Persönlichkeit.
Natürlich wird man hinsichtlich keinem der vier Begriffe – Selbstwertgefühl, psycho-soziale Identität, Individualität und psychische Integrität – bestreiten, daß damit Bedingungen der freien Persönlichkeitsentfaltung benannt werden. Insofern besitzen die betreffenden Urteilsbegründungen eine gewisse intuitive Evidenz. Unklar ist allerdings, wie anspruchsvoll die dahinterstehenden psychologischen und möglicherweise auch evaluativen Grundannahmen sind. Betrachtet man die Fallkonstellationen, die zu ihrer Verwendung Anlaß geben, so wird man die Notwendigkeit einer präziseren Definition möglicherweise bestreiten, da es sich um gänzlich unkontroverse Subsumtionsbeziehungen handelt (die auch in der akademischen Literatur keinen Widerspruch hervorgerufen haben). Das Bedürfnis nach konziserer Terminologie erwächst aus dem Wunsch, ein analytisch klareres und systematisch geordneteres Bild des Rechtsgutes der freien Persönlichkeitsentfaltung zu gewinnen. Aus dieser Perspektive erscheint nicht nur klärungsbedürftig, wie die einzelnen Begriffe für sich genommen zu verstehen sind, sondern auch, wie, und gegebenenfalls ob überhaupt, sie voneinander abzugrenzen sind.

2. Formales Gesamtbild: „Muttergrundrecht"
Läßt sich aus diesen Aussagen ein zusammenhängendes Bild des Rechtsgutes konstruieren, das durch das "allgemeine Persönlichkeitsrecht" gewährleistet werden soll? Mir scheint, daß ja - wenn auch nur ein oberflächliches, das stärker konturiert und auch intern weiter ausdifferenziert werden müßte.
Das allgemeine Persönlichkeitsrechts ist kein Grundrecht wie jedes andere. Auffällig ist zunächst die Weite seines Schutzbereichs, die es als "Auffanggrundrecht" geeignet sein läßt. Es drängt sich daher die Konzeption dieses Rechtes als ein sämtliche Einzelgrundrechte umfassenden Rechtes auf, das dann allerdings dort zurücktritt, wo speziellere Grundrechtsnor-

---

[566] Dabei hat das Gericht den Schutz der Individualität in einem Urteil ausdrücklich nicht Art.II, sondern dem allgemeinen Persönlichkeitsrecht zugeordnet – wohl, um dieses Gut vom absoluten Schutz des Menschenwürde-Artikels auszunehmen und einer Abwägung mit anderen zugänglich zu machen. BVerfGE 30,200,214.

men einschlägig sind. Es wäre dieser Konzeption zufolge, was auch als "Muttergrundrecht" bezeichnet wird. Diese Konzeption muß allerdings in zweierlei Hinsicht qualifiziert werden:
Zum *einen* dienen nicht alle Grundrechte dem Schutz der Person, mindestens nicht ausschließlich. Politische Grundrechte wie die Meinungs-, Presse- und Wahlfreiheit haben auch den Sinn, die demokratischen Strukturen des Gemeinwesens zu gewährleisten. Es ist fraglich, ob diese Grundrechte, würden sie einzig aus Gesichtspunkten des Persönlichkeitsschutzes gewährt, denselben Umfang und dasselbe Gewicht besäßen. Entsprechend läßt sich für Grundrechte wie Forschungs- und Kunstfreiheit argumentieren, deren hoher Status im Grundgesetz sich bereits daran zeigt, daß sie als vorbehaltlos gewährte Grundrechtsbestimmungen formuliert sind. Man wird dies nicht allein auf das Anliegen zurückführen können, das einzelne Individuum in seiner freien Entfaltung zu schützen, sondern zudem auf die hohe Wertschätzung der Institutionen von Wissenschaft und Kunst selbst. Ein Auffanggrundrecht kann das allgemeine Persönlichkeitsrecht demnach nur für diejenigen Grundrechte resp. diejenigen Aspekte der Grundrechte sein, die die *Belange der Person* schützen sollen. Die sich nun abzeichnende Konzeption sieht demnach ein Recht vor, das die freie Persönlichkeit in umfassender Weise schützen soll und das sich in einzelne Grundrechtsbestimmungen differenziert, das aber neben sich andere Quellen von Grundrechten bzw. Teilaspekten von Grundrechten bestehen läßt, welche man in den übrigen Staatszielbestimmungen der Bundesrepublik formuliert sehen kann – zuförderst das Demokratie-, Rechtsstaats- und Sozialstaatsprinzip.[567]
Eine *zweite* Qualifikation ergibt sich mit Blick auf das Gleichheitsrecht (Art.3 GG), das sich nicht (oder allenfalls partiell)[568] als Spezifizierung des

---

[567] Es ist nicht zu leugnen, daß Demokratie, Rechtstaatlichkeit und soziale Gerechtigkeit Prinzipien darstellen, die wiederum das Wohl von Individuen gewährleisten sollen, doch bewirken sie dieses mittelbar und unterscheiden sich daher von der Geltendmachung konkreter individueller Interessen.

[568] Eine Rückführung des Gleichbehandlungsgebotes auf das Persönlichkeitsrecht ließe sich nur denken, wo Ungleichbehandlung die freie Entfaltung der Person beeinträchtigen könnte, denkbar wäre dies z.B. bei einer die Selbstachtung von Personen

Persönlichkeitsschutzes begreifen läßt und daher als eine Grundrechtsnorm eigener Kategorie neben dem allgemeinen Persönlichkeitsrecht begriffen werden muß.

§ 3 Substantielles Gesamtbild

Ich habe bislang von der "freien Entfaltung der Persönlichkeit" oder den "Belangen der Person" als dem Schutzgut des allgemeinen Persönlichkeitsrechtes gesprochen. Es wäre wünschenswert, näher bestimmen zu können, was mit diesen Begriffen gemeint ist. Ein derart umfassendes Schutzgut, das zudem über eine ausdrücklich unabgeschlossene Aufzählung punktueller Gewährleistungen konkretisiert wurde, kann zwar nicht anders als mithilfe eines sehr weiten und entsprechend vagen Begriffs bezeichnet werden. Dennoch lassen sich auch hier Deutungsalternativen unterscheiden. Vergegenwärtigt man sich noch einmal die bereits vor Herausbildung des allgemeinen Persönlichkeitsrechts innerhalb der Rechtswissenschaft (als Lesarten des Art.2$_I$ GG) diskutierten Alternativen, so bieten sich als dessen Gegenstand zum einen die individuelle Freiheit der Person an, zum anderen ein Persönlichkeitsideal.[569] Demgegenüber möchte ich für eine dritte Option votieren, de rzufolge das allgemeine Persönlichkeitsrecht als ein Recht auf individuelles Wohl aufzufassen ist. Diese Option verstehe ich eher im Sinne einer Restkategorie, die sich nach Ausschluß der ersten beiden Alternativen anbietet.

1. Persönlichkeitsideal?

Die essentialistischen Konnotationen des Ausdrucks "Entfaltung der Persönlichkeit" könnten die erste Alternative suggerieren. Sie wurde in den Fünfziger Jahren in Form der sogenannten "Persönlichkeitskerntheorie" von Hans Peters verfochten, der die "freie Entfaltung der Persönlichkeit" als "Ideal echten Menschentums" definierte.[570] Das Bundesverfassungsge-

---

kränkenden Inegalität. Mir sind keine derartigen Rückführungsversuche innerhalb der deutschen Rechtswissenschaft bekannt, vgl. aber FN. 134.

[569] Siehe oben S.253.

[570] PETERS (1953), S.669. Peters präzisiert nicht, welches konkrete Ideal hinter dieser Vorstellung steht, seinen Ausführungen lassen sich sowohl Ansätze zu einem Sittlich-

richt hat diese Deutung des Art.2$_I$ GG ausdrücklich abgelehnt und es gibt keine Hinweise darauf, daß es sie zur Konkretisierung des Kombinationsgrundrechtes aus Art. 1$_I$ i.V.m. 2$_{II}$ GG rehabilitiert haben sollte.[571] Allerdings läßt sich nicht ausschließen, daß andere perfektionistische Modelle an die Stelle der Peterschen Theorie getreten sein könnten. Die "Persönlichkeitskerntheorie" wurde vor allen Dingen dafür kritisiert, das Schutzgut des Art.2$_I$ GG zu eng zu fassen: als einen "inneren Vorgang", der weitgehend unter der Kontrolle des einzelnen Individuums steht und so wenig von äußerer Einwirkung bedroht ist, daß staatlicher Schutz beinahe gänzlich entbehrlich erscheint. Es lassen sich jedoch Persönlichkeitsideale vorstellen, die durchaus stärkeren Anspruch auf staatliche Protektion erheben könnten und dem Einwand einer unangebrachten Reduktion des Schutzbereiches nicht ausgesetzt wären. Bislang zeichnet sich eine solche Tendenz im Rahmen der Rechtsprechung zum allgemeinen Persönlichkeitsrecht nicht ab.[572] Es gibt daher keine konkreten Anhaltspunkte, den Gehalt der Norm im Sinne eines Persönlichkeitsideals zu deuten.

2. Allgemeines Freiheitsrecht?

Die zweite Alternative, der zufolge das allgemeine Persönlichkeitsrecht die Gestalt eines umfassenden Freiheitsrechtes besitzt, erscheint ungleich viel plausibler. Er kann ebenfalls an den Wortlaut des Art.2$_{II}$ GG anknüpfen, in dem ja von der freien Persönlichkeitsentfaltung die Rede ist. Nicht zuletzt spricht das Bundesverfassungsgericht hier selbst vom "unbenannten Freiheitsrecht". Auch die inhaltliche Ausgestaltung des Rechts leistet dieser Interpretation Vorschub: wie bereits gesehen, entfällt ein Großteil der aus ihm abgeleiteten Einzelverbürgungen auf Bestimmungen, die die Selbstbestimmungsfähigkeit der Person sichern sollen. Dennoch sprechen verschiedene Gründe gegen diese Deutung. Wie man diese Gründe beurteilt, hängt

---

keits- wie einem Bildungsideal entnehmen, die ohne weitere Erläuterung als Bestandteile der "abendländischen Kulturauffassung" ausgegeben werden.

[571] BVerfGE 6,32,36f. – Elfes. Vgl. a. BVerwGE 40,347,349: "[Art.2$_I$ GG] beschränkt sich nicht auf individuell wertbetonte Handlungen des Einzelnen, sondern gewährt völlig wertneutral eine allgemeine Handlungsfreiheit".

[572] Anders steht es um die Rechtsprechung zu Art.1$_I$ GG, wie noch zu sehen sein wird, vgl. unten den Abschnitt "Kritik am Subjektivismus", S.297ff.

jedoch letztlich davon ab, was man unter einem "Freiheitsrecht" versteht. Ich will dies im Folgenden ausführen.

(a) Recht auf Handlungsfreiheit?
Begreift man Freiheitsrechte nach dem "klassischen" Modell als Normen, die Verbote aktiver staatlicher Eingriffe in die Handlungsfreiheit der Betroffenen begründen, so wird man das allgemeine Persönlichkeitsrecht nicht hierunter zählen können. Das durch die Rechtsprechung entwickelte Verständnis des allgemeinen Persönlichkeitsrechts geht über wesentliche Merkmale dieses Modells hinaus. Man kann diese Erweiterung aus zwei Perspektiven wahrnehmen: aus der des Rechtsträgers (welche seiner Güter werden geschützt?) wie aus der des Verpflichteten (welche staatlichen Handlungen werden normiert?).

(i) Von der Warte des Rechtsträgers aus gesehen zeigt sich, daß die Gewährleistungen des allgemeinen Persönlichkeitsrechts sich nicht unter die eng verstandene Vorstellung von Freiheit als Handlungsfreiheit zwängen lassen. Wie oben bereits gezeigt wurde, werden nicht nur Akte der Selbstbestimmung geschützt, sondern auch deren Bedingungen. Man kann dies in der Terminologie Alexys beschreiben als eine Ausdehnung des Rechtsschutzes über Handlungen hinaus auf Zustände und Rechtspositionen der Träger.[573] Als Beispiele für Zustände, die vom allgemeinen Persönlichkeitsrecht geschützt werden, ließe sich die psychische Integrität der Person nennen.[574] Als Beispiel einer dadurch geschützten Rechtsposition den Ausschluß der Haftung Jugendlicher für Schulden der Eltern.[575]
Diese Tendenz, den Gegenstand der Freiheitsrechte nicht mehr auf Handlungen zu beschränken, sondern auch auf deren Bedingungen auszudehnen, ist im übrigen nicht auf das allgemeine Persönlichkeitsrecht beschränkt. Die Rechtsprechung zeigt ein insgesamt verändertes, der libertären Auffassung gegenüber großzügigeres Verständnis von Freiheitsrechten. Ich ent-

---

[573] ALEXY (1986), S.311, Rechtsprechungs-Belege ebd., Fn.12 und 13. Zu Alexys Einteilung der Rechtsgüter in Handlungen, Zustände und Rechtspositionen siehe ebd., S.174ff...

[574] Siehe oben Fn.265.

[575] Siehe oben Fn.543.

nehme dies Alexy, der die beschriebene Erweiterung als Grundzug des Rechtes auf allgemeine Handlungsfreiheit analysiert. Alexy zeigt sehr plausibel, daß angesichts der hierzu erfolgten Rechtsprechung selbst dieses Recht korrekterweise als ein "Recht auf allgemeine *Eingriffs*freiheit" verstanden werden muß.[576]
Damit unterscheiden sich die genannten Freiheitsrechte strukturell nicht mehr von den Integritätsrechten wie etwa dem Recht auf Leben, auf körperliche Unversehrtheit, auf Unverletzlichkeit der Wohnung etc..

(ii) Aus der Perspektive des Grundrechtsverpflichteten (d.i. des Staates) ergibt sich ebenfalls eine Ausdehnungstendenz, die mit einer sukzessive erweiterten Konzeption dessen zusammenhängt, was unter einem staatlichen "Eingriff" verstanden wird. Dem überlieferten Verständnis zufolge können dem staatlichen Handlungsträger nur diejenigen belastenden Folgen zugerechnet werden, die beabsichtigt, unmittelbar, mit rechtlicher Wirkung versehen und Folge einer Anordnung sind.[577] In der deutschen Rechtsprechung ist dieser enge Begriff der staatlichen Eingriffshandlung jedoch faktisch so erweitert worden, daß darunter

> *"jedes staatliche Handeln [fällt], das dem Einzelnen ein Verhalten, das in den Schutzbereich eines Grundrechts fällt, unmöglich macht*, gleichgültig, ob diese Wirkung final oder unbeabsichtigt, unmittelbar oder mittelbar, rechtlich oder tatsächlich (faktisch), mit oder ohne Befehl und Zwang erfolgt."[578]

Diese Öffnung des Eingriffsbegriffs führt de facto zu einer Ausweitung des Grundrechtsschutzes. Denn der Staat wird in sehr viel umfassenderer Weise dazu verpflichtet, für seine Handlungen und ihre Folgen einzustehen. Diese Ausweitung des Grundrechtsschutzes wird zwar unterschiedlich beurteilt, läßt sich aber angesichts der fortgeschrittenen Rechtsprechung nicht gänzlich rückgängig machen, allenfalls partiell korrigieren. Auch sie gilt nicht allein für das allgemeine Persönlichkeitsrecht, sondern für die Grundrechte überhaupt.

---

[576] (1986), S.311f.
[577] Siehe hierzu PIEROTH/SCHLINK (1999).
[578] Ebd., (Herv. i.O.).

Beide genannten Erweiterungen haben zur Folge, daß der Einzelne umfassender gegen ihn belastendes staatliches Handeln geschützt wird, als dies auf der Grundlage des klassischen Verständnisses von Freiheitsrechten geschieht. Das allgemeine Persönlichkeitsrecht kann daher – ebensowenig wie die speziellen Freiheitsrechte – als ein Freiheitsrecht in dem überkommenen Sinne gelten, der den Schutzgegenstand auf Handlungen und den Eingriff auf finale Handlungen einschränkt.

(b) Abwehrrecht?
Es gibt einen anderen Sinn, der mit dem Begriff des "Freiheitsrechtes" verbunden wird. Dieser ergibt sich durch die innerhalb der libertären Rechtstheorie verbreiteten Gleichsetzung von Freiheitsrechten mit *Abwehrrechten*. Dabei werden auch Rechte, als deren Schutzgut von vornherein nicht Handlungen, sondern Zustände gelten – die oben als "Integritätsrechte" bezeichnet wurden –, unter die Freiheitsrechte subsumiert. Semantisch möglich ist dies, wenn man Freiheitsrechte als Rechte auf "*Eingriffs*freiheit" definiert. Ein solcher Begriff des Freiheitsrechts untergräbt zwar bestimmte Argumentationsstrategien zugunsten des libertären Grundrechtekatalogs, sprengt aber noch nicht die diesen tragende Grundeinteilung in negative und positive Rechte, d.h. in Rechte auf Unterlassen (belastenden) staatlichen Handelns und Rechte auf (begünstigendes) staatliches Tun.

Es sprechen aber einige Gründe dagegen, das allgemeine Persönlichkeitsrecht in Sinne eines allgemeinen *Abwehr*rechtes als ein *Freiheits*recht zu bezeichnen. Zunächst einmal wird das allgemeine Persönlichkeitsrecht nicht als rein negatives Recht behandelt. Das trifft bereits auf die speziellen Freiheitsrechte nicht zu, insofern aus diesen sowohl Schutzrechte (Rechte auf staatlichen Schutz vor Angriffen Dritter),[579] als auch Rechte auf Orga-

---

[579] Als wichtigste Beispiele für Schutzrechte wären hier die Schutzpflicht für das Leben und die körperliche Unversehrtheit von Personen zu nennen. Vgl. v.a. BVerfGE 39,1,42 – Schwangerschaftsabbruch (1), 88,203 - Schwangerschaftsabbruch (2), siehe ferner 46,160,164 – Schleyer. Zahlreiche weitere Rechtsprechungsnachweise bei BOROWSKI (1999), S.239, Fn.9.

nisation und Verfahren sowie Leistungsrechte im engeren Sinne (Rechte auf finanzielle und sachliche Güterzuteilungen) abgeleitet wurden.[580]
Zum anderen, und dies scheint mir der entscheidende Einwand zu sein, betrifft die Qualifikation als Abwehrrecht ein formales Merkmal von Rechten und kann nicht dazu herangezogen werden, den Gehalt des Grundrechtes zu benennen. Mit der Feststellung, das allgemeine Persönlichkeitsrecht sichere das Individuum in erschöpfender Weise vor staatlichen *Eingriffen*, ist nicht viel gewonnen, solange nicht bestimmt wird, was dasjenige ist, dessen Integrität geschützt wird.
Dies gilt a fortiori für die speziellen Freiheitsrechte. Sie stellen nun Rechte dar auf Freiheit von Eingriffen in den von ihnen umschriebenen speziellen Lebensbereich. Am deutlichsten kommt dieser Sinneswandel im sogenannten "Numerus-Clausus-Urteil" zum Ausdruck, in dem es heißt:

> "das Freiheitsrecht [gemeint ist hier Art.12 Abs.1 GG] wäre ohne die tatsächliche Voraussetzung, es in Anspruch zu nehmen, wertlos."[581]

(c)   Substantieller Begriff von Freiheit
Wenn weder der Begriff der Handlungsfreiheit noch der der Eingriffsfreiheit als Bezeichnungen für den Gegenstand des allgemeinen Persönlichkeitsrechts taugen, muß auf einen substantiellen Freiheitsbegriff rekurriert werden. Dies ließe sich mit der Bedeutung des Begriffs der "freien Entfaltung der Persönlichkeit" gut vereinbaren wie auch mit dem von der Rechtsprechung gern aufgegriffenen Terminus "Selbstbestimmung". Konkret müßte diese Konzeption nicht sein. Hier könnte man sich darauf berufen, daß sie im Rückgriff auf innerhalb dieser Rechtsgemeinschaft verbreitete Vorstellungen darüber, wann Menschen substantiell "frei" seien und welche Bedingungen dafür maßgeblich seien, punktuell ausgefüllt werden könnten.

---

[580] Der Umfang, in dem dies geschehen ist,. sowie die Berechtigung solcher Ableitungen ist zwar stark umstritten, es können aber keine Zweifel daran bestehen, *daß* die Rechtsprechung derartige positive Rechte den Einzelgrundrechten mindestens punktuell zugeordnet hat. Siehe unten im Abschnitt über Leistungsrechte, Kap.5, §4.
[581] BVerfGE 33,303,331.

Obzwar viel für diese Lesart spricht, muß man hiergegen meines Erachtens doch folgende Bedenken vorbringen. Zum einen hat das Bundesverfassungsgericht, wie oben erwähnt, selbst angemerkt, daß es konstituierende Bedingungen des allgemeinen Persönlichkeitsrechts *neben* der Freiheit gebe. Dies ist aus meiner Sicht auch gerechtfertigt. Denn eine Konzeption des "Muttergrundrechtes" als Freiheitsrecht würde implizieren, daß alle übrigen unter dieses Recht subsumierten Güter lediglich instrumentellen Wert besitzen, d.h. nur als Mittel zur Erlangung der Freiheit Bestand haben könnten. Eine solche Konzeption setzte eine Theorie individueller Güter voraus, der zufolge nur die Freiheit intrinsischen Wert besäße. Auch wenn ein sehr weiter Begriff von Freiheit zugrundegelegt wird, ist eine solche Theorie doch in hohem Maße begründungsbedürftig. Sie erscheint gerade mit Blick auf die neben der Selbstbestimmungsfähigkeit aufgezählten Bestandteile des Persönlichkeitsrechts anfechtbar: Sind Selbstachtung, psychische Integrität, Identität und Individualität einzig als Bedingungen der Freiheit zu schützen? Hier drängt sich die Gegenfrage auf, ob der hohe Wert der Freiheit nicht zum Teil darauf zurückzuführen ist, daß diese zur Erlangung der anderen Güter erforderlich ist. Gerade der Liberalismus beruht auf der Einsicht, daß die individuelle Autonomie den Bürgern die größte Sicherheit verschafft, daß ihre Interessen auch gewahrt werden. Freiheit besitzt in dieser Hinsicht also einen dezidiert instrumentellen Wert. Eine andere Hinsicht, in der die Freiheit extrinsisch wertvoll sein kann, zeigt sich, wenn man sich vor Augen führt, wie wichtig das Bewußtsein der eigenen Autonomie für ein positives Selbstwertgefühl ist.

Es ist zwar nicht auszuschließen, daß sich die dem ersten Anschein nach unplausible These von der Freiheit als dem höchsten Wert verteidigen ließe. Dies zu beurteilen, erforderte eine eingehendere Auseinandersetzung. Die These einfach zu setzen, wäre jedoch dogmatisch. Mehr noch, es wäre angesichts des weitgehend offenen Grundrechtstatbestands riskant, auf diese Weise Vorgaben für gegenwärtig noch nicht absehbare Abwägungen zu machen. Wenn von vornherein feststeht, daß die Freiheit allen individuellen Gütern stets vorzuziehen ist, kann dies im Falle einer Güterkollision zu einer allzu rigiden Hierarchisierung führen.

Ein zweites Problem, das diese Konzeption des allgemeinen Persönlichkeitsrechts aufwirft, besteht darin, daß dann, wenn ein selbstbestimmtes

Leben einer Person nicht oder nur in verminderter Form möglich ist, damit auch die übrigen Güter an Wert einbüßen müßten.[582] Daher erscheint es plausibler, den übrigen Bedingungen der Persönlichkeitsentfaltung einen nicht bloß instrumentellen Wert zuzusprechen – sowohl den Gütern der speziellen Grundrechte (etwa den Schutz von Leben und körperlicher Unversehrtheit), wie den Bestandteilen des allgemeinen Persönlichkeitsrechts (etwa den Schutz des Selbstwertgefühls), sofern diese durch die betreffenden Personen wahrgenommen werden können.

3. Individuelles Wohl

(a)   Argumente für den Begriff
Angesichts der eben skizzierten Schwierigkeiten geht mein Vorschlag dahin, einen noch umfassenderen, konkretisierungs- und abwägungsoffeneren Begriff zu wählen, als es der nur vage als "substantielle Freiheit" beschriebene bereits ist. Hierfür bietet sich der Begriff des individuellen Wohles an. Um Mißverständnissen vorzubeugen, muß betont werden, daß der Begriff des "Wohles", den ich hier verwenden möchte, in einem sehr weiten, oder, wenn man so will, formalen Sinne zu verstehen ist, der in dieser Form zwar vielleicht nicht der alltäglichen Bedeutung des Wortes entspricht, innerhalb der philosophischen Diskussion aber zum Teil so verwendet wird.[583] Es kommt mir dabei einzig darauf an, einen Oberbegriff für individuelle Grundgüter zu finden, durch den so wenig Vorgaben wie

---

[582] Dieses Problem stellt sich zugegebenermaßen nur dann, wenn das allgemeine Persönlichkeitsrecht als "Muttergrundrecht" verstanden wird und die Einzelgrundrechte als bloße Spezifizierungen des damit bestimmten Rechtsgutes. Sieht man das Persönlichkeitsrecht als ein Recht neben anderen, so ist es zumindest möglich, Leben, körperliche Unversehrtheit, die einzelnen Freiheiten usw. als eigenständige Rechtsgüter zu begreifen, die auch dann zu schützen sind, wenn die betreffenden Personen keine oder nur eine sehr eingeschränkte Fähigkeit zu "freier Entfaltung" besitzen. Allerdings sprechen die oben genannten Gründe dafür, an der Konzeption als basales Grundrecht festzuhalten.

[583] So. z.B. GRIFFIN (1986). Griffin votiert hier selbst zwar für eine bestimmte inhaltliche Konzeption des individuellen Wohls (für eine Variante der sogenannten "informed-desire-theory"), verwendet den Terminus "well-being" aber als Oberbegriff für ganz unterschiedliche Theorien des guten Lebens, subjektivistische wie objektivistische, psychologische wie naturalistische, deskriptive wie teleologische.

möglich gemacht werden. Andere mögen Begriffe wie "Glück", "gutes Leben", "das Gute", "Selbstverwirklichung", "Entfaltung", "Lebensqualität" oder selbst "menschenwürdiges Dasein" vorziehen. Gegen diese Vorschläge habe ich nichts einzuwenden, solange sie einerseits von allzu subjektivistischen, insbesondere hedonistischen Konnotationen befreit werden können, andererseits auch keine zu starken perfektionistischen, essentialistischen und moralistischen Elemente mit hineinschmuggeln.
Man könnte einwenden, der Begriff des "Wohles" weise selbst einen subjektivierenden Zug auf, der zudem dem Hedonismus Vorschub leisten könnte, insofern man darunter leicht das subjektive Wohl*befinden* verstehen könne. Das ist zuzugeben. Allerdings kann diese semantische Verknüpfung so stark nicht sein, da sie gelegentlichen objektivistischen Vereinnahmungen des Begriffes (z. B. durch Vertreter paternalistischer Theorien des Wohlfahrtsstaates) nicht entgegenstand. Andererseits fände ich es problematisch, eine Theorie individueller Güter zu akzeptieren, die die subjektive Perspektive (und selbst das hedonistische Moments) *völlig* ausschlösse, und sehe daher in einer leicht subjektivistischen Färbung kein Problem, sondern eher einen Vorzug. Es kommt mir aber vor allem darauf an, über einen Terminus, der als *Synonym* für einen von zu starken perfektionistischen und libertären Konnotationen befreiten Begriff der "freien Persönlichkeitsentfaltung" stehen kann.

Der Vorteil dieses Begriffs des individuellen Wohls besteht vor allem darin, die oben genannten Bedenken gegen die Konzeption des Persönlichkeitsrechtes als eines Freiheitsrechtes aufzufangen. Dieser Begriff ist offener als der der Freiheit, da er keine monistische Hierarchisierung der individuellen Güter voraussetzt. Er eignet sich daher auch besser als Bezugspunkt für die intuitiv-enumerative Konkretisierungsmethode der Rechtsprechung.[584]

---

[584] Auf den Begriff der Freiheit, wie er in SEEBAß (1996) verteidigt wird, treffen meine eben und im vorangehenden Abschnitt genannten Einwände nicht zu. Tatsächlich wäre zu erwägen, ob es daher nicht selbst im Rahmen meiner eigenen Argumentation sinnvoll wäre, am Terminus „Freiheit" festzuhalten. Allerdings befürchte ich, daß dieser Ausdruck aufgrund seiner jahrhundertelangen Vereinnahmung für restriktive Konzeptionen so stark vorbelastet ist, daß es umfänglicher Abgrenzungen bedürfte, um Mißverständnisse auszuschließen. Nun haften zwar auch dem von mir gewählten Aus-

Ich habe den Begriff des Wohles u.a. darum gewählt, weil er die geringsten inhaltlichen Vorgaben macht. Dem widerspricht nicht, daß die Konzeption des Wohls, die sich aus den bisherigen Judikaten zum allgemeinen Persönlichkeitsrecht erschließen läßt, gleichwohl als eine substantielle betrachtet werden muß. Man kann dies so verstehen: Der Begriff ("Recht auf individuelles Wohl") bezeichnet den *Typus* des Rechtes, um den es geht. Dieser Typus kann – in verschiedenen Rechtsordnungen, die ein solches Recht kennen, im Rahmen verschiedener Theorien der Rechte etc. – unterschiedlich ausgefüllt werden. Die deutsche Rechtsprechung läßt zwar nach vielen Seiten hin offen, welche konkrete Gestalt dieses Recht haben soll, gewisse Grundentscheidungen hat sie allerdings getroffen. Sie hat damit eine spezifischere Konzeption des allgemeineren Typus entwickelt. An dieser Stelle lassen sich die Gründe, die für eine Definition des allgemeinen Persönlichkeitsrechtes als Freiheitsrecht gesprochen haben, einholen. Die Konzeption individuellen Wohls, die der deutschen Verfassung zugrundeliegt, ist unbestreitbar eine, in der das Ziel eines selbstbestimmten Lebens im Mittelpunkt steht.

Der Begriff des individuellen Wohls, der dem allgemeinen Persönlichkeitsrecht zugrundeliegt, weist aber eindeutig einen weiteren inhaltlichen Schwerpunkt auf. Er ist nicht so ausgeprägt wie die Betonung der Autonomie, aber dennoch bedeutsam: die Betonung der *Selbstachtung* des Individuums. Sicherlich ist dieser Zug dem Einfluß des ersten Artikels zu verdanken – aufgrund der semantischen Verknüpfung von "Menschenwürde" und "Selbstachtung".[585] Was unter der grundrechtlich geschützten Selbstachtung zu verstehen ist, wurde zwar inhaltlich noch wenig spezifiziert, und auch nicht hinreichend vom Vorgängerbegriff der Ehre abgehoben. Grundsätzlich bietet die Aufnahme dieses Aspektes der Selbstachtung un-

---

druck „individuelles Wohl" bestimmte, von mir nicht erwünschte, Konnotationen an, wie sogleich noch anzusprechen sein wird. Doch scheint er mir in geringerem Maße vorbelastet und auch für das intuitive, nicht-reflektierte Verständnis des gemeinten Rechtsgutes passender. Der Sache nach dürften allerdings zwischen diesem Begriff und dem, der von Seebaß unter den Ausdruck „Freiheit" gefaßt wird, keine allzu großen Differenzen bestehen.

[585] Vgl. oben S. 76ff.

ter eine Konzeption des individuellen Wohls aber ein interessantes Gegengewicht zu einer zu einseitigen Hervorhebung des Autonomieaspektes.

(b)   Zurückweisung von Einwänden
Der Vorschlag, das allgemeine Persönlichkeitsrecht als ein Recht auf individuelles Wohl zu verstehen, provoziert vor allen Dingen zwei Einwände, auf die ich noch kurz eingehen möchte.
Zum einen liegt der Einwand nahe, mit der Umbenennung des Rechtes in ein allgemeines Recht auf individuelles Wohl werde das Grundgesetz auf das Modell eines Wohlfahrtsstaates verpflichtet und die Grundrechte unter der Hand in soziale Rechte verwandelt. Eine solche Konsequenz – als bloße Folge einer *Definition* – wäre natürlich nicht akzeptabel. Sie folgt aber keineswegs. Der Einwand entsteht durch eine allzu rasche Zuordnung der Begriffe "Freiheit" zu "Liberalismus" und "Wohl" zu "Sozialstaat". Dem wird durch die mißverständliche – und tatsächlich auch unpräzise – Rede von "Rechtsgütern" Vorschub geleistet. Mißverständlich und unpräzise ist diese Rede deshalb, weil sie ein allzu simples Bild von der Struktur subjektiver Rechte suggeriert. Die hier angesprochenen Normen – die "Grundrechte" – müssen, genau genommen, als umfangreiche *Bündel* sehr unterschiedlich gearteter Normen verstanden werden, die – wiederum auf sehr unterschiedliche Weise und in unterschiedlichem Umfang - der Förderung eines Zieles dienen, das durch den Namen des Rechtsgutes ("Freiheit", "Leben", "Freizügigkeit") bezeichnet wird.[586] Dieses Ziel wird durch diesen Namen ebenfalls nur äußerst vage beschrieben. Vor allem aber folgt aus der – nur im Sinne einer Abkürzung fungierenden – Benennung eines Rechtsgegenstands nicht, wie und in welchem Umfang dieses Ziel staatlicherseits umgesetzt werden muß. Die genaue Analyse der Struktur von Grundrechten ist ein Kapitel für sich. Man kann sich den Punkt aber grob bereits anhand eines Beispiels verdeutlichen:
Mit der Feststellung, daß die im Hoheitsgebiet der Bundesrepublik lebenden Menschen ein "Recht auf Leben" besitzen, ist noch nicht festgelegt,

---

[586] Auch diese Beschreibung kann natürlich nur die Richtung andeuten, in die die Analyse der Struktur von Grundrechtsnormen gehen muß. Eine detaillierte und m.E. hilfreiche Analyse findet sich in ALEXY (1986), zur basalen Struktur von Grundrechtsnormen als Bündeln (diesen zugeordneter) einzelner Normen siehe dort S.53ff.

auf welche Weise der Staat in die Pflicht genommen ist, dieses Rechtsgut "Leben" zu bewahren. Erst durch genaue Zuordnung der einzelnen Normen, denen der Adressat des Rechtes (der Staat) unterliegt, läßt sich der Gehalt des Rechtes fassen. Das Recht auf Leben wird durch ein Bündel so unterschiedlicher Normen konstituiert wie dem Verbot staatlicher Tötungshandlungen, der Pflicht, durch legislative Maßnahmen Lebensübergriffe von seiten Dritter abzuwehren und Lebensrisiken im Bereich von Arbeit, Gesundheitswesen, Straßenverkehr usw. zu minimieren, der Pflicht, dem einzelnen prozedurale Mittel zur Verfügung zu stellen, um die vorangehenden Normen durchzusetzen, der Pflicht, lebensbedrohende Notlagen durch Leistung materieller Unterstützung abzuwenden usw. – Normen, die zudem selbst komplexer Natur sind. Erst durch die Zuordnung dieser und ähnlicher Normen wird spezifiziert, *worauf* eine Person tatsächlich (aber auch nur prima facie) ein Recht besitzt.

Ebenso offen ist die konkrete Gestalt eines Grundrechtes auch bei den Begriffen des "Wohls" und der "Freiheit". Nicht, daß durch die Wahl des Namens, der dem Rechtsgut gegeben wird, *gar* keine Festlegungen getroffen würden. Doch sind sie nicht von einer Art, die es erlaubte, ihre Gestalt als Abwehr- oder Leistungsrechte vorzugeben. Zumindest entspräche dies nicht der Auslegungspraxis der deutschen Rechtsprechung, die sich durch den Umstand, daß einzelne Grundrechte den Begriff der "Freiheit" im Namen führen, nicht davon hat abhalten lassen, daraus staatliche Schutz- und Leistungspflichten abzuleiten. Analog muß der hier in Anschlag gebrachte Begriff des "Wohles" nur als eine abkürzende Benennung des Zieles dienen, dem die dem allgemeinen Persönlichkeitsrecht zugeordneten Normen dienen, ohne daß bereits feststünde, auf welche Weise der Staat zu der Beförderung dieses Zieles beizutragen hat – ob durch bloßes Unterlassen eingreifender Handlungen oder auch in anderer Form.

Der *zweite Einwand*, der gegen den hier eingebrachten Vorschlag erhoben werden wird, stützt sich auf die liberalistische Prämisse des Primates der Selbstbestimmung bei der Festlegung dessen, was das individuelle Wohl ausmacht. Selbst wenn menschliches Wohl das (bzw. das wichtigste) Ziel sein sollte, das mithilfe der Grundrechte zu befördern wäre, könne nur der Einzelne selbst bestimmen, worin dieses Wohl bestehen soll. Insofern bestünde auch bei Zugrundelegung des Begriffs des subjektiven Wohls ein

Vorrang des Gutes der Freiheit. Richtig an diesem Einwand scheint mir die These, daß die Autonomie des Individuums bei der Festlegung des für ihn guten Lebens - das Kernprinzip des Liberalismus - auch für die bundesrepublikanische Verfassung gelten muß. Die Rechtsprechung zum allgemeinen Persönlichkeitsrecht betont diesen Gedanken an verschiedenen Stellen ausdrücklich, so wenn Lebensstilentscheidungen oder die Definition des Geltungsanspruchs einer Person dieser selbst überantwortet werden.[587] Es leuchtet mir allerdings nicht ein, daß mit diesem Zugeständnis auch das weitere einhergehen muß, das allgemeine Persönlichkeitsrecht als Freiheitsrecht fassen zu müssen. Denn das genannte Prinzip gilt für alle Grundrechte - für die im engeren Sinne als Freiheitsrechte bezeichneten wie für die Integritätsrechte.[588] Manche wollen in der Verfügungsmacht über das Rechtsgut sogar einen analytischen Bestandteil des Begriffs des subjektiven Rechtes überhaupt sehen.[589] Wenn dies der Sinn der Bezeichnung von Rechten als "Freiheitsrechte" wäre, wäre nicht verständlich, weshalb nicht alle subjektiven Rechte diesen Namen tragen.

Hinzu kommt, daß dieses Prinzip (der grundsätzlichen individuellen Definitionsmacht über den Gehalt des subjektiven Wohls) selbst dort vertreten werden könnte, wo die Freiheit nicht als intrinsischer Wert oder Kern des individuellen Wohles aufgefaßt würde. Es sprechen vielerlei Gründe dafür, es dem betroffenen Individuum selbst zu überlassen, in welcher Form und in welchem Umfang es seine Belange durch den Staat geschützt sehen will. An erster Stelle ist die Befürchtung zu nennen, daß der Staat seine Fürsorgepflicht mißbrauchen könnte. Wenn die individuelle Autonomie aus diesem Grund hochgehalten wird, so darum, weil sie als *Mittel* geschätzt wird – als Mittel zur Sicherung der individuellen Interessen der Bürger. Es gibt weitere extrinsische Gründe. So ist es ein Prinzip christlicher Theologien, aber auch anderer objektivistischer Theorien des individuellen Wohles, daß

---

[587] BVerfGE 54,148,155f – Eppler; BVerfGE 49,286,298 - Transsexuelle.

[588] Umstritten ist, ob es uneingeschränkt gilt (und jegliche Form des Schutzes von Rechtsgütern ohne oder gegen den Willen des Bürgers ausgeschlossen ist) oder bestimmte Qualifikationen zuläßt. Doch die Möglichkeit einer Qualifizierung oder gar Beschränkung dieses Prinzips betrifft alle Grundrechte, die Freiheitsrechte sind davon nicht ausgenommen.

[589] So die Vertreter der "Willenstheorie" der Rechte, vgl. z.B. HART (1973), S.183ff..

der Weg zum Heil aus freier Entscheidung erfolgen muß. Auch hier ist es nicht die freie Entscheidung als solche, die geschätzt wird, sondern die Gewissensentscheidung bzw. das Glaubensbekenntnis. *Authentisch* können diese aber – wie jede mentale Einstellung – nur dann sein, wenn sie frei erfolgen. Ein dritter (extrinsischer) Grund, für die Autonomie über die Umsetzung der eigenen Grundrechte zu votieren, bietet die Einsicht, daß es angesichts der Pluralität von Theorien des guten Lebens, die innerhalb einer staatlichen Gemeinschaft existieren, im Interesse aller ist, auf staatliche Neutralität zu pochen (selbst wenn dabei in Kauf genommen werden muß, daß die je einzelnen Vorstellungen vom guten Leben aufgrund der damit gewonnenen individuellen Autonomie leichter verfehlt werden können als dort, wo sie in paternalistischer Weise gefördert würden). Ich will es bei diesen Beispielen belassen, die sich aber durch weitere ergänzen ließen.

Das Prinzip, dem Einzelnen die Definitionsmacht über das, was sein Wohl (und die einzelnen Bestandteile desselben) ausmacht, zu überlassen, läßt sich angesichts dessen besser als ein sämtliche Grundrechte regulierendes Prinzip verstehen, das aber nicht in die Bezeichnung der Rechtsgüter Eingang finden muß. Damit scheinen mir die gewichtigsten Einwände gegen meinen Vorschlag einer Kategorisierung des allgemeinen Persönlichkeitsrechtes als Recht auf individuelles Wohl ausgeräumt.

§ 4 Die Rolle von Art.1_1 GG für das neue Recht

Nach dieser Darstellung des allgemeinen Persönlichkeitsrechts gilt es zur Ausgangsfrage zurückzukehren, zur Frage also, in welcher Weise die Rechtsprechung die Menschenwürde-Norm substantiell konkretisiert hat. Ich habe bereits erwähnt, daß das allgemeine Persönlichkeitsrecht sich sogar als ein Kernstück der Menschenwürde-Judikatur verstehen läßt. Bislang war der „Anteil" des Menschenwürde-Satzes an der Herausbildung des allgemeinen Persönlichkeitsrechts - das ja aus den *beiden* Bestimmungen Art.1_1 sowie Art.2_1 abgeleitet wurde und wird - noch nicht die Rede. Im folgenden soll herausgearbeitet werden, welche Rolle die Rechtsprechung dem Menschenwürde-Satz für Reichweite und Gehalt des allgemeinen Persönlichkeitsrechts zuspricht.

1. Reichweite

Mit seiner Grundsatzentscheidung zu Art.2_1 GG[590] löste das Gericht die Spannung auf, aus der die Kontroverse um diesen Artikel erwachsen war: denn zum einen genügte es mit dem "Recht auf allgemeine Handlungsfreiheit" der Forderung nach einem "Auffanggrundrecht", durch das mögliche Klagbarkeitslücken, die der Katalog der speziellen Freiheitsrechte läßt, geschlossen werden können. Zum anderen gab es mit der Konzeption eines "allgemeinen Persönlichkeitsrechts" einen Maßstab an die Hand, um zu bestimmen, wo staatliche Eingriffe in die Freiheit des Bürgers auf ihre Grenzen stoßen. Dies erschien notwendig, um angesichts der sehr weitgehenden Einschränkbarkeit der "allgemeinen Handlungsfreiheit" zu garantieren, daß auch effektive Freiheitsspielräume gesichert würden.[591] Mit Blick auf diese Zwecksetzung erscheint es nachvollziehbar, daß das Gericht das allgemeine Persönlichkeitsrecht nicht einfach aus Art.2_1 GG abgeleitet hat, sondern mit dem Menschenwürde-Satz des ersten Artikels verknüpft hat. Auf diese Weise kann es begründen, daß zwar die allgemeine Handlungsfreiheit, nicht aber das allgemeine Persönlichkeitsrecht[592] unter die Schrankentrias des Art.2_1 GG[593] fallen. Das bedeutet zwar nicht, daß in dieses Recht gar nicht eingegriffen werden kann - wie dies, nach herrschender Meinung, für Art.1_1 GG gilt -, doch sind die Bedingungen, unter denen dies geschehen darf, sehr viel restriktiver gefaßt als beim Recht auf allgemeine Handlungsfreiheit.

Das Bundesverfassungsgericht differenziert zwischen verschiedenen "Persönlichkeitssphären", die in unterschiedlichem Grade vor Beeinträchtigungen durch den Staat und durch Dritte geschützt werden müssen. Je näher ein Lebensausschnitt an den "Persönlichkeitskern" heranreicht, desto größere Anforderungen werden an die Rechtfertigung eines Eingriffs gestellt. In die sogenannte "Intimsphäre" sollen keine Eingriffe möglich sein, während die sogenannte "Privatsphäre" gewisse, allerdings strengen Prüfungs-

---

[590] Vgl. die Darstellung zum „Elfes"-Urteil, oben S. 254ff.
[591] Vgl. auch KUNIG (1992a), Rn.10.
[592] Vgl. oben S.256f.
[593] Vgl. S. 254.

maßstäben unterworfene, Eingriffe zuläßt. Diese wiederum ist abzugrenzen von einer noch weiter einschränkbaren "Sozialsphäre".[594]

In der Freistellung des allgemeinen Persönlichkeitsrechts von den Schranken des Art.2_I GG zeigt sich einer der Aspekte, hinsichtlich dessen der Menschenwürde-Satz für dieses Recht von Bedeutung ist. Er entspricht hierin der bereits erwähnten Sicherung eines unantastbaren und unveränderlichen "Kernbereichs" von Grundrechten, der auf der Lehre vom sogenannten Menschenwürde-Gehalt der Grundrechte basiert.[595]

2. Gehalt

Nach Aussage des Bundesverfassungsgerichts prägt Art.1_I GG nicht nur Reichweite, sondern auch Gehalt des allgemeinen Persönlichkeitsrechts. Die Rechtsprechung hat selbst allerdings nicht differenziert, welche Bestandteile dem Begriff der Menschenwürde (aus Art.1_I) und welche dem der freien Persönlichkeitsentfaltung (aus Art.2_{II}) zuzuordnen sind. Unter den Kommentatoren ist diese Frage umstritten. Einige wollen den Gehalt des neugeschaffenen Grundrechts ausschließlich oder zumindest hauptsächlich aus Art.2_I GG ableiten und sehen die Funktion des Art.1_I ausschließlich oder vorwiegend darin, den unantastbaren "Kern" des Grundrechtes zu gewährleisten.[596] Hiergegen ist eingewandt worden, diese Lesart beraube das allgemeine Persönlichkeitsrecht seiner Eigenschaft eines echten Kombinationsgrundrechtes. Das allgemeine Persönlichkeitsrecht unterschiede sich, würde sein Gehalt ausschließlich aus Art.2_{II} bezogen, strukturell gar nicht von denjenigen Grundrechten, denen ebenfalls ein "Menschenwürdekern" zugesprochen wird. Der Bezug auf Art.1_I wäre für das allgemeine Persönlichkeitsrecht mithin entbehrlich.[597]

---

[594] Die sogenannte "Sphärentheorie" wurde erstmals im sog. "Volkszählungsurteil" artikuliert, BVerfGE 65,1,45. Als problematisch haben sich vor allem die vom Gericht herangezogenen Abgrenzungskriterien erwiesen. Zunächst operierte es mit dem Kriterium des "Sozialbezuges", das in der Literatur vielfach kritisiert und vom Gericht in späteren Urteilen nicht mehr herangezogen wurde. Eine knappe Darstellung und nachvollziehbare Kritik der "Sphärentheorie" findet sich bei PODLECH (1989b), Rn.35ff..

[595] Siehe S.222.

[596] Siehe z.B. KUNIG (1992), Rn.30.

[597] BOROWSKI (1998), S.221.

Auch die Wortbedeutung kann hier nicht weiterhelfen: beide Begriffe, der der Menschenwürde ebenso wie der der freien Persönlichkeitsentfaltung, bieten hinreichend Ansatzpunkte, um die einzelnen Bestandteile des allgemeinen Persönlichkeitsrechts daraus abzuleiten. Nicht nur steht bei beiden Begriffen der Aspekt der Selbstbestimmung im Vordergrund, auch die übrigen genannten Aspekte – Selbstachtung, Individualität und Identität der Person – lassen sich sowohl als Bestandteile der Menschenwürde wie der einer freien Persönlichkeitsentfaltung herausstellen. Allenfalls könnte man den Aspekt der Selbstachtung stärker mit dem Ausdruck "Menschenwürde" assoziiert sehen.

Meiner Einschätzung zufolge geben diese Hinweise keine zureichenden Gründe an die Hand, die beiden Rechtsgüter "Menschenwürde" und "Freie Entfaltung der Persönlichkeit" in der einen oder anderen Weise voneinander abzugrenzen. Sinnvoller scheint mir, unabhängig von den einzelnen Judikaten zu überlegen, wie sich die unterschiedlichen Belange, die mit diesen Begriffen verbunden sind, in ein rechtsdogmatisch handhabares Konzept integrieren lassen. Die bei weitem einfachste und eleganteste Lösung bietet der Vorschlag, Art.1_1 GG tatsächlich als ein übergeordnetes Prinzip der Verfassung zu verstehen, und das allgemeine Persönlichkeitsrecht als das sich daraus ableitende "Muttergrundrecht". Ich werde diesen Vorschlag im folgenden Abschnitt erläutern und gegen Einwände verteidigen.

Kap.5: Rekonstruktionsvorschlag

In diesem Abschnitt möchte ich meinen Rekonstruktionsvorschlag vorstellen und diskutieren. Ich werde ihn zunächst umreißen (§1), sodann gegen Einwände in Schutz nehmen (§2), um anschließend auf zwei umstrittene Fragen einzugehen, die einer ausführlicheren Erläuterung bedürfen. So möchte ich in §3 die These verteidigen, daß die Menschenwürde-Norm nicht als eine absolut geltende aufzufassen ist, in §4 begründen, weshalb sich aus ihr leistungsrechtliche Ansprüche ergeben.

§ 1   Menschenwürde als Prinzip eines Systems der Grundrechte

1. Skizze des Modells

Das Modell, das ich vorschlagen möchte, nimmt die Aussage der Rechtsprechung ernst, daß es sich bei Art.1_1 GG um das "Konstitutionsprinzip des Grundgesetzes" handelt, die oberste Staatszielbestimmung.
Das oberste Prinzip, um das es sich hier handelt, kann man bereits in dem Vorgängerartikel des "Herrenchiemseer Entwurfs" formuliert sehen, in dem es heißt:

> "Der Staat ist um des Menschen willen da, nicht der Mensch um des Staates willen."[598]

Aus diesem Gedanken, daß der Mensch - das menschliche Individuum - den höchsten "Rechtswert" darstellt, folgt die Notwendigkeit von Grundrechten, d.h. von Normen, die die Belange des Individuums auf eine besonders effektive Weise schützen. Aus dem Prinzip der Menschenwürde als dem obersten Rechtswert folgt daher das Prinzip des Menschen als Träger allgemeiner und gleicher Rechte. So, wie dieses Prinzip oben erläutert wurde, zerfällt es selbst noch einmal in die Prinzipien des Anthropomorphismus, Universalismus, Egalitarismus, Individualismus und der Überpositivität.[599] Dabei kann, da es sich um ein positiv-rechtliches norma-

---

[598] Art.1_1 HChE, vgl. a. oben S.204ff.
[599] Vgl. Teil 1, Kap.2, §1.1.

tives Prinzip handelt, der Gesichtspunkt der Überpositivität ausgeblendet werden.[600]

Der *Gehalt* dieser Grundrechte läßt sich unter den Oberbegriff des je individuellen Wohls fassen.[601] Das "allgemeine Persönlichkeitsrecht" ist das Grundrecht, das dieses Gut auf umfassende Weise schützen soll, die speziellen Grundrechte schützen einzelne, besonders wichtige und gefährdete Aspekte desselben. So erklärt sich, daß aus dem Prinzip der Menschenwürde das allgemeine Persönlichkeitsrecht folgt. Dem Prinzip der Menschenwürde läßt sich zudem entnehmen, daß ein Mindestbestandteil des individuellen Wohles jeder einzelnen Person in besonders hohem, möglicherweise absoluten Sinne, geschützt werden muß. Das erklärt die Abstufung des Persönlichkeitsrechts in unterschiedliche "Sphären". Den innersten, am stärksten geschützten Ausschnitt dieser Sphäre könnte man mit dem Ausdruck des "menschenwürdigen Daseins" bezeichnen. Auch die übrigen Grundrechte kennen eine solche Abstufung von Einzelverbürgungen nach deren Wichtigkeit – auch sie besitzen einen eingriffsresistenten "Kern" und einen weiteren, stärkeren Einschränkungen gegenüber offenen "Hof".

Versteht man Art.1_1 GG, wie hier vorgeschlagen, als oberstes Prinzip der *Verfassung*, nicht nur der Grundrechte, so überwölbt er auch die übrigen Verfassungsprinzipien. Dahinter steht der Gedanke, daß die Grundrechte nur *ein* verfassungsrechtliches Instrument darstellen, das Ziel umzusetzen, das mit dem Prinzip der Menschenwürde formuliert wurde. Dieses Ziel, so die Vorstellung, kann mittelbar auch über den Schutz kollektiver Güter gefördert werden. Ich werde diese These nicht verteidigen, da es hier nur darauf ankommt Art.1_1 GG als Prinzip der *Grundrechte* herauszustellen. Die beiden Thesen lassen sich auch unabhängig voneinander vertreten – in diesem Falle würden neben das Prinzip der Menschenwürde weitere Staatszweckbestimmungen gestellt.

---

[600] Dies kommt nicht der Behauptung gleich, das Verfassungsprinzip der Menschenwürde sei nicht vorgängig zu seiner Setzung als Rechtsnorm zu begründen. Doch ist der Gegenstand dieser Untersuchung das Prinzip in seiner Eigenschaft als positive Rechtsnorm. Wie diese begründet werden kann, ist eine andere Frage.

[601] Vgl. hierzu Kap.4, §3.3.

Der erste Artikel wird demnach als der Inbegriff der Menschenrechtsidee verstanden und das allgemeine Persönlichkeitsrecht als das daraus folgende substantielle Muttergrundrecht. Diese Konstruktion besitzt neben ihrer Einfachheit eine Reihe weiterer Vorteile. Zum einen scheint sie gut vereinbar mit dem bisherigen Vorgehen der Rechtsprechung. Wie bereits erwähnt, prüft diese Art.1_1 für gewöhnlich nicht allein, sondern in Verbindung mit einzelnen Grundrechten, und hier vorrangig im Zusammenhang des allgemeinen Persönlichkeitsrechts. Eine Doppelung von Auffanggrundrechten – eines Rechtes auf Menschenwürde und einem Recht auf freie Entfaltung der Persönlichkeit - wird auf diese Weise vermieden: Das allgemeine Persönlichkeitsrecht umfaßt alle inhaltlichen Aspekte des subjektivrechtlichen Schutzes der Menschenwürde von Individuen. Dies gilt zumindest, wenn man, wozu die Rechtsprechung allen Anlaß gibt, eine weite Fassung des allgemeinen Persönlichkeitsrechts als Recht auf individuelles Wohl favorisiert. Es läßt sich, wie ich unten noch ausführlicher begründen werde, kein Aspekt des Schutzes individueller Rechtsgüter denken, der hierbei verloren ginge.

Die übrigen Grundrechte lassen sich teils als punktuelle Spezifizierungen des umfassenden Grundrechtes verstehen, teils als Instrumente, um kollektive Güter zu sichern.[602] Sie schützen das individuelle Wohl auf unterschiedliche Weise, je nachdem, um welchen Typ von Grundrechten es sich handelt – ob um Freiheits-, Gleichheits-, Integritäts-, oder Leistungsrechte.[603] Auf das Gleichheitsrecht werde ich nicht eingehen – es selbst stellt einen Normtypus gänzlich anderer Art dar als die vorgenannten Grundrechtsarten. Ich begnüge mich mit dem Hinweis, das es ebenfalls als Ausfluß des Menschenwürde-Prinzips gesehen werden kann, naheliegenderweise insofern, als es den Aspekt der Rechtsgleichheit umsetzt, möglicherweise aber auch darüber hinausgehend.

---

[602] Vgl. die Ausführungen oben, S.267f..

[603] Da es im Moment noch nicht von Bedeutung ist, nach welchen Kriterien man Grundrechtsnormen unterscheidet, übernehme ich vorerst diese geläufige Einteilung. Später werde ich die Grundrechte z.T. nach anderen Kriterien ordnen, so im Abschnitt über die Leistungsrechte.

2. Anbindung an Vorschläge aus der Literatur

Dem eben skizzierten Modell zufolge lassen sich die Grundrechte in ein *System* fassen, an dessen Spitze das Prinzip der Menschenwürde steht. Dieser Gedanke wurde prominenterweise bereits von Dürig formuliert, ein weiterer interessanter Vorschlag findet sich bei Alexy.[604]

(a) Dürig

Bei Dürig leiten sich aus dem obersten Rechtswert des Art.1_1 zunächst das "Hauptfreiheitsrecht" des Art.2_1 GG und das Gleichheitsrecht des Art.3 GG ab. Diese werden wiederum in spezielle Freiheits- und Gleichheitsrechte aufgelöst.[605] Der Menschenwürde-Schutz durch diese Rechte ist, so seine weitere These, lückenlos.[606] Das bedeutet, daß kein Anlaß zur Ableitung weiterer Grundrechte besteht. Art. 1_1 GG selbst muß daher nicht selbst als ein Grundrecht angesehen werden, mit der prozeßrechtlichen Folge, daß eine Person sich bei einer Verfassungsbeschwerde nur auf eines der "nachfolgenden" Grundrechte, nicht aber auf Art.1_1 stützen kann. Auch er bestimmt einen Menschenwürde- oder Wesensgehalt der Grundrechte, wobei er auf das Kriterium vertraut, das ihm die Objektformel an die Hand gibt.

Problematisch an Dürigs Konstruktion erscheint mir vor allen Dingen seine Reduktion des Grundrechtskatalogs auf die Freiheitsrechte und das Gleichheitsrecht. Nicht nur ist seine Darstellung undifferenziert, da er mit Ausnahme des Gleichheitsrechts sämtliche anderen Grundrechte als Freiheitsrechte bezeichnet. Gravierender ist sein Ausschluß sozialer Leistungsrechte.[607] Hier zeigt sich allerdings ein gewisses Schwanken. Denn wie sich an späterer Stelle seines Aufsatzes zeigt, ist er durchaus der Meinung, daß das Menschenwürde-Prinzip staatliche Leistungspflichten begründe. In An-

---

[604] Vgl. DÜRIG (1956); ALEXY (1986), zur Menschenwürde als dem obersten Prinzip S.321ff..

[605] A.a.O., S.121.

[606] Ebd., S.122.

[607] Vgl. S.117f.: Art.1_{II} GG begründe einen Anspruch auf "Nichtantasten" der Menschenwürde – einen Anspruch auf Unterlassen staatlicher Eingriffe. Ferner begründe die Norm einen *Schutz*anspruch, d.h. einen Anspruch auf staatlichen Schutz vor Angriffen Dritter. Dürig hebt hervor, daß "auch das positive Tun des 'Schützens' *abwehrende* Staatstätigkeit" sei, ebd. S.118.

wendung seiner Objektformel schließt er, der Mensch müsse vor verdinglichenden ökonomischen Bedingungen bewahrt werden.[608] Dennoch sollen allein aus Art.1₁ GG keine leistungsrechtlichen Ansprüche ableitbar sein, sondern allenfalls in Verbindung mit einem anderen Verfassungsprinzip.[609] Ob es grundrechtliche Ansprüche auf staatliche Fürsorge gibt, bleibt daher unklar. Hierfür muß man allerdings eher die unklare Rechtsprechung verantwortlich machen, die Dürig mit Hilfe seines Systems zu rekonstruieren versucht. Seltsamerweise scheint er aber selbst nicht zu bemerken, daß seine Einbeziehung der sozialen Leistungsrechte sein zuvor dargestelltes Grundrechtssystem zu sprengen scheint, da es nun neben dem Prinzip der Menschenwürde, aus dem einzig Abwehr- und Schutzrechte folgen sollen, weitere Verfassungsprinzipien gibt, aus denen Grundrechte hergeleitet werden können. Diese Ungereimtheit läßt sich korrigieren, m.E. am besten dadurch, daß die Menschenwürde-Garantie auf leistungsrechtliche Verbürgungen hin geöffnet wird.

(b) Alexy

Alexys Theorie der Grundrechte bietet eine m.E. beeindruckende Analyse des Aufbaus des Grundrechtskataloges und könnten dazu herangezogen werden, die Dürigsche Rekonstruktion des Grundrechtssystems fortzuschreiben. Er stellt dafür zum einen ein differenzierteres begriffliches Instrumentarium zur Verfügung, zum anderen eine überzeugendere Analyse der substantiellen Bestandteile des Grundrechtskataloges. Insbesondere erhalten die bei Dürig vernachlässigten Leistungsrechte größere Aufmerksamkeit.

Seine Bemerkungen zur Rolle des Menschenwürde-Prinzips sind allerdings eher skizzenhaft und lassen viele Fragen offen. Er bezeichnet das Prinzip der Menschenwürde als das "umfassende inhaltliche Grundkonzept" der Verfassung. Es liefert die substantiellen Gesichtspunkte, anhand derer bestimmt wird, welche individuellen Güter so wichtig sind, daß sie grundrechtlichen Schutz genießen müssen.[610] Neben diesem inhaltlichen Prinzip

---

[608] Ebd., S.131f.

[609] Dürig verweist hier auf die ebenso unklare Konstruktion der Rechtsprechung. Ich stelle diese unten dar, S.329ff..

[610] Ebd., S.409.

stehen formale Prinzipien wie das formale Prinzip der Rechtsgleichheit und das formale Prinzip der negativen Freiheit. Zu letzterem steht es in einer – m.E. etwas verwirrenden - doppelten Relation. Als die "allgemeinste positiv-rechtliche Quelle *inhaltlicher* Kriterien"[611] ergänzt es das formale Recht auf allgemeine Handlungsfreiheit des Art.2$_1$ GG, das ansonsten fast leer liefe.[612] Zugleich sieht er auch einen Bedingungszusammenhang zwischen diesen beiden Prinzipien: da das negative Freiheitsrecht einem Willkürverbot gleichkommt, folgt es aus dem Prinzip der Menschenwürde.[613] Die Prinzipien stehen seiner Darstellung zufolge in zwei Relationen, einer "Präzisierungs-" und einer "Ergänzungsrelation".[614] Aus meiner Sicht läßt sich das Verhältnis auf die "Präzisierungsrelation" reduzieren, da das Prinzip der negativen Freiheit nichts anderes ist als ein Willkürverbot. Erst wenn es substantialisiert wird, wird es zu einem eigentlichen Freiheitsrecht. Ich würde daher vorschlagen, das rein formale Prinzip der negativen Freiheit dem Prinzip der Menschenwürde in jedem Falle nachzuordnen.

Diese eigenartige Darstellung des Zusammenhangs zwischen dem Menschenwürde-Artikel und den formalen Grundrechtsprinzipien hängt mit einem grundsätzlichen Problem seiner Analyse zusammen: Alexy reduziert den Menschenwürde-Artikel auf seine Funktion, den Inhalt der Rechtsgüter zu bestimmen, und übersieht die formale Bedeutung, die ihm als Inbegriff der Menschenrechtsidee zukommt. Dieses Versäumnis ließe sich allerdings durchaus korrigieren, wobei die wesentlichen Aussagen seiner Grundrechtstheorie unangetastet blieben. Alexy müßte lediglich den Menschenwürde-Artikel als einen inhaltlichen *und* formalen Oberbegriff des Grund-

---

[611] ALEXY (1986), S.321 (Hervorhebung nicht im Original).

[612] Alexy spricht auf diesen Seiten statt vom "Recht auf allgemeine Handlungsfreiheit" vom "Prinzip der negativen Freiheit". Ersteres ist allerdings die rechtliche Spielart des letzteren. Das "Prinzip der negativen Freiheit" ist ein Prinzip der allgemeinen Eingriffsfreiheit, d.h. ein Recht auf Nichtbeeinträchtigung von Handlungen, Zuständen und Rechtspositionen. Sofern es nur an den Staat adressiert ist, ist es mit dem Recht auf allgemeine Handlungsfreiheit identisch. Siehe ebd., S.309ff., zum "Prinzip der negativen Freiheit" insbes. S.318f.
Zum Problem der Substanzlosigkeit der allgemeinen Handlungsfreiheit s. die Ausführungen oben, Kap.4, §1. Zu Alexys Analyse dieses Problems a.a.O., S. 314ff.

[613] Ebd., S.324f.

rechtssystems verstehen, aus dem sowohl formale Grundrechtsprinzipien folgen (die oben genannten Prinzipien der formalen Gleichheit und Freiheit) wie auch inhaltliche (aus meiner Sicht das Prinzip, daß das individuelle Wohl von Personen zu schützen sei).

Nicht sehr klar ist leider Alexys *inhaltliche* Charakterisierung des Gehalts des Menschenwürde-Prinzips. Er zählt hier lediglich einige der Definientia auf, die der Rechtsprechung zu entnehmen sind, wie das Verbot der Erniedrigung und das der Verdinglichung, ein (nur vage beschriebenes) Prinzip der "äußeren" Freiheit, den Schutz eines "innersten Bereichs" der Persönlichkeit und das Recht auf Selbstdarstellung. Im übrigen hält er diese Liste für unabgeschlossen.[615] Eine sehr erhellende Interpretation der Rechtsprechung und den ersten Schritt zu einer in meinen Augen überzeugenden Definition liefert er jedoch mit seiner These, daß das formale Freiheitsrecht inhaltlich durch das Menschenwürde-Prinzip ausgefüllt wird. Hier verweist er im Grunde bereits auf die richtigen Gesichtspunkte, indem er das formale Konzept der allgemeinen Handlungsfreiheit durch die inhaltlichen Merkmale ergänzt sieht, die durch die sogenannte "Sphärentheorie" entwickelt wurden.[616] Die "Sphärentheorie" ist aber gerade in Zusammenhang mit dem allgemeinen Persönlichkeitsrecht entwickelt worden.[617] Alexys Rekonstruktion der Rechtsprechung liefert damit den wichtigen Hinweis, daß es das allgemeine Persönlichkeitsrecht ist, durch das das rein formale Recht auf allgemeine Handlungsfreiheit inhaltlich ergänzt wird. Die Unterschiede zwischen dem hier vorgeschlagenen Modell und dem Alexys sind an dieser Stelle nur in dem Umstand begründet, daß Alexy nicht die Möglichkeit sieht, ein umfassendes inhaltliches Prinzip (des individuellen Wohls) aus den Verbürgungen des allgemeinen Persönlichkeitsrechts abzuleiten. Statt dessen zählt er die sehr heterogenen Gesichtspunkte auf, über die in Rechtsprechung und Literatur zu definieren versucht wurde, was den Gehalt des Menschenwürde-Satzes ausmacht.

---

[614] Ebd., S.339; 326.
[615] Ebd., S.322ff..
[616] Ebd., S.326ff..
[617] Siehe oben S.282.

Die Schwachstellen an Alexys Ausführungen zum Menschenwürde-Begriff sind m.E. auf seine Neigung zurückzuführen, Art.1$_1$ GG als eine Grundrechtsnorm zu verstehen (wenn auch als ein "Muttergrundrecht") und nicht als ein *Prinzip* der Grundrechte. Auch hier ließen sich nötige Korrekturen allerdings leicht vornehmen, ohne die Grundzüge seiner Rekonstruktion in Frage stellen zu müssen. Alexy müßte lediglich konzedieren, daß sich der inhaltliche Aspekt der Menschenwürde-Norm an den Verbürgungen ablesen läßt, die unter das allgemeine Persönlichkeitsrecht gefaßt werden.

Sinnvoll an Alexys Ansatz erscheint mir die Betonung der Funktion des Menschenwürde-Satzes als eines inhaltlichen Prinzips, das für Abwehr- wie Leistungsrechte *gleichermaßen* den Konkretisierungsmaßstab liefert. Dieser Gedanke leistet eine sinnvolle Ergänzung des Dürigschen Modells, zudem bietet er in seiner Analyse dieser Rechte eine genaue und überzeugende systematische Interpretation der Rechtsprechung. Da es sich hierbei um eine äußerst umstrittene These handelt, werde ich hierauf später in einem eigenen Abschnitt eingehen.[618]

§ 2 Einwände

Im Folgenden werde ich auf Einwände gegen das von mir skizzierte Modell zu entgegnen versuchen. Auf diese Weise wird es auch deutlichere Konturen erlangen.

1. Kritik am Systemgedanken

Das Bundesverfassungsgericht hat den Gedanken, daß die Grundrechte ein System bilden, an dessen Spitze die Menschenwürde steht, in seiner Lehre von der sogenannten "Wertordnung" des Grundgesetzes formuliert.[619] Diese Lehre ist von der Rechtswissenschaft zum Teil kritisch aufgenommen worden, insbesondere provozierte auch der Gedanke eines *Systems* der Grundrechte Einspruch.[620] Zum einen wurde vorgebracht, das "Systemdenken" liefere ein verzerrendes Bild des historischen Prozesses, aus dem heraus die einzelnen Grundrechte entstanden sind. Die Grundrechte seien als

---

[618] Siehe unten, S.320ff.
[619] Siehe bereits oben S.221.

sporadische Reaktionen auf je bestimmte Gefährdungssituationen heraus entstanden und daher als eine Liste punktueller Verbürgungen zu begreifen. Zum anderen wurde eingewandt, daß Grundrechtsnormen sich generell nicht nach dem Modell einer geschlossenen und deduktiv verfahrenden Kodifikation denken lassen.[621] Die Einwände lassen sich aus meiner Sicht entkräften.

Zum einen ist das Argument, das auf die Genese der Grundrechte verweist, wenig einleuchtend. Denn auch wenn sicherlich zutrifft, daß die klassischen Grundrechtskataloge eine Ansammlung zum Teil heterogener Forderungen sind, die aus unterschiedlichen Beweggründen und unterschiedlichen historischen Ausgangssituationen heraus entstanden sind, so folgt daraus natürlich nicht, daß sich diese Normen nicht in einen systematischen Zusammenhang bringen ließen und erst recht nicht, daß dies illegitim sei.

Der zweite Einwand, Grundrechte ließen sich nicht deduktiv ableiten, ist zum Teil zutreffend, zum Teil nicht. Sicherlich erfolgen konkrete Normschöpfungen eher "von unten" als "von oben", d.h. aus den Anforderungen heraus, die sich aus konkreten Bedürfnislagen ergeben. Hier ließe sich ohne weiteres das bereits besprochene Beispiel des Privatsphärenschutzes nennen. Die Notwendigkeit, einen solchen grundrechtlich zu verankern, wurde natürlich keineswegs deduktiv erschlossen. Im Gegenteil boten sich häufende Fälle von Verletzungen der Privatsphäre, die auf der Grundlage der verfügbaren Rechtslage nicht befriedigend gelöst werden konnten, das Motiv, ein übergeordnetes Recht auf allgemeinen Persönlichkeitsschutz erst zu extrapolieren. Versuche einer Systematisierung von Grundrechten müssen sich sicherlich immer an den bestehenden Forderungen orientieren und von diesen aus Konstruktionsvorschläge anbieten, nicht umgekehrt. Doch folgt daraus nicht, daß die so entstandenen Modelle keinen Sinn machten und keine Gültigkeit besäßen. Sie haben zum einen eine ordnende Funktion, zum anderen aber können sie, wenn sie einmal errichtet sind, helfen, Lücken zu schließen. Eine systematische Rekonstruktion des Grundrechtskataloges ist natürlich von der Hoffnung getragen, zu sinnvol-

---

[620] Nachweise bei STERN (1992), Rn.10, ALEXY (1986), S.336.
[621] Vgl. SCHEUNER (1965), S.37ff..

len Neuschöpfungen Anlaß zu geben, und dies ohne die Willkür, die bei sporadischen Reaktionen auf Bedürfnisse im Spiel sein kann. Sicherlich ist in diesem Zusammenhang aber eine realistische Zurückhaltung angebracht.

2. Art.1I GG als eigenständiges Grundrecht

Man könnte es als Indiz gegen meine Gleichsetzung des Gehalts des Rechtsguts aus Art.1_1 und der freien Persönlichkeitsentfaltung werten, daß weder die Rechtsprechung noch die juristische Literatur bisher einen entsprechenden Vorschlag erbracht haben. Zudem geht die herrschende Lehrmeinung davon aus, daß Art.1_1 ein eigenes Grundrecht ist, das *neben* dem allgemeinen Persönlichkeitsrecht steht.[622] Beides scheint darauf hinzudeuten, daß die jeweiligen Güter der beiden Bestimmungen als voneinander unterschieden aufgefaßt werden.

Was kann es heißen, Art.1_1 als ein eigenes Grundrecht zu bezeichnen? Hier gibt es verschiedene Möglichkeiten.

(a) „Muttergrundrecht"

Zum einen könnte man der Meinung sein, daß der Menschenwürde-Satz und nicht das allgemeine Persönlichkeitsrecht das "Muttergrundrecht" darstellt. In diesem Falle müßte man zeigen, inwieweit der Gehalt des Art.1_1 über den des Persönlichkeitsrechts hinausgeht. Der Begriff des individuellen Wohls umfaßt allerdings alle Güter, die aus Sicht des Individuums für sein Wohl maßgeblich sind. Es läßt sich daher keine noch umfassendere Garantie subjektiver Güter denken – dies käme nur, wie bereits erwähnt, einer Verdoppelung des Auffanggrundrechtes gleich.

(b) Recht auf Selbstachtung

Man könnte hier allerdings monieren, daß die Konzeption des individuellen Wohls, die in Zusammenhang mit dem allgemeinen Persönlichkeitsrecht entwickelt wurde, falsche Gewichtungen vornimmt oder wichtige Aspekte ausblendet. So könnte man darauf hinweisen, daß die freie Persönlichkeitsentfaltung eine zu starke Betonung der Selbstbestimmung mit sich bringt und den Aspekt der Selbstachtung unterbewertet. Diese Kritik liegt insofern nahe, als das zeitgenössische Verständnis des Ausdrucks "Men-

---

[622] Nachweise bei STERN (1988), S. 26f. und Fn.112.

schenwürde", wie oben gezeigt,[623] besonders eng mit dem Begriff der Selbstachtung der Person verknüpft wird.[624] Tatsächlich lassen sich sowohl anhand der einzelnen Judikate wie auch in der juristischen Literatur zahlreiche Hinweise darauf finden, daß der Menschenwürde-Schutz vor allen Dingen auch als ein Schutz vor Verletzungen der Selbstachtung von Personen aufgefaßt wird.[625]

Dies zugestanden, scheint es mir allerdings sinnvoller, diese Kritik als eine *interne* Kritik an der Ausgestaltung des Persönlichkeitsrechts aufzufassen und darauf hinzuarbeiten, daß dem Aspekt der Selbstachtung von Personen stärker Rechnung getragen wird. Ein wichtiger Aspekt kann dabei sein, die Integrität der Selbstachtung zum "unantastbaren" Kernbereich des Persönlichkeitsrechts zu zählen, zu den Bedingungen eines "menschenwürdigen Daseins". Beharrt man darauf, daß der Selbstachtung von Personen ein eigener Grundrechtsartikel gewidmet sein muß, so führt das zu drei Problemen:

Zum einen kommt es, wie bereits gesagt, zu einer unguten Doppelung bzw. Überschneidung der Grundrechte. Denn der Aspekt der Selbstachtung ist selbst Teil des Gehalts des allgemeinen Persönlichkeitsrechts.

Zum anderen sehe ich gewisse Schwierigkeiten darin, den Begriff der Selbstachtung als Gegenstand einer eigenen Grundrechtsnorm zu benennen. Was die Selbstachtung einer Person ausmacht, ist bereits als psychologisches Phänomen schwer zu fassen. Als zweites Problem tritt die Frage hinzu, welchen konkreten Beitrag der Staat zur Bewahrung und auch Ausbildung eines intakten Selbstwertgefühls leisten kann. Ich kenne keine sachlich überzeugende und rechtsdogmatisch sinnvolle Konzeption des-

---

[623] S.76ff.

[624] Verstanden in dem psychologischen Sinn, in dem damit ein Aspekt ihres Selbstwertgefühls gemeint ist.

[625] Vgl. bereits die frühe Definition einer Menschenwürde-Verletzung als "Erniedrigung, Brandmarkung, Verfolgung, Ächtung usw." (BVerfGE 1,97,104) und die Definition von Menschenwürde als der "soziale Wert- und Achtungsanspruch" des Menschen (BVerfGE 45,187,228). Ferner scheinen sowohl das Verdinglichungsverbot wie auch das Kriterium der willkürlichen Mißachtung mindestens partiell auf Verletzungen der Selbstachtung abzustellen. Hinweise in der Literatur finden sich durchgängig, so daß ich auf einen Beleg verzichte.

sen.[626] Natürlich ist nicht ausgeschlossen, daß sich eine solche erarbeiten ließe – vielleicht wird das gewachsene Interesse an diesem Rechtsgut zu konkreteren Vorschlägen führen. Zudem wird man darauf verweisen, daß andere zentrale Rechtsgüter, allen voran die individuelle Autonomie, nicht leichter zu fassen sind. Ein besonderes Problem bei der Bestimmung der Selbstachtung scheint mir allerdings darin zu liegen, daß sie selbst partiell als Reaktion auf das Vorhandensein anderer Güter wie Autonomie, soziale Anerkennung, Leistungsfähigkeit etc. zu begreifen ist. Sie steht in so komplexen Bedingungsverhältnissen zu diesen Gütern, die zudem in individuell unterschiedlicher Gewichtung in das eigene Selbstwertgefühl eingehen, daß es besonders schwer erscheint, dieses Gut direkt zu schützen.

Ein drittes Problem, das sich stellt, wenn die Menschenwürde-Norm als eigenständiges Grundrecht zum Schutz der individuellen Selbstachtung ausgesondert wird, stellt sich angesichts der Bedeutung der Norm als Grundrechts*prinzip*. Hier gibt es zwei Möglichkeiten. *Entweder* man bestreitet, daß Art.1₁ GG diese Funktion zukommt und versteht es als ein eigenständiges Grundrecht neben anderen speziellen Grundrechten. Dies entspricht vermutlich der Vorstellung, die bei Schaffung des Art.100 der Bayerischen Verfassung im Hintergrund stand.[627] Dem Grundrechtskatalog stünde allerdings so keine die allgemeinen Merkmale des Menschenrechtsgedankens formulierende Bestimmung voran. Diese ließen sich zwar u.U. auch unterstellen, so daß dies nicht eo ipso zu einer Leugnung des universalistisch-egalitären Grundverständnisses der Verfassung führen müßte. Doch widerspricht dies zu stark der systematischen Stellung des Artikels, wie sie u.a. auch zu seiner Entstehung intendiert war.[628] Sicherlich läßt es sich mit den Grundzügen der Rechtsprechung nicht in Einklang bringen.

---

[626] Als einen Versuch kann man Luhmanns Konzeption der Menschenwürde als die gelungene Selbstdarstellung einer Person als individuelle Persönlichkeit ansehen, vgl. LUHMANN (1965), Kap.4. Die Konzeption ist zwar interessant, doch klafft hier ein großer Abstand zwischen der allgemeinen Explikation und möglichen Anwendungssituationen (auch gegeben, daß diese stets typisierte sein müssen).

[627] Vgl. oben Kap.2, §3. Auch der eben genannte Vorschlag Luhmanns scheint darauf hinauszulaufen.

[628] Siehe oben S.212.

Die andere Möglichkeit, die Definition des Rechtsguts als Selbstachtung mit dieser Prinzipien-Funktion des Artikels zu vereinbaren, wäre gegeben, wenn man den Gehalt der Grundrechte insgesamt durch den Begriff der Selbstachtung definiert sähe. Die Selbstachtung wäre demzufolge das höchste Grundrechtsgut, zu dem alle anderen in ein Bedingungsverhältnis gebracht werden müßten. Dies liefe allerdings einfach auf eine alternative Konzeption des individuellen Wohls hinaus. Die Schwierigkeiten liegen auf der Hand: zum einen müßte diese Konzeption inhaltlich näher ausgestaltet werden, was angesichts der eben angesprochenen Probleme bei einer Konkretisierung des Begriffs der Selbstachtung nicht einfach wäre. Die These von einem Primat der Selbstachtung müßte zudem plausibilisiert werden – wobei ich nicht für ausgeschlossen halte, daß das gelingen könnte. Nicht zuletzt bestünde hier aber wiederum das Problem einer Doppelung der Auffanggrundrechte. Mindestens müßte expliziert werden, in welchem Zusammenhang das allgemeine Persönlichkeitsrecht und das neue umfassende Grundrecht auf ein Leben in Selbstachtung zueinander stehen.

All diese Gründe sprechen aus meiner Sicht gegen eine Konzeption der Menschenwürde als einem eigenständigen Rechtsgut *neben* dem der freien Persönlichkeitsentfaltung (resp. des individuellen Wohls, wie es durch das allgemeine Persönlichkeitsrecht umfaßt wird). Allerdings habe ich bisher nur solche Alternativen betrachtet, die von einem subjektivistischen Begriff des individuellen Wohls ausgehen. Im folgenden Abschnitt soll es um den Alternativvorschlag einer Menschenwürde-Definition gehen, die die subjektivistische Tendenz aufbricht.

3. Kritik am Subjektivismus
Man könnte dem hier vorgeschlagenen Modell entgegenhalten, hinter dem Begriff der Menschenwürde stehe ein Persönlichkeitsideal, das sich nicht auf die subjektiven Vorstellungen dessen beschränken läßt, was Individuen sich unter ihrem Wohl vorstellen. Im Begriff der Menschenwürde, so der Einwand weiter, komme ein Menschenbild zum Ausdruck, das auch für das Individuum selbst verpflichtend sei. Das Bundesverfassungsgericht mag eine solche objektivistische Konzeption für das allgemeine *Persön-*

lichkeitsrecht verworfen haben.[629] Dies muß aber nicht für *Art.1₁* gelten. Im Gegenteil gibt es einige Hinweise darauf, daß das Gericht sich nicht auf eine subjektivistische Interpretation des Menschenwürde-Begriffs einläßt: Dies zeige sich mit besonderer Deutlichkeit an den perfektionistischen Elementen der "Menschenbildformel".[630]

Der Vorwurf läßt sich m.E. am besten anhand eines Beispiels diskutieren. Unter den umstrittenen Urteilen zu Art.1₁ findet sich auch eines, das sich zu diesem Zweck gut eignet: das sogenannte "Peep-Show-Urteil" des Bundesverwaltungsgerichts aus dem Jahr 1981.[631] In diesem Urteil erklärte das Gericht, die Zurschaustellung von Frauen in Peep-Shows verstoße gegen das Gebot der Achtung der Menschenwürde. Betreibern solcher Einrichtungen müsse daher behördlicherseits die Erlaubnis verweigert werden.[632] Das Urteil besitzt bis heute Gültigkeit,[633] ist aber stark umstritten, und dies sowohl in der Literatur[634] wie in der Rechtsprechung.[635] Der Widerstand, der dem Urteil entgegengebracht wird, ist nicht so sehr in einer Ablehnung

---

[629] Siehe oben S.268ff..

[630] Siehe oben Kap.3, §1.2.

[631] BVerwGE 64,274.

[632] Im Detail hatte das Gericht zu der Frage Stellung zu nehmen, ob Behörden die Erteilung einer Erlaubnis zur Einrichtung einer Peep-Show unter Verweis auf §33a Abs.2 Nr.1 GewO verweigern dürfen. Die Gewerbeordnung erklärt die Zurschaustellung von Menschen für erlaubnispflichtig. Die Erlaubnisfähigkeit einer solchen Veranstaltung wird im zitierten Paragraphen an die Bedingung geknüpft, nicht gegen die "guten Sitten" zu verstoßen. Das Bundesverwaltungsgericht konkretisierte die Generalklausel der Sittenwidrigkeit unter Heranziehung des Menschenwürde-Satzes. Es befand, die Art der Zurschaustellung von Frauen, die in Peep-Shows betrieben werde, stelle einen einen Verstoß gegen die Menschenwürde und damit die "guten Sitten" dar, welche Übereinstimmung mit den Grundsätzen der Verfassung verlangten.

[633] Nachweise der bestätigenden Folgeentscheidungen des Bundesverwaltungs- wie des Bundesverfassungsgerichts bei HILLGRUBER (1992), S.105, Fn.180.

[634] Nachweise bei HILLGRUBER (1992), S.104, FN.177 und 178.

[635] Einige Instanzengerichte sind dem Urteil nicht gefolgt, Nachweise bei KIRCHBERG (1983), S.142.

des konkreten Urteilsergebnisses begründet,[636] als in den durchaus weitreichenden grundrechtsdogmatischen Folgen, die es mit sich bringt.

Das Bundesverwaltungsgericht begründete seine Entscheidung mit dem Argument, in Peep-Shows werde den Darstellerinnen "eine entwürdigende objekthafte Rolle" zugewiesen, indem sie "als bloßes Anregungsobjekt zur Befriedigung sexueller Interessen angeboten" würden. Damit werde ihre Menschenwürde verletzt. Dies geschehe zwar nicht durch staatliches Handeln, sondern durch Dritte, doch habe der Staat auch die Pflicht, seine Bürger vor Verletzungen der Menschenwürde durch private Dritte zu schützen. Dieser Schutzpflicht komme er mit der Erlaubnisversagung nach.[637]

Interessanterweise bestreitet kaum einer der Urteilsgegner, daß, wie es in der Entscheidung heißt, "bei der Peep-Show der auftretenden Frau eine entwürdigende objekthafte Rolle" zukommt. Der zentrale Einwand lautet jedoch, daß ein Verstoß gegen die Norm aus Art.1_1 deshalb nicht in Frage komme, da die umstrittene Behandlung der Darstellerinnen mit deren Einwilligung geschehe. Die Mehrheit der Kommentatoren des Urteils war sich einig, daß ein "Schutz des Menschen vor sich selbst" mit dem liberalistischen Staatszweckmodell, das der deutschen Verfassung zugrundeliegt, nicht vereinbar sei. Sie machten geltend, Art.1_1 schütze die Selbstbestimmungsfähigkeit des Individuums und könne daher nur dort gegeben sein, wo die Autonomie einer Person beeinträchtigt werde. Die Menschenwürde gegen Verletzungen durch die betroffenen Bürger selbst verteidigen zu wollen, führe zu einem absolutistischen Staatsverständnis und einer Diktatur der Tugend.[638]

---

[636] Die faktischen Konsequenzen des Urteils sind ohnehin andere, als man zunächst vermuten möchte: Sie laufen durchaus nicht auf ein Verbot von Peep-Shows hinaus. Zwar muß ihren Betreibern von behördlicher Seite die *Erlaubnis* verweigert werden, desungeachtet können diese Einrichtungen aber *geduldet* werden. Die eigentliche Entscheidung über die Existenz von Peep-Shows ist damit wieder in die Hände der regionalen Behörden übergeben worden, mit dem Unterschied, daß diese nun über ein rechtliches Instrument verfügen, Peep-Shows zu verbieten – was vor dem Urteil nicht der Fall war. Man mag dies als Ausdruck einer Doppelmoral verurteilen oder als Zeichen von Realitätssinn begrüßen (für letztere Wertung siehe GRONIMUS (1985)).

[637] BVerwGE 64,274, 278ff..

[638] Vgl. anstatt vieler V. OLSHAUSEN (1982).

Der Fall ist darum besonders interessant, da er verschiedene Ansätze zu einer objektivistischen Deutung des Menschenwürde-Begriffs enthält, die auch bei "Liberalisten" nicht gleichermaßen auf Ablehnung stoßen müssen. Aversion scheint vor allen Dingen die Vorstellung des Staates als eines Tugendwächters hervorzurufen, der unter anderem oder vor allem die Sexualmoral im Blick hat. Die Ungereimtheiten des Peep-Show-Urteils, das nur bestimmte Formen der Prostitution inkriminiert und eine Tendenz zeigt, einseitig das Fehlverhalten der darstellenden Frauen zu rügen, läßt auf eine solche Haltung staatlicher Bevormundung schließen.[639]

Doch kann man in diesem Fall auch aus anderen Gründen für einen staatlichen Paternalismus eintreten. Das zeigt sich deutlicher, wenn man die Problematik des Peep-Show-Falls mit anderen vergleicht, die strukturelle Ähnlichkeit besitzen, das Augenmerk aber nicht auf eine im engeren Sinne sittliche oder sexuelle Tugend gerichtet ist. Hier läßt sich etwa der Fall des sogenannten "Zwergenweitwurfs" nennen – eine Wettkampf-Veranstaltung, bei der kleinwüchsige Menschen als Wurfgegenstand verwendet werden.[640] Auch hier ließen sich die betroffenen Menschen mit ihrer Einwilligung auf das erniedrigende Spektakel ein. Interessanterweise scheint es in Fällen wie diesen scheint aber leichter, dem Bundesverwaltungsgericht zuzustimmen, wenn es davon spricht, daß die Einwilligung nicht in allen Fällen ausreiche, um eine Menschenwürdeverletzung auszuschließen.[641]

---

[639] BVerwGE 64,274,278. Das Urteil ist dafür kritisiert worden, zwar Peep-Shows, nicht aber andere Formen der Prostitution und Pornographie als Formen der Verdinglichung zu qualifizieren, wohinter eine – im Urteil auch unterschwellig präsente – Ablehnung der Masturbation vermutet wurde (HOERSTER (1983), S.96). Insbesondere empörte, daß das Gericht "das bloße Zurschaustellen des nackten weiblichen Körpers" in Striptease-Vorführungen ausdrücklich nicht als Menschenwürde-Verletzung einstufte. Für eine allgemeine Erörterung der staatlichen Reglementierung der Prostitution, die in der Bundesrepublik von einer kaum zu leugnenden Doppelmoral geprägt ist, vgl. z.B. SCHATZSCHNEIDER (1985).

[640] Vgl. VG Neustadt, *NVwZ* 1993, S.98ff.. Vgl. auch das Urteil über die Legitimität der Zurschaustellung von Frauen in Käfigen, VGH München, *NVwZ* 1992, S.76ff.

[641] BVerwGE 64,274,280.

Doch weshalb nicht? Kritiker des hier vorgeschlagenen Modells werden geltend machen, daß "Menschenwürde" auch dem allgemeinen Verständnis nach nicht auf ein ausschließlich subjektiv definiertes Konzept des individuellen Wohls zu reduzieren ist. Selbst wenn die betroffene Person sich selbst nicht in ihrer Selbstachtung gekränkt fühlt, wenn sie an einer solchen Veranstaltung teilnimmt, oder mindestens der Meinung ist, die Kränkung werde durch den Vorteil aufgewogen und stehe daher in Einklang mit ihrem Wohl, so wird man in den betreffenden Fällen dennoch eine Verletzung ihrer Menschenwürde konstatieren. Das Rechtsgut der Menschenwürde umschreibt ein Ideal, demzufolge der Mensch sich nicht erniedrigen lassen dürfe, auch nicht freiwillig. Man könnte diese Position charakterisieren als einen Begriff von Menschenwürde im objektivistischen Sinn von "Selbstachtung".[642]

Meines Erachtens ist zuzugestehen, daß der verbreitete Begriff von Menschenwürde mindestens in diesem Sinne objektivistisch gefärbt ist, dennoch ist fraglich, ob dies ein Grund ist, diese Färbung auch auf den rechtlichen Begriff zu übertragen. Dies bedeutete eine recht gravierende Modifikation des Prinzips, demzufolge der Einzelnen hinsichtlich der Definition dessen, was sein subjektives Wohl ausmacht, autonom ist. Es gibt innerhalb einer liberalistischen Konzeption des individuellen Wohls allerdings zwei Wege, das Unbehagen, das in den fraglichen Fällen entsteht, zu erklären. Gegebenenfalls ist es auf diesen Wegen auch möglich, zu dem Urteil zu gelangen, es handele sich um eine Verletzung der Menschenwürde, ohne vom Primat der Selbstbestimmung abrücken zu müssen.

Erstens ist dies dann möglich, wenn Gründe für die Annahme bestehen, daß die Entscheidung des Individuums nicht selbstbestimmt erfolgt ist. Ein Fall, in dem die Rechtsprechung einen staatlichen "Paternalismus" auf diese Weise begründet hat, ist der sogenannte "Lügendetektor"-Fall. Hier wurde es für unvereinbar mit der Menschenwürde eines Angeklagten erklärt, wenn im Strafverfahren Polygraphen, d.h. sogenannte "Lügendetektoren", eingesetzt würden, selbst bei Einverständnis der Beschuldigten.[643]

---

[642] Vgl. oben Teil1, Kap.1, §3.2 (b).
[643] Nachweise s. FN. 494.

Dieses Verbot wurde damit begründet, ein Angeklagter sei in seiner Entscheidung für den Einsatz polygraphischer Verfahren nicht frei, da er damit rechnen müsse, daß eine Weigerung zu seinen Ungunsten ausgelegt würde. Auch im Peep-Show-Fall wäre der Frage nachzugehen, inwieweit die Entscheidung der Darstellerinnen von willensverzerrenden Einflüssen frei ist. Grundsätzlich müssen (zumindest) zweierlei Bedingungen erfüllt sein, damit von einer autonomen Entscheidung einer Person gesprochen werden kann: Die Person muß über reale Alternativen zu der betreffenden Handlung verfügen sowie über die notwendigen kognitiven Ressourcen, um diese Alternativen realistisch einschätzen zu können. Wann diese Bedingungen vorliegen, ist natürlich eine schwierige Frage. Und aufgrund der staatlichen Mißbrauchsmöglichkeiten, die gegeben sind, wenn man ihm fürsorgerisches Handeln für das Wohl seiner Bürger zugesteht, spricht viel dafür, Entscheidungen eines Individuums nur in sehr gravierenden und allseits konsentierten Fällen als Ausdruck mangelnder Selbstbestimmungsfähigkeit zu begreifen. Dennoch muß es erstaunen, daß weder im Gerichtsurteil noch innerhalb der kritischen Kommentare desselben (soweit diese mir bekannt sind) überhaupt erwogen wurde, ob die Darstellerinnen der Peep-Show auf selbstbestimmte Weise zu ihrer Einwilligung gelangt seien.

Es gibt darüber hinaus noch eine *zweite* Möglichkeit, in Fällen diesen Typs eine Menschenwürde-Verletzung zu konstatieren, ohne vom hier vorgeschlagenen Modell abzuweichen. Sie geht nicht von einer Verletzung der Menschenwürde der involvierten Personen aus, sondern sieht einen Schaden für Außenstehende oder generell für die Allgemeinheit. Die Handlungen, um die es hier geht, können eine Haltung der Menschenverachtung zum Ausdruck bringen, an der man Anstoß nehmen kann, auch wenn die beteiligten Personen sich davon nicht in ihrer Selbstachtung berührt fühlen. Ferner kann man eine menschenverachtende Haltung auch insofern als gefährlich ansehen, als sie zur Imitation anregen oder ein Klima schaffen kann, in dem problematische Handlungsmotive gedeihen. Das ist dort umso mehr der Fall, wo ein Moment der Diskriminierung vorhanden ist – wie in den genannten Beispielen, in denen die verächtliche Behandlung an Merkmale wie Geschlechtszugehörigkeit oder Kleinwüchsigkeit anknüpft. Allerdings stellt sich hier die Frage, *wessen* Menschenwürde eigentlich verletzt wird. Eine Möglichkeit besteht darin, die Würde der Mitglieder der diskriminierten Gruppe als Opfer dieser Haltung anzusehen, indem man die Handlung als einen Angriff auf ihre Selbstachtung versteht oder als potentielle Gefährdung, insofern zur Diskriminierung aufgestachelt würde. Dies entspricht einer Linie, die die Rechtsprechung im Fall der in der Bundesrepublik lebenden Juden eingeschlagen hat.[644] Dort, wo eine menschenunwürdige Behandlung von Personen nicht mit einer gruppenspezifischen Diskriminierung einhergeht, ließe sich dies auf das Argument ausweiten, durch eine solche Handlung würde die Selbstachtung aller Bürgerinnen und Bürger verletzt oder ihr Wohl potentiell gefährdet, indem moralische Hemmschwellen gesenkt würden.[645]

Eine solche Argumentation hat ihre Probleme. Es läßt sich nicht unbedingt von einer *tatsächlichen* Verletzung der (subjektiven) Selbstachtung der Gruppenmitglieder oder der Bürger sprechen. Von einer abstrakten Verletzung zu sprechen, rückte diese Argumentation wieder bedenklich nahe an die Vorstellung eines "objektiven" Achtungsanspruchs heran. Auch der Einwand der potentiellen Gefährdung ist nicht sehr stark, da hier eben nur mit einem vagen Risiko für eine nicht zu konkretisierende Allgemeinheit argumentiert werden kann. Wenn hier von einer Verletzung der Menschenwürde gesprochen wird, so kann das nicht den Sinn haben, die Verletzung individueller Rechte zu beklagen. Das oberste Verfassungsprinzip kann hier demnach nur in seiner "objektiv-rechtlichen" Funktion herangezogen werden, wie es in der Terminologie der Rechtsdogmatik heißt, nicht aber in der Funktion, in der es subjektive Rechte verleiht.[646] Ob man dieser

---

[644] Vgl. BGHZ 75,160,163. Weitere Rechtsprechungsnachweise bei KUNIG (1992a), Rn.17.

[645] Man könnte hier an Kants Begründung des Verbots entehrender Strafen denken, solche Strafen seien geeignet, "dem Zuschauer Schamröte ab[zu]jagen, zu einer Gattung zu gehören, mit der man so verfahren darf", *MdS*, AA VI, S.463. Das Problem für einen prinzipiell subjektivistischen Ansatz besteht darin, daß nicht alle Bürger bei diesen Handlungen Zuschauer sind.

[646] Die Unterscheidung von "objektiv-rechtlichen" und "subjektiv-rechtlichen" Normen läßt sich grob bestimmen als die Unterscheidung zwischen Normen, die den Staat zu Handlungen verpflichten sowie solchen, die den Begünstigten darüber hinaus auch einen *Anspruch* auf Einlösung dieser Pflicht gewähren. Die Grundrechtsnormen stellen subjektive Rechte dar, begründen aber laut ständiger Rechtsprechung des Bundesverfassungsgerichts auch rein objektiv-rechtliche Normen, d.h. solche, die den Staat auch

Konstruktion folgt, hängt dann an der Frage, wie man die Behauptung rein objektiv-rechtlicher Pflichten zum Menschenwürdeschutz beurteilt. Sie ist innerhalb der Rechtswissenschaft umstritten, da nicht alle dazu bereit sind, die Grundrechtsgüter als "objektive Werte" anzusehen, die der Staat auch dort zu schützen habe, wo keine Individuen konkret betroffen sind.[647] M.E. ist diese Konstruktion legitim, solange auf potentielle Belange konkreter Individuen Bezug genommen werden kann. Doch ist diese Konstruktion natürlich mit einer gewissen Zurückhaltung anzuwenden. Denoch ist die Gefahr einer "Fundamentalisierung" von Konflikten dieser Art nicht unbedingt gegeben.[648] Denn objektiv-rechtliche Normen besitzen nicht das Gewicht subjektiv-rechtlicher Ansprüche. Die These von objektiv-rechtlichen Pflichten zum Schutz der Menschenwürde potentiell betroffener oder gefährdeter Bürger ist daher auch kein "Gewinnerargument", das es erlaubt, über die Selbstbestimmungsansprüche der "menschenwürdewidrig" handelnden Personen einfach hinwegzugehen.

4. Kritik am Individualismus

Auf die eben genannten Schwierigkeiten wird bisweilen mit dem Vorschlag reagiert, die Menschenwürde-Garantie sei nicht oder jedenfalls nicht ausschließlich auf die Würde des Individuums zu beziehen, sondern auf die "menschliche Gattung", den "Menschen an sich" oder ein anderes Universale. Diese Rede kann sich auf das Vorbild Kants und seiner Formel von der "Menschheit in der Person" als das eigentliche Subjekt der Würde stützen. Es leistet aber unabhängig davon bereits die semantische Möglichkeit, "Mensch" als einen Kollektivsingular zu verstehen, diesem Verständnis Vorschub. Diese Unterscheidung zwischen der individuellen und der "Gattungswürde" wird auch mit Verweis auf andere Fälle motiviert.

So wird sie zum einen zur Begründung des Universalismus des Menschenwürde-Prinzips herangezogen – dort, wo es um den rechtlichen Status von Individuen geht, die bestimmte typischerweise als wertbegründend an-

---

jenseits individuell-rechtlicher Klagebefugnisse zu Maßnahmen im Dienst des Schutzes der betreffenden Rechtsgüter verpflichten. Vgl. hierzu DREIER (1996a), Rn.55ff.; eingehend ALEXY (1990).

[647] Vgl. hierzu den vielzitierten Aufsatz von BÖCKENFÖRDE (1976).

[648] Vgl. die in der Einleitung zitierten Befürchtungen, S.147f..

geführte anthropologische Eigenschaften (Bewußtsein, Verstand, Willensfreiheit etc.) nicht oder nur in geringem Maße besitzen. Dürig vertritt explizit die These, Träger der Menschenwürde sei nicht der konkrete Mensch, sondern der "Mensch als solcher".[649] Aus dem Kontext seiner Argumentation läßt sich erschließen, daß diese These die Funktion hat, auch bei geistig behinderten Menschen und Embryonen von einer Menschenwürde reden zu können. Sie ergibt sich als Lösung des Problems, das dadurch entsteht, daß er diese auf die Eigenschaft der "Selbst- und Umweltgestaltung" zurückführt.[650] Man könnte dieses Motiv auch hinter einem Urteil des Bundesverfassungsgerichts vermuten, in dem neben der "individuelle[n] Würde der jeweiligen Person" auch die "Würde des Menschen als Gattungswesen" angesprochen wird, ebenfalls – so läßt sich jedenfalls vermuten – als Argument für einen Universalismus, der auch Behinderte, Leistungsunfähige, sozial Deklassierte und Verbrecher umfaßt.[651] Allerdings muß man diese Erwähnung nicht so lesen, als würde der Gattung Würde zugesprochen. Man kann ebensowohl davon ausgehen, daß die je individuelle Würde von Menschen auf ihre Eigenschaft als Mitglieder der Gattung zurückgeführt wird.[652]

Ein neues Interesse an der These von einer Würde der menschlichen Gattung ist jedoch im Zusammenhang mit umstrittenen Fällen aus dem Bereich der Fortpflanzungsmedizin und Gentechnologie erwacht. Dies hat seinen Grund darin, daß es hier besonders viele mindestens zukünftig mögliche Beispiele für Techniken gibt, die als Verstoß gegen die Menschenwürde empfunden werden, ohne daß sich dies auf die Verletzung individu-

---

[649] DÜRIG (1956), S.127. Für weitere Vertreter dieser These siehe die Nachweise bei ZIPPELIUS (1989), Fn.76.

[650] Ebd., S.125.

[651] Vgl. BVerfGE 87,209,228 - Horrorfilm..

[652] Vgl. ferner zwei frühe Urteile des Bayerischen Verfassungsgerichtshofs, in denen betont wurde, es müsse bei einer Menschenwürde-Verletzung "über die Auswirkungen für die Betroffenen hinaus die menschliche Würde als solche getroffen" sein (BayVerfGHE 1,29,32; 2,85,91). Es ist allerdings nicht klar, worauf diese Behauptung abzielte – möglicherweise sollte hiermit herausgestrichen werden, daß mit einer Verletzung der Menschenwürde nicht einfach die Verletzung der individuellen Selbstach-

eller Rechte zurückführen ließe. Besonders brisante Fälle liefern die Möglichkeiten der Veränderung des menschlichen Genoms zu Zwecken der Forschung, der medizinischen Therapie oder auch der Züchtung. Hier ergeben sich eine Reihe von Fällen, in denen es problematisch ist, von der Verletzung der Würde individueller Menschen zu sprechen. Im Fall der Forschung an Embryonen beispielsweise ist umstritten, ob es sich überhaupt um menschliche Individuen, mindestens aber um Rechtsträger handelt. Einige Beispiele: Die Veränderung der menschlichen Keimbahn zu Heilzwecken geschieht im Idealfall mit Einwilligung der Patienten und schließt daher eine Verletzung ihrer Würde aus. Bei der Bildung menschlicher Hybride oder Chimären ist es ebenfalls schwer, diese Forschungserzeugnisse als menschliche Individuen zu betrachten. Bei der Klonierung von Individuen ergibt sich schließlich das Problem, daß diese Erzeugungsmethode selbst Grund der Existenz der Klone ist und es daher problematisch ist, ihre Erzeugung zugleich als Verletzung ihrer Würde zu bezeichnen. Da in all diesen Fällen der Wunsch besteht, sie nichtsdestotrotz als Verletzungen der Menschenwürde zu inkriminieren, ist es verständlich, daß auf einen Begriff der "Gattungswürde" zurückgegriffen wird.[653]

Fälle wie die letztgenannten sind es, die derzeit die Auseinandersetzungen um den verfassungsrechtlichen Menschenwürde-Begriff besonders anschüren. Angesichts der Tatsache, daß die genannten biotechnologischen Praktiken als äußerst bedrohlich erscheinen, wächst der Wunsch, sie mithilfe eines verfassungsrechtlichen Arguments unter Verbot stellen zu lassen oder mindestens einzuschränken. Der Menschenwürde-Satz erscheint dabei als besonders geeignet, vielleicht auch darum, weil es für solche Forderungen im Grundgesetz keinen anderen Anknüpfungspunkt gibt. Aus dieser Perspektive betrachtet erscheint die Erweiterung des hier vorgeschlagenen Modells um eine Garantie der Würde der Gattung besonders dringlich an-

---

tung von Personen gemeint sei. Die Urteile wurden vielfach kritisiert; entsprechende Äußerungen finden sich später nicht wieder.

[653] Vgl. z.B. BENDA (1985b), VITZTHUM (1988), S.137f..
Auch in der philosophischen Diskussion um Fragen der Bioethik wird bisweilen auf eine Würde der Gattung Bezug genommen- allerdings sehr unterschiedlichem Ergebnis, wie z.B. der Vergleich zwischen HONNEFELDER (1994) und MERKEL (2001) verdeutlichen kann.

gemahnt. Allerdings ist eine solche Norm nicht von dem allgemeinen Konsens getragen, der die Forderung nach einem Schutz der Würde des Individuums stützt.[654] Es mutet seltsam an, einer abstrakten Entität wie der "Gattung" einen Rechtsstatus zuzusprechen. Und selbst dort, wo diese Lesart korrigiert wird zugunsten des Begriffs eines "Menschenbildes",[655] das hier formuliert sein soll, erscheint eher unplausibel, daß es sich um ein allgemein geteiltes Menschenbild handeln soll. Mindestens wird der Forderung nach einem Gattungsschutz der Rang einer verpflichtenden Norm abgesprochen und sie statt dessen in den Bereich der Ideale gerückt, die weder moralische noch auch rechtliche Verbindlichkeit beanspruchen können.[656] Aus diesen Gründen ist es tatsächlich problematisch, Art.1_1 GG mit einer Funktion zu beladen, für die sich in der Verfassung sonst keine Norm findet. Aus meiner Sicht sollte das Desiderat, einen verfassungsrechtlichen Anknüpfungspunkt für eine Beurteilung der neuen biotechnologischen Praktiken zu finden, durchaus ernstgenommen werden. Es bietet sich an dieser Stelle allerdings eher der Weg der Verfassungsänderung an. Eine Ergänzung der Verfassung um entsprechende Bestimmungen hätte den Vorteil, den Verfassungsgeber an dieser umstrittenen Debatte zu beteiligen, anstatt sie an die Gerichtsbarkeit zu delegieren. Möglicherweise wäre es auf diese Weise auch möglich, präzisere und sinnvoller anwendbare Verfassungsbestimmungen zu schaffen, als dies mit der schwammigen Rede von einer "Gattungswürde" möglich wäre. Dabei könnte angeknüpft werden an bereits bestehende Vorschläge und kritische Diskussionen, wie sie etwa in Zusammenhang mit internationalen Übereinkommen zur Biomedizin, das "Menschenrechtsübereinkommen zur Biomedizin" des Europarates und die "Universal Declaration on the Human Genome and Human Rights" der UNESCO, erfolgt sind.

§ 3 Der Anspruch absoluter Geltung

Es gehört zu den umstrittenen Aspekten bei der Charakterisierung der Menschenwürde-Garantie auch die Frage, welches *Gewicht* ihr im Falle

---

[654] Für eine besonders kritische Gegenmeinung vgl. z.B. NEUMANN (1988).

[655] So etwa Benda, a.a.O.

[656] Vgl. anstatt vieler BIRNBACHER (1987), S.85.

eines Konfliktes mit anderen Verfassungsnormen zukommt. Die Mehrheit der Verfassungsjuristen vertritt hier die Meinung, Art.1_I komme absolute Geltung zu, er dürfe also gegen kein anderes Verfassungsgut in Abwägung gebracht werden. Diese Position allerdings äußerst problematische Konsequenzen: u.a. zwingt sie dazu, den Gehalt der Menschenwürde-Garantie so einzuengen, daß ihre verfassungsrechtliche Funktion beinahe auf Null reduziert wird. Im folgenden werde ich die Absolutheitsthese und ihre problematischen Konsequenzen zunächst allgemein skizzieren (1), diese Kritik sodann anhand einer Auseinandersetzung mit der Rechtsprechung erhärten (2) und abschließend aufzeigen, wie Kollisionen mit Art.1_I sinnvollerweise gehandhabt werden sollten (3). Dabei wird sich zeigen, daß die hier verteidigte Rekonstruktion des Artikels sehr wohl dazu geeignet ist, das eigentliche Motiv umzusetzen, das hinter einer Absolutsetzung steht: einen effektiven Schutz des Individuums zu gewährleisten.

1. Die Absolutheitsthese und ihre Schwierigkeiten

Die herrschende Lehrmeinung versteht Art.1_I als Ausdruck einer Norm mit Absolutheitscharakter.[657] Demzufolge soll keinerlei Beeinträchtigung der Menschenwürde zulässig sein. Was damit gemeint ist, zeigt sich deutlicher, wenn man einen Blick auf die gängige rechtsdogmatische Beschreibung der Struktur von Grundrechten wirft.

Innerhalb der Rechtsdogmatik ist es gebräuchlich, das Vorliegen einer Grundrechtsverletzung nach einem dreistufigen Schema zu prüfen.[658] Dabei wird zunächst gefragt, welches der sogenannte "Schutzbereich" oder "Tatbestand" des betreffenden Grundrechtes ist. Man kann dies als die Frage bezeichnen, welche Rechtsgüter darunter fallen. In einem zweiten

---

[657] GEDDERT-STEINACHER (1990), S.81ff.; STARCK (1999),Rn.30; PODLECH (1984), Rn.73; KUNIG (1992a), Rn.4; HÖFLING (1995), S.858; JARASS (1995), Rn.10; PIEROTH/SCHLINK (1999), Rn.365, SCHMIDT-BLEIBTREU/ KLEIN (1999), Rn.4.

[658] Anstatt vieler vgl. PIEROTH/SCHLINK (1999), §6; die Terminologie klafft allerdings bei den Autoren, die sich des Schemas bedienen, teils auseinander. Eine Mindermeinung verficht ein hiervon abweichendes Prüfungsschema, s. hierzu BOROWSKI (1999), S.31ff., 183ff.
Von dem dreigliedrigen Schema ausgenommen ist auch nach herrschender Meinung der Gleichheitssatz des Art.3, dessen Struktur besondere Eigenarten aufweist, auf die hier einzugehen aber nicht nötig ist.

Schritt wird untersucht, ob die beanstandete staatliche Maßnahme einen "Eingriff" in eines dieser Rechtsgüter darstellt. Steht dies fest, so wird drittens erörtert, ob dieser Eingriff sich verfassungsrechtlich rechtfertigen läßt. In der Terminologie der Rechtsdogmatik wird hier danach gefragt, ob für das betreffende Grundrecht sogenannte "Schranken" bestehen. Eine solche Rechtfertigung ist beispielsweise dann gegeben, wenn eine Grundrechtsbestimmung einen gesetzgeberischen Eingriff ausdrücklich legitimiert (durch sogenannten Gesetzesvorbehalt) oder bei sogenannten "verfassungsimmanenten Schranken", wie sie vor allen Dingen kollidierende Grundrechte anderer Personen, aber auch andere hochrangige Verfassungsgüter darstellen. Daß der Schutzbereich von Grundrechten in dieser Weise als begrenzt gedacht wird, bedeutet eben, daß Grundrechte *nicht* absolut gelten. Man kann diese herkömmliche Theorie auch beschreiben, indem man zwei Arten von Rechtsgütern unterscheidet: das vom Schutzbereich umschriebene, lediglich prima facie gewährleistete Rechtsgut, sowie das nach Prüfung der Einschränkbarkeit zugestandene definitive Rechtsgut.[659]

Die Besonderheit des Art.1$_1$ besteht nun nach herrschender Meinung darin, daß der Begriff der "Menschenwürde", anders als die Begriffe "Leben", "Beruf" oder "Wohnung" nicht ein *prima facie*, sondern ein *definitiv* gewährtes Rechtsgut bezeichnet. Die Norm ist daher dieser Auffassung zufolge nicht nach dem Schema Schutzbereich-Eingriff-Schranke zu prüfen, vielmehr soll sich die Verfassungswidrigkeit einer Maßnahme bereits aus dem bloßen Umstand ergeben, daß der Schutzbereich berührt ist. Läßt sich feststellen, daß die Menschenwürde durch eine staatliche Maßnahme getroffen ist, so steht dieser Auffassung zufolge bereits fest, daß diese Maß-

---

[659] In der Terminologie Alexys, vgl. ALEXY (1986), S.273. Statt von einem prima-facie (vs. definitiv) gewährleistetem Rechtsgut, sprechen andere Autoren von "potentiellem Grundrechtsschutz" (Nachweis s. ebd., Fn.62), vom Recht "an sich" im Gegensatz zum "effektiven Garantiebereich", vom "Brutto- vs. Netto-Grundrecht" etc. (Nachweise bei BOROWSKI (1999), S.29, Fn.4). Die dogmatische Konstruktion von Grundrechtsnormen als prima-facie-Positionen wird auch als "Außentheorie" der Grundrechte bezeichnet und von der sogenannten "Innentheorie" unterschieden, derzufolge die Grundrechtsnorm nur den effektiven Garantiebereich umfaßt, s. ALEXY (1986), S.249ff., BOROWSKI (1998), S.29ff..

nahme verfassungswidrig ist − es können keinerlei rechtfertigende Gesichtspunkte mehr geltend gemacht werden.[660]
Vertreter der Absolutheitsthese stützen ihre Auffassung vor allen Dingen auf die folgenden verfassungsrechtlichen Vorgaben: zum einen ist es der Wortlaut des Artikels, genauer: die Rede von der *Unantastbarkeit* der Menschenwürde, die ihnen eine andere Interpretation ausgeschlossen erscheinen läßt. Die Lektüre der betreffenden Texte vermittelt einem den Eindruck, daß dies tatsächlich das Hauptargument für die juristischen Vertreter der Absolutheitsthese darstellt. Als weiteres Argument wird auf die Verfassungsbestimmung des Art.79_{II} GG verwiesen, derzufolge Art.1_I nicht einmal bei einer Verfassungsänderung "berührt" werden darf. Daraus wird gefolgert, daß sich kein Eingriff in den Artikel rechtfertigen lasse.[661] Schließlich wird eine Abwägung der Menschenwürde-Norm mit anderen Bestimmungen für unvereinbar gehalten mit dem Rechtsprechungs-Diktum, daß es sich bei der Menschenwürde um den "höchsten Rechtswert" und das "tragende Konstitutionsprinzip" der Verfassung handele. Als solcher sei dieser Wert nicht gegen andere abwägbar.[662]
Jenseits von Gründen, die aus dem Verfassungstext gewonnen werden können, läßt sich hinter der Absolutheitsthese das Anliegen erkennen, staatlicher Machtausübung absolute Grenzen zu setzen, so daß jedem Individuum ein Minimalbestand bedingungslos zu sichernder Rechtsgüter ga-

---

[660] Viele juristische Vertreter der Absolutheitsthese gehen sogar so weit, Art.1_I nicht nur die sogenannten Schranken, also die Möglichkeit einer verfassungsrechtlichen Eingriffslegitimation, sondern bereits den sogenannten Schutzbereich abzusprechen. (Für eine besonders vehemente und einflußreiche Verteidigung dieser Position vgl. GEDDERT-STEINACHER (1990), S.81ff.). Es ist dann allerdings nicht mehr ersichtlich, auf welche Weise der Norm noch ein Gehalt zugesprochen werden kann. Als rein formale Norm − wie auch immer man eine solche konzipieren müßte - wird sie aber gerade von Vertretern der Absolutheitsthese nicht verstanden (so argumentiert auch Geddert-Steinacher dafür, sie als "teleologische[n] Bezugspunkt aller Verfassungsprinzipien" zu verstehen und hebt ausdrücklich hervor, daß sie einen "materialen Maßstab" staatlichen Handelns darstelle, ebd., Kap.1, Zitate S.58f.).

[661] Für dieses Argument vgl. PIEROTH/SCHLINK (1999), Rn.365, ausführlich in DIES. (1994), S.670f..

[662] Vgl. für dieses Arg. z.B. PIEROTH/ SCHLINK (1994), S.671.

rantiert werden kann. Gerade dieses Anliegen läßt sich auch unter Berufung auf entstehungsgeschichtliche Argumente stützen.[663]

Allerdings wirft die Absolutheitsthese eine Reihe von Schwierigkeiten auf, wie von Seiten ihrer juristischen Gegner herausgestellt wurde. Zum einen drohe, verstehe man "Menschenwürde" als individualisiertes Rechtsgut, die Gefahr symmetrischer Dilemmata, d.h. von Situationen, in denen mehrere Personen gleichen Anspruch auf Menschenwürde-Schutz erheben, diese Ansprüche jedoch kollidieren. In diesen Fällen, so die Gegenposition, sei es bereits aus logischen Gründen unmöglich, die These von der Uneinschränkbarkeit der Norm aufrechtzuerhalten.[664]

Die prinzipielle Widersprüchlichkeit einer solchermaßen absolut geltenden Norm stellt nicht das einzige Bedenken dar. Ein Ausschluß von Konflikten, die Abwägungen mit der Menschenwürde erzwingen würden, ist, wie häufig gesehen wird, allenfalls dann möglich, wenn der Menschenwürde-Schutz auf einen sehr eng umgrenzten Kernbereich individueller Güter beschränkt bleibt, also etwa auf die Abwehr von Völkermord, Verfolgung, sowie von Diskriminierung, Demütigung und Grausamkeit.[665] Jede großzügigere Definition des Schutzbereichs würde daran scheitern, daß sich stets Fälle von Rechtsgüterkonflikten benennen ließen, die eine starre Hierarchisierung zugunsten des Menschenwürde-Schutzes als ungerechtfertigt erscheinen ließen. Eine Absolutsetzung von Art.1$_1$ liefe demnach unweigerlich darauf hinaus, ihn auf eine Garantie gegen extreme Humanitätsverletzungen zu reduzieren. Als solche wäre sie gegebenenfalls sogar überflüssig, da der Ausschluß derartiger Verbrechen nicht nur selbstverständlich erscheint, sondern sich auch unter Berufung auf andere Grundrechte begründen ließe.[666]

---

[663] 214ff.

[664] Vgl. für das formale Argument ALEXY (1986), S.95, für die Anwendung auf Beispielfälle BRUGGER (1996).

[665] Man könnte hier an das frühe Urteil des Bundesverfassungsgerichts denken, das "Erniedrigung, Brandmarkung, Verfolgung, Ächtung usw." als Beispiele für Menschenwürde-Verletzungen nennt, BVerfGE 1,97,104.

[666] So KLOEPFER (1976), S.411., HÖFLING (1995), S.857.

Die Interpretation steht demnach vor dem folgenden Dilemma: entweder man versieht Art.1₁ mit der striktest möglichen Geltung, dann verliert der Artikel seine praktische Relevanz. Oder man faßt den Menschenwürde-Schutz weiter, dann bleibt aber die Möglichkeit von Abwägungen zugunsten anderer Rechtsgüter.
Angesichts dessen ist es sinnvoll zu untersuchen, wie die Rechtsprechung sich zur Frage der absoluten Geltung der Norm stellt.

2. Unklarheiten innerhalb der Rechtsprechung

Welche Position die Auffassung der Rechtsprechung trifft, ist der Judikatur nicht mit Eindeutigkeit zu entnehmen. Innerhalb des juristischen Schrifttums ist diese Frage umstritten, mit einer deutlichen Tendenz, dem Gericht die Absolutheitsthese zuzuschreiben. Die hier herrschende Meinung stützt sich auf unterschiedliche Argumente.

Zum einen wird als Indiz zugunsten der eigenen Interpretation gewertet, daß das Gericht bei Art.1₁ GG die Verfassungswidrigkeit einer Maßnahme nicht nach dem eben skizzierten dreigliedrigen Schema prüft,[667] sondern bereits dort konstatiert, wo eine Maßnahme als Eingriff in den Schutzbereich der Norm herausgestellt wurde - ohne also noch den sonst üblichen weiteren Schritt zu tun, nach einer möglichen Rechtfertigung des Eingriffs zu fragen.

Für eine explizite Stellungnahme zur Absolutheitsthese wird v.a. auf die Rechtsprechung zum allgemeinen Persönlichkeitsrecht (Art.2₁ i.V.m. 1₁ GG) verwiesen. Dort heißt es:

"Soweit das allgemeine Persönlichkeitsrecht allerdings unmittelbarer Ausfluß der Menschenwürde ist, wirken die Schranken absolut ohne die Möglichkeit eines Güterausgleichs."[668]

---

[667] Vgl. S. 308f.

[668] BVerfGE 75,369,380 – Strauß-Karikatur; ebenso BVerfGE 80,367,380 – Tagebuchaufzeichnung, Sondervotum; vgl. auch BVerfGE 93,266,293 – "Soldaten sind Mörder": "[...] die Menschenwürde als Wurzel aller Grundrechte ist mit keinem Einzelgrundrecht abwägungsfähig".

An anderer Stelle wird der Menschenwürde-Kern des allgemeinen Persönlichkeitsrechts auch als "absolut geschützter Kernbereich privater Lebensgestaltung" bezeichnet.[669]

Gegner der Absolutheitsthese haben allerdings darauf aufmerksam gemacht, daß das Gericht de facto durchaus Abwägungen vornimmt, die durch definitorische Vorentscheidungen verdeckt würden.[670] Dieser Diagnose ist m.E. zuzustimmen. Ein Blick auf die in Frage stehenden Urteile zeigt, daß das Gericht unterschiedliche Strategien benutzt, die alle dem Ziel dienen, bei Konflikten zwischen individuellen Interessen und kollidierenden Verfassungsgütern das Erfordernis einer Güterabwägung zu verschleiern:

(i) Eine dieser Strategien gibt die Lehre vom sogenannten "Menschenbild des Grundgesetzes" an die Hand, die das Bundesverfassungsgericht mit Art.1_I zu verknüpfen pflegt.[671] Der genaue Zusammenhang der Begriffe "Menschenbild" und "Menschenwürde" ist dabei nie expliziert worden. Manchmal hat es den Anschein, als solle das Menschenbild den Gehalt des Begriffs der Menschenwürde umschreiben helfen, manchmal sieht es eher so aus, als gehe das Menschenbild über die Idee der Menschenwürde hinaus. Zu diesem Schwanken trägt in nicht unerheblichem Maße die Mehrdeutigkeit und Vagheit der Begriffe bei, die zur Definition des Menschenbildes herangezogen werden: so ist von der "Gemeinschaftsbezogenheit", "Gemeinschaftsgebundenheit", "Eigenständigkeit", "Fähigkeit zu eigenverantwortlicher Lebensgestaltung" und "(sittlichen) Autonomie" die Rede.[672] Bei der Mehrzahl dieser Begriffe ist unklar, ob damit anthropologische Eigenschaften beschrieben werden sollen – wie das der Begriff des "Menschenbildes" nahelegt - oder ob darin nicht auch zugleich Forderungen an das Verhalten der Rechtsunterworfenen gestellt werden.

---

[669] BVerfGE 34,238,245.

[670] So v.a. KLOEPFER (1976); ALEXY (1986), S.96f., BOROWSKI (1998), S.215ff.

[671] S. oben Kap.3, §1.2.

[672] Für diese Zusammenstellung sowie eine Kritik der Menschenbildformel siehe DENNINGER (1973), S.19ff..

Besonders deutlich läßt sich dies anhand des Merkmals der "Gemeinschaftsgebundenheit" zeigen. Es wird im Unklaren gelassen, ob der Mensch hiermit lediglich als soziables Wesen charakterisiert wird oder ob damit die *Forderung* zum Ausdruck gebracht wird, er solle das Gemeinwohl beachten. Diese Uneindeutigkeit hat sich das Gericht in einigen Entscheidungen zunutze gemacht, in denen es darum ging, individuelle gegen kollektive Interessen abzuwägen, und in denen zur Diskussion stand, ob die Verfolgung kollektiver Interessen die Würde einzelner Bürger zu beeinträchtigen drohe. So hat das Gericht die Formel von der Gemeinschaftsgebundenheit des Menschen bemüht, um die Vereinbarkeit der Menschenwürde mit der allgemeinen Wehrpflicht zu begründen[673].

(ii) Die am häufigsten anzutreffende Argumentationsfigur verdeckt den Abwägungsprozeß, indem der Begriff der Menschenwürde dazu verwendet wird, den effektiven Garantiebereich zu bezeichnen, anstatt den Schutzbereich. Als Beispiel läßt sich das Urteil über die lebenslange Freiheitsstrafe anführen. Aus Art.1_1 hat das Gericht den Grundsatz abgeleitet, daß Strafgefangene einen Anspruch auf Resozialisierung haben und daraus wiederum gefolgert, es müsse die Aussicht auf eine mögliche Begnadigung bestehen. Dort jedoch, wo "der Vollzug der Strafe wegen fortdauernder Gefährlichkeit des Gefangenen notwendig ist und sich aus diesem Grunde eine Begnadigung verbietet", soll die Menschenwürde nicht verletzt sein.[674]
In Fällen wie diesem[675] findet der Sache nach also durchaus eine Abwägung statt: Das kollektive Gut der Sicherheit vor Straftaten wird gegen das

---

[673] BVerfGE 12,50f..

[674] BVerfGE 45,187,242 – Lebenslange Freiheitsstrafe.

[675] Als ein weiteres Beispiel läßt sich das Urteil zur Verwertung von Tagebuchaufzeichnungen Strafgefangener anführen. Hier wird eine Menschenwürde-Verletzung mit Verweis auf das Erfordernis der strafrechtlichen Wahrheitsfindung verneint (BVerfGE 80,367,378f.). Das Geheimhaltungsinteresse des Angeklagten, das nach den Kriterien der Sphärentheorie zum absolut geschützten Kern des allgemeinen Persönlichkeitsrechts gehören müßte, und das Kollektivinteresse an einer funktionierenden Rechtspflege werden hier also gegeneinander abgewogen. Ob eine Menschenwürde-Verletzung vorliegt, wird dann anhand des Abwägungsergebnisses beurteilt. Für eine eingehende Kritik an dieser Vorgehensweise s. GEIS (1991), BOROWSKI (1998), S.217ff..

Recht auf Resozialisierung Strafgefangener abgewogen. Dennoch wird der Anschein der absoluten Geltung gewahrt, indem im Ergebnis die Verletzung der Norm bestritten wird. Ermöglicht wird ein solches Vorgehen dadurch, daß der Begriff der Menschenwürde nicht dazu verwendet wird, den Schutzbereich eines individuellen Rechtes zu beschreiben, sondern den effektiven Garantiebereich, d.h. denjenigen Anspruch des Individuums, der sich nach Abwägung mit kollidierenden Gütern und Ansprüchen ergibt. Der effektive Garantiebereich eines Rechtes gilt allerdings immer absolut – so ist er definiert: Er bezeichnet denjenigen Anspruch, der sich letzten Endes gerichtlich durchsetzen läßt. Die These vom Absolutheitscharakter der Menschenwürde-Norm läßt sich daher nicht auf die Tautologie zurückführen, sein *effektiver Garantiebereich* gelte absolut - hierin unterscheidet sich diese Norm nicht von anderen. Wenn an der Absolutheit festgehalten werden soll, so kann demnach nur der *Schutzbereich* der Norm definitiv gelten. Der Schutzbereich darf nun aber nicht unter Heranziehung von Abwägungsergebnissen bestimmt werden, sondern muß, wie bei den anderen Grundrechten auch, individuelle Rechtsgüter umschreiben.

Zu derselben Argumentationsfigur, d.h. zur Gleichsetzung des Menschenwürde-Schutzes mit dem effektiven Garantiebereich, führen auch die bereits erwähnten Kriterien für Menschenwürde-Verletzungen, die das Gericht im Abhör-Urteil als Qualifikationen der Objekt-Formel vorgeschlagen hat: die Kriterien der Mißachtungsabsicht und der Willkür. Wie oben bereits dargestellt,[676] hat das Gericht im Anschluß an seine Relativierung des Verdinglichungs-Kriteriums behauptet, eine Handlung müsse sich als willkürliche Mißachtung der Person qualifizieren, um als Verletzung von Art. 1$_I$ gelten zu können. Dieses Kriterium ist geschickt gewählt, insofern es sich auf die Bedeutung von "Menschenwürde" als "Achtungsanspruch" stützen und zugleich Raum schaffen konnte für Abwägungen. Handlungen, die wesentliche Interessen bzw. das Wohl von Personen verletzen, müssen *dann* nicht als willkürliche oder mißachtende Handlungen gelten, wenn sie wohlbegründet sind, wie das im Falle eines Konflikts mit höherrangigen

---

[676] Kap.3, §2.2.

Gütern der Fall ist.[677] Nur hinter unbegründeten Beeinträchtigungen muß man das die betroffene Person herabwürdigende Urteil vermuten, sie sei es nicht wert, berücksichtigt zu werden. Wie oben bereits gezeigt, hat das Kriterium vor der Kritik der Rechtswissenschaft nicht bestehen können. Dennoch zeigen sich auch im juristischen Schrifttum immer wieder Tendenzen, als Menschenwürde-Verletzungen nur solche Handlungen anzusehen, die Ausdruck einer entsprechenden abschätzigen Haltung einer Person gegenüber sind.[678]

(iii) Ein weiteres Verfahren, die Absolutheit der Menschenwürde-Norm zu behaupten und dennoch die Möglichkeit von Güterabwägungen offenzuhalten, findet sich nicht in der Rechtsprechung, hingegen in der juristischen Literatur. Der Vollständigkeit halber sei sie hier ebenfalls angeführt. Sie ist insofern besonders interessant, als sie zeigt, welch großzügige Abwägungsspielräume sich gerade dort eröffnen, wo die Absolutheitsthese mit besonderer Vehemenz verfochten wird. Dies geschieht, indem die Güter,

---

[677] Eben dies wird in der Abhör-Entscheidung behauptet, vgl. die bereits oben angeführte Begründung: "Jedenfalls verletzt es die Menschenwürde nicht, wenn der Ausschluß des Gerichtsschutzes nicht durch eine Mißachtung oder Geringschätzung der menschlichen Person, sondern durch die Notwendigkeit der Geheimhaltung von Maßnahmen zum Schutze der demokratischen Ordnung und des Bestandes des Staates motiviert wird." BVerfGE 30,1,27. Der Sache nach nimmt das Gericht hier eine Abwägung vor zwischen dem Anspruch des Bürgers auf rechtliches Gehör – der als Bestandteil des Menschenwürde-Schutzes gilt – und der Notwendigkeit des Staatsschutzes. Diese Abwägung wird aber dadurch verdeckt, daß "Menschenwürde-Verletzung" definiert wird als "Mißachtung" oder "Geringschätzung" der menschlichen Person.

[678] So gelangen z.B. Pieroth und Schlink in einem Aufsatz über den Menschenwürdeschutz von politischen Asylsuchenden zu der Meinung:
"Eine Haft oder ein Arrest aus politischen Gründen muß [...] nicht notwendig auch die Menschenwürde berühren. Der politische Gegner muß nicht erniedrigt, sondern kann auch als Gegner geachtet und selbst bei der Verfolgung in seiner Würde anerkannt werden", (PIEROTH/ SCHLINK (1994), S.676).
Die hier geäußerte Ansicht hätte durchaus weitreichende Folgen für die betroffenen Flüchtlinge, da Art.1_1 GG Flüchtlinge auch dort vor Abschiebung schützt, wo sie keinen Anspruch aus dem Asylgrundrecht des Art.$16a_1$ GG (oder anderen Bestimmungen) geltend machen können. Wird jedoch in Fällen, in denen ihnen eine politische Inhaftierung oder andere gravierende Menschenrechtsverletzungen drohen, bestritten, daß ihnen damit zugleich eine Verletzung ihrer Menschenwürde droht, dürfen sie nicht auf den Abschiebeschutz aus Art.1_1 GG hoffen.

die mit der Menschenwürde-Garantie gerade kollidieren, als Voraussetzungen der Menschenwürde bezeichnet werden und so ebenfalls unter das Gebot des Menschenwürde-Schutzes subsumiert werden. Instruktiv ist hier der vielumstrittene Fall der staatlichen Schutzpflicht vor Angriffen auf die Menschenwürde durch private Dritte; ein Beispiel liefert der sogenannte Schleyer - Beschluß des Bundesverfassungsgerichts. Hier ging es um die Frage, ob der Staat dazu verpflichtet sei, die bedrohte Menschenwürde des entführten Industriellen Hanns-Martin Schleyer zu retten, indem er den Forderungen der Entführer nachgibt. Diesen Beschluß kommentiert Geddert-Steinacher folgendermaßen:

> "Die Aufrechterhaltung der Funktionsfähigkeit des Staates, zu der das BVerfG auch die fehlende Erpreßbarkeit zählt, ist Voraussetzung der Garantie von Recht, Freiheit und Würde."[679]

Aus diesem Grund bestreitet Geddert-Steinacher das Vorliegen einer Menschenwürde-Verletzung des Entführten durch den Staat. In verallgemeinerter Form lautet das Argument:

> "Die Aufopferung von individuellen Rechtsgütern im Interesse des Bestands des Staates erscheint allein dann verständlich, wenn die Bewahrung der staatlichen Ordnung zugleich als Bedingung individueller Würde verstanden wird."[680]

Damit gibt die Autorin allerdings ein Blanko-Argument an die Hand, mit dessen Hilfe der Vorrang des Staatsschutzes vor individuellen Interessen stets als vereinbar mit dem vermeintlich absolut geltenden Art.1_1 GG herausgestellt werden kann.

3. Beurteilung
Die Beispiele haben gezeigt, daß das Bundesverfassungsgericht bei der Prüfung der Menschenwürde-Norm faktisch durchaus Abwägungen vornimmt. Daß dennoch der Anschein eines absolut gewährten Rechtsgutes "Menschenwürde" aufrechterhalten werden kann, verdankt sich zwei Ambiguitäten im Gebrauch des Wortes:

---

[679] GEDDERT-STEINACHER (1990), S.108.

[680] Ebd.

Zum *einen* wird das Wort, wie oben vorgeführt, zur Bezeichnung sowohl des Schutzbereichs wie des effektiven Garantiebereiches gebraucht. Nur in der ersten Verwendung macht die Absolutheitsthese allerdings Sinn, da der effektive Garantiebereich *per definitionem* und mithin bei allen Normen absolut gilt.

Wie Alexy gezeigt hat,[681] läßt sich eine *weitere* Ambiguität feststellen: Der Schutzbereich des Artikels wird mit Hilfe von Normen definiert, die im Konfliktfalle mit großer Sicherheit den Sieg davontragen. Dies betrifft zum einen Verbote von Humanitätsverletzungen wie Völkermord, ethnischer Verfolgung, offene Diskriminierung, zum anderen das Verbot der Antastung eines "Kerns" individueller Grundgüter, wie dies am greifbarsten im Folter-Verbot zum Ausdruck kommt. Bei Normen dieser Art kann davon ausgegangen werden, daß sie bei Kollisionen mit anderen Verfassungsgütern entweder gar nicht oder nur in extremen Grenzfällen unterliegen. Sie können daher, in Alexys Terminologie gesprochen, als "Regeln" formuliert werden, d.h. als Normen mit beinahe absoluter Geltung.[682] Zum anderen wird der Menschenwürde-Satz aber auch als Norm mit "Prinzipiencharakter" verwendet, d.h. als Norm, die den Schutz oder die Förderung eines Wertes vorschreibt. Eine solche Norm, die Alexy auch als "Optimierungsgebot" bezeichnet, kann in größerem oder geringerem Maße verwirklicht werden, je nachdem, mit welchen anderen Prinzipien sie im Einzelfall kollidiert. Den Anschein einer absolut geltenden Norm erhält Art.1$_1$ darum, weil sich einzelne der daraus folgenden Bestimmungen als Regeln formulieren lassen. Die problematische Ambiguität entsteht jedoch dadurch, daß zugleich, über diese Regeln hinausgehend, ein weiteres Verständnis des Gehaltes der Norm existiert. Unter Umgehung des m.E. unnötig komplizierten normtheoretischen Begriffsinstrumentariums, das Alexy hier heranzieht, läßt sich die Quintessenz seiner Analyse auch wiedergeben, indem man festhält, daß der Gehalt der Menschenwürde-Norm unterschiedlich

---

[681] ALEXY (1986), S.94ff.

[682] "Regeln" sind Alexy zufolge Normen, die entweder gelten oder nicht. Daß sie, wenn sie gelten, dennoch keine wirklich absolute Geltung besitzen, liegt daran, daß sie Qualifikationen in Form einer Einfügung von Ausnahmebedingungen zulassen. Sie unterscheiden sich darin von "Prinzipien", die "Optimierungsgebote" formulieren und eine Graduierung zulassen. ALEXY (1986), S.71ff.

weite Definitionen erfährt.[683] Nur eine Definition, die sich auf einen eng umgrenzten Kern weitgehend abwägungsresistenter Verbote beschränkt, kann den Anspruch einer (beinahe) absoluten Geltung aufrechterhalten. Eine – mit der Wortbedeutung ebenfalls vereinbare – weite Definition des Normgehaltes (als allgemeines Persönlichkeitsrecht z.B.) schließt eine Absolutsetzung aus.

Wird an der Absolutheitsthese festgehalten, ohne die angeführten Ambiguitäten auszuräumen, so führt dies zu einem verwirrenden Nebeneinander eines extrem abwägungsfeindlichen und eines extrem abwägungsoffenen Begriffes der Menschenwürde. Diese Kombination kann im ungünstigsten Falle dazu führen, die Nachteile beider Begriffe zu verbinden. So wird eine irrationale Rigidität bei Konfliktentscheidungen an den Tag gelegt, die sich nur um den Preis einer extremen Einengung des Schutzbereichs überhaupt aufrechterhalten läßt. Dies wiederum wird kombiniert mit einer allzu großzügigen Erlaubnis, die zu schützenden individuellen Rechtsgüter im Kollisionsfall preiszugeben. Zudem wird der Abwägungsprozeß verschleiert und somit der argumentativen Kontrolle weitgehend entzogen.

Demgegenüber ist es durchaus möglich, an den Vorzügen der unterschiedlichen Begriffe festzuhalten. Natürlich ist Bedingung hierfür, die benannten Ambiguitäten auszuräumen. Dies kann nur geschehen, indem eine enge und eine weite Schutzbereichsdefinition unterschieden werden, wie dies mit der Unterscheidung von generellem Schutzbereich und "Kern" oder von verschiedenen Eingriffs-"Sphären" (beim allgemeinen Persönlichkeitsrecht) ebenfalls geschieht. Dabei müssen zwei Dinge im Auge behalten werden:

Zum einen dürfen weder in die Definition des Schutzbereichs *noch auch* des "Kerns" Abwägungsergebnisse einfließen. Anders ist es nicht möglich, an der "individualistischen" Intuition festzuhalten, daß diese Norm einen Grundbestand individueller Rechtsgüter vor deren Preisgabe zugunsten kollidierender Güter bewahren soll. Es verbietet sich daher, den "Kern" unter Zugrundelegung von Proportionalitätsgesichtspunkten zu definieren,

---

[683] Eine terminologisch einfachere (und m.E. völlig ausreichende) Erklärung bietet Borowski mit seiner Unterscheidung "weiter" und "enger" Definitionen von "Menschenwürde", siehe BOROWSKI (1998), S.221f..

wie dies zum Teil vorgeschlagen wird, noch auch von Begriffen wie "Achtungsanspruch" oder "Verdinglichung", deren Definition nicht unabhängig von moralischen (resp. rechtlichen) Standards möglich ist.
Zum anderen muß der (strikte) Absolutheitsanspruch aufgegeben werden. Dies ist eine Konsequenz einer solchen Definition, vorausgesetzt die Unvermeidbarkeit von Rechtsgüterkonflikten. Der "Kern" kann demnach nicht als strikt "unantastbar" gelten. Doch sollten die Maßstäbe für eine Preisgabe im Konfliktfall sehr hoch angesetzt werden.

§ 4 Leistungsrechte

Wie bereits im rechtshistorischen Teil dieser Arbeit gezeigt wurde, spielte der Ausdruck "Menschenwürde", vor allem in Form der Garantie eines "menschenwürdigen Daseins", eine wichtige Rolle bei der Proklamation und Begründung sozialer Leistungsrechte. Könnte er, ähnlich, wie dies für seine Position innerhalb der UNO-Menschenrechtsdeklaration und der beiden großen Menschenrechtspakte behauptet wurde[684], auch innerhalb des *Grundgesetzes* die Funktion innehaben, die Rechte der „ersten und der zweiten Generation", also Abwehr- und Leistungsrechte, zu verknüpfen? Hat der Menschenwürde-Satz Relevanz für die Ableitung und Ausgestaltung verfassungsrechtlicher Leistungsansprüche?

Angesichts der sehr weitreichenden einfachgesetzlichen sozialen Sicherungssysteme, die die Garantie eines Existenzminimums ja durchaus überschreiten, könnte man leicht zu der Auffassung gelangen, eine Entscheidung dieser Frage sei einzig von akademischem Belang. Das ist aber schon deshalb nicht der Fall, weil eine radikale „Verschlankung" des Sozialstaats – sei es aufgrund veränderter ökonomischer Bedingungen, sei es aufgrund politischen Stimmungswechsels – möglich erscheint. Solange soziale Ansprüche nicht verfassungsrechtlich verankert sind, genügt für eine Einschränkung dieser Ansprüche die einfache Gesetzgebungsmehrheit.[685] Da-

---

[684] Z.B. TÜRK (1991), S.105f..

[685] Ein mahnendes Beispiel liefert die sukzessive Verkürzung von Sozialleistungen für Flüchtlinge in Deutschland, die mit den Novellierungen des Asylbewerberleistungsgesetzes von 1995 und 1998 eingeläutet wurden. Hier wurden u.a. die Sozialhilfeleistungen für Flüchtlinge kurzerhand aus dem Bundessozialhilfegesetz ausgegliedert, ihr

her ist die Frage, ob sich soziale Leistungsrechte grundgesetzlich verankern lassen, keineswegs eine bloß akademische Frage.

Wie oben bereits erwähnt,[686] ist die hier vorgeschlagene Rekonstruktion der Funktion von Art.1_1 innerhalb des Grundrechtssystems offen für eine Anbindung von Leistungsrechten. In diesem Paragraphen möchte ich zeigen, inwiefern das Modell auch auch in diesem Punkt durch die Ergebnisse der Rechtsprechung gestützt wird. Allerdings läßt sich wohl nicht mehr verzeichnen als eine generelle *Tendenz* der Rechtsprechung in diese Richtung, eine Tendenz, die in bestimmten Bereichen (Schutz- und Verfahrensrechte) sehr deutlich, in anderen (soziale Leistungsrechte) schwächer ausgeprägt ist (Unterabschnitt 2). Hinter dieser wie auch immer zögerlichen Tendenz zeichnet sich jedoch eine bestimmte Auffassung der Grundrechte ab, die von der Literatur als „Prinzipienmodell" der Grundrechte bezeichnet worden ist und die über das restriktive, auf abwehrrechtliche Garantien eingeschränkte Verständnis hinausgeht (3). Wie berechtigt diese Tendenz ist und wie ernst man sie nehmen muß, ist natürlich eine in der akademischen Literatur sehr kontrovers diskutierte Frage. Sie berührt rechtstheoretische und -politische Fragen, die weit über den Rahmen einer bloßen Rechtsprechungs-Analyse hinausgehen. Aus meiner Sicht spricht einiges dafür, die betreffenden Ansätze der Rechtsprechung auszubauen und die restriktive Haltung zu verabschieden. Und obzwar es hier nicht möglich ist, diese Fragen mit der dafür gebotenen Gründlichkeit zu behandeln, möchte ich jedoch mindestens die Argumentationslinie aufzeigen, entlang derer diese Sicht verteidigt werden sollte. Ich werde daher drei Abschnitte anfügen, in denen ich - abgelöst von der tatsächlichen Rechtsprechung - für diese Sicht argumentiere. Dabei werde ich zunächst eine skizzenhafte Gegenüberstellung der beiden Grundrechtsmodelle - des „Prinzipien"- und

---

Leistungsanspruch um 20% unter das des hier festgesetzten Existenzminimums gesenkt und zudem auf das sogenannte Sachleistungsprinzip beschränkt. Vgl. BT-Drs.13/2746 v. 24.10.95 und BT-Drs.-13/11172 v.23.6.98; zu Hintergrund und Folgen CLAASSEN (2000), S.18ff. Ein Bundesverfassungsgerichtsurteil zu der Frage, ob diese drastischen Verkürzungen mit Art.1_1 vereinbar seien, ist bisher nicht erfolgt. Die Entscheidung des Bundesverwaltungsgerichts, in der dies bestritten wird, ist in ihrer Argumentation zynisch, vgl. NVwZ 1999, S.669.

[686] Siehe oben S.287 und S.292.

des „Eingrifssabwehrmodells" vornehmen (4), sodann die wichtigsten Einwände gegen die Einführung leistungsrechtlicher Garantien diskutieren (5), und zuletzt aufzeigen, weshalb diese Garantien auch als *einklagbare Rechte* verstanden werden müssen (6). Für diese letzte These wird sich noch einmal die besondere Relevanz des Art. 1_1 zeigen. Gerahmt wird die Darstellung durch terminologische Vorbemerkungen (1) sowie ein Résumée der Ergebnisse (7).[687]

1. Terminologische Vorbemerkung

Das Thema der verfassungsrechtlichen Leistungsrechte läßt sich nicht behandeln, ohne sich über die verwendete Begrifflichkeit verständigt zu haben. Denn die Begriffe "Leistungsrechte", "Anspruchsrechte", "Teilhaberechte" oder "soziale Grundrechte" sind in ihrer Bedeutung nicht präzise festgelegt und darüber hinaus oft mit inhaltlichen Vorannahmen verknüpft, die einen unbefangenen Gebrauch erschweren. Ich werde daher die wichtigsten Unterscheidungen skizzieren, die Stellen, an der sich Meinungsunterschiede über begriffliche Fragen entzünden, benennen, und einige terminologische Festsetzungen treffen.

(a)   Leistungs- und Abwehrrechte

Herkömmlich werden Leistungsrechte als Rechte auf sachliche oder materielle Leistungen verstanden und als Gegensatz zu den Abwehrrechten begriffen. Diese grobe Einteilung wird unterschiedlich konzeptualisiert, sie orientiert sich jedoch im wesentlichen entlang der Unterscheidung zwischen negativen und positiven Pflichten. Negative Pflichten sind Pflichten zur Unterlassung von Handlungen, während positive Pflichten Handlungen gebieten. Entsprechend begründen Abwehrrechte Unterlassungspflichten und Leistungsrechte Pflichten aktiven staatlichen Tuns. Es ist auch geläufig, von negativen und positiven Rechten zu sprechen. Um Mißverständnisse auszuschließen - als "positive Rechte" werden ja auch gesatzte Rechte bezeichnet -, bietet es sich allerdings an, auf die etwas umständlichere

---

[687] Ich bin in diesem Paragraphen - mehr noch als in den vorangegangenen - der Argumentation von Alexy verpflichtet, wie sie v.a. in ALEXY (1986) vorgelegt wurde. Sie erscheint mir in beinahe allen wesentlichen Punkten so luzide wie schlagkräftig.

Formulierung "Rechte auf negative vs. positive Handlungen" zurückzugreifen.[688]

Die hier zugrundegelegte Unterscheidung zwischen Tun und Unterlassen ist eine der Hauptquellen für begriffliche Kontroversen. Denn zum einen ist umstritten, ob sich diese Unterscheidung handlungstheoretisch rechtfertigen läßt.[689] Zum anderen ist zu fragen, ob der handlungstheoretische Unterschied den pflichten- resp. rechtetheoretischen begründen kann. Entscheidend ist aus meiner Sicht dabei weniger die Frage, ob diese im Alltagsverständnis ja fest verankerte Einteilung von Handlungstypen und der darauf gerichteten Normen in allen Fällen eindeutig ist. Grenzunschärfen können bei Definitionen durchaus in Kauf genommen werden und müssen eine Klassifikation nicht zu Fall bringen, solange diese sich grundsätzlich als brauchbar erweist. Bedenkenswert ist vielmehr, ob diese Einteilung auch einen Unterschied im *Gewicht* der Normen zu rechtfertigen vermag. Herkömmlich korrespondiert der Einteilung von Pflichten in negative und positive auch ein Unterschied im Verpflichtungsgrad, der sich terminologisch in der damit korrelierten Einteilung in "vollkommene" und "unvollkommene Pflichten" niedergeschlagen hat. Entsprechend wird von einigen Autoren ein Unterschied zwischen Leistungs- und Abwehrrechten behauptet, dergestalt, daß erstere den Rechtsadressaten nur unvollkommen verpflichteten, letztere hingegen vollkommen. Als begriffliche These erschiene mir diese Behauptung allerdings zu weit gegriffen. Ich möchte die Rede von positiven versus negativen Pflichten resp. Rechten daher nur insoweit übernehmen, als sie einen in wertender Hinsicht neutralen Klassifikationsvorschlag darstellt, d.h. einen, der über den Grad der Verbindlichkeit dieser Normtypen nichts präjudiziert.

---

[688] Vgl. ALEXY (1996), S.173.

[689] M.E. ist es durchaus sinnvoll, innerhalb der Klasse der Handlungen zwischen Unterlassungshandlungen und aktiven Handlungen zu unterscheiden, da hiermit ein im Alltagsverständnis geläufiger Unterschied bezeichnet wird. Unbezweifelbar ist dabei allerdings, daß hier unscharfe Grenzen bestehen. Ferner scheint mir unbezweifelbar, daß eine Unterlassung ebenso den Charakter von Handlungen besitzen kann wie ein aktives Tun: es handelt sich in beiden Fällen um Ereignisse, die Personen beabsichtigen und kontrollieren können. Eine Unterscheidung zwischen Tun und Unterlassen, die letzteres aus der Kategorie der Handlungen ausschließt, läßt sich daher m.E. tatsächlich nicht rechtfertigen. Grundsätzlich hierzu SEEBAß (1993), S.59ff., 81f.

(b) Irreführende Differenzierungen

(i) Hält man daran fest, daß der Unterschied zwischen Abwehr- und Leistungsrechten darin besteht, daß im einen Fall negative, im anderen positive Handlungen gefordert werden, so erweisen sich andere Konzeptualisierungen des Begriffs der Leistungsrechte als irreführend. So werden "soziale Grundrechte" häufig als Rechte definiert, die auf bestimmte Güter bezogen sind, wie z.B. "Arbeit", "Wohnung" oder auch "Umwelt". Die Klassifikation nach Rechtsgütern liegt zu der Einteilung in negative oder positive Rechte jedoch quer, wie sich anhand des sogenannten "Rechtes auf Arbeit" veranschaulichen läßt. Unter dem "Recht auf Arbeit" wird herkömmlich ein ganzes Bündel von Rechten bzw. Pflichten gefaßt, welche von der Bereitstellung eines Arbeitsplatzes über die Sicherung gerechter Entlohnung, von der Einrichtung eines Arbeitslosenversicherungssystems bis zur Kodifizierung von Standards der Arbeitssicherheit reichen – teils wird sogar das Recht auf Berufsfreiheit mit darunter gefaßt. Wie diese Forderungen umgesetzt werden sollen, ist dabei noch nicht gesagt, es kann sich um abwehrrechtliche Bestimmungen ebenso wie um Leistungsrechte im eben genannten Sinn handeln, denkbar sind aber auch Normen wie Gesetzgebungsaufträge, die sich gar nicht als subjektive Rechte charakterisieren lassen. Ich halte daher die Rede von sozialen Grundrechten in diesem, auf (zudem äußerst vage bezeichnete) Rechtsgüter bezogenen, Sinn für wenig hilfreich und werde nicht auf sie zurückgreifen.

(ii) Ebenso wäre es verfehlt, die "klassischen", "liberalistischen" Grundrechte mit den Abwehrrechten gleichzusetzen und Leistungsrechte auf die Seite der darüber hinausgehenden sozialstaatlichen Forderungen zu schlagen. Im Zuge der Diskussion um Leistungsrechte, die innerhalb der Menschenrechtsdebatten seit dem zweiten Weltkrieg an Bedeutung gewonnen hat, ist dieses früher gängige Bild korrigiert worden. Es hat sich herauskristallisiert, daß zahlreiche subjektive Rechte, die dem klassischen liberalistischen Grundrechtekatalog angehören, korrekterweise den Rechten auf positive Handlungen zugeschlagen werden müssen, da auch sie aktives staatliches Tätigwerden erfordern und sich daher nicht nach dem Modell der Abwehrrechte analysieren lassen. Das prominenteste Beispiel stellen die sogenannten "Integritätsrechte" dar, so v.a. die Rechte auf Leben, körperliche Unversehrtheit und Eigentum, die dem Staat auch nach herkömmlichem Verständnis die positive Leistung abverlangen, das fragliche Rechtsgut vor den Angriffen Dritter zu schützen. Rechte, die solche Schutzerfordernisse begründen, werden innerhalb der deutschen Rechtswissenschaft als "Schutzrechte" bezeichnet. Eine weitere Kategorie positiver Rechte, die sich bereits im klassischen Grundrechtekatalog entdecken läßt, sind die sogenannten "Rechte auf Organisation und Verfahren". Ein Beispiel bieten die justiziellen Grundrechte, die den Staat nicht nur darauf verpflichten, betroffenen Bürgern und Bürgerinnen den Zugang zu gerichtlichen Verfahren zu eröffnen, sondern darüber hinaus, die notwendigen Rechtspflegeinstitutionen zu schaffen, die für einen effektiven Rechtsschutz notwendig sind. Die Einrichtung und Aufrechterhaltung der Gerichtsbarkeit stellt aber eine positive Leistung dar. Unter die Verfahrensrechte werden heute Rechte auf die Bereitstellung von und Beteiligung an einer breiten Palette sehr unterschiedlicher privatrechtlicher, politischer, behördlicher und gerichtlicher Verfahren und Institutionen gerechnet.[690]

(c)   Leistungsrechte im weiten und im engen Sinne
Diese Ausweitung der Rechte auf positive Handlungen hat zu einer entsprechenden Ausweitung auch der Begriffe der Leistungs- und Teilhaberechte geführt, so daß jetzt zumeist zwischen Leistungs- und Teilhaberechten in einem weiten und einem engen Sinne differenziert wird. Dabei bezeichnen nur letztere die ursprünglich einzig in den Blick genommenen Rechte auf materielle Leistungen, während erstere auch Schutz- und Verfahrensrechte beinhalten.[691] Diese terminologische Festlegung halte ich für sinnvoll. Ich werde daher, wenn ich von "Leistungs-" oder "Teilha-

---

[690] Die Rede von Rechten auf Teilhabe an Organisation und Verfahren ist verhältnismäßig neu. Sie läßt sich auf Ende der 70er Jahre datieren, siehe DREIER (1994), S.511. Für eine Einteilung in unterschiedliche Arten siehe ALEXY (1986), S.440ff. Der Einfachheit halber verwende ich mit Alexy den Begriff des Verfahrens (der in einem entsprechend weiten Sinne verstanden werden muß), um alle diese Rechte zu bezeichnen.

[691] Zu den Verwendungsweisen unter deutschen Juristen vgl. die ausführlichen Angaben bei MURSWIEK (1992), Rn.5ff. Die Rede von Leistungsrechten im weiten und im engen Sinne hat Alexy eingeführt, s. ALEXY (1986), S.395 u.454. Der engere Sinn ist auch intendiert, wo von *sozialen* Teilhabe-, Leistungs- oder Grundrechten gesprochen wird.

berechten" spreche, stets alle Rechte auf positive Handlungen des Staates meinen, dort, wo nur Rechte auf finanzielle oder sachliche Leistungen gemeint sind, werde ich das durch Zusätze wie "sozial" oder "im engeren Sinne" kenntlich machen.

(d)   Leistungsrechte und Leistungspflichten
Es ist darüber hinaus wichtig, zwischen Leistungs*pflichten* und Leistungs*rechten* zu unterscheiden. Denn darüber, daß der Staat durch die Verfassung zu bestimmten positiven Leistungen *verpflichtet* ist, besteht grundsätzlich Einigkeit. Ob diesen Pflichten aber auch *subjektive Rechte* der Bürger entsprechen, ist äußerst umstritten. Dem Bundesverfassungsgericht läßt sich in dieser Frage keine eindeutige Position zuordnen. Es verwendet bei der Ableitung leistungsrechtlicher Positionen bevorzugt "objektivrechtliche"[692] Wendungen, indem es von Schutz- oder Fürsorge*pflichten* des Staates spricht und es offenläßt, ob deren Einhaltung auch durch den einzelnen Bürger verfassungsgerichtlich eingeklagt werden kann. Gelegentlich befleißigt es sich aber auch einer Terminologie, die, zumindest in einzelnen Fällen, für die Annahme grundgesetzlicher Leistungs*rechte* spricht.
Die juristische Diskussion dreht sich daher zum einen um die Frage, ob der Staat durch das Grundgesetz zu positiven Handlungen verpflichtet wird, zum anderen darum, ob diesen Pflichten Grundrechte der Bürger korrespondieren. Diese beiden Fragen müssen daher stets gesondert betrachtet werden, auch wenn dies eine gewisse Umständlichkeit zur Folge hat.

(e)   Explizite und implizite Normen
Zuletzt sollte noch beachtet werden, daß leistungsrechtliche Bestimmungen in der Verfassung ausdrücklich statuiert sein oder auf dem Wege der richterrechtlichen Konkretisierung entnommen worden sein können. In letzterem Fall kann man von interpretativ zugeordneten oder *impliziten Leistungspflichten und -rechten* sprechen. Bedenkt man dies, sowie den Umstand, daß unter die leistungsrechtlichen Bestimmungen nicht nur die Leistungsrechte im engen Sinn zählen, so wird verständlich, weshalb die ver-

---

[692] Zum Unterschied objektiv-rechtlicher und subjektiv-rechtlicher Normen vgl. oben Fn.546.

breitete Meinung, im Grundgesetz gebe es keine Leistungsrechte, nicht zutrifft.

2. Bestehende Leistungspflichten und -rechte

In diesem Abschnitt soll eine Übersicht über die bisherige Rechtsprechung zu Leistungspflichten und -rechten erfolgen, gegliedert nach den drei oben vorgestellten Typen solcher Pflichten und Rechte: Schutz-, Verfahrens- sowie soziale Leistungspflichten resp- -rechte.

(a)   Schutzrechtliche Verbürgungen

Als wichtigste Beispiele für Schutzrechte wären die Schutzpflicht für das Leben und die körperliche Unversehrtheit von Personen zu nennen.[693] Ihre Existenz wird auch in der Literatur nicht bezweifelt. Das hat zum einen mit dem bereits erwähnten Umstand zu tun, daß Schutzrechte zum klassischen Bestand der Grundrechtskataloge gehören, wenngleich sie zumeist irrtümlich unter die Abwehrrechte gezählt wurden.

Zum anderen gibt es einen allgemeinen verfassungsrechtlichen Anknüpfungspunkt für die Ableitung von Schutzpflichten. Interessanterweise handelt es sich um den 2.Satz des Art.1$_1$ GG, heißt es doch hier:

„Sie [die Menschenwürde] zu achten und zu *schützen* ist Verpflichtung aller staatlichen Gewalt".[694]

In Übereinstimmung mit der Lehrmeinung interpretiert das Gericht die hier artikulierte Forderung der *Achtung* als Verbot von Eingriffen, d.h. als Hinweis auf die *abwehrrechtliche* Dimension der Menschenwürdegarantie, während es dem Gebot, die Menschenwürde zu *schützen*, eine weiterreichende Funktion einräumt.[695] Es läge nahe, dieses Gebot als Oberbegriff für *alle* aus der Norm folgenden leistungsrechtlichen Positionen zu lesen.

---

[693] Vgl. v.a. BVerfGE 39,1,42 – Schwangerschaftsabbruch (1), 88,203 - Schwangerschaftsabbruch (2), siehe ferner 46,160,164 – Schleyer. Zahlreiche weitere Rechtsprechungsnachweise bei BOROWSKI (1999), S.239, Fn.9. Für einen Überblick über die Diskussion zur Frage der Schutzrechte siehe ALEXY (1986), S.410ff, ausführlich HERMES (1987) 145ff.

[694] Klammer und Hervorhebung nicht im Orig..

[695] Seit BVerfGE 1, 97, 104 - Fürsorge.

Doch ist unklar, ob das Schutzgebot so zu verstehen ist.[696] Rechtsprechung und Lehrmeinung zufolge ist jedoch unbezweifelbar, daß sich hieraus die staatliche Pflicht ergibt, Menschenwürde-Gefährdungen von Seiten Dritter abzuwehren, - mithin die Existenz sogenannter staatlicher *Schutzpflichten*. Schließlich lassen sich der Rechtsprechung einige Hinweise darauf entnehmen, daß sie die Schutzpflicht für das Leben in bestimmten Fällen auch *subjektiviert*.[697] Allerdings ist die Rechtsprechung in diesem Punkt nicht eindeutig.

Natürlich gibt es auch eine ganze Reihe umstrittener Schutzpflichten, doch kann man festhalten, daß ihre Existenz grundsätzlich nicht bezweifelt wird und sie hinsichtlich wichtiger Grundrechtsgüter wie dem Leben und der körperlichen Unversehrtheit recht umfassend ausgestaltet wurden.

(b) Verfahrensrechtliche Verbürgungen

Ebenso lassen sich eine Reihe unumstrittener verfahrensrechtlicher Leistungsbestimmungen nennen. Bei einigen von ihnen handelt es sich sogar um *explizite* Grundrechte - man denke insbesondere an die justiziellen und politischen Verfahrensrechte, der Anspruch auf rechtliches Gehör (Art.103 Abs.1) und das aktive und passive Wahlrecht (Art.38 Abs.1 Satz 1). Auch diese Rechte gehören zum traditionellen Bestand bürgerlicher und politischer Rechte. Ihre Existenz, ihr Gehalt und selbst ihre Qualität als einklagbare Rechte werfen daher keine grundsätzlichen Probleme auf.

Darüber hinaus hat die Rechtsprechung den Grundrechten zahlreiche weitere Verfahrensrechte *interpretativ* zugeordnet, als Beispiel sei nur genannt das Recht des Hochschullehrers auf Bereitstellung von organisatorischen Maßnahmen zur Förderung der in Art.5$_{III}$ GG garantierten Forschungsfreiheit, das explizit als subjektiver Anspruch ausgewiesen ist.[698]

---

[696] Hierauf wird noch später einzugehen sein, vgl. unten S.330 sowie S.332f.

[697] BVerfGE 39,1,50 - Schwangerschaftsabbruch (1), 46,166,163f. - Schleyer, 7,198,207; eine kurze Erläuterung der jeweils gegebenen Auslegungsunsicherheiten dieser und weiterer in der Diskussion herangezogenen Fälle bei HERMES (1987), S.52ff..

[698] "Hochschulurteil", BVerfGE 35,79,116. Zu weiteren Rechten auf Organisation und Verfahren vgl. ALEXY (1986), S.428ff, eine eingehende Darstellung bietet HUBER (1988).

(c) Leistungspflichten- und rechte im engeren Sinne
Am schwersten tut sich die Rechtsprechung bei der Ableitung von Leistungspflichten im engeren Sinne. Daß Normen dieser Art stärker umstritten sind, ist zum einen darauf zurückzuführen, daß soziale Grundrechte erst zu einer "zweiten Generation" von Rechten gehören, d.h. zu solchen, die in den revolutionären Menschenrechtskatalogen noch nicht zu finden waren. Zum anderen gelten soziale Leistungsrechte als die kostenträchtigsten Grundrechte. Obzwar die Finanzwirksamkeit der traditionellen Grundrechte m.E. im allgemeinen unterschätzt wird,[699] ist nicht zu bestreiten, daß soziale Teilhaberechte den Staatshaushalt in nicht unerheblichem Maße beanspruchen.

Die Rechtsprechung zum Thema der sozialen Leistungspflichten und – rechte bietet ein ausgesprochen verwirrendes Bild. Will man sie beurteilen, so ist es nötig, ein wenig auszuholen und die Entwicklung dieses Gedankens im bundesdeutschen Recht nachzuzeichnen.

Wie bereits im Kapitel über die Entstehungsgeschichte des Grundgesetzes bemerkt wurde, enthält das Grundgesetz bis auf einige wenige Ausnahmen keine expliziten sozialen Leistungsrechte.[700] Es ist aber denkbar, daß ihm solche auf dem Wege der Verfassungsauslegung zuzuordnen wären. Die Genese schließt eine solche Interpretation der Grundrechtsbestimmungen nicht aus. Zwar haben die Mitglieder des Parlamentarischen Rates sich dafür entschieden, soziale Grundrechte nicht in die Verfassung aufzunehmen. Doch lag dies nicht an einer generellen Ablehnung dieses Typs von Grundrechten – im Gegenteil vertraten selbst Teile der damals stärker sozialstaatlich orientierten Konservativen entsprechende Zielsetzungen. Gegen verfassungsrechtliche Leistungsansprüche wurde der provisorische Charak-

---

[699] Hierzu auch weiter unten, S.348.

[700] Als Ausnahmen gilt der Schutz der Mutter (Art.6 Abs.4), teils wird dem der Auftrag zur faktischen Gleichstellung unehelicher Kinder (Art.6 Abs.5 GG) beigefügt, obwohl es sich bei letzterem nicht um ein originäres, sondern um ein derivatives Teilhaberecht handelt. Derivative Leistungsrechte sind bedingte Leistungsrechte: sie gewähren einen Anspruch auf gleiche Teilhabe an einer staatlichen Leistung, *gegeben* diese wird gewährt. Sie begründen kein Recht auf eine solche Leistung, wo diese nicht bereits gewährt wird. Demnach sind derivative Teilhaberechte eine Folge des Gleichbehandlungsgebots aus Art.3_1 GG; vgl. hierzu MURSWIEK (1992), Rn.68ff.

ter des Grundgesetzes angeführt, der eine Festlegung der "sozialen Ordnungen" nicht gestatte. Man kann diese Entscheidung daher kaum als Argument gegen soziale Grundrechte als solche verstehen, sondern lediglich als Ausdruck der Zurückhaltung angesichts noch unabsehbarer politischer und wirtschaftlicher Entwicklungen in Deutschland.
Diese sind vermutlich auch der Grund für die restriktive Interpretation, die das Bundesverfassungsgericht in seiner frühen „Fürsorgeentscheidung" aus dem Jahre 1951 dem Schutzgebot von Art.1 Abs.1 S.2 GG (dem Gebot, die Menschenwürde zu *schützen*) angedeihen ließ. Wie bereits erwähnt, hatte das Gericht daraus *Schutz*pflichten abgeleitet - daß daraus auch eine staatliche *Fürsorge*pflicht folge, wies das Gericht jedoch ausdrücklich zurück.[701]
Es ist jedoch festzuhalten, daß das Gericht in der betreffenden frühen Entscheidung durchaus nicht die Existenz einer staatlichen Fürsorgepflicht als solcher bestritt. Im Gegenteil behauptete es explizit eine solche Pflicht des Staates, die es allerdings nicht in Art.$1_{1,2}$ GG, sondern im *Sozialstaatsprinzip* (aus Art.20_1 GG) verankert wissen wollte. Man könnte der Meinung sein, diese Umschichtung sei einfach Ausdruck rechtsdogmatischer Eigenwilligkeit, während der Sache nach die Fürsorgepflicht bejaht werde. Das ist allerdings nicht der Fall. Wird die Fürsorgepflicht anstatt in der Menschenwürde-Garantie im Sozialstaatsprinzip verankert, so kommt dies einer bedeutenden Schwächung dieser Pflicht gleich. Zum einen schließt eine Ableitung aus dem Sozialstaatsprinzip – im Gegensatz zu der nach herrschender Meinung ja als individuelles Grundrecht verstandenen Norm des Art.1_1 GG – die Möglichkeit einer Subjektivierung dieser Pflicht aus.[702] Das ändert zwar nichts daran, daß es sich um eine *verfassungsrechtliche* Pflicht handelt, da das Sozialstaatsprinzip eine der Staatszielbestimmungen der Bundesrepublik darstellt, doch ist ihr Gewicht völlig unbestimmt. Damit steht einer Abwägung von Verfassungsprinzipien zu ihren Ungunsten letztlich kaum etwas im Wege.

---

[701] BVerfGE 1, 97, 104 - Fürsorge.

[702] Dieser Schluß war zum Zeitpunkt, zu dem das Urteil erging, bereits naheliegend; seit der Grundgesetzänderung vom 29.1.1969, mit der klargestellt wurde, daß eine Verfassungsbeschwerde nicht auf das Sozialstaatsprinzip gegründet werden kann, besteht daran kein Zweifel, vgl. Art.93 Abs.1 Nr.4a GG.

Die seither erfolgte Rechtsprechung weist allerdings durchaus Tendenzen auf, diese restriktive Haltung aufzugeben. Nur wenige Jahre, nachdem das eben kritisierte Bundesverfassungsgerichtsurteil ergangen war, nahm das Bundes*verwaltungs*gericht eine in mancher Hinsicht hierzu konträre Position ein. Es befürwortete nicht nur einen individuellen Anspruch auf staatliche Daseinssicherung, sondern stellte diesen zudem in Zusammenhang mit Art.1_1 GG.[703] Dieses Urteil sollte auf das Bundessozialhilfegesetz Einfluß nehmen, in dem ein gesetzlicher Anspruch auf Sicherung des Existenzminimums mit der Begründung aufgenommen wurde, es sei "Aufgabe der Sozialhilfe [...], dem Empfänger der Hilfe die Führung eines Lebens zu ermöglichen, das der Würde des Menschen entspricht".[704] Später hat auch das Bundesverfassungsgericht die "Mindestvoraussetzungen eines menschenwürdigen Daseins"[705] als Gegenstand staatlicher Fürsorgepflichten erkannt, jedoch auch hier wieder unter Bezugnahme auf das Sozialstaatsprinzip. Ob dies als eine Korrektur des frühen Urteils zur staatlichen Fürsorgepflicht zu verstehen ist, ist daher umstritten.[706] Es wird sogleich noch darauf zurückzukommen sein.

3. Öffnungstendenzen

Dieser kurze Überblick über die einzelnen Arten von Leistungsrechten und -pflichten zeigt die eigenartige Gemengelage, die sich in der Frage der verfassungsrechtlichen Leistungspflichten ergeben hat. Allerdings läßt sich durchaus argumentieren, daß die Rechtsprechung sich konsequenterweise leistungsrechtlichen Verbürgungen gegenüber deutlicher öffnen müßte. Dies möchte ich im folgenden näher ausführen, indem ich zeige, daß die im frühen Fürsorgeurteil vertretene restriktive Haltung des Gerichts auf die damalige geschichtliche Situation hin zu relativieren und statt dessen dem

---

[703] BVerwGE 1, 159, 161 – Fürsorge.

[704] §1 Abs.2 S.1 BSHG.

[705] BVerfGE 40, 121, 133 – Waisenrente.
Interessant ist allerdings die Tatsache, daß die Rechtsprechung das Existenzminimum – soll man sagen: abwehrrechtlich? – durch das Verbot einer Besteuerung desselben abgesichert hat, siehe BVerfGE 82,60,85 – Kindergeld, 87,153,169 – Einkommensbesteuerung.

[706] Bejaht z.B. bei ALEXY (1986), S.398, bestritten z.B. bei NEUMANN (1995), S.429f.

Wortlaut des Schutzgebotes aus Art.1I,2 mehr Gewicht beizumessen ist (a). Sodann möchte ich auf eine Argumentationsfigur eingehen, deren das Gericht sich mehrfach zur Ableitung von Leistungspflichten bedient hat. Dieser läßt sich ein bestimmtes Verständnis von Grundrechten entnehmen, das nicht mehr automatisch zu einer Privilegierung von negativen gegenüber positiven Pflichten (und auch Abwehr- gegenüber Leistungsrechten) führt (a).

(a) Das Schutzgebot des Art.1 Abs. 1 S.1 GG

Wie bereits bemerkt, hat das Bundesverfassungsgericht das grundgesetzliche Gebot, die Menschenwürde zu "schützen", in dem engen Sinne ausgelegt, demzufolge daraus nur die Pflicht zur Abwehr gefährdender Angriffe Dritter folgt. Diese Auslegung wirkt jedoch ad hoc und ist allenfalls vom Ergebnis her zu rechtfertigen. Sie läßt sich weder entstehungsgeschichtlich noch semantisch begründen.

Es ist den Debatten um die Einführung des ersten Artikels nicht zu entnehmen, was unter dem Gebot des "Schützens" verstanden wurde, mithin bleibt offen, ob darunter nicht auch die Abwehr von Gefährdungen verstanden werden sollte, die nicht durch den Staat oder durch private Dritte, sondern durch sozio-ökonomische, ökologische oder andere Umstände gesetzt sind.

Was die Wortbedeutung des "Schützens" anbelangt, so ist sie alltagssprachlich gewiß nicht auf die Abwehr aktiver Angriffe anderer Personen beschränkt. Im Gegenteil besteht – wie der Blick auf die Verwendung des Ausdrucks "Menschenwürde" in anderen Rechtstexten zeigt – die Tendenz, diesen Ausdruck mit der Garantie eines sozialen Mindeststandards zu verknüpfen, so daß es aus semantischen Gründen näher läge, eine Aufforderung zum Schutz der Menschenwürde auch im Sinne sozialer Fürsorgepflichten zu verstehen. Es drängt sich daher der Verdacht auf, das Gericht habe sich bei seiner Einschränkung des Schutzgebots auf Schutzpflichten (im juristischen Sinne) vor allem von rechtspolitischen Erwägungen leiten lassen.

Dieser Eindruck bestätigt sich, wenn man bedenkt, in welchem historischen Kontext das Urteil steht, in dem diese Einschränkung vorgenommen wurde: im Kontext der von äußerster wirtschaftlicher Not und politischer Instabilität geprägten Nachkriegsjahre. Die Entscheidung des Gerichts war dabei nicht nur mit Blick auf sozialstaatliche Leistungen, sondern auch hinsichtlich der *abwehrrechtlichen* Dimension der Norm restriktiv. Sie beschränkte den Menschenwürdeschutz auf die Abwehr von "Erniedrigung, Brandmarkung, Verfolgung, Ächtung usw."[707] Doch kann kein Zweifel daran bestehen, daß die Menschenwürde-Judikatur diese Minimalposition längst überschritten hat. Wenn dies aber in Bezug auf die abwehrrechtlichen Aspekte des Art.1$_I$ GG unumstritten feststeht, wieso sollte man bei den leistungsrechtlichen Gesichtspunkten an dieser Position festhalten?

(b)   Der wirksame Grundrechtsgüterschutz
Es gibt allerdings noch stärkere Indizien dafür, daß das Gericht seine restriktive Position mittlerweile modifiziert, wenn nicht gar aufgegeben hat. Dies zeigt insbesondere eine Argumentationsfigur, die die Rechtsprechung zur Ableitung von Leistungsrechten mehrfach herangezogen hat: man kann sie als das „Argument vom wirksamen Grundrechtsgüterschutz" bezeichnen. Ihm liegt eine bestimmte Auffassung über den Zweck von Grundrechtsnormen zugrunde, die mehr oder minder explizit artikuliert wird, und die man folgendermaßen wiedergeben könnte: Ein Grundrecht ist wertlos, wenn es vom Träger nicht tatsächlich in Anspruch genommen werden kann. Darum muß der staatliche Grundrechtsschutz auch die Bedingungen für die tatsächliche Inspruchnahme des Grundrechtes umfassen. Der Kern des Argumentes besteht demnach in der Forderung, sicherzustellen, daß die Grundrechte nicht nur auf dem Papier gelten, sondern von ihren Trägern tatsächlich in Anspruch genommen werden können.

In dieser Formulierung ist das Argument allerdings noch mehrdeutig, da mit der "Inspruchnahme eines Grundrechtes" verschiedene Dinge gemeint sein können. Zum einen kann die *Geltendmachung* des Grundrechtes angesprochen sein, d.h. die Möglichkeit, die staatliche Pflicht, die durch das Recht begründet wird, einzufordern. Hierunter fällt vor allem die gerichtliche Erzwingbarkeit grundrechtskonformen Staatshandelns durch die Rechtsträger. Daß die tatsächliche Inspruchnahme eines Grundrechtes in diesem Sinne gewährt sein muß, wird von niemandem in Frage gestellt. Entsprechend unkontrovers ist die Forderung, daß es möglichst umfassende

---

[707] BVerfGE 1, 97, 104.

justizielle Verfahrensrechte geben muß, die dies garantieren. Das Bundesverfassungsgericht hat diese Aussage auch regelmäßig zur Begründung verfahrensrechtlicher Ansprüche herangezogen. So hat es hinsichtlich des Eigentumsrechtes festgehalten, daß "ein effektiver – den Bestand des Eigentums sichernder – Rechtsschutz ein wesentliches Element des Grundrechtes selbst" sei.[708] Die Ableitung eines Rechtsschutzerfordernisses aus den einzelnen Grundrechten selbst wurde über das Eigentumsrecht hinaus auf zahlreiche weitere Grundrechte ausgedehnt.[709] Die Rechtsprechung hat prozedurale Aspekte der Grundrechte aber nicht auf justizielle Verfahren beschränkt, sondern auf andere Verfahren erstreckt.[710]

Mit der Inanspruchnahme eines Grundrechtes kann aber auch der tatsächliche *Genuß* des grundrechtlich geschützten *Gutes* gemeint sein. Legt man diese Bedeutung zugrunde, so handelt es sich bei der Forderung nach einem wirksamen Grundrechtsschutz um eine sehr viel weiter reichende These.[711] Doch auch sie hat ihren Niederschlag in der Rechtsprechung gefunden. So heißt es im "Numerus-Clausus-Urteil":

> "das Freiheitsrecht [gemeint ist hier Art.12 Abs.1 GG] wäre ohne die tatsächliche Voraussetzung, es in Anspruch zu nehmen, wertlos".[712]

---

[708] BVerfGE 24,367,410 – Deichordnung.

[709] Siehe v.a. das sogenannte "Hochschul-Urteil", BVerfGE 35,79,116. Zahlreiche weitere Rechtsprechungsnachweise bei ALEXY (1986), S.433, Fn.137.

[710] BVerfGE 53,30,65 - Mülheim-Kärlich. In einem anderen Urteil heißt es, das Verfahrensrecht solle so gestaltet werden, daß einer "Entwertung der materiellen Grundrechtsposition" vorgebeugt werde, BVerfGE 63,131,141. Vgl. auch PAPIER (1989), Rn.14.

[711] Genau betrachtet erweist sich die erstgenannte Forderung, die sich auf die wirksame Geltendmachung der Grundrechte bezieht, als Unterfall dieser zweiten: damit der Einzelne das grundrechtlich geschützte Gut genießen kann, muß er die Möglichkeit haben, den Staat, soweit dieser zum Schutze des Gutes verpflichtet ist, zur Einlösung dieser Pflicht zu zwingen. Der tatsächliche Schutz des Grundrechtsgutes geht über diese Bereitstellung geeigneter prozessualer Bedingungen aber natürlich hinaus.

[712] BVerfGE 33,303,331.

Ähnlich ist in der bereits erwähnten "Hochschul-Entscheidung" von den "staatlichen Maßnahmen organisatorischer Art" die Rede, die

> "zum Schutz seines [d.i. des Trägers der Grundrechtes auf Wissenschaftsfreiheit, Art.5 Abs.3 GG] grundrechtlich gesicherten Freiheitsraumes unerläßlich sind, weil sie ihm freie wissenschaftliche Betätigung überhaupt erst ermöglichen".[713]

Dieselbe Idee steht auch hinter dem ebenfalls bereits genannten Urteil zur Waisenrente - dem Urteil, in dem eine Korrektur des frühen Fürsorgeurteils anklingt. Zur Begründung der staatlichen Fürsorgepflicht wird hier folgendermaßen argumentiert:

> Gewiß gehört die Fürsorge für Hilfsbedürftige zu den selbstverständlichen Pflichten eines Sozialstaates [...]. Dies schließt notwendig die soziale Hilfe für die Mitbürger ein, die wegen körperlicher oder sozialer Gebrechen an ihrer persönlichen und sozialen Entfaltung gehindert und außerstande sind, sich selbst zu unterhalten. Die staatliche Gemeinschaft muß ihnen *jedenfalls die Mindestvoraussetzung für ein menschenwürdiges Dasein* sichern [...].[714]

Dies läßt sich nicht anders verstehen als so, die Bürger sollen *tatsächlich* in die Lage versetzt werden, über das umfassende Gut eines menschenwürdigen Daseins zu verfügen.

All dies scheint darauf hinzudeuten, daß das Argument des wirksamen Grundgüterschutzes nicht auf einen bestimmten Typ staatlichen Handelns begrenzt ist, sondern auch zur Ableitung *sozialer* Leistungspflichten herangezogen wurde. Genau betrachtet handelt es sich um eine sehr weitreichende grundrechtstheoretische Prämisse, die das überkommene Konzept der Grundrechte als "Eingriffsabwehrrechte" sprengt. Dies soll in den folgenden Abschnitten etwas genauer beleuchtet werden.

---

[713] BVerfGE 35,79,116.

[714] BVerfGE 40,121,133 - Waisenrente, Hervorhebung nicht im Original.

4. Prinzipienmodell versus Eingriffsabwehrmodell

Wie eingangs bereits angekündigt, möchte ich in diesem Abschnitt einen Schritt zurücktreten und der Frage nachgehen, welches Grundrechtsmodell der deutschen Verfassung zugrundegelegt werden sollte. Dies kann nur in sehr oberflächlicher Weise geschehen, meine Ausführungen sollten daher nur als Argumentationsskizze verstanden werden.

Meiner Rekonstruktion des Menschenwürde-Prinzips zufolge ist dieses als formales und inhaltliches Konstitutionsprinzip des Grundrechtskatalogs anzusehen. Als solches verträgt es sich gut mit einem Grundrechtsmodell, welches leistungsrechtlichen Folgerungen gegenüber offen ist. Wie ich mit Blick auf das Argument vom wirksamen Grundrechtsgüterschutz zu verdeutlichen versucht habe, zeigt auch die Rechtsprechung eine solche Öffnungstendenz. Diese ließe sich gut mit einer Theorie der Grundrechte vereinbaren, das als "Prinzipienmodell" bezeichnet wird[715] und dem sogenannten „Eingriffsabwehrmodell"[716] entgegengesetzt ist. Um eine grobe Vorstellung davon zu vermitteln, welche Gründe für das mit meiner Rekonstruktion am besten vereinbare Grundrechtsmodell sprechen, möchte ich die beiden konkurrierenden Modelle skizzieren und hinsichtlich ihrer Vorzüge wie Nachteile erörtern.

(a) Zwei Modelle

Der Witz des Argumentes vom effektiven Grundrechtsgüterschutz besteht, wie eben verdeutlicht,[717] darin, hinter dem Grundrechtsschutz das Ziel zu sehen, Bürgern den *tatsächlichen* Genuß der Grundrechtsgüter zu ermöglichen. Damit hat das Gericht sich der Tendenz nach zu einem Modell bekannt, das Grundrechte teleologisch konzipiert, d.h. als Normen, die gebieten, ein bestimmtes Ziel zu befördern, wobei das Ziel der Grundrechte natürlich in der Beförderung des jeweiligen Grundrechtsgutes zu sehen ist. Im deutschen Recht hat es sich eingebürgert, Normen dieser Art als "Prinzipien" zu bezeichnen und die Grundrechtstheorie, die dieses Normver-

---

[715] Die Begrifflichkeit wurde von Alexy vorgeschlagen, der sie Dworkin entlehnt, siehe ALEXY (1986), Kap.3.. Weitere monographische Darstellungen des Prinzipienmodells finden sich bei SIEKMANN (1990) und BOROWSKI (1999).

[716] Für eine Verteidigung dieses Modells vgl. z.B. LÜBBE-WOLFF (1988).

[717] Vgl. S.333ff.

ständnis zugrundelegt, als "Prinzipienmodell" der Grundrechte. Wie Alexy gezeigt hat, läßt sich dieses Modell auch mit der oben bereits erwähnten Lehre vom "Wertsystem" der Grundrechte in Deckung bringen, die das Bundesverfassungsgericht entwickelt hat.[718] Das Gericht spricht hier von den Grundrechtsgütern als Werten, die durch das subjektive wie objektive Recht zu schützen sind.

Das Gegenmodell stellt das Modell von Grundrechten als "Eingriffsabwehrrechten" dar. Es läßt sich grob beschreiben als ein Modell, demzufolge Grundrechte Normen sind, die bestimmte Handlungstypen gebieten, und zwar negative Handlungen, da sich das Modell, wie der Name bereits anzeigt, an der abwehrrechtlichen Funktion von Grundrechten orientiert. Vertreter dieses Modells versuchen, darüber hinausgehende Funktionen über Zusatzkonstruktionen zu integrieren.[719] Welches Modell verdient den Vorzug? Ich will hierzu nur einige Stichpunkte anfügen.

Das *Prinzipienmodell* besticht durch seine Schlichtheit und Explikationskraft. Denn die diesem Modell zugrundeliegende Intuition über die Funktion der Grundrechte, wonach diese einem möglichst wirksamen Schutz der Grundrechtsgüter dienen sollen, hat große systematische Plausibilität. Zudem kommt es auch einem verbreiteten Motiv für Menschen- oder Grundrechtsforderungen entgegen: der Empathie mit den Bedürfnissen und Wünschen von Personen. Ist das Ziel des gleichen individuellen Wohls von Personen der Ausgangspunkt der Begründung individueller Rechte, so liegt es nahe, Rechte in einem ersten Schritt als Normen zu konstruieren, die bestimmte individuelle Güter befördern sollen, und erst in einem zweiten

---

[718] ALEXY (1986), Kap.3.

[719] Vertreter dieser Theorie würden daher meine oben gegebene Diagnose des Rechtsprechungs- und Diskussionsstandes, derzufolge weitgehend Übereinstimmung darüber besteht, daß die rein abwehrrechtliche Konstruktion überschritten wurde, nicht teilen. Sie würden dabei zwar nicht bestreiten, daß durch die Rechtsprechung und das auch von ihnen mindestens partiell gebilligte Argument vom wirksamen Grundrechtsgüterschutz der klassische Bestand von Abwehrrechten überschritten wurde. Sie würden allerdings zu zeigen versuchen, daß diese Weiterungen sich nach wie vor in die traditionelle Konzeption der Eingriffsabwehrrechte einfügen lassen. Als Beispiel einer solchen, m.E. nicht erfolgreichen, Argumentation siehe LÜBBE-WOLFF (1988).

Schritt zu fragen, zu welchen konkreten, diesem Ziel dienlichen Handlungen der Staat verpflichtet sein kann. Das Eingriffsabwehrmodell folgt hingegen einer anderen Begründungsstrategie: es bestimmt zuerst die Grenzen staatlicher Verantwortung – nämlich als Verantwortung allein für positive Handlungen – und legt davon ausgehend die Grenzen des Grundrechtsschutzes fest. Die Vorzüge dieses Abwehrmodells sollten also vor allem darin bestehen, Entscheidungsprobleme, die mit dem Prinzipienmodell verbunden sind, auf einfache Weise lösen zu können. Wenn die Grundrechte – wovon das Prinzipienmodell ausgeht - Normen bzw. Normbündel sind, die dem Ziel dienen, individuelle Interessen zu befördern, so scheint dies nicht nur zu einer hoffnungslosen Überbeanspruchung des Staates, sondern auch zu schwer handhabbaren Abwägungserfordernissen zu führen.

(b)   Zwei Probleme und zwei Lösungen
Das *Problem der staatlichen Überforderung* kann nur behoben werden, indem explizit gemacht wird, wo die Grenzen der staatlichen Verantwortung für die Herbeiführung der grundrechtlichen Ziele verlaufen. Selbstredend ist es nicht allein Aufgabe des *Staates*, diese Ziele zu sichern. Wann der Staat beansprucht werden kann und wann nicht, läßt sich allerdings nicht so leicht bestimmen, da dies einerseits von staatstheoretischen Grundsatzfragen, andererseits von rechtspolitischen Erwägungen abhängt.

Das Modell von Grundrechten als Eingriffsabwehrrechten bezieht seine Plausibilität zu guten Teilen aus dem Umstand, ein verhältnismäßig einfaches Abgrenzungskriterium für das anzubieten, was vom Staat gefordert wird: es reduziert sich auf das *Unterlassen* grundrechtsschädigender, vor allem freiheitshindernder Handlungen des Staates.

Auch das zweite Problem, das der *Bewältigung von Grundrechtskollisionen* (und anderen Konflikten von Verfassungsnormen), scheint das abwehrrechtliche Modell weniger stark zu treffen. Der Grund ist darin zu sehen, daß dieses Modell eine *Hierarchisierung* der von den Grundrechtsbestimmungen geforderten Normen vorsieht und somit bestimmte Konflikte – nämlich diejenigen zwischen negativen und positiven Pflichten des Staates – im Vorhinein entschieden hat. Demzufolge genießen die abwehrrechtlich definierten Freiheitsrechte zusammen mit den klassischen Integritätsrechten (auf Unversehrtheit von Körper, Leben und Eigentum) stets Vorrang vor Leistungsrechten (mit Ausnahme der leistungsrechtlichen Bestandteile der Integritätsrechte). Mit dieser rigiden Prioritätenregelung lassen sich, wenn nicht alle, so doch einige typische und bedrängende Grundrechtskonflikte ausklammern. Für das Prinzipienmodell hingegen steht eine solche, an mehr oder minder formalen Kriterien orientierte, Abwägungsmaxime nicht zur Verfügung. Es bleibt bei der Konfliktlösung auf substantielle Abwägungskriterien verwiesen, die bekanntlich schwerer zu präzisieren und intersubjektiv zu vermitteln sind.

Das Eingriffsabwehrmodell bietet in Bezug auf diese beiden Probleme also einfachere und handhabbarere Lösungen als das Prinzipienmodell. Dieser scheinbare Vorzug des Eingriffsabwehrmodell relativiert sich indes, wenn man nach der sachlichen Angemessenheit der vorgeschlagenen Entscheidungskriterien fragt.

Denn das erste Kriterium beruht ganz wesentlich auf der m.E. handlungs- wie normtheoretisch fragwürdigen Unterscheidung zwischen Tun und Unterlassen. Es ist schwer nachvollziehbar, wie diese handlungstheoretische Unterscheidung einen solch gravierenden normtheoretischen Unterschied im Gewicht negativer und positiver Pflichten begründen können soll. Zudem haben Vertreter des Eingriffsabwehrrechtmodells Mühe, diejenigen unbestrittenen Aspekte des Grundrechtsschutzes aufzunehmen, die über Rechte auf negative Handlungen hinausgehen.

Das zweite Kriterium, das Kollisionen zwischen positiven und negativen Rechten vermeiden helfen soll, beruht auf der ebenso anfechtbaren These vom Primat der (rein abwehrrechtlich konzipierten) Freiheitsrechte.

Das Prinzipienmodell steht den beiden angesprochenen Problemen durchaus nicht hilflos gegenüber. Kann es sie bewältigen, so scheint mir klar, daß dem Prinzipienmodell aufgrund seiner größeren Sachangemessenheit der Vorzug gebührt.

Das Problem der Überforderung des Staates stellt sich mit besonderer Schärfe bei der Frage der grundrechtlichen Zuordnung besonders kostenintensiver Sozialleistungspflichten. Da diese nicht unter allen Bedingungen im vollem Umfang gewährleistet werden können, ist ein Abwägungskriterium erforderlich. Es ist aber nicht schwer, ein plausibles Kriterium anzugeben: es ist das Kriterium der *Wichtigkeit* der zu schützenden Güter.[720] Natürlich ist die Substantialisierung dieses Kriteriums mit erheblichen Schwierigkeiten verbunden, da die Frage nach der Wichtigkeit Sinn und Zweck der Verfassung und der Grundrechte als solche anspricht und somit zu den grundlegendsten und umfassendsten Fragen gehört, die man sich in diesem Kontext überhaupt stellen kann. Aber das bedeutet nicht, daß das Wichtigkeitskriterium nichts zur Lösung des Überforderungsproblems beitragen kann.

Dies läßt sich anhand der Diskussion richterrechtlich zugeordneter Leistungsrechte zeigen, in denen dieses Kriterium offenbar aus dem Blick geraten ist. Hier wäre z. B. an das Recht auf Hochschulzugang[721] und das Recht auf Privatschulsubventionierung[722] zu denken. Keines dieser beiden Rechte ist von überragender Wichtigkeit. Verglichen mit dem Recht auf ein Existenzminimum oder anderen denkbaren Leistungspflichten zum Schutze zentraler Grundrechtsgüter nehmen sie eher einen nachgeordneten Rang ein. Verführe man nach dem Kriterium der Wichtigkeit, so stünden andere Pflichten zur Diskussion – Pflichten, wie sie einigen der zentralen Forderungen etwa des UNO-Paktes über wirtschaftliche, soziale und kulturelle Rechte zu entnehmen sind.[723]

---

[720] Alexy hat diesen Gedanken in die folgende allgemeine Formel gekleidet: "Grundrechte sind Positionen, die so wichtig sind, daß ihre Gewährung oder Nichtgewährung nicht der einfachen parlamentarischen Mehrheit überlassen werden kann", ALEXY (1986), S.406.

[721] BVerfGE 43,291 - numerus-clausus (2). Das Gericht hat dabei allerdings offengelassen, inwieweit ein Individualanspruch auf Schaffung neuer Studienplätze besteht, ebd. S.331.

[722] BVerfGE 75,40,62ff. Häufig wird diese Liste um das im bereits erwähnten Hochschulurteil benannte Recht des Hochschullehrers auf aktive staatliche Förderung seiner Wissenschaftsfreiheit ergänzt. BVerfGE 35,79,116 – Hochschulurteil. Es handelt sich hierbei aber im Grunde um ein Verfahrensrecht, nicht um ein Leistungsrecht im engeren Sinne, da die betreffenden staatlichen Leistungen organisatorischer Art sein sollen.

[723] Bei der Analyse der richterrechtlichen Grundrechtsfortbildung darf natürlich nicht vergessen werden, daß diese niemals systematisch geschieht. Das hat mit dem Umstand zu tun, daß das Gericht ja nur verhältnismäßig selten zu dieser Aufgabe kommt, nämlich nur im Falle einer Klage, in der genau die umstrittene Frage (in diesem Fall also: die Frage leistungsrechtlicher Forderungen) zur Entscheidung ansteht. Die Grundrechtskonkretisierung erfolgt daher eher sporadisch. Zum anderen wird eine

Wie ist nun aber das Kriterium der Wichtigkeit mit Gehalt zu versehen? Auch hierauf gibt es eine recht einfache Antwort. Maßgeblich muß die Hierarchie derjenigen individuellen Güter sein, die der Verfassung sowie der hierzu maßgeblichen Rechtsprechung zu entnehmen sind. Dies entspricht auch der Idee eines "Wertsystems der Grundrechte", die das Bundesverfassungsgericht in Anschlag gebracht hat. Bekanntlich steht an der Spitze dieses Systems das Gut der Menschenwürde.
Ich habe im ersten Teil dieses Kapitels bereits dazu Stellung bezogen, wie der Menschenwürde-Satz und das durch ihn zu schützende Gut inhaltlich zu konkretisieren wäre. Demzufolge handelt es sich um das Rechtsgut der "freien Entfaltung der Persönlichkeit", durch welchen Begriff eine spezifische, freiheitsbetonte, Konzeption des individuellen Wohls umschrieben wird. Die Förderung dieses Gutes durch negatives wie positives Handelns des Staates ist also Aufgabe der Grundrechte.[724] Der für das individuelle Wohl unabdingbare Kern von Gütern wird mit dem Begriff des "Menschenwürdekerns" umschrieben. Diesen Gütern kommt höchste Priorität zu. Die erste Antwort auf die Frage, welche Güter dem Kriterium der Wichtigkeit genügen, lautet also: die Güter, die zum "Menschenwürdekern" der Grundrechte gehören. Mindestens hinsichtlich dieser Güter kann also kein Zweifel bestehen, daß sie aus verfassungsrechtlicher Sicht höchsten Rang besitzen. Demzufolge sind sie es, die Gegenstand staatlicher Leistungspflichten sein müssen.
Damit ist aber im Prinzip auch eine Lösungsstrategie für das Problem der Grundrechtskollisionen benannt. Natürlich ist zuzugeben, daß diese Lösungsstrategie mit größeren Konkretisierungs- und Präzisierungsproblemen

---

neue grundrechtliche Verbürgung überhaupt nur dann zur Debatte gestellt, wenn das einfache Recht diese nicht gewährt. Die allermeisten Forderungen, die klassischen sozialen Grundrechten entprechen, sind jedoch einfachgesetzlich geregelt – man denke beispielsweise an die staatlichen Leistungen, die einem Recht auf Bildung korrespondieren, wie die Einrichtung von Schulen und die Bereitstellung von Mitteln zur Ausbildungsförderung. Dies erklärt, weshalb die Judikative Rechte dieser Art bisher selten thematisieren mußte.

[724] Hier ist nochmals zu ergänzen, daß die Grundrechte zudem noch anderen Zielen dienen, vor allem dem der Aufrechterhaltung eines demokratischen Gemeinwesens.

konfrontiert ist[725] als die "glattere" Lösung, die das Eingriffsabwehrmodell bietet. Aber dieser Nachteil wiegt meines Erachtens wenig im Vergleich zu dessen Willkürlichkeit.

5. Einwände gegen staatliche Leistungspflichten

Gegen die Konzeption staatlicher Leistungspflichten – sofern darunter bindende, d.h. verfassungsrechtlich überprüfbare, staatliche Pflichten verstanden werden und nicht lediglich "Appelle" an den Gesetzgeber - werden vor allen Dingen *drei Einwände* erhoben: zum einen wird behauptet, diese führten zu einer unzulässigen Verkürzung der Freiheitsrechte, zum anderen, sie seien nicht justitiabel und drittens, sie bedeuteten einen unzulässigen Eingriff in die Haushaltskompetenz der Legislative und Exekutive. Alle drei Einwände sind von großem Gewicht und verlangten eine eingehende Auseinandersetzung. Ich möchte im folgenden nur grob skizzieren, mit welchen Argumenten sie aus meiner Sicht zurückzuweisen wären.

(a) Leistungspflichten versus Abwehrrechte

Der Vorwurf, soziale Grundrechte verletzten die Abwehrrechte, gehört zu den klassischen Argumenten gegen Leistungspflichten und –rechte. Richtig an diesem Vorwurf ist natürlich, daß positive Pflichten mit negativen kollidieren können. Eine Gleichstellung positiver und negativer Pflichten würde also unweigerlich an der einen oder anderen Stelle auch eine Einschränkung der durch die negativen Pflichten geschützten individuellen Güter zur Folge haben. Fraglich ist allerdings, ob dies unrecht ist.

Wer dies behauptet, muß davon ausgehen, daß negative Pflichten a priori Vorrang besitzen. Hierfür werden im wesentlichen *zwei Argumente* vorgebracht, die bei näherer Betrachtung nicht aufrechtzuerhalten sind. Das *erste Argument* stützt sich auf eine bestimmte Theorie der moralischen resp. rechtlichen Verantwortung, derzufolge ein Handelnder – hier also der Staat – nur (oder in erster Linie) für den Schaden verantwortlich ist, den er anderen durch sein aktives Handeln zufügt, nicht aber (oder erst in zweiter Linie) für das Unterlassen unterstützender Handlungen. Wollte man die The-

---

[725] Ein wenig genauer wird der Gehalt der Leistungspflichten im folgenden Abschnitt benannt werden, wenn es um die Auseinandersetzung mit den Haupteinwänden gegen das Bestehen derartiger Pflichten geht.

se von der Priorität der Abwehrrechte auf diese verantwortungstheoretische Prämisse stützen, so müßte diese in einer Radikalität behauptet werden, die heute kaum jemandem mehr einleuchtet. Der Rechtsprechung zu den Grundrechten kann eine solche Prämisse ebensowenig untergeschoben werden, da sie – wie das Argument vom effektiven Grundrechtsgüterschutz zeigt - die staatliche Verantwortung in einer Vielzahl von Fällen auch dort herausgestellt hat, wo es um den aktiven Schutz der Grundrechtsgüter geht.
Das *zweite Argument* geht von der Behauptung aus, die durch die Abwehrrechte geschützten *Güter* seien den anderen übergeordnet. Das Unterlassen staatlicher Eingriffe in individuelle Güter stelle den Minimalbestand an menschenrechtlichen Forderungen dar, der absolut geschützt werden müsse und somit keine Abwägung mit anderen Gütern erlaube. Leistungsrechtlichen Forderungen könne allenfalls dort entsprochen werden, wo sie nicht mit den Abwehrrechten kollidieren. Doch auch diese Prämisse ist mit dem Argument vom effektiven Grundrechtsgüterschutz nicht vereinbar. Denn dieses beruht ja auf der Einsicht, daß negative und positive Pflichten durchaus dieselben Güter zum Gegenstand haben können.
Zur Begründung des zweiten Arguments wird mitunter darauf verwiesen, daß die Freiheit der (Haupt-)Schutzgegenstand der negativen Pflichten sei, und diese das höchste der Grundrechtsgüter darstelle. Ich halte beide Prämissen für unzutreffend, sowohl die Auszeichnung der Freiheit als hauptsächliches Gut wie ihre strikte Überordnung über alle anderen. Aber selbst wenn sie zuträfen, ergäbe sich keine Priorität negativer vor positiven Pflichten. Denn natürlich ist auch die Freiheit Schutzgegenstand *positiver* Pflichten. Wer etwas anderes behauptet, wer also negative Pflichten für den Schutz der Freiheit für ausreichend hält, kann dies nur tun, indem er einen sehr verkürzten und unplausiblen Begriff von Freiheit zugrundelegt, demzufolge darunter nur die Freiheit von aktiven schädigenden Handlungen des Staates zu verstehen sei. Dies ist nicht der Freiheitsbegriff der Rechtsprechung, die, wie oben gezeigt wurde, selbst explizit gemacht hat, daß die grundrechtlichen Freiheiten auch durch aktive Unterstützung befördert werden können.

(b) Mangelnde Justitiabilität
Unter den Vorwurf der mangelnden Justitiabilität werden, genau betrachtet, verschiedene Kritikpunkte subsumiert, die ich getrennt behandeln

möchte: der Vorwurf der Uneinlösbarkeit, der Unbestimmtheit und der mangelnden Abwägbarkeit von Leistungspflichten.

(i) Uneinlösbarkeit. Der Vorwurf, Leistungspflichten, insbesondere solche im engeren Sinne, seien nicht einlösbar, beruht letztlich auf empirischen Annahmen. Was die Bundesrepublik anbelangt, so steht außer Zweifel, daß sie durch die Pflicht zur Leistung von Sozialhilfe nicht überfordert ist: für das gegenwärtige Sozialversicherungssystem, das durchaus mehr als nur die Gewähr des Existenzminimums vorsieht, stehen die notwendigen Mittel zur Verfügung.

Hiergegen kann *erstens* eingewandt werden, die gegenwärtige Lage könne nicht Maßstab sein für die Garantie verfassungsrechtlicher Leistungen, da diese auch in konjunkturell schwachen Zeiten Bestand haben müßten. Doch zum einen ist eine Situation, in der die minimalen Leistungsrechte nicht mehr einlösbar sind, allenfalls unter extremer Not denkbar. In einer solchen Situation müßten Verfassungsverbürgungen tatsächlich neu auf ihre Umsetzbarkeit hin bewertet werden. Dies gilt aber dann nicht nur für soziale Leistungspflichten, sondern auch für die übrigen Grundrechtsverbürgungen, sofern diese finanzielle und andere in Extremlagen nicht verfügbaren Ressourcen erfordern. Darüber hinaus mag es sein, daß eine Abwägung nach dem Kriterium der Wichtigkeit in solchen Situationen tatsächlich eine Priorität eines Minimalschutzes bestimmter Abwehrrechte ergibt, z.B. judizieller Grundrechte, bestimmter politischer Freiheiten sowie bestimmter Bestandteile der Integritätsrechte. Sollte dies der Fall sein, so müßten andere, unter günstigeren Bedingungen zu leistende, Teilhabepflichten zurückstehen. Dies ist mit der Idee verfassungsrechtlicher Pflichten immer noch vereinbar, da diese – wie alle Normen – unter dem Vorbehalt der Möglichkeit stehen. Natürlich darf, was dem Staat möglich ist und was nicht, dort, wo es um den Menschenwürdekern der Grundrechte geht, einer besonders sorgsamen Prüfung. Zuzugestehen, daß Grundrechte in volkswirtschaftlichen oder anderen Notlagen u.U. nur partiell einlösbar sind, setzt natürlich eine Konzeption von Grundrechten bzw. der ihnen korrespondierenden Pflichten voraus, derzufolge diese keine absolute Geltung besitzen. Wenn es ein notwendiges Merkmal (bestimmter) grundrechtlicher Normen ist, Absolutheitscharakter zu besitzen, so kommt das Eingeständnis einer möglicherweise nur partiellen Einlösbarkeit dem Zugeständnis ihrer Nonexistenz gleich. Wie ich oben bereits ausgeführt habe, kann jedoch selbst der Garantie der Menschenwürde im engeren Sinne kein solcher Absolutheitsanspruch zugesprochen werden, wenngleich ihr ein sehr hohes Gewicht zukommen muß, das gewährleistet, daß sie nur in Extremfällen eingeschränkt werden kann.[726] Auch grundrechtliche Leistungspflichten sollten nicht als definitive, sondern als prima-facie-Normen verstanden werden (selbstredend als solche mit sehr hohem Gewicht).[727]

Zweitens kann eingewandt werden, eine Ressourcenverteilung, wie sie ein System von Subsistenzrechten erfordere, sei letztlich dem damit erstrebten Ziel selbst hinderlich: es bremse die wirtschaftliche Leistung eines Staates, die indirekt den Bedürftigen besser zugutekomme als ein staatliches Fürsorgesystem. Dieser Einwand zieht allerdings nur, solange sichergestellt ist, daß auf diese Weise tatsächlich *eines jeden* Bedürftigen Not behoben wird. In der Regel kann genau dies nicht garantiert werden. Eine dem individuellen Wohl verpflichtete Grundrechtsordnung kann nicht gestatten, daß Einzelne aus dem sozialen Netz herausfallen, selbst wenn dies der Mehrheit der Bevölkerung einen erheblichen Zuwachs an Lebensqualität beschert: der Gedanke, von dem sie getragen ist, ist ja gerade der, daß der Staat Mindestbedingungen des individuellen Wohls tatsächlich sichern müsse.

(ii) Unbestimmtheit. Daß der Gehalt nicht konkret zu bestimmen sei, ist ein Vorwurf, der sich in genereller Form ebenso findet wie in einer besonderen Spielart, die die Konkretisierbarkeit von Leistungspflichten mit Hilfe des Begriffs der Menschenwürde bestreitet. Was den Vorwurf in seiner allgemeinen Form anbelangt, so ist zuzugestehen, daß der Grundrechtsschutz durch positives Handeln tatsächlich umfassendere Konkretisierungsanstrengungen erfordert, da es, sehr viel mehr Wege gibt, ein Grundrechtsgut durch positives als durch negatives Handeln zu schützen.[728] Die Bestimmung positiver Pflichten erfordert daher ausführlichere Überlegungen und gewährt darüber hinaus einen größeren Spielraum bei der Festlegung der

---

[726] Siehe oben, S.307ff.

[727] Vgl. zu diesem Punkt auch BOROWSKI (1999), S.303ff; Roth (1994), S.436ff.

[728] Vgl. ALEXY (1986), S.420ff.; LÜBBE-WOLFF (1988), S.40; sinnvolle Qualifikationen bringt Roth ein, ROTH (1994), S.439ff.

konkret geforderten Maßnahmen. Für die kategorische Behauptung, derartige Pflichten ließen sich nicht bestimmen, reicht diese Diagnose aber nicht aus, wie u.a. Alexy gezeigt hat.[729]
Was die speziellere Frage der Ableitung von Leistungspflichten aus der Menschenwürde-Garantie anbelangt, so scheint diese durch die bereits bekannte und weitverbreitete Meinung bestätigt zu werden, dieser Begriff (gemeint ist: das damit bezeichnete Rechtsgut) lasse sich positiv nicht bestimmen. Wie ich in den ersten beiden Teilen dieses Kapitels zu zeigen versucht habe, ist eine solche Bestimmung allerdings partiell durchaus erfolgt – teils durch die Verbürgungen des allgemeinen Persönlichkeitsrechts, teils über die Bestimmung dessen, was zum Menschenwürdegehalt der Grundrechte zu zählen ist. Weitere Bestätigung gibt die Praxis des Sozialhilferechts. Wie bereits erwähnt, ist das deutsche Sozialhilferecht unter das ausdrückliche Motto gestellt worden, die Mittel für ein menschenwürdiges Dasein zu sichern. Gesetzgeber, Rechtsprechung und Verwaltung haben konkretisiert, was unter diesem Begriff zu verstehen ist und bemessen davon ausgehend sehr konkrete finanzielle und anderweitige Zuwendungen. Hier wie in der diese Praxis kritisch reflektierenden akademischen Diskussion sind auch allgemeinere Kriterien dafür vorgeschlagen worden, den positiven Gehalt des Schutzgutes des "menschenwürdigen Daseins" zu bestimmen.[730] Daß diese Kriterien zum Teil konkurrieren und es überdies zu Unschärfen kommen kann, ist nichts, was der Konkretisierung dieses Begriffes eigentümlich wäre und stellt daher keinen prinzipiellen Einwand dar.
Andere Argumente gegen die positive Bestimmbarkeit des Rechtsgutes der Menschenwürde heben auf die Zeitlosigkeit und Notwendigkeit des Menschenwürde-Begriffs ab und sehen diese Eigenschaften in unvereinbarem Gegensatz mit der unvermeidlichen kulturellen wie historischen Kontingenz der anwendungsbezogenen Konkretisierungsbemühungen im Sozialhilferecht.[731] Doch sofern sich der Begriff der Menschenwürde überhaupt

---

[729] Vgl. ALEXY (1986), ebd. Das Argument ist hier bezogen auf Schutzrechte, läßt sich aber auf die anderen Typen von Leistungsrechten ausdehnen.

[730] Vgl. TRENK-HINTERBERGER (1980).

[731] Vgl. SPRANGE (1999).

kulturunabhängig definieren läßt, muß dies notwendig durch Begriffe geschehen, deren Ausfüllung selbst kulturvariant ist. Daß z.B. die Höhe des Existenzminimums von kontingten Faktoren wie dem durchschnittlichen Lebensstandard einer Gesellschaft oder auch nur vom unmittelbaren Lebensumfeld von Personen abhängig gemacht wird, bedeutet nicht, daß die Forderung, das Existenzminimum zu sichern, ihrerseits keine "zeitlose" Gültigkeit besitzen kann.

(c)   Kompetenzübergriffe
Einer der Hauptvorwürfe gegen die Zuordnung grundgesetzlicher Leistungspflichten und –rechte besagt, es würden damit Kompetenzen des Gesetzgebers zur Judikative verschoben. Die Existenz verfassungsrechtlicher Leistungspflichten, vor allem der kostenträchtigen sozialen Leistungspflichten, fixiere einen Teil des Staatsbudgets, das in der Haushaltskompetenz der Legislative liege. Damit bedeute die Zuordnung solcher Pflichten einen Eingriff in das Prinzip der Gewaltenteilung, das zu den grundlegenden Konstitutionsnormen einer Demokratie gehöre.[732]
Dieser Vorwurf ist sicherlich ernstzunehmen. Natürlich wächst mit dem Umfang der grundrechtlich geforderten Staatspflichten auch die Macht der Verfassungsgerichtsbarkeit. Die Judikative ist nicht (ausreichend) demokratisch legitimiert, ihre Entscheidungen können daher nicht als Ausdruck des Willens des Souveräns gedeutet werden. Aber dies ist natürlich gerade der Witz einer Verfassungsgerichtsbarkeit, die für sich in Anspruch nimmt, in ihren Entscheidungen übergeordneten Verfassungsprinzipien verpflichtet zu sein, die dem Willen sowohl des Wählers als auch seiner Repräsentanten übergeordnet sind. Trotzdem stellt sich hier die Gefahr einer zu starken Festlegung der Politik durch die Verfassungsordnung.
Die Frage der Kompetenzverteilung unter den Gewalten ist ein Grundproblem der Demokratietheorie und läßt sich als solches nicht in Kürze beantworten. Es spricht allerdings einiges dagegen, dieses Problem so schnell gegen die Zuordnung grundrechtlicher Leistungspflichten ins Feld zu führen. Die Behauptung, der Gesetzgeber bestimme über den Staatshaushalt, ist in dieser pauschalen Form nämlich unzutreffend. Der Schutz von Verfassungsgütern beansprucht schließlich auch jenseits grundrechtlicher Lei-

---

[732] Vgl. staat vieler MARTENS (1972), S.36; VITZTHUM (1991), S.695ff.

stungspflichten den Staatshaushalt, der infolgedessen nur bedingt zur Disposition der Legislative steht.[733] Mit dem Argument der Kompetenzverschiebung wird das Pferd in gewisser Weise von hinten aufgezäumt, denn es steht ja gerade zur Debatte, wo die Grenzen der gesetzgeberischen Verfügungsmacht verlaufen sollen. Hierbei ist man zunächst auf das bereits genannte Kriterium der Wichtigkeit verwiesen:[734] die Verfassungsgerichtsbarkeit hat eine Kontrollkompetenz über den Umgang mit den Gütern, die aus verfassungsrechtlicher Sicht so wichtig sind, daß sie nicht zur Disposition der einfachen Mehrheit stehen dürfen. Das Kriterium mag in vielen Fällen schwer zu substantialisieren sein, nicht aber, wo es um den Kernbestand grundrechtlicher Leistungspflichten geht. Denn es ist, wie bereits mehrfach gesagt, klar, daß sie dieselben Verfassungsgüter schützen wie die Abwehrrechte, und in ihrem Kernbestand den Menschenwürde- resp. Wesensgehalt der Grundrechte garantieren. Leistungspflichten, die ein menschenwürdiges Dasein sichern helfen sollen, dienen damit den höchsten Verfassungsgütern überhaupt. Es ist daher keine Frage, daß die Haushaltskompetenz des Gesetzgebers dort zu beschränken ist, wo es um die Verfügung über die dafür erforderlichen Ressourcen geht.

Wenn es um Abwehr- und Schutzrechte geht, wird dem Kriterium der Wichtigkeit seltener Widerstand geleistet. Das wird zumeist damit begründet, daß diese nicht so kostenintensiv seien wie die sozialen Leistungsrechte und die Haushaltskompetenz des Gesetzgebers daher nicht in Frage stellten. Doch auch wenn es hier Unterschiede gibt, sind sie gradueller Art: auch Abwehr- und Schutzrechte haben ihre Kosten. Besonderen finanziellen Aufwand erfordern die Rechte auf Schutz. Das gerät nur darum nicht in den Blick, weil der überwiegende Teil der staatlichen Schutzleistungen – von der Einrichtung einer Polizei und Strafgerichtsbarkeit bis hin zu einem militärischen Verteidigungsapparat – zu den traditionell selbstverständlichen Aufgaben des Staates gehören, die daher grundrechtlich gar nicht eingeklagt werden müssen. Es wäre allerdings falsch, sie allein darum gar nicht zum Bestand des Grundrechtsgüterschutzes zu zählen. Würden diese

---

[733] Beispiele aus der Rechtsprechung bei SCHWABE (1977), S.266 und ALEXY (1986), S.466.

[734] Vgl. S.340f.

Einrichtungen nicht oder nur zum Schutze bestimmter Gruppen von Bürgern unterhalten, so könnte die Frage, ob sie auch grundrechtlich geboten sind, nicht länger ausgeblendet bleiben.[735] Selbst die klassischen Abwehrrechte haben ihre Kosten. Ein häufig zitiertes Beispiel bietet das aus dem Persönlichkeitsrecht abgeleitete Verbot der Volkszählung,[736] das nicht unerhebliche volkswirtschaftliche Kosten verursachte. Dies als einen Einzelfall abzutun, hieße übersehen, in wie vielen Hinsichten Abwehrrechte kostenwirksam sein können.[737]

6. Subjektivierung und Gewichtung

Ich habe die Gründe angeführt, die m.E. dafür sprechen, der Verfassung Leistungspflichten zuzuordnen, insbesondere solche, die den Menschenwürdegehalt der Grundrechte zu sichern helfen. Im Licht dieser Gründe sollten die bereits zahlreichen Judikate, in denen dem Grundgesetz Leistungspflichten zugeordnet wurden, auch ernstgenommen werden und diese Pflichten als verfassungsrechtlich *bindende* Staatspflichten verstanden werden, nicht als Normen rein appellativen Charakters.[738] Ich möchte nun auf die bislang ausgeklammerte Frage eingehen, ob bzw. inwieweit diesen Pflichten auch ein subjektiver Anspruch auf Seiten der durch sie potentiell Begünstigten entspricht.

(a)   Unterschiede in der Bindungswirkung
Diese Frage ist darum so bedeutsam, da eine sogenannte "Subjektivierung" verfassungsrechtlicher Leistungspflichten unweigerlich eine größere Bindungswirkung mit sich bringt, und dies in vier Hinsichten:

(i)   Zum einen läßt die Rede von "Leistungspflichten" offen, ob es sich dabei um bindende Normen handelt oder nur um Forderungen mit bloßer "Appellfunktion". Tatsächlich finden sich innerhalb der Rechtswissen-

---

[735] Vgl. MOLLER-OKIN (1981), S.246.

[736] BVerfGE 65,1.

[737] Vgl. hierfür z.B. WAHL (1980).

[738] Eine bindende Verfassungsnorm läßt sich sinnvoll definieren als eine Norm, deren Einhaltung durch das Verfassungsgericht kontrolliert werden kann, vgl. ALEXY (1986), S.456.

schaft Stimmen, die verfassungsgerichtlich behauptete Leistungspflichten nur in diesem äußerst schwachen letzteren Sinne verstehen wollen.[739] Zwar läßt sich diesem Verständnis mit guten Gründen entgegentreten – nicht bindende Verfassungsnormen widersprechen nämlich der Bindungsklausel des Art.1 Abs. III GG -, doch zeigt dies, daß der Begriff der Leistungspflicht anfällig ist für reduktionistische Tendenzen. Für den Begriff der Leistungsrechte gilt dies nicht – hier ist klar, daß es sich um bindende Normen handeln muß.

(ii) Zum anderen wird die Wirksamkeit (bindender) Verfassungsnormen in dem Maße gesteigert, in dem die Instrumente verfassungsgerichtlicher Kontrolle besser greifen. Besitzen die Individuen die Möglichkeit, die Einhaltung einer sie begünstigenden Norm gerichtlich einzufordern, so bedeutet dies eine Effektivierung dieser Norm. Denn in Ermangelung einer solchen Klagemöglichkeit findet eine verfassungsgerichtliche Kontrolle des Staates nur dann statt, wenn andere dazu befugte Instanzen eine solche Überprüfung anregen – also etwa in Form von Normkontrollverfahren. Faktisch bedeutet dies aber, daß das Verfassungsgericht seine Kontrollfunktion sehr viel seltener und in einer für den einzelnen Bürger nicht mehr beeinflußbaren Weise ausübt.

(iii) Drittens wird der Umfang einer Leistungspflicht mit der Zuerkennung eines individuellen Grundrechtes vergrößert. Denn mit der Statuierung einer bloßen Leistungspflicht ist zumeist offengelassen, ob der Staat die entsprechenden Leistungen jedem einzelnen Bürger und jeder einzelnen Bürgerin schuldet – was bei einem individuellen Recht fraglos unterstellt wird – oder lediglich dazu verpflichtet ist, diese Leistungen in irgendeiner Form zu erbringen, d.h. möglicherweise auch in einer Form, bei der faktisch nicht alle bedürftigen Personen begünstigt werden.

(iv) Schließlich erhält eine Norm, indem sie als Bestandteil eines Grundrechtes anerkannt wird, ein besonderes Gewicht. Dies hat mit der Rolle von Grundrechten als "Trümpfen" zu tun - um mit Dworkin zu sprechen -, d.h. als Normen, denen im Konflikt mit anderen Normen, zumal solchen, die Gemeinschaftsgüter sichern sollen, von vornherein ein besonders gro-

---

[739] Siehe z.B. HÄBERLE (1972).

ßes Gewicht zukommt. Wo individuelle Güter durch Grundrechtsnormen geschützt werden, stehen Abwägungen mit anderen Gütern unter einem besonderen Rechtfertigungserfordernis – es müssen sehr starke Gründe geltend gemacht werden, wenn das individuelle Gut zugunsten eines damit konkurrierenden preisgegeben werden soll.[740]

(b)   Gründe für eine Subjektivierung
Die Alternative: Leistungspflichten oder Leistungsrechte läuft demnach nicht auf die Frage hinaus, ob solche Pflichten bindend sind, sondern *in welchem Grad* sie es sind. Wenn Leistungspflichten durch korrelierende subjektive Ansprüche ergänzt werden, verschafft man ihnen damit eine recht hohe Bindungswirkung. Weshalb sollte man dies tun?
Der maßgebliche Grund, Leistungspflichten in dieser Weise ein größeres Gewicht zu verleihen, ist schlicht der, daß sie *wichtig* sind und daher besonders starken und umfassenden Schutz verlangen. Natürlich gilt dies nur für diejenigen Leistungspflichten, die tatsächlich wichtig sind. Wann das der Fall ist, bemißt sich, wie bereits erwähnt, daran, in welchem Maße sie zum Schutz der zentralen Grundrechtsgüter vonnöten sind. Als letzter Maßstab gilt schließlich das substantielle Gut, das die Menschenwürde-Garantie verbürgt: das je individuelle Wohl.
Es gibt allerdings noch zwei weitere Gründe, weshalb man wichtige Leistungspflichten subjektivieren sollte. Zum einen verschaffen sie dem einzelnen Bürger ein Instrument zur Kontrolle seiner Grundrechtsgüter. Mit der Möglichkeit, die staatlichen Leistungspflichten gerichtlich einklagen zu können, ist er daher weniger der staatlichen Willkür ausgesetzt. Er wird, in der Terminologie des Bundesverfassungsgerichts, in seiner "Subjektqualität" gestärkt, die ausdrücklich als der Gegenstand der Menschenwürde-Garantie bezeichnet wird.[741] Interessanterweise hat das Bundesverwaltungsgericht in seiner bahnbrechenden Fürsorge-Entscheidung eben diesen Aspekt betont, indem es hervorhob, der Bürger müsse, solle er nicht zum Objekt staatlichen Handelns werden, ein subjektives Recht auf Fürsorgeleistungen erhalten. Dies hat zu der seinerzeit fast schon als revolutionär zu

---

[740] Vgl. oben, S. 68ff.

[741] BVerfGE 30,1,26.

bezeichnenden Entwicklung geführt, dem Bedürftigen ein einfachgesetzliches *Recht* auf Sozialhilfe einzuräumen.[742]
Es gibt einen weiteren Gesichtspunkt, aus dem heraus eine Subjektivierung der Fürsorge geboten erscheint, und auch er läßt sich aus dem Prinzip des Menschenwürde-Schutzes ableiten. Es ist ein wesentlicher Bestandteil der *Selbstachtung* vieler Menschen, notwendige Leistungen einfordern zu können und nicht auf sich als auf einen Bittsteller und Empfänger von Almosen blicken zu müssen.

(c) Probleme

Ich habe eben die wichtigsten Gründe angeführt, weshalb wichtige Leistungspflichten auch individuell einklagbar sein sollten. Ich möchte nun auf die spezifischen Probleme eingehen, zu denen eine Subjektivierung der verfassungsrechtlichen Leistungspflichten führt. Wie gesagt, steigert eine Subjektivierung die Bindungswirkung dieser Pflichten. Sie steigert sie aber nicht in fein abgestuften Schritten, sondern sprunghaft. Das zeigt sich im Extrem dort, wo Grundrechtsnormen der Charakter von absoluten oder beinahe absoluten Positionen zugesprochen wird. In diesem Falle werden aus den Leistungspflichten, die der Staat nach Maßgabe seiner Möglichkeiten und in Abwägung mit anderen verfassungsrechtlichen Pflichten erfüllen kann, kategorische Gebote, bei denen keine Abwägung mehr zulässig ist. Auch wenn man die Grundrechtsnormen nicht als absolute versteht, stellt sich das Problem der sprunghaften Anhebung der Bindungswirkung, wenn nicht im selben Maße.

Unter Juristen besteht ein Streit darüber, ob grundrechtliche Leistungsrechte denkbar sind, die einen prima-facie-Charakter besitzen und eben nicht definitiv gelten.[743] Ich habe bereits oben die These vertreten,[744] daß es keine im strikten Sinne absoluten Rechte geben kann – dies gilt m.E. für Rechte jeglichen Typs. Doch auch wenn man bereit ist, den leistungsrechtlichen Positionen einen prima-facie-Charakter zuzuerkennen, bleibt das

---

[742] Vgl. bereits oben, S.331.

[743] Nachweise bei BOROWSKI (1999), S.298ff..

[744] Siehe S. 307ff..

Problem, daß ihr Gewicht relativ zu anderen Verfassungsnormen, die damit kollidieren können, unklar ist.

Es besteht hier das Bedürfnis, zu einem System von Normen zu gelangen, deren Bindungswirkung feiner abgestuft ist, als dies die bloße Gegenüberstellung objektiv-rechtlicher und subjektiv-rechtlicher Pflichten ermöglicht. Für die Leistungspflichten bestehen Vorschläge zu einer solchen Abstufung ihres Gewichts. So gibt Vorschläge, zwischen folgenden Typen von Leistungspflichten zu unterscheiden: "Programmsätze" sollen eine bloße Apellfunktion besitzen, "Staatsziele" bindende Normen mit geringem Gewicht darstellen und "Einrichtungsgarantien" den Bestand von einfachgesetzlich gewährten Leistungsrechte (also z.B. das Sozialfürsorgesystem) verbürgen.[745] Als nächstgewichtigeren Normtypus kann man die subjektiven Verfassungsrechte ansehen. Es wäre sicherlich sinnvoll, wenn auch innerhalb ihrer Abstufungen vorgenommen werden könnten. Dafür wäre es zunächst notwendig, die Theorie der definitiven Geltung sozialer Leistungsrechte aufzugeben.[746] In einem nächsten Schritt müßte festgelegt werden, wie sich Abstufungen ihres Gewichts konzeptualisieren ließen, Abstufungen, wie sie die Grundrechtsdogmatik für abwehrrechtliche Verbürgungen bereits kennt.

Es bestehen hier also zwei Möglichkeiten. Zum *einen* die eben skizzierte Konzeption graduierbarer sozialer Leistungsrechte, die eine größere Flexibilität in Fragen des Gewichtung dieser Rechte erlaubte. Der Vorteil einer solchen Konzeption besteht darin, daß mehr Leistungspflichten subjektiviert werden könnten und somit den vorangehend skizzierten Gründen für eine Subjektivierung dieser Normen Rechnung getragen würde. Der Nachteil einer solchen Konzeption besteht in ihrer größeren Abwägungsoffenheit, die die bekannten Justitiabilitätsprobleme mit sich führt. Die *Alternative* hierzu sähe vor, an dem starren Unterschied zwischen Grundrechten und anderen Normen festzuhalten. In diesem Falle ließen sich nur sehr wenige Leistungsrechte erschließen. Doch selbst, wer diese Konzeption zugrundelegt, muß an einem *Mindest*bestand sozialer Grundrechte festhalten.

---

[745] Vgl. v.a. LÜCKE (1982), S.21ff., der noch weiter differenziert.

[746] Wofür oben argumentiert wurde, siehe die Ausführungen zum Absolutheitsanspruch S. 307ff..

Dies folgt einfach daraus, daß diese Mindestrechte von entsprechender Bedeutung für das zentrale verfassungsrechtliche Gut sind. Es ist eben dieser Mindestbestand, der im einfachen Recht unter der Bezeichnung eines "menschenwürdigen Daseins" gefaßt wird. Wenn nicht grundsätzliche Argumente gegen die Existenz verfassungsrechtlicher Leistungsrechte greifen, so ist schwer zu sehen, was gegen sie angeführt werden könnte.

7. Résumée

Ich habe die These vertreten, daß Art.1_1 als das Prinzip der Grundrechte sowohl positive wie negative Rechte umfaßt. In diesem Abschnitt habe ich zu zeigen versucht, wie sich diese Erweiterung des primär abwehrrechtlich gefaßten Grundrechtskataloges rechtfertigen läßt. Ausgangspunkt waren dabei einige positiven Rechten gegenüber aufgeschlossene Aussagen der Rechtsprechung, die aus meiner Sicht dezidierter vertreten werden sollten, als das gegenwärtig zu beobachten ist. Als mein wichtigster Leitfaden diente mir die Argumentation, die Alexy bei seiner Begründung verfassungsrechtlicher Leistungsrechte verfolgt hat. Auch Alexy stellt die Menschenwürde-Garantie an die Spitze seines Systems positiver wie negativer Grundrechte. Allerdings sind seine Bemerkungen über den Zusammenhang dieses Artikels und den daraus abzuleitenden Leistungsrechten sehr skizzenhaft. Ich hoffe, dies durch das vorangehend Gesagte ergänzen zu können.

In welchem Zusammenhang stehen nun die grundgesetzlichen Leistungsrechte mit dem Menschenwürde-Satz des Art.1_1 GG? Man kann die wesentlichen Punkte folgendermaßen zusammenfassen:

(i) Der Wortlaut des Artikels bietet – im Schutzgebot des zweiten Satzes – den maßgeblichen textlichen Anknüpfungspunkt für eine Ableitung sozialer Leistungspflichten.

(ii) Der Artikel bietet einen substantiellen Maßstab für die Beurteilung der Wichtigkeit von staatlichen Leistungspflichten: diejenigen Pflichten, die notwendig sind, um wesentliche Bestandteile des individuellen Wohls von Personen zu schützen, müssen den Rang von Verfassungsnormen erhalten. Um welche es sich handelt, läßt sich beurteilen, wenn man betrachtet, welches diejenigen Güter sind, die als erforderlich für ein menschenwürdiges Dasein angesehen werden können.

(iii) Die Betonung der Selbstbestimmungsfähigkeit und der Selbstachtung, die Bestandteil des Rechtsgutes sind, das durch den Menschenwürdesatz geschützt wird, verlangen eine weitestgehende Subjektivierung dieser Leistungspflichten.

Mit dem Aufweis, auf welche Weise Artikel 1_I GG verfassungsrechtliche Leistungsrechte begründet, ist mein Rekonstruktionsversuch abgeschlossen.

Abschließende Betrachtung

Den Ausgangspunkt dieser Arbeit bildete die Frage, ob durch die neuartige Erscheinung einer Menschenwürde-Garantie eine substantielle Erweiterung des herkömmlichen Kataloges der Menschenrechte ermöglicht. Betrachtet man die vorangegangene Untersuchung aus diesem Blickwinkel, so fallen zwei Eigenheiten ins Auge. Zum einen kommt dem Begriff die Funktion einer *Verstärkung* der Grundaspekte des Menschenrechtsgedankens zu. Zum anderen wird er überall dort herangezogen, wo das herkömmliche - individualistische und liberalistische - Grundrechtsverständnis an seine Grenzen stößt. Die Vieldeutigkeit des Ausdrucks ist dabei einerseits verwirrend und mancher Sachdiskussion hinderlich. Aber auf der anderen Seite eröffnet interessanterweise gerade diese Vieldeutigkeit die Möglichkeit, Änderungen des überkommenen Grundrechtsauffassungen einzuklagen. Ich will das kurz erläutern.

Zunächst einige Worte zu der Rolle, die dieser Ausdruck für eine Verstärkung der Menschenrechtsidee spielen kann. Zum einen bietet er die Gelegenheit, über die eigentliche (präskriptive) Funktion der Grundrechte hinaus zu betonen, daß es sich um wichtige und um gerechtfertigte Normen handelt. Er verstärkt somit den Aspekt der Überpositivität, dessen Artikulation im Kontext eines positiven Normkatalogs zumindest eine "pädagogische" Funktion besitzen kann. Dadurch, daß mit diesem Begriff der (positive, d.h. rechtlich sanktionierte) Wert des Individuums an die Eigenschaft knüpft, "Mensch" zu sein, werden ferner die Aspekte des Universalismus und Egalitarismus unterstrichen. Es wird gleichsam eine erste, naive Antwort auf die Frage gegeben, wer (moralischen und) rechtlichen Gemeinschaft gehört: jeder Mensch. Diese Antwort ist zwar bei näherem Hinsehen alles andere als eindeutig, macht jedoch auf sehr plakative Weise deutlich, daß die Beweislast bei denjenigen liegt, die Diskriminierungsgründe geltend machen wollen - vom sozialen Status bis zur körperlichen Leistungsfähigkeit. Schließlich verstärkt die emotive - distanzgebietende - Kraft des Grundworts „Würde" auf eine eindrucksvolle Weise den Gedanken des Individualismus, den Gedanken, daß das Wohl eines jeden Individuums Vorrang besitzt vor allen anderen Staatszwecken und ein „Kern" desselben nicht angetastet werden darf. In all diesen Funktionen greift der Begriff zwar nicht über traditionelle Errungenschaften des Menschenrechtsgedankens hinaus. Doch er bündelt und betont sie und kann so eine rechtsdogmatisch sinnvolle Rolle spielen.

Der Begriff der Menschenwürde scheint jedoch auch über das individualistisch-liberalistische Verfassungsmodell, dem der traditionelle Menschenrechtsgedanke entstammt, *hinaus*zugreifen, ja, es partiell sogar in Frage zu stellen. So wird er überall dort bemüht, wo liberalistische Forderungen an ihre Grenzen stoßen.

Das zeigt sich besonders deutlich an der Entstehungsgeschichte des allgemeinen Persönlichkeitsrechts. Zum einen läßt sich an ihr ablesen, daß der Katalog spezieller Freiheitsrechte als defizitär empfunden wird. Das ist selbst dort der Fall, wo er um ein unspezifisches Recht auf allgemeine Handlungsfreiheit erweitert wurde - was für sich bereits eine Erweiterung darstellt. Der Schutz des Individuums erfordert in den Augen der Rechtsprechung mehr, als die traditionellen Grundrechte gewährleisten können, und der breite Konsens, von dem das allgemeine Persönlichkeitsrecht mittlerweile getragen ist, ist ein Indiz dafür, daß es sich hier nicht um eine Sondermeinung deutscher Richter handelt.

Interessant ist ferner, daß dieses richterrechtlich herausgebildete Auffanggrundrecht nicht auf die Gewährleistung eines eng verstandenen Rechtes auf Selbstbestimmung beschränkt wurde, sondern zum einen auf die *Bedingungen* der Selbstbestimmung ausgedehnt wurde, zum anderen auf Aspekte des individuellen Wohls, die über die Selbstbestimmung hinausreichen. Obzwar dies vermutlich auch ohne Rückgriff auf den Begriff der Menschenwürde möglich gewesen wäre, hat die Anknüpfung an den Menschenwürde-Begriff eine Ausdehnung des Gehalts dieses Rechtes über den Aspekt der Selbstbestimmung hinaus begünstigt. Dazu beigetragen hat vermutlich zum einen die Betonung des Aspekt der Selbstachtung, der zum modernen Verständnis von "Menschenwürde" gehört. Zum anderen ist zu vermuten, daß die bereits historisch sichtbar gewordene Tendenz, aus dem Begriff des "menschenwürdigen Daseins" das Erfordernis sozialer Grundrechte abzuleiten, auch hier einen Niederschlag gefunden hat.

Der Menschenwürde-Begriff eignet sich aber auch zur Artikulation eines Staatsmodells, das den Schutz des Individuums nicht ausschließlich als Schutz subjektiver Wünsche und Interessen der Individuen begreift, sondern sich auf ein stärker objektivistisches Ideal der Person hin orientiert. Damit steht er konträr zum neutralitätsliberalen Staatsmodell. Und schließlich bietet der Begriff auch Ansatzpunkte für eine Ausdehnung des Normbereichs auf Ziele, die nicht mehr unmittelbar individuellen Interessen zugeordnet werden können. Dies kommt in den Forderungen nach einem Schutz der Würde der Gattung oder der Menschheit zum Ausdruck.

Die Vieldeutigkeit des Ausdrucks gibt zwar Gelegenheit zu Verwirrungen und Mißverständnissen. Doch sind die durch ihn thematisierbaren Streitfragen unabhängig davon, in welche Worte man sie kleidet, von Gewicht.

Literaturverzeichnis

ALEXY, R. (1990), "Grundrechte als subjektive Rechte und objektive Normen, in: *Der Staat* 29, S.49ff.; zit. nach dem Wiederabdr. in: DERS. (1995), *Recht, Vernunft, Diskurs*, Frankfurt/Main, S.262ff.

- (1986), *Theorie der Grundrechte*, Frankfurt; zit. nach der 4. Auflage 1994

ANDORNO, R. (1994), "Les droits nationaux européens face à la procréation médicalement assistée: Primauté de la technique ou primauté de la personne?", in: *Revue Internationale de Droit comparé, S.141ff.*

ANDREASSEN, B.-A. (1992), "Article 22", in: EIDE u.a. (1992), S.319ff.

ANSCHÜTZ, G. ([13]1930), *Die Verfassung des Deutschen Reiches vom 11. August 1919*, Berlin

ANTONI, M. G.M. (1991), *Sozialdemokratie und Grundgesetz.* Bd.1: *Verfassungspolitische Vorstellungen der SPD von den Anfängen bis zur Konstituierung des Parlamentarischen Rates 1948*, Berlin

- (1992), *Sozialdemokratie und Grundgesetz.* Bd.2: *Der Beitrag der SPD bei der Ausarbeitung des Grundgesetzes im Parlamentarischen Rat*, Berlin

ARISTOTELES, *Die Nikomachische Ethik.* Zit. n.d. Ausgabe v. O.Gigon (Hg. u. Übers.), 2. überarb. Aufl. Zürich 1972

AUER, J. (1975), *Die Welt - Gottes Schöpfung*, aus: DERS./ RATZINGER, J., *Kleine katholische Dogmatik*, Bd.III, Regensburg

AUSTIN, J. ([4]1873), *Lectures on Jurisprudence or The Philosophy of Positive Law*, Bd.1. London

BARTH, K. (1934), "Nein! Anwort auf E. Brunner", in: *Theologische Existenz heute*

- (1945), *Die kirchliche Dogmatik*, Zürich-Zollikon, Teil III

BAUMGARTNER, H,M./ HONNEFELDER, L./ WICKLER, W./ WILDFEUER, A.G. (1997), „Menschenwürde undLebensschutz: Philosophische Aspekte", in: RAGER, G. (Hg.), *Beginn, Personalität und Würde des Menschen*, Freiburg - München (1997), S.161ff.

BAYERTZ, K. (HG.) (1996), *Sanctity of Life and Human Dignity*, Dordrecht

BECKER, U. (1996), *Das Menschenbild des Grundgesetzes*, Berlin

BENDA, E. (1985a), *"Die Würde des Menschen ist unantastbar"*, abgedr. in: LAMPE, E.-J. (Hg.), *Beiträge zur Rechtsanthropologie, ARSP-Beiheft* Nr.22, Stuttgart, S.23

- (1985b), "Erprobung der Menschenwürde am Beispiel der Gentechnik", in: FLÖHL, R. (Hg.), *Genforschung Fluch oder Segen?*, München, S.205ff.

- ([2]1994)"Menschenwürde und Persönlichkeitsrecht", in: Benda. E. et al (Hg.), Handbuch des Verfassungsrechts, New York, S.161ff.

BENZ, W. (Hg.) (1979), *Bewegt von der Hoffnung aller Deutschen. Zur Geschichte des Grundgesetzes. Entwürfe und Diskussionen 1941-1949*, München

BIRNBACHER, D. (1987), "Gefährdet die moderne Reproduktionsmedizin die menschliche Würde?", in: BRAUN/ MIETH/ STEIGLEDER (Hg.), S.77ff.

- (1996), "Ambiguities in the Concept of Menschenwürde", in: BAYERTZ (Hg.), S.107ff.

BLOCH, E. (1961), *Naturrecht und menschliche Würde*, Frankfurt

BÖCKENFÖRDE, E.W. (1974), "Grundrechtstheorie und Grundrechtsinterpretation", in: *Neue Juristische Wochenschrift*, S.1529ff.

- / SPAEMANN, R. (Hg.) (1985), *Menschenrechte und Menschenwürde*, Stuttgart

BOER, W. DEN (1979) *Private Morality in Greece and Rome: Some Historical Aspects*, Leiden

BOLLNOW, O.F. (1947), *Die Ehrfurcht*, Frankfurt/ Main, zit. n. d. 2.Aufl. 1958

BOROWSKI, M. (1998), *Grundrechte als Prinzipien. Die Unterscheidung von prima-facie-Position und definitiver Position als fundamentaler Konstruktionsgrundsatz der Grundrechte*, Baden-Baden

BRANDNER, H. E. (1983), "Das allgemeine Persönlichkeitsrecht in der Entwicklung der Rechtsprechung", in: *Juristenzeitung* 38, S.689ff.

BRAUN, V./ MIETH, D./ STEIGLEDER, K. (HG.) (1987), *Ethische und rechtliche Fragen der Gentechnologie und der Reproduktionsmedizin*, München

BRECHT, M. (1977), "Die Menschenrechte in der Geschichte der Kirche", in: BAUR, J. (Hg), *Zum Thema Menschenrechte. Theologische Versuche und Entwürfe*, Stuttgart, S.39ff.

BRUCH, R. (1981), "Die Würde des Menschen in der patristischen und scholastischen Tradition", in: GRUBER ET AL. (Hg.), *Wissen, Glaube, Politik*, Graz 1981, S.139ff.

BRUGGER, W. (1983), "Der grundrechtliche Schutz der Privatsphäre in den Vereinigten Staaten von Amerika", in: *Archiv für öffentliches Recht* 108, S.25ff.

- (1987), *Grundrechte und Verfassungsgerichtsbarkeit in den Vereinigten Staaten von Amerika*, Tübingen

- (1993), "Für Schutz der Flüchtlinge - gegen das Grundrecht auf Asyl!", in: *Juristenzeitung* 48, S.119ff.

- (1996), "Darf der Staat ausnahmsweise foltern?", in: *Der Staat* 35, S.67ff.

BRUNNER, E. (1934), *Natur und Gnade. Zum Gespräch mit Karl Barth*, Tübingen

- ([1950] [3]1975), *Dogmatik*, Bd.2: *Die christliche Lehre von Schöpfung und Erlösung*, Zürich

CAVALIERI, P./ SINGER, P. (Hg.), (1993), *The Great Ape Project. Equality beyond Humanity*, London; zit. n.d. dt. Ausgabe: *Menschenrechte für die großen Menschenaffen. Das Great Ape Project*, München 1994

CHUBBS, B. ([5]1979), *The Constitution and Constitutional Change in Ireland*, Dublin

CICERO, M.T., *De officiis/ Vom pflichtgemäßen Handeln*, Lat.-dt.e Ausgabe, übers. u. hg. v. H. GUNERMANN, Stuttgart 1976

CLASSEN, G. ([2]2000), *Menschenwürde mit Rabatt. Das Asylbewerberleistungsgesetz und was wir dagegen tun können*, Karlsruhe

CRAVEN, W.G. (1981), *Giovanni Pico della Mirandola. Symbol of his age*, Genf

DARWALL, ST. L. (1977), "Two kinds of respect", in: *Ethics* 88, S.36ff.

DEGENHART, CHR. (1990), "Die allgemeine Handlungsfreiheit des Art.2I GG", in: *Juristische Schulung* 30, S.161ff.

- (1992), "Das allgemeine Persönlichkeitsrecht, Art.2I i.V. mit Art.1I GG", in: *Juristische Schulung* 32, S.361ff.

DENNINGER, E. (1973), *Staatsrecht*, Reinbek

- DERS. et al. (Hg.) ([2]1989a), *Kommentar zum Grundgesetz für die Bundesrepublik Deutschland (Reihe Alternativkommentare)*, Darmstadt, Bd.1

- (1989b), "Art.19 Abs.2", in: ebd..

- (1992), "Staatliche Hilfe zur Grundrechtsausübung durch Verfahren, Organisation und Finanzierung", in: ISENSEE/ KIRCHHOF (HG.), Bd.V, S.291ff.

- (2002), „Inflationärer Gebrauch des Begriffs *Menschenwürde*", in: *Frankfurter Rundschau* vom 15.01.02, S.7

DENZINGER, H. (BEGR.)/ HÜNERMANN, P. (HG.) ([37]1991), *Kompendium der Glaubensbekenntnisse und kirchlichen Lehrentscheidungen*, Freiburg i.Br.

DIEKAMP, F. (1938), *Katholische Dogmatik*, zit. n. d. 11./12. Aufl., hg. v. K. JÜSSEN, Bd.II, Münster

DIETLEIN, J. (1992), *Die Lehre von den grundrechtlichen Schutzpflichten*, Berlin

DILLON, R.S. (Hg.) (1995), *Dignity, Character , and Self-Respect*, N.Y. - London

DOEMMING, K.-B. V./ FÜSSLEIN, R. W./ MATZ, W. (1951), "Entstehungsgeschichte der Artikel des Grundgesetzes", in: *Jahrbuch für Öffentliches Recht* n.F. 1

DOWNIE, R.S./ TELFER, E. (1969), *A Theorie of Respect for Persons*, London

DREIER, H. (1994), "Subjektiv-rechtliche und objektiv-rechtliche Grundrechtsgehalte", in: *Juristische Ausbildung* 16, S.505ff.

- (1996a), "Vor Art.1", in: DERS. (Hg.), *Grundgesetz-Kommentar*, Tübingen

- (1996b), "Art.1 Abs.1", in: ebd., S.90

- (1996c)"Art.2 Abs.1", in: ebd., S.16

DREXLER, HANS ([1944] 1967), "Dignitas", wiederabgedr. in: H. OPPERMANN (Hg.), *Römische Wertbegriffe*, Darmstadt

DÜRIG, GÜNTHER (1956), "Der Grundrechtssatz von der Menschenwürde", in: *Archiv des öffentlichen Rechts* 81, S.117ff.

- (1958a), "Artikel 1", in: MAUNZ/DÜRIG/HERZOG/SCHOLZ (Hg.)

- (1958b), "Artikel 2 Absatz 1", in: ebd.

Dürig, W. (1957), Artikel "Dignitas", in: KLAUSER, TH. ET AL. (Hg.), *Reallexikon für Antike und Christentum*, Bd.3, Stuttgart

DWORKIN, R. (1981a), "What is Equality? Part 1: Equality of Welfare", in: *Philosophy & Public Affairs* 10, S.185ff.

-(1981b), "What is Equality? Part 2: Equality of Resources", in: ebd., S.283ff.

- (1987), "What is Equality? Part 3: The Place of Liberty", in: *Iowa Law Review* 73, S.1ff.

- (1993), *Life's Dominion. An Argument about Abortion, Euthanasia, and Individual Freedom*, New York

EIDE, A. ET AL. (Hg.) (1992), *The Universal Declaration of Human Rights: A Commentary*, Oslo-London

ESER, A. (1987), "Strafrechtliche Schutzaspekte im Bereich der Humangenetik", in: BRAUN/ MIETH/ STEIGLEDER (Hg.), S.120ff.

FEINBERG, J. (1970), "The Nature and Value of Rights", wiederabgedruckt in: DERS., *Rights, Justice, and the Bounds of Liberty. Essays in Social Philosophy*, Princeton 1980, S.143ff.

- (1973), "Some conjectures about the notion of respect", in: *Journal of Social Philosophy* 4, S.1ff.

FEUCHTE, P. (Bearb.) (1995), *Quellen zur Entstehung der Verfassung von Württemberg-Baden*, bearb. von P.SAUER, Stuttgart, Bd.I - (1997), Bd.II.

- (1999), *Quellen zur Verfassung des Landes Baden*, Stuttgart, 1.Teil

FINNIS, J. (1980), *Natural Law and Natural Rights*, Oxford

FLANZ, G. H. (Hg.) (1999), *Constitutions of the Countries of the World*, New York, 20 Bd.e, Loseblatt, Stand: Aug.1999

FLECHTHEIM, O. K. (Hg.) (1963), *Dokumente zur parteipolitischen Entwicklung in Deutschland seit 1945, Bd. II: Programmatik der deutschen Parteien*, 2 Teilbände, Berlin

FLEMMING, A. (1978), "Using a Man as a Means", in: *Ethics* 88, S.283ff.

FORSCHNER, M. (1981), *Die stoische Ethik*, Stuttgart

- (1998a), "Stoisches und christliche Naturgesetz", in: DERS., *Über das Handeln im Einklang mit der Natur. Grundlagen ethischer Verständigung*, Darmstadt 1998, S.5ff.

- (1998b) "Zum Begriff der Würde des Menschen", in: ebd. S.91

FRANKENA, W.K. (1986), „The Ethics of Respect for Persons", in: *Philosophical Topics* 14, S.149ff.

FRANKFURT, H. (1999), "Gleichheit und Achtung", zit. n. d. deutschen Übersetzung, abgedr. in: *Deutsche Zeitschrift für Philosophie* 47, S.3ff.

FREYTAGH-LORINGHOFEN, A. FREIHERR V. (1924), *Die Weimarer Verfassung in Lehre und Wirklichkeit*, München

FROMME, F. K. (²1962), *Von der Weimarer Verfassung zum Bonner Grundgesetz*, Tübingen

GARIN, E. (1938), "La dignitas hominis e la litteratura patristica", in: *La Rinascita* 1, S.108ff.

GAUS, G.F. (1990), *Value and Justification. The foundations of liberal theory*, Cambridge

GAUTHIER, R.-A. (1951), *Magnanimité. Idéal de la grandeur dans la philosophie paienne et dans la théologie chrétienne*, Paris

GAVISON, R. (1980), "Privacy and the limits of law", in: *Yale Law Jounal* 89, S.421ff.

GEDDERT-STEINACHER, T. (1990), *Menschenwürde als Verfassungsbegriff*, Berlin

GEIS, E. (1991), "Der Kernbereich des Persönlichkeitsrechts", in: *Juristische Schulung* 31, S.112ff.

GELDSETZER, L./ HAN-DING, H. (Hg./Übers.) (1986), *Chinesisch-Deutsches Lexikon der chinesischen Philosophie*, Aalen

GEWIRTH, A. (1992), "Human Dignity as the Basis of Rights", in: MEYER, M.M./ PARENT, W.A. (Hg.), *The Constitution of Human Rights. Human Dignity and American Values*, Ithaca-London, S.10ff.

GIESEN, D. (1989), "Genetische Abstammung und Recht" in: *Juristenzeitung* 44, S.364ff.

GILDERSLEEVE, V. (1959), *Many a Good Crusade*, New York

GOERLICH, H. (1973), *Wertordnung und Grundgesetz*, Baden-Baden

- (1981), *Grundrechte als Verfahrensgarantien*, Baden-Baden

-/ DIETRICH, J. (1992), "Fürsorgerisches Ermessen, Garantie des Existenzminimums und legislative Gestaltungsfreiheit", in: *Juristische Ausbildung* 14, S.134ff.

GOMBERT, U. (1902), "Noch einiges über Schlagworte und Redensarten (Schluß)", in: *Zeitschrift für deutsche Wortforschung* 3, S.308.

GRIFFIN, J. (1986), *Well-Being. Its meaning, measurement, and moral importance*, Oxford

GRIMM, J. (1963), Art. "Würde", in: *Deutsches Wörterbuch* , Bd.14, Leipzig, S.2060ff.

- (1964), Art. "würdevoll", in: ebd., Bd.14, Abt.II, Leipzig, S.2094ff.

GROGAN, V. (1954), "The Constitution and the Natural Law", in: *Christus Rex. An irish quarterly journal of sociology*, Naas, Bd.8, S.201ff.

GRONIMUS, A. (1985), "Noch einmal Peep-Show und Menschenwürde", in: *Juristische Schulung* 25, S.174ff.

GROß, W. (1981), "Die Gottebenbildlichkeit des Menschen im Kontext der Priesterschrift", in: *Theologische Quartalsschrift* 161, S.244ff.

- (1993), "Die Gottebenbildlichkeit des Menschen nach Gen 1,26.27 in der Diskussion des letzten Jahrzehnts", in: *Biblische Notizen* 68, S.35ff.

GUSY, CH. (1982), "Sittenwidrigkeit im Gewerberecht", in: *Deutsches Verwaltungsblatt* 97, S.984ff.

- (1993), "Die Grundrechte in der Weimarer Verfassung", in: *Zeitschrift für neuere Rechtsgeschichte*, S.163ff.

- (1997), *Die Weimarer Reichsverfassung*, Tübingen

HÄBERLE, P. (1971), "Die Abhörentscheidung des Bundesverfassungsgerichts vom 15.12.1970", in: *Juristenzeitung* 26, S.145ff.

- (1972), "Grundrechte im Leistungsstaat", in: *Veröffentlichungen der Vereinigung der Deutschen Staatsrechtslehrer* 30, S.43ff.

- (1980a), "Günter Dürig – Staatslehre im Verfassungsleben", in: Ders., *Die Verfassung des Pluralismus*, Königstein/Ts., S.110ff.

- (1980b), "Menschenwürde und Verfassung am Beispiel von Art.2 Abs.1 Verf. Griechenland von 1975", in: *Rechtstheorie* 11, S.389ff.

- (1987), "Die Menschenwürde als Grundlage der staatlichen Gemeinschaft", in: ISENSEE/ KIRCHHOFF (Hg.), Bd.1, S.815ff.

HAIN, K.-E. (1999), *Die Grundsätze des Grundgesetzes. Eine Untersuchung zu Art.79 Abs.3 Grundgesetz*, Baden-Baden

HAMPTON, J. (1997), "The Wisdom of the Egoist: The Moral and Political Implications of Valuing the Self", in: *Social Philosophy and Policy* 14, S.21ff.

HARRIS, G. (1997), *Dignity and Vulnerability. Strength and Quality of Character*, Berkeley- Los Angeles - London

HART, H.L.A. (1955), "Are There Any Natural Rights?", in: *Philosophical Review* 64, S.180ff.

- (1973), "Bentham on Legal Rights", in: Simpson, A.W.B. (Hg.), *Oxford Essays on Jurisprudence, Second Series*, Oxford, S.171ff.

HARTUNG, F./ COMMICHAU, G./ MURPHY, R. (HG.) ([6]1998), *Die Entwicklung der Menschen- und Bürgerrechte von 1776 bis zur Gegenwart*, Göttingen-Zürich

HEIDELMEYER, W. (Hg.) ([4]1997), *Die Menschenrechte*, Paderborn u.a.

HERMES, G. (1987), *Das Grundrecht auf Schutz von Leben und Gesundheit*, Heidelberg

HILDEBRANDT, H. (Hg.) ([14]1992), *Die deutschen Verfassungen des 19. und 20. Jahrhunderts*, Paderborn u.a.

HILGENDORF, E. (1999), "Die mißbrauchte Menschenwürde. Probleme des Menschenwürdetopos am Beispiel der bioethischen Diskussion", in: *Jahrbuch für Recht und Ethik* 7, S.137ff.

- (2001), „Klonverbot und Menschenwürde - Vom Homo sapiens zum Homo xerox? Überlegungen zu §6 Embryonenschutzgesetz", in: GEIS, M.-E./ LORENZ, D. (Hg.) *Staat, Kirche, Verwaltung*, München S.1147ff.

HILL, TH.E. (1973), "Servility and Self-Respect", in: *The Monist* 37, S.87

- (1980), "Humanity as an End in Itself", zit. n.d. Wiederabdruck in: DERS. (1992), *Dignity and Practical Reason in Kants Moral Theory*, Ithaca und London, S.38ff.

- (1991), "Social Snobbery and Human Dignity", in: DERS., *Autonomy and Self-Respect*, Cambridge, S.155ff.

- (1995); "Self-Respect Reconsidered", in: DILLON (Hg.), S.117ff.

HILLGRUBER, CH. (1992), *Der Schutz des Menschen vor sich selbst*, München

HÖFLING, W. (1995), "Die Unantastbarkeit der Menschenwürde - Annäherungen an einen schwierigen Verfassungsrechtssatz", in: *Juristische Schulung* 35, S.857

HOEGNER, W. (1950), "Prof.Dr.Hans Nawiasky und die Bayerische Verfassung von 1946". In: *Staat und Wirtschaft. Festgabe zum 70.Geburtstag v. Hans Nawiasky*, Zürich-Köln 1950, S.1ff.

- (1959), *Der schwierige Aussenseiter. Erinnerung eines Abgeordneten, Emigranten und Ministerpräsidenten*, München

HOERSTER, N. (1983), "Zur Bedeutung des Prinzips der Menschenwürde", in: *Juristische Schulung* 23, S.93ff.

- ([2]1995), *Abtreibung im säkularen Staat. Argumente gegen den §218*, Frankfurt

HONNEFELDER, L. (1994), „Humangenetik und Menschenwürde", in: RAGER, G. (Hg.), *Ärztliches Urteilen und Handeln*, Frankfurt/ Main, S.214ff.

HONNETH, A. (1990), "Integrität und Mißachtung. Grundmotive einer Moral der Anerkennung", in: *Merkur* 44, S.1043ff.

HORSTMANN, R.P. (1980), Art."Menschenwürde", in: RITTER, J./ GRÜNDER, K. (Hg.), *Historisches Wörterbuch der Philosophie*, Darmstadt, Bd.5, S.1124ff.

HUBER, P.M. (1988), *Grundrechtsschutz durch Organisation und Verfahren als Kompetenzproblem in der Gewaltenteilung und im Bundesstaat*, München

HUBER, W./ TÖDT, H.E. (1978), *Menschenrechte – Perspektiven einer menschlichen Welt*, Stuttgart

HUMBERT, P. (1940), *Etudes sur le récit du paradis et de la chute dans la Genèse*, Neuchâtel

HUMPHREY, J.P. (1984), *Human Rights and the United Nations: a great adventure*, New York

ILIADOU, E. (1999), *Forschungsfreiheit und Embryonenschutz*, Berlin

INTERNATIONAL LABOUR OFFICE (Hg.) (1982), *International Labour Conventions and Recommendations 1919-1981*, Genf

ISENSEE, J./ KIRCHHOFF, P. (Hg.) (1987ff.), *Handbuch des Staatsrechts der Bundesrepublik Deutschland*, 9 Bde, Heidelberg

JANIS, M.W./ KAY, R.S./ BRADLEY, A.W. (1995), *European Human Rights Law. Text and Materials*, Oxford

JARASS, H.D. (^{5}2000), "Art.1 Abs.1 GG", in: DERS./ PIEROTH, B., *Grundgesetz für die Bundesrepublik Deutschland. Kommentar*, München

JAVELET, R. (1967), *Image et ressemblance au douzième siècle de St. Anselme à Alain de Lille*, Straßburg

JERVELL, J. (1960), *Imago Dei*, Göttingen

JOEST, W. (1986), *Dogmatik*, Göttingen

KÄLLSTRÖM, K. (1992), "Article 25", in: EIDE ET AL (1992), S.385ff.

KANT, I. [],

KELLER, R./ GÜNTHER, H.-L./ KAISER, P. (1992), *Embryonenschutzgesetz. Kommentar zum Embryonenschutzgesetz*, Stuttgart-Berlin-Köln

KELLY, J.M./ HOGAN, G./ WHYTE, G. (^{3}1996), *The Irish Constitution*, Dublin

KIMMEL, A. (Hg.) (^{3}1993), *Die Verfassungen der EG-Mitgliedstaaten*, München

KIRCHBERG, CH. (1983), "Zur Sittenwidrigkeit von Verwaltungsakten", in: *Neue Verwaltungszeitschrift*, S.141ff.

KITTEL, G. (1935), Art. "Eikon: Götter- und Menschenbilder im Juden- und Christentum", in: *Theologisches Wörterbuch zum Alten Testament*, Stuttgart, Bd.2

KLIPPEL, D. (1987), "Persönlichkeit und Freiheit. Das "Recht der Persönlichkeit" in der Entwicklung der Freiheitsrechte im 18. Und 19. Jahrhundert", in: BIRTSCH, GÜNTER (Hg.), *Grund- und Freiheitsrechte von der ständischen zur spätbürgerlichen Gesellschaft*, Göttingen, S.269ff.

KLOEPFER, M. (1976), "Grundrechtstatbestand und Grundrechtsschranken in der Rechtsprechung des Bundesverfassungsgerichts – dargestellt am Beispiel der Menschenwürde", in: STARCK, CHRISTIAN (HG.), *Bundesverfassungsgericht und Grundgesetz. Festgabe aus Anlaß des 25-jährigen Nestehens des Bundesverfassungsgerichts*, Bd.II, Tübingen, S.405ff.

KLUGE, F. (BEGR.)/ SEEBOLD, E. (BEARB.) (^{23}1999), *Etymologisches Wörterbuch der deutschen Sprache*, Berlin

KOCH, U./ NEYER, H./ ZWIEFELHOFER, H. (HG). (1976), *Die Kirche und die Menschenrechte. Ein Arbeitspapier der Päpstlichen Kommsission Justitia et Pax*, München 1976; engl. Orig: Vatikan 1975

KÖHLER, L (1948), "Die Grundstelle der Imago-Dei-Lehre, Genesis 1,26", zit. n. d. Wiederabdr. in: SCHEFFCZYK (Hg) (1969), S.3ff.

KOLNAI, A. (1976), "Dignity", in: *Philosophy* 5; zit. nach dem Wiederabdruck in DILLON (Hg.) (1995), S.53ff.

KRAYE, J. (1988), Art. "Moral Philosophy", in: SCHMITT, C.B. ET AL (HG), *The Cambridge History of Renaissance Philosophy*, Cambridge, S.301ff.

KRAWIETZ, W. (1977), "Gewährt Art.1 Abs.1 S.1 GG dem Menschen ein Grundrecht auf Achtung undSchutz seiner Würde?", in: (Hg.), *Gedächtnisschrift für Friedrich Klein*, München, S.245

KRINGE, W. (1993), *Verfassungsgenese. Die Entstehung der Landesverfassung der Freien Hansestadt Bremen vom 21. Oktober 1947*, Frankfurt/Main u.a.

KUNIG, PH. (^{4}1992a), "Artikel 1", in: V.MÜNCH, INGO/ DERS. (HG.), *Grundgesetz-Kommentar*, Stuttgart

- (⁴1992b), "Artikel 2", in: ebd.

LASSALLE, F. (1862), "Über den besonderen Zusammenhang der gegenwärtigen Geschichtsperiode mit der Idee des Arbeiterstandes ("Arbeiterprogramm"), in: F. LASSALLE, *Gesammelte Reden und Schriften*, hg. v. EDUARD BERNSTEIN, Bd.II: Berlin 1919, S.139ff.

LEHMANN, H. (1930),"Artikel 151 Absatz 1. Ordnung des Wirtschaftslebens", in: NIPPERDEY, HANS CARL (Hg.), Bd.3, S.125.

LEIBHOLZ, G./ RINCK, H.-J./ HESSELBERGER, D. (1998), *Grundgesetz für die Bundesrepublik Deutschland. Kommentar anhand der Rechtsprechung des Bundesverfassungsgerichts*, Köln, Loseblatt, Stand: Mai 1998

LINDHOLM, T. (1992), "Article 1. A New Beginning", in: EIDE ET AL (Hg.), S.31ff.

LINSMAYER, E. (1963), *Das Naturrecht in der deutschen Rechtsprechung der Nachkriegszeit*, München

LINTON, R. (1936), *The study of man*, New York

LOCHMAN, J.M./ MOLTMANN, J. (Hg.) (1976), *Gottes Recht und die Menschenrechte*, Neukirchen

LONGFORD, EARL OF/ O'NEILL, TH. P. (1970), *Eamon de Valera*, Dublin

LÜBBE-WOLFF, G. (1988), *Die Grundrechte als Eingriffsabwehrrechte. Struktur und Reichweite der Eingriffsdogmatik im Bereich staatlicher Leistungen*, Baden-Baden

LÜCKE, J. (1982), "Soziale Grundrechte als Staatszielbestimmungen und Gesetzgebungsaufträge", in: *Archiv des öffentlichen Rechts* 107, S.15ff.

MACKIE, J.L. (1977), *Ethics. Inventing Right and Wrong*, London

MAIHOFER, W. (1968), *Die Würde des Menschen*, Hannover

V.MANGOLDT, H./ KLEIN, F./ STARCK, CHR. (Hg.) (⁴1999), *Das Bonner Grundgesetz. Kommentar*, München

MARCEL, G. (1956), *Die Menschenwürde und ihr existenzieller Grund*, Frankfurt/ Main

MARGALIT, A. (1996), *The Decent Society*, Cambridge, Mass.; dt.: *Politik der Würde*, Berlin 1997

MARTENS, W. (1972), "Grundrechte im Leistungsstaat", in: *Veröffentlichungen der Vereinigung der Deutschen Staatsrechtslehrer* 30, S.7ff.

MASSEY, ST.J. (1983), "Is self-respect a moral or a psychological concept?", in: *Ethics* 93, S.246ff.

MATSCHER, F. (Hg.) (1991), *Die Durchsetzung wirtschaftlicher und sozialer Grundrechte. Eine rechtsvergleichende Bestandsaufnahme*, Kehl am Rhein-Straßburg-Arlington jut 16/m19b

MATTHIAS, E. (Hg.) (1968), *Mit dem Gesicht nach Deutschland. Eine Dokumentation über die sozialdemokratische Emigration*, Düsseldorf

MAUNZ, TH., DÜRIG, G./ HERZOG, R./ SCHOLZ, R. u.a.(Hg.)(1999), *Grundgesetz. Kommentar*, 4 Bde (Loseblatt), Stand: Februar 1999

MEDER, TH. (⁴1992), *Die Verfassung des Freistaates Bayern. Handkommentar*, Stuttgart u.a.

MERKEL, R. (2001), „Rechte für Embryonen", in: DIE ZEIT v. 25.01.2001; wiederabgedr. in NIDA-RÜMELIN (2002), S.427ff.

MERKI, H. (1952), *Homoiosis Theo. Von der platonischen Angleichung an Gott zur Gottähnlichkeit bei Gregor von Nyssa*, Freiburg

MOLLER-OKIN, S. (1981), "Liberty and Welfare: Some Issues in Human Rights Theory", in: PENNOCK, ROLAND J./ CHAPMAN JOHN W. (HG.), *Human Rights*, New York und London, S.230ff.

MOORE, G.E. (1903), *Principia Ethica*, überarbeitete Ausgabe hg. v. TH. BALDWIN, Cambridge 1993

MOSER, P. (2001), "Embryonen und Menschenwürde. Stationen der öffentlich ausgetragenen Debatte", in: *Information Philosophie* 3, S.7ff.

MOUW, R. (1990), *The God Who Commands. A study in divine command ethics*, Notre Dame

MURSWIEK, D. (1992), "Grundrechte als Teilhaberechte, soziale Grundrechte", in: ISENSEE, J./ KIRCHHOF, P. (HG.), Bd.V, S.243ff.

NAWIASKY, H. (1920), *Die Grundgedanken der Reichsverfassung*, München und Leipzig

- (1950), *Die Grundgedanken des Grundgesetzes für die Bundesrepublik Deutschland*, Stuttgart

- /LECHNER, H. (1953), *Die Verfassung des Freistaates Bayern vom 2. Dezember 1946. Ergänzungsband zum Handkommentar*, München

- et al. (Hg.) (1998), *Die Verfassung des Freistaates Bayern. Kommentar.* Losebl., 2. neubearb. Auflage München, Stand: 9.Lieferung Nov.1997

NEUMANN, F.L./ NIPPERDEY, H.C./ SCHEUNER, U. (HG.) (^{2}1968), *Die Grundrechte. Handbuch der Theorie und Praxis der Grundrechte*, Berlin, Bd.2

NEUMANN, U. (1988), "Die "Würde des Menschen" in der Diskussion um Gentechnologie und Befruchtungstechnologien", in: *Archiv für Rechts- und Sozialphilosophie*, Beiheft Nr.33, S.139

NEUMANN, V. (1995), "Menschenwürde und Existenzminimum", in: *Neue Verwaltungszeitschrift* 14, S.426ff.

NIEBLER, E. (1989), "Die Rechtsprechung des Bundesverfassungsgerichts zum obersten Rechtswert der Menschenwürde", in: *Bayerische Verwaltungsblätter*, S.737

NIDA-RÜMELIN, J. (2001a), „Wo die Menschenwürde beginnt", in: *Der Tagesspiegel* vom 03.01.2001, zit. n. d. Wiederabdr. in: DERS (2002), S.405ff.

-(2001b), „Humanismus ist nicht teilbar", in: *Süddeutsche Zeitung* vom 03.02.2001, zit.n.d. Wiederabdr. in: DERS (2002), S.463ff.

- (2002), *Ethische Essays*, Frankfurt/Main

NIPPERDEY, H.C. (Hg.) (1929f.), *Die Grundrechte und Grundpflichten der Reichsverfassung. Kommentar zum zweiten Teil der Reichsverfassung*, Berlin

- (1968), "Die Würde des Menschen", in: NEUMANN/ DERS./ SCHEUNER (Hg), Bd.2, S.1

- / WIESE, G. (1968), "Freie Entfaltung der Persönlichkeit", in: ebd., Bd.IV/2, S.741

NUSSBAUM, M. (1995), "Objectification", in: *Philosophy and Public Affairs* 24, S.249ff.

NOWAK, M. (1989), *UNO-Pakt über bürgerliche und politische Rechte und Fakultativprotokoll. CCPR-Kommentar*, Kehl a. Rhein-Straßburg-Arlington

V. OLSHAUSEN, H. (1982), "Menschenwürde im Grundgesetz: Wertabsolutismus oder Selbstbestimmung?", in: *Neue Juristische Wochenschrift* 35, S.2221ff.

O´REILLY, J./ REDMOND, M. (1980), *Cases and Materials on the Irish Constitution*, Naas

OTTO, V. (1971), Das Staatsverständnis des Parlamentarischen Rates, Düsseldorf

PAINE, TH. [1791/2], *The rights of man*, zit. n.d. Ausgabe New York 1973

PAPIER, H.-J. (1989), "Rechtsschutzgarantie gegen die öffentliche Gewalt", in: ISENSEE/ KIRCHHOF (HG.), Bd.VI, S.1233ff.

PARLAMENTARISCHER RAT (1948/49), *Verhandlungen des Hauptausschusses*, Bonn

PESTALOZZA, CH. GRAF V. (Hg.) (^{5}1995), *Verfassungen der deutschen Bundesländer*, München

- (1998), "Artikel 100 Bayerische Verfassung". In: NAWIASKY ET AL. (Hg.), München

PETERS, H. (1953), "Die freie Entfaltung der Persönlichkeit als Verfassungsziel", in: CONSTANTOPULOS, D.S./ WEHBERG, HANS (Hg.), *Festschrift für Rudolf Laun*, Hamburg, S.669

PFETSCH, F.R. (Hg.) (1986), *Verfassungsreden und Verfassungsentwürfe. Länderverfassungen 1946-1953*, Frankfurt/Main - (1990), *Ursprünge der Zweiten Republik. Prozesse der Verfassungsgebung in den Westzonen und in der Bundesrepublik*, Opladen

PIEROTH, B./ SCHLINK, B. (1994), "Menschenwürde- und Rechtsschutz bei der verfassungsrechtlichen Gewährleistung von Asyl Art.16a Abs.2 und Art.79 Abs.3 GG", in: DÄUBLER-GMELIN, H. (Hg.), *Gegenrede. Festschrift für E.G.Mahrenholz*, Baden-Baden, S.669ff.

- (^{14}1999), *Grundrechte. Staatsrecht II*, Heidelberg

PODLECH, A. (^{2}1989a), "Artikel 1", in: DENNINGER, E. ET AL. (Hg.).

- (^{2}1989b), "Artikel 2 Absatz 1", in: ebd.

PÖSCHL, V./ KONDYLIS, P. (1992), Art. "Würde", in: BRUNNER, O./CONZE, W./ KOSELLEK, R. (HG.), *Geschichtliche Grundbegriffe. Historisches Lexikon zur politisch-sozialen Sprache in Deutschland*, Bd.7, Stuttgart, S.637ff.

PÖSCHL, V. ([1989] 1995), "Der Begriff der Würde im antiken Rom und später", zitiert nach dem Wiederabdr. in: DERS., *Lebendige Vergangenheit. Abhandlungen und Aufsätze zur Römischen Literatur und ihrem Weiterwirken*, hg. v. W.-L. LIEBERMANN, Heidelberg, S.209ff.

POETSCH-HEFFTER, F. (^{3}1923), *Handkommentar der Reichsverfassung vom 11. August 1919. Ein Handbuch für Verfassungsrecht und Verfassungspolitik*, Berlin

PROTOKOLL der Verhandlungen des Parteitages der Sozialdemokratischen Partei Deutschlands vom 29.Juni bis 2.Juli 1947 in Nürnberg, Hamburg 1948, unv. Nachdr. Berlin-Bonn-Bad Godesberg 1976

RAD, G.V. (1935), Artikel "Eikon. Gottebenbildlichkeit im Alten Testament", in: KITTEL, G. (Hg.), *Theologisches Wörterbuch zum Alten Testament*, Bd.2, Stuttgart, S.387ff.

RAVE, K.(1982), *Die Entwicklung des irischen Verfassungsrechts. Eine Untersuchung der Auswirkungen der irischen Teilung und der irischen Unabhängigkeitsbewegung auf die Struktur und die Institution der Verfassung der Republik Irland von 1937*, Kiel

RAWLS, J. (1972), *A Theory of Justice*, Oxford; zit. nach der 9.Aufl. 1989

REGAN, T. (1987), "Unrechtmäßig erworbene Vorteile", zit. n. d. übersetzten Wiederabdr. in: CAVALIERI/ SINGER (Hg) (1994), S.297ff.

RENGELING, H.- W. (1992), *Grundrechtsschutz in der Europäischen Gemeinschaft*, München

RIALS, ST. (1988), *La déclaration des droits de l'homme et du citoyen*, Paris

RIST, J.M. (1982), *Human Value. A Study in Ancient Ethics*, Leiden

ROBINSON, N. (1958), *The Universal Declaration of Human Rights. Its Origin, Significance, Application, and Interpretation*, New York

RÖSELER, S. (1994), "Sachleistungen für alle Flüchtlinge?", in: *Neue Zeitschrift für Verwaltungsrecht* 13, S.1084ff.

ROGGEMANN, H. (^{4}1989), *Die DDR-Verfassungen. Einführung in das Verfassungsrecht der DDR. Grundlagen und neuere Entwicklung*, Berlin

ROHLF, D. (1980), *Der grundrechtliche Schutz der Privatsphäre. Zugleich ein Beitrag zur Dogmatik des Art.2 Abs.1 GG*, Berlin

RORTY, R. (1989), *Contingency, Irony, Solidarity*, Cambridge

- (1993), "Human Rights, Rationality, and Sentimentality" in: SHUTE, STEPHEN/ HURLEY, SUSAN (Hg.), *On Human Rights. The Oxford Amnesty Lectures 1993*, Oxford, S-111-134; dt.: "Menschenrechte, Rationalität und Gefühl", in: DIES. (Hg.), *Die Idee der Menschenrechte*, Frankfurt 1996, S.144-170.

ROTH, W. (1994), *Faktische Eingriffe in Freiheit und Eigentum. Struktur und Dogmatik des Grundrechtstatbestandes und der Eingriffsrechtfertigung*, Berlin

RÜPKE, G. (1976), *Der verfassungsrechtliche Schutz der Privatheit. Zugleich ein Versuch pragmatischen Grundrechtsverständnisses*, Baden-Baden

RUSSELL, R. B. (1958), *A History of The United Nations Charter*, Washington

SALOMON, A. (1946), *Le préambule de la Charte. Base idéologique de l'O.N.U.*, Genf-Paris

SAVIGNY, F.K. VON (1840), *System des heutigen Römischen Rechts I*, Berlin

SCHAECHTER, O. (1983): "Human Dignity as a Normative Concept", in: *American Journal of International Law* 77, S.848

SCHATZSCHNEIDER, W. (1985), "Rechtsordnung und Prostitution", in: *Neue Juristische Wochenschrift* 38, S.2793ff.

SCHEFFCZYK, L. (Hg.) (1969a), *Der Mensch als Abbild Gottes*, Darmstadt

- (1969b), "Die Frage nach der Gottebenbildlichkeit in der modernen Theologie. Eine Einführung", in: ebd., S.VIXff.

SCHEUNER, U. (1965), "Pressefreiheit", in: *Veröffentlichungen der Vereinigung der deutschen Staatsrechtslehrer* 22, S.1ff.

SCHILLER, F. (1793), "Über Anmut und Würde", Erstdruck in: *Neue Thalia*, 2.Stück, S.115ff. Zit. nach der v. R.-P. JANZ besorgten Werkausgabe, Bd.8: *Theoretische Schriften*, Frankfurt/ Main, S.330ff.

SCHLINK, B. (1973), "Das Abhör-Urteil des Bundesverfassungsgerichts", in: *Der Staat* 12, S.85ff.

SCHMIDT, K.L. (1947/48), "Homo imago Dei im Alten und Neuen Testament", zit. n. d. Wiederabdr. in: SCHEFFCZYK (Hg.) (1969), S.10ff.

SCHMIDT-JORTZIG, E. (2001), „Systematische Bedingungen der Garantie unbedingten Schutzes der Menschenwürde in Art.1 GG - unter besonderer Berücksichtigung der Probleme am Anfang des Lebens", in: *Die öffentliche Verwaltung* 54, S.925ff.

SCHMAUS, M. (^{6}1962), *Katholische Dogmatik*, Bd. II/1, München

SCHMIDT, W. (1966), "Die Freiheit vor dem Gesetz. Zur Auslegung des Art.2 Abs.1 des Grundgesetzes", in: *Archiv für öffentliches Recht* 91, S.41ff.

SCHMIDT-BLEIBTREU, B./ KLEIN, F. (^{9}1999), *Kommentar zum Grundgesetz*, Neuwied

SCHMITT GLAESER, W. (1989), *Schutz der Privatsphäre*, in: ISENSEE/ KIRCHHOF (Hg.), Bd. VI, S.41ff.

SCHMITZ, H. (1969), *System der Philosophie*, Bd.III,2: *Der Gefühlsraum*, Bonn

- (1977), *System der Philosophie*, Bd.III,3: *Der Rechtsraum*, Bonn

- (1990), *Der unerschöpfliche Gegenstand. Grundzüge der Philosophie*, Bonn

SCHOCKENHOFF, E. (1990), "Personsein und Menschenwürde bei Thomas von Aquin und Martin Luther", in: *Theologie und Philosophie* 65, S.481ff.

SCHOFIELD, M. (1991), *The Stoic Idea of the City*, Cambridge

SCHOLZ, R. (1975), "Das Grundrecht der freien Entfaltung der Persönlichkeit in der Rechtsprechung des Bundesverfassungsgerichts", in: *Archiv für öffentliches Recht* 100, S.80 u. S.265

SCHUMANN, F.K. (1932), *Imago Dei*, Giessen

SCHWARTZ, B. (1971), *The Bill of Rights: A Documentary History*, New York-Toronto-London-Sidney, 2 Bd.e

SCIASCIA, G. (1959), "Die Verfassung der italienischen Republik vom 27. Dezember 1947 und ihre Entwicklung bis 1958", in: *Jahrbuch für öffentliches Recht* n.F. Bd.8

SEEBAß, G. (1993), *Wollen*, Frankfurt/ Main

- (1996), „Der Wert der Freiheit", in: *Deutsche Zeitschrift für Philosophie* 44, S.759ff.

SHER, G. (1997), *Beyond Neutrality. Perfectionsism and Politics*, Cambridge

SHUE, H. (^{2}1996), *Basic Rights. Subsistence, Affluence, and U.S. Foreign Policy*, Princeton (1.Aufl. 1980) jux 123/s49(2)

SIEGHART, P. (1988), *Die geltenden Menschenrechte*, Kehl a. Rhein-Straßburg-Arlington; engl. Original: *The Lawful Rights of Mankind*, Oxford 1985

SIEKMANN, J.-R. (1990), *Regelmodelle und Prinzipienmodelle des Rechtssystems*, Baden-Baden

SIMMA, B./FASTENRATH, U. (HG) (^{4}1998), *Menschenrechte. Ihr internationaler Schutz*, München

SKOGLY, S. (1992), *Article 2*, in: EIDE ET AL, S.57ff.

SNELL, BRUNO (1975), "Die Entdeckung der Menschlichkeit und unsere Stellung zu den Griechen", in: DERS., *Die Entdeckung des Geistes. Studien zur Entstehung des europäischen Denkens bei den Griechen*, Göttingen, zit.n.d. 6. Aufl. 1986, S.231ff.

SPAEMANN, R. (1985), "Über den Begriff der Menschenwürde", in: BÖCKENFÖRDE/ DERS. (Hg.), Stuttgart, S.295

SPRANGE, T. M. (1999), "Die Unzulänglichkeit des Menschenwürdebegriffs im Sozialhilferecht", in: *Zeitschrift für Sozialhilfe*, S.5ff.

STAMM, J.J. (1956), "Die Imago-Lehre von Karl Barth und die alttestamentliche Wissenschaft", zit. n. d. Wiederabdr. in SCHEFFCZYK (Hg.) (1969), S.49ff.

STAMPFER, F. (1919), *Verfassung, Arbeiterklasse und Sozialismus. Eine kritische Untersuchung der Reichsverfassung vom 1. August 1919*, Berlin

STARCK, CH. (1981), "Menschenwürde als Verfassungsgarantie im modernen Staat", in: *Juristenzeitung* 36, S.457

- (^{4}1999), "Artikel 1", in: V.MANGOLDT/ KLEIN/ STARCK (Hg.), Bd.1, S.30

STEMMER, P. (2000), *Handeln zugunsten anderer. Eine moralphilosophische Untersuchung*, Berlin-New York

STENOGRAPHISCHE BERICHTE *über die Verhandlungen der Bayerischen Verfassungsgebenden Landesversammlung*, 3 Bd.e, München 1946

STERN, K. (1992), "Idee und Elemente eines Systems der Grundrechte", in: ISENSEE/ KIRCHHOF (Hg.), Bd.V, S.45ff.

- (1988), *Staatsrecht der Bundesrepublik Deutschland*, Bd.III/1: *Allgemeine Lehren der Grundrechte*, München

STEVENSON, CH. L. (1938), "Persuasive Definitions", in: *Mind* 47, S.331

STIENS, A. (1997), *Chancen und Grenzen der Landesverfassungen im deutschen Bundesstaat der Gegenwart*, Berlin

STOCKER, M. (1976), "The Schizophrenia of Modern Moral Theories", in: *Journal of Philosophy* 73, S.453ff.(bei Hampton nachsehen)

STRUKER, A. (1913), *Die Gottebenbildlichkeit des Menschen in der christlichen Literatur der ersten zwei Jahrhunderte*, Münster 1913

SÜSTERHENN, A./ SCHÄFER, H. (1950), *Kommentar der Verfassung für Rheinland-Pfalz*, Koblenz

SÜSTERHENN, A. (1991), *Schriften zum Natur-, Staats-, und Verfassungsrecht*, hg. v. P. BUCHER, Mainz TAYLOR, G. (1988), *Pride, Shame, and Guilt. Emotions of self-assessment*, Oxford

TELFER, E. (1968), "Self-respect", in: *The Philosophical Quarterly* 18, zit. nach dem Wiederabdruck in DILLON (Hg.) (1995), S.107ff.

TERCIER, P. (1989), "Der Entwicklungsstand des Persönlichkeitsschutzes in Kontinentaleuropa", in: HÜBNER, H. ET AL. (Hg.), *Das Persönlichkeitsrecht im Spannungsfeld zwischen Informationsauftrag und Menschenwürde*, München, S.71ff.

TRENK-HINTERBERGER, P. (1980), "Würde des Menschen und Sozialhilfe", in: *Zeitschrift für Sozialhilfe*, S.46ff.

TRINKAUS, CH. (1970), *In our Image and Likeness. Humanity and Dignity in Italian Humanist Thought*, 2 Bd., Chicago

TÜRK, D. (1991), "The United Nations and the realization of economic, social, and cultural rights", in: MATSCHER, F. (Hg.), S.95ff.

TUGENDHAT, E. (1984), *Probleme der Ethik*, Stuttgart

- (1993), *Vorlesungen über Ethik*, Frankfurt

UNESCO (1949), *Human Rights. Comments and Interpretations*, New York

VASAK, K. (1977), "A 30-year struggle - The sustained efforts to give force of law to the Universal Declaration of Human Rights", in: *The UNESCO-Courier*, S.29

VERDOODT, A. (1964), *Naissance et Signification de la Déclaration Universelle des Droits de l'Homme*, Leuven

VEREINTE NATIONEN (Hg.) (1945), *United Nations Conference on International Organizations (UNCIO)*, San Francisco 1945. London-New York

- (Hg.) (1948) *Official records of the Third Session of the General Assembly. Plenary Meetings 30.Sept. - 8.Dec. 1948*, New York

VERHANDLUNGEN DER DEUTSCHEN VERFASSUNGGEBENDEN REICHS-VERSAMMLUNG (1848/49), Frankfurt/Main, Bd.VI.

VERHANDLUNGEN DER VERFASSUNGGEBENDEN DEUTSCHEN NATIONALVERSAMMLUNG (1920), *Stenographische Berichte*, Berlin, Bd. 328.

VITZTHUM, W. GRAF (1987), "Das Verfassungsrecht vor der Herausforderung von Gentechnologie und Reproduktionsmedizin", in: BRAUN/ MIETH/ STEIGLEDER (Hg), S.263

- (1988), "Gentechnologie und Menschenwürdeargument", in: *Archiv für Rechts- und Sozialphilosophie*, Beiheft Nr.33, S.119ff.

- (1991), "Die anständige, die gerechte und die gute Gesellschaft", in: *Zeitschrift für Arbeitsrecht* 22, S.695ff.

VLASTOS, G. (1984), "Justice and Equality", in: WALDRON, J. (Hg.), *Theories of Rights*, Oxford, S.41ff.

VÖLTZER, F. (1992), *Der Sozialstaatsgedanke in der Weimarer Reichsverfassung*, Frankfurt/Main u.a.

WAHL, R. (1980), "Die bürokratischen Kosten des Rechts- und Sozialstaats", in: *Die Verwaltung* 13, S.273ff.

WARREN, M.A. (1997), *The Moral Status*, Oxford

WEGEHAUPT, H. (1932), *Die Bedeutung und Anwendung von "dignitas" in den Schriften der republikanischen Zeit*, Diss. Breslau

WERNICKE, K. G./ BOOMS, H. (Hg.) (1975ff.), *Der Parlamentarische Rat 1948-1949. Akten und Protokolle*, Boppard a. Rhein

    - Bd.2: (1981), *Der Verfassungskonvent auf Herrenchiemsee*. Bearb. v. PETER BUCHER

    - Bd.e 5/I u. 5/II: (1993), *Ausschuß für Grundsatzfragen*. Bearb. v. Eberhard PIKART UND WOLFRAM WERNER

    - Bd.7: (1995), *Entwürfe zum Grundgesetz*. Bearb. v. MICHAEL HOLLMANN

    - Bd.9: (1996), *Plenum*. Bearb. v. WOLFRAM WERNER

WESTERMANN, C. (1966), *Genesis*, Neukirchen-Vluyn, zit. n.d. 10. Lieferung 1974

WETLESEN, J. (1989), "Inherent Dignity as a Ground of Human Rights", in: *Archiv für Rechts- und Sozialphilosophie*, Beiheft 41, S.98ff.

WILDT, A. (1992), "Recht und Selbstachtung, im Anschluß an die Anerkennungslehren von Fichte und Hegel", in: KAHLO, M./WOLF, E./ZACZYK, R. (Hg.), *Fichtes Lehre vom Rechtsverhältnis*, Frankfurt, S.127ff.

WILLIAMS, B. (1962), "The Idea of Equality", zit. n. d. Wiederabdr. in: Ders., *Problems of the Self. Philosophical Papers 1956-1972*, Cambridge, S.230ff.

WILLMS, H. (1935), *Eikon. Eine begriffsgeschichtliche Untersuchung zum Platonismus*, Münster

WINDSCHEID, B. (^{9}1906), *Lehrbuch des Pandektenrechts*, Bd.1 Frankfurt/Main

WOLF, U. (1984), *Das Problem des moralischen Sollens*, Berlin-New-York

- (1990), *Das Tier in der Moral*, Frankfurt/Main

WOLFRUM, R. (Hg.) (^{2}1991), *Handbuch Vereinte Nationen*, München

WOOD, N. (1988), *Cicero's Social and Political Thought*, Berkeley – Los Angeles - Oxford

ZACHER, H. (1997), "Hans Nawiasky und das Bayerische Verfassungsrecht", in: BAYERISCHER VERFASSUNGS-GERICHTSHOF (Hg.), *Verfassung als Verantwortung und Verpflichtung. Festschrift zum 70-jährigen Bestehen des Bayerischen Verfassungsgerichtshofs*, München, S.307ff.

ZIPPELIUS, R. (1989), "Art.1 Abs.1 und 2", in: DOLZER, R./ VOGEL, K. (Hg.), *Bonner Kommentar zum Grundgesetz*, Loseblatt, Heidelberg 1950ff., Stand: Dezember 1999

Bibliographic information published by Die Deutsche Bibliothek
Die Deutsche Bibliothek lists this publication in the Deutsche Nationalbibliographie;
detailed bibliographic data is available in the Internet at http://dnb.ddb.de

Zugl. Univ.-Diss. Konstanz 2003

Gedruckt mit Hilfe der
Geschwister Boehringer Ingelheim Stiftung für Geisteswissenschaften
in Ingelheim am Rhein

©2003 ontos verlag
Postfach 610516, D-60347 Frankfurt a.M.
Tel. ++(49) 69 40 894 151 Fax ++(49) 69 40 894 169

ISBN 3-937202-20-X (Germany)
ISBN 1-904632-12-2 (U.K.)

2003

Alle Texte, etwaige Grafiken, Layouts und alle sonstigen schöpferischen
Teile dieses Buches sind u.a. urheberrechtlich geschützt. Nachdruck, Speicherung,
Sendung und Vervielfältigung in jeder Form, insbesondere Kopieren, Digitalisieren, Smoothing,
Komprimierung, Konvertierung in andere Formate, Farbverfremdung sowie Bearbeitung
und Übertragung des Werkes oder von Teilen desselben in andere Medien und Speicher
sind ohne vorherige schriftliche Zustimmung des Verlages unzulässig
und werden verfolgt.

Gedruckt auf säurefreiem, alterungsbeständigem Papier,
hergestellt aus chlorfrei gebleichtem Zellstoff (TcF-Norm).

Printed in Germany.

www.ingramcontent.com/pod-product-compliance
Lightning Source LLC
Chambersburg PA
CBHW032148010526
44111CB00035B/1250